U0156874

"十三五"国家重点图书出版规划项目

总主编 马金双　　　　　**总主审** 李振宇
General Editor in Chief　Jinshuang MA　　General Reviewer in Chief　Zhenyu LI

中国外来入侵植物志
Alien Invasive Flora of China

———— 第三卷 ————

刘全儒　张　勇　齐淑艳　**主编**

上海交通大学出版社
SHANGHAI JIAO TONG UNIVERSITY PRESS

内容提要

本书为《中国外来入侵植物志·第三卷》。本卷记载了中国外来入侵植物共20科52属113种，其中西番莲科1属3种，秋海棠科1属1种，葫芦科3属3种，千屈菜科3属3种，桃金娘科1属1种，海桑科1属1种，野牡丹科1属1种，柳叶菜科3属14种，小二仙草科1属1种，伞形科4属4种，报春花科1属1种，夹竹桃科1属1种，萝藦科1属1种，茜草科5属8种，旋花科5属18种，紫草科2属2种，马鞭草科3属9种，唇形科4属7种，茄科4属24种，玄参科7属10种。另外记载前述相似种52种，记载附记种1种，讨论种62种。图版116幅。

图书在版编目（CIP）数据

中国外来入侵植物志.第三卷 / 马金双总主编；刘
全儒,张勇,齐淑艳主编. —上海：上海交通大学出版
社,2020.12
 ISBN 978-7-313-24028-6

 Ⅰ.①中… Ⅱ.①马… ②刘… ③张… ④齐… Ⅲ.
①外来入侵植物—植物志—中国 Ⅳ.①Q948.52

 中国版本图书馆CIP数据核字（2020）第215185号

中国外来入侵植物志·第三卷
ZHONGGUO WAILAI RUQIN ZHIWU ZHI·DI-SAN JUAN

总　主　编：马金双
主　　　编：刘全儒　张　勇　齐淑艳
出版发行：上海交通大学出版社　　　　　地　　址：上海市番禺路951号
邮政编码：200030　　　　　　　　　　　电　　话：021-64071208
印　　制：上海盛通时代印刷有限公司　　经　　销：全国新华书店
开　　本：787mm×1092mm　1/16　　　印　　张：33.75
字　　数：548千字
版　　次：2020年12月第1版　　　　　　印　　次：2020年12月第1次印刷
书　　号：ISBN 978-7-313-24028-6
定　　价：298.00元

序

　　随着经济的发展和人口的增加，生物多样性保护以及生态安全受到越来越多的国际社会关注，而生物入侵已经成为严重的全球性环境问题，特别是导致区域和全球生物多样性丧失的重要因素之一。尤其是近年来随着国际经济贸易进程的加快，我国的外来入侵生物造成的危害逐年增加，中国已经成为遭受外来生物入侵危害最严重的国家之一。

　　入侵植物是指通过自然以及人类活动等无意或有意地传播或引入异域的植物，通过归化自身建立可繁殖的种群，进而影响侵入地的生物多样性，使入侵地生态环境受到破坏，并造成经济影响或损失。

　　外来植物引入我国的历史比较悠久，据公元 659 年《唐本草》记载，蓖麻作为药用植物从非洲东部引入中国，20 世纪 50 年代作为油料作物推广栽培；《本草纲目》（1578）记载曼陀罗在明朝末年作为药用植物引入我国；《滇志》（1625）记载原产巴西等地的单刺仙人掌在云南作为花卉引种栽培；原产热带美洲的金合欢于 1645 年由荷兰人引入台湾作为观赏植物栽培。从 19 世纪开始，西方列强为扩大其殖民统治和势力范围设立通商口岸，贸易自由往来，先后有多个国家的探险家、传教士、教师、海关人员、植物采集家和植物学家深入我国采集和研究植物，使得此时期国内外来有害植物入侵的数量急剧增加，而我国香港、广州、厦门、上海、青岛、烟台和大连等地的海港则成为外来植物传入的主要入口。20 世纪后期，随着我国国际贸易的飞速发展，进口矿物、粮食、苗木等商品需求增大，一些外来植物和检疫性有害生物入侵的风险急剧增加，加之多样化的生态系统使大多数外来种可以在中国找到合适的栖息地；这使得我国生物入侵的形势更加严峻。然而，我们对外来入侵种的本底资料尚不清楚，对外来入侵植物所造成的生态和经济影响还没有引起足够的重视，更缺乏相关的全面深入调查。

　　我国对外来入侵植物的调查始于 20 世纪 90 年代，但主要是对少数入侵种类的研究及总结，缺乏对外来入侵植物的详细普查，本底资料十分欠缺。有关入侵植物的研究资料主要集中在东南部沿海地区，各地区调查研究工作很不平衡，更缺乏全国性的权威资料。与此同时，关于物种的认知问题存在混乱，特别是物种的错误鉴定、名称（学名）误用。外来入侵植物中学名误用经常出现在一些未经考证而二次引用的文献中，如南美天胡荽的学名误用，其正确的学名应为 *Hydrocotyle verticillata* Thunberg，而不是国内文献普遍记载的 *Hydrocotyle vulgaris* Linnaeus，后者在中国并没有分布，也未见引种栽培，两者因形态相近而混淆。另外，由于对一些新近归化或入侵的植物缺乏了解，更缺乏对其主要形态识别特征的认识，这使得对外来入侵植物的界定存在严重困难。

开展外来入侵植物的调查与编目，查明外来入侵植物的种类、分布和危害，特别是入侵时间、入侵途径以及传播方式是预防和控制外来入侵植物的基础。2014 年"中国外来入侵植物志"项目正式启动，全国 11 家科研单位及高校共同参与，项目组成员分为五大区（华东、华南、华中、西南、三北①），以县为单位全面开展入侵植物种类的摸底调查。经过 5 年的野外考察，项目组共采集入侵植物标本约 15 000 号 50 000 份，拍摄高清植物生境和植株特写照片 15 万余张，记录了全国以县级行政区为单位的入侵植物种类、多度、GIS 等信息，同时还发现了一大批新入侵物种，如假刺苋（*Amaranthus dubius* Martius）、蝇子草（*Silene gallica* Linnaeus）、白花金钮扣［*Acmella radicans* var. *debilis* (Kunth) R.K. Jansen］等，获得了丰富的第一手资料，并对一些有文献报道入侵但是经野外调查发现仅处于栽培状态或在自然环境中偶有逸生但尚未建立稳定入侵种群的种类给予了澄清。我们对于一些先前文献中的错误鉴定或者学名误用的种类给予了说明，并对原产地有异议的种类做了进一步核实。此外，项目组在历史标本及早期文献信息缺乏的情况下，克服种种困难，结合各类书籍、国内外权威数据库、植物志及港澳台早期的植物文献记载，考证了外来入侵植物首次传入中国的时间、传入方式等之前未记载的信息。

《中国外来入侵植物志》不同于传统植物志，其在物种描述的基础上，引证了大量的标本信息，并配有图版。外来入侵植物的传入与扩散是了解入侵植物的重要信息，本志书将这部分作为重点进行阐述，以期揭示入侵植物的传入方式、传播途径、入侵特点等，

———————————

① 三北指的是我国的东北、华北和西北地区。

为科研、科普、教学、管理等提供参考。本志书分为 5 卷，共收录入侵植物 68 科 224 属 402 种，是对我国现阶段入侵植物的系统总结。

《中国外来入侵植物志》由中国科学院上海辰山植物科学研究中心 / 上海辰山植物园植物分类学研究组组长马金双研究员主持，全国 11 家科研单位及高校共同参与完成。项目第一阶段，全国各地理区域资料的收集与野外调查分工：华东地区闫小玲（负责人）、李惠茹、王樟华、严靖、汪远等参加；华中地区李振宇（负责人）、刘正宇、张军、金效华、林秦文等参加；三北地区刘全儒（负责人）、齐淑艳、张勇等参加，华南地区王瑞江（负责人）、曾宪锋、王发国等参加；西南地区税玉民、马海英、唐赛春等参加。项目第二阶段为编写阶段，丛书总主编马金双研究员、总主审李振宇研究员，参与编写的人员有第一卷负责人闫小玲、第二卷负责人王瑞江、第三卷负责人刘全儒、第四卷负责人金效华、第五卷负责人严靖等。

感谢上海市绿化和市容管理局科学技术项目（G1024011，2010—2013）、科技部基础专项（2014FY20400，2014—2018）、2020 年度国家出版基金的资助。感谢李振宇研究员百忙之中对本志进行审定。感谢上海交通大学出版社给予的支持和帮助，感谢所有编写人员的精诚合作和不懈努力，特别是各卷主编的努力，感谢项目前期入侵植物调查人员的辛苦付出，感谢辰山植物分类学课题组的全体工作人员及研究生的支持和配合。由于调查积累和研究水平有限，书中难免有遗漏和不足，望广大读者批评指正！

2020 年 11 月

编写说明

《中国外来入侵植物志》基于近年来的全面的野外调查、标本采集、文献考证及最新的相关研究成果编写而成，书中收载的为现阶段中国外来入侵植物，共记载中国外来入侵植物 68 科 224 属 402 种（含种下等级）。

分类群与主要内容　本志共分为五卷。第一卷内容包括槐叶蘋科～景天科，共记载入侵植物 22 科 33 属 53 种；第二卷内容包括豆科～梧桐科，共记载入侵植物 10 科 41 属 77 种；第三卷内容包括西番莲科～玄参科，共记载入侵植物 20 科 52 属 113 种；第四卷内容包括紫葳科～菊科，共记载入侵植物 5 科 67 属 114 种；第五卷内容包括泽泻科～竹芋科，共记载入侵植物 11 科 31 属 45 种。

每卷的主要内容包括卷内科的主要特征简介、分属检索表、属的主要特征简介、分种检索表、物种信息、分类群的中文名索引和学名索引。全志书分类群的中文名总索引和学名总索引置于第五卷末。

物种信息主要包括中文名、学名（基名及部分异名）、别名、特征描述（染色体、物候期）、原产地及分布现状（原产地信息及世界分布、国内分布）、生境、传入与扩散（文献记载、标本信息、传入方式、传播途径、繁殖方式、入侵特点、可能扩散的区域）、危害及防控、凭证标本、相似种（如有必要）、图版、参考文献。

分类系统及物种排序　被子植物科的排列顺序参考恩格勒系统（1964），蕨类植物采用秦仁昌系统（1978）。为方便读者阅读参考，第五卷末附有恩格勒（1964）系统与 APG IV 系统的对照表。

物种收录范围　《中国外来入侵植物志》旨在全面反映和介绍现阶段我国的外来入侵植物，其收录原则是在野外考察、标本鉴定和文献考证的基础上，确认已经造成危害的外来植物。对于有相关文献报道的入侵种，但是经项目组成员野外考察发现其并未造成危害，或者尚且不知道未来发展趋势的物种，仅在书中进行了简要讨论，未展开叙述。

入侵种名称与分类学处理 外来入侵种的接受名和异名主要参考了 *Flora of China*、*Flora of North America* 等，并将一些文献中的错误鉴定及学名误用标出，文中异名（含基源异名）以"——"、错误鉴定以 auct. non 标出，接受名及异名均有引证文献；种下分类群亚种、变种、变型分别以 subsp.、var.、f. 表示；书中收录的异名是入侵种的基名或常见异名，并非全部异名。外来入侵种的中文名主要参照了 *Flora of China* 和《中国植物志》，并统一用法，纠正了常见错别字，同时兼顾常见的习惯用法。

形态特征及地理分布 主要参照了 *Flora of China*、*Flora of North America* 和《中国植物志》等。另外，不同文献报道的入侵种的染色体的数目并不统一，文中附有相关文献，方便读者查询参考。

地理分布是指入侵种在中国已知的省级分布信息（包括入侵、归化、逸生、栽培），主要来源于已经报道的入侵种及归化种的文献信息、*Flora of China*、《中国植物志》和地方植物志及各大标本馆的标本信息，并根据项目组成员的实际调查结果对现有的分布地进行确认和更新。本志书采用中国省区市中文简称，并以汉语拼音顺序排列。

书中入侵种的原产地及归化地一般遵循先洲后国的次序，主要参考了 *Flora of China*、CABI、GBIF、USDA、*Flora of North America* 等，并对一些原产地有争议的种进行了进一步核实。

文献记载与标本信息 文献记载主要包括两部分，一是最早或较早期记录该种进入我国的文献，记录入侵种进入的时间和发现的地点；二是最早或较早报道该种归化或入侵我国的文献，记录发现的时间和发现的地点。

标本信息主要包括三方面的内容：① 模式标本，若是后选模式则尽量给出相关文献；② 在中国采集的最早或较早期的标本，尽量做到采集号与条形码同时引证，若信息缺乏，至少选择其一；③ 凭证标本，主要引证了项目组成员采集的标本，包括地点、海拔、经纬度、日期、采集人、采集号、馆藏地等信息。

本志书中所有的标本室（馆）代码参照《中国植物标本馆索引》（1993）和《中国植物标本馆索引（第 2 版）》（2019）。

传入方式与入侵特点 基于文献记载、历史标本记录和野外实际调查，记录了入侵种进入我国的途径（有意引入、无意带入或自然传入等）以及在我国的传播方式（人为有意或无意传播、自然扩散）。基于物种自身所具备的生物学和生态学特性，主要从繁殖性（种子结实率、萌发率、幼苗生长速度等）、传播性（传播体重量、传播体结构、与人类活动的关联程度）和适应性（气候、土壤、物种自身的表型可塑性等）三方面对其入侵特点进行阐述。

危害与防控 基于文献记载和野外实际调查，记录了入侵种对生态环境、社会经济和人类健康等的危害程度，包括该物种在世界范围内所造成的危害以及目前在中国的入侵范围和所造成的危害。综合国内外研究和文献报道，从物理防除、化学防控和生物控制三个方面对入侵种的防控进行了阐述。

相似种 主要列出同属中其他的归化植物或者与收录的入侵种形态特征相似的物种，将主要形态区别点列出，并讨论其目前的分布状态及种群发展趋势，必要时提供图片。此外，物种存在的分类学问题也在此条目一并讨论。

植物图版 每个入侵种后面附有高清的彩色植物图版，并配有图注，方便读者识别。图版主要包括生境、营养器官（植株、叶片、根系等）和繁殖器官（花、果实、种子等），且尽量提供关键识别特征，部分种配有相似种的图片，以示区别。植物图片的拍摄主要由项目组成员完成，也有一些来自非项目组成员完成，均在卷前显著位置标出摄影者的姓名。

前　言

　　在国家科技部基础性工作专项"中国外来入侵植物志"的支持下，我们负责了东北、华北和西北地区外来入侵植物的野外调查以及《中国外来入侵植物志（第三卷）》的编研工作。三北地区地域广袤，受经济发达程度的影响，遭受外来植物入侵严重程度区域差异较大。参与本次调查研究的共涉及北京师范大学、河西学院、辽宁大学的三十多人。通过本次野外调查，我们切实体验到外来入侵植物对当地生态环境的影响和破坏，也了解到基层工作者对入侵植物资料需求的迫切性。因此，外来入侵植物志书的编纂是非常重要和紧迫的。通过本次野外调查，我们所获得的关于外来入侵植物种类、分布现状和危害程度等信息的资料为编写《中国外来入侵植物志（第三卷）》奠定了良好的基础。

　　志书的撰写是一项艰苦和繁杂的工作，因为每一类群所涉及的科、属、种以及参考文献都有差异，基础资料、图片资料的丰富程度也有差异，要达到完全统一的格式非常困难，特别是模式文献和模式标本的考证要花费大量的精力，此外还有分布区的核实、凭证标本的核准、彩色照片的收集等也需要耐心处理。所幸的是经过十余次反复修改，总算完成了本卷的编写任务。

　　本卷收录了中国外来入侵植物共 20 科 52 属 113 种，其中西番莲科 1 属 3 种，秋海棠科 1 属 1 种，葫芦科 3 属 3 种，千屈菜科 3 属 3 种，桃金娘科 1 属 1 种，海桑科 1 属 1 种，野牡丹科 1 属 1 种，柳叶菜科 3 属 14 种，小二仙草科 1 属 1 种，伞形科 4 属 4 种，报春花科 1 属 1 种，夹竹桃科 1 属 1 种，萝藦科 1 属 1 种，茜草科 5 属 8 种，旋花科 5 属 18 种，紫草科 2 属 2 种，马鞭草科 3 属 9 种，唇形科 4 属 7 种，茄科 4 属 24 种，玄参科 7 属 10 种。另外记载前述相似种 52 种，记载附记种 1 种，讨论种 62 种。图版 116 幅。

　　由于各种原因，我们对书中的一些外来植物的认识还不十分全面，部分物种的传入方式、扩散途径、生态学特性以及有效的防控措施等信息仅来自文献记载。另外，外来植物的生长和扩散也会随着时间和空间的变化表现出较强的动态变化，人们对它们的防控处理也需要一定的过程。因此，外来入侵植物的研究也将是一个长期的工作，而目前整理的结果也仅仅是一个阶段性成果，希望后续还能对其开展更为深入的研究。

在本卷的成书和出版过程中，中国科学院上海辰山植物科学研究中心马金双教授、中国科学院植物研究所李振宇研究员、华南植物研究所王瑞江研究员和上海辰山植物园研究团队均给予了大力的支持和帮助，团队中的每一位成员都付出了极大的努力，在图片收集过程中还得到了其他各单位三十多位同行的鼎力相助，在此我们表示诚挚的感谢！

鉴于编写时间紧迫，编者的学识水平有限，书中难免存在一些疏漏和错误，恳请读者不吝批评指正！

编者

2020 年 11 月

作者分工

西番莲科、秋海棠科、葫芦科、桃金娘科、野牡丹科、伞形科	齐淑艳（沈阳大学）、刘全儒（北京师范大学）
海桑科、小二仙草科	齐淑艳（沈阳大学）
千屈菜科	朱金文（浙江大学）、刘全儒（北京师范大学）
柳叶菜科	刘全儒、何毅（北京师范大学）
报春花科	刘全儒、刘丹辉（北京师范大学）
旋花科、茄科	刘全儒、蒋媛媛（北京师范大学）
夹竹桃科、萝藦科	张勇、高海宁（河西学院）
茜草科、紫草科、马鞭草科	张勇、李鹏（河西学院）
唇形科、玄参科	张勇、李鹏（河西学院），刘全儒（北京师范大学）
图版制作	何毅、蒋媛媛、刘全儒（北京师范大学）

摄影（以姓氏笔画为序）

于胜祥　　马海英　　王　辰　　王发国

王刚涛　　王焕冲　　王瑞江　　王樟华

孔令普　　朱金文　　朱鑫鑫　　刘全儒（摄、绘）

刘　晶（绘）齐淑艳　　闫小玲　　严　靖

杜　威　　李庆宏　　李振宇　　李惠茹

杨晓洋　　吴望辉　　何　毅　　汪　远

宋竹青　　张　军　　张　勇　　张宪春

陈征海　　林秦文　　孟世勇　　赵利清

侯元同　　袁华柄　　徐锦泉　　高海宁

唐赛春　　葛斌杰　　蒋媛媛　　曾宪锋

钟诗文　　蔡忆莲

目 录

西番莲科 | Passifloraceae

草质或木质藤本,稀为灌木或小乔木。腋生卷须卷曲。单叶,稀为复叶,互生或近对生,全缘或分裂,具柄,常有腺体,通常具托叶。聚伞花序,腋生,有时退化仅存1~2花;通常有苞片1~3枚;花辐射对称、两性、单性、罕有杂性;萼片5,偶有3~8;花瓣5,稀3~8,罕有不存在;外副花冠与内副花冠型式多样,有时不存在;雄蕊4~5,偶有4~8或不定数;花药2室,纵裂;心皮3~5,子房上位,通常着生于雌雄蕊柄上,1室,侧膜胎座,具少数或多数倒生胚珠,花柱与心皮同数,柱头头状或肾形。浆果或蒴果,不开裂或室背开裂;种子多数,种皮具网状小窝点。胚直,胚乳丰富。**染色体**:x=6、9、12(Feuillet & MacDougal,2007)。

本科约16属660种(Wang et al.,2007),主产世界热带和亚热带地区。中国有2属24种,其中仅1属3种为外来入侵,另有3种因长期作为水果或观赏花卉栽培出现逸生。

参考文献

Feuillet C, MacDougal J M, 2007. Passifloraceae[M]//Kubitzki K. The Families and Genera of Vascular Plants: vol 9. Berlin: Springer-Verlag: 270–275.

Wang Y Z, Krosnick S E, Gensen P M J, et al., 2007. Passifloraceae[M]//Wu Z Y, Raven P H, Hong D Y. Flora of China: vol 13. Beijing: Science Press: 141.

西番莲属 *Passiflora* Linnaeus

草质或木质藤本。单叶,少有复叶,互生,偶有近对生,全缘或分裂,叶下面和叶柄通常有腺体;托叶线状或叶状,稀无托叶。聚伞花序,腋生,有时退化仅存1~2

花，成对生于卷须的两侧或单生于卷须和叶柄之间，偶有复伞房状；花序梗具关节，苞片 1~3，有时成总苞状；花两性；萼片 5，常成花瓣状，有时在外面顶端具 1 角状附属器；花瓣 5，有时缺；外副花冠常由 1 至数轮丝状、鳞片状或杯状体组成；内副花冠膜质，扁平或褶状、全缘或流苏状，有时呈雄蕊状。其内或下部具有蜜腺环，有时缺；雌雄蕊柄基部或围绕无柄子房的基部具有花盘，有时缺；雄蕊 5（稀 8），花丝分离或基部联合；花柱 3（~4），柱头头状或肾状；子房 1 室，胚珠多数，侧膜胎座。肉质浆果卵球形、椭圆球形至球形，含种子数颗；种子扁平，长圆形至三角状椭圆形；种皮具网状小窝点。**染色体**：n=6、9、10、11、12（Feuillet & MacDougal, 2007）。

本属约 520 种，分布于热带美洲和亚热带。中国约 20 种，其中外来引种栽培 7 种（Wang et al., 2007），分布于南部和西南部。其中 3 种为入侵物种。另有 3 种因长期作为水果或观赏花卉栽培出现逸生，分别为西番莲（*P. caerulea* Linnaeus），原产于南美洲阿根廷北部和巴西南部，现于重庆、福建、广东、广西、贵州、海南、江西、四川、云南、浙江露地栽培或偶见逸生，于北京、内蒙古、山西、上海、天津等地需温室越冬，主要识别特征为叶掌状 5 裂，花直径 6~8 cm；鸡蛋果（*P. edulis* Linnaeus），原产于南美洲，现广植于热带和亚热带地区，我国重庆、云南、福建、广东、海南、台湾、香港等地大规模栽培并出现逸生，主要识别特征为叶掌状 3 裂，花直径约 4 cm；大果西番莲（*P. quadrangularis* Linnaeus），原产于西印度群岛和美国中南部，我国福建、广东、台湾、香港、云南栽培，并在广东和海南出现逸生，主要识别特征为叶全缘，花直径约 10 cm，果大，长达 25 cm。*Flora of China* 还收载了腺柄西番莲（*P. adenopoda* Candolle），原产于墨西哥至秘鲁，在我国云南孟连归化，主要识别特征为叶 3 或 5 裂，从不全缘，花直径 3~5 cm，叶柄具 2 具柄腺体，苞片撕裂状，不具腺体。但经核实文献和标本，除 *Flora of China* 记录外未见到其他资料，暂时记录于此，有待进一步研究。

此外，本属在我国栽培的种类还有蓝翅西番莲（*P. alato-caerulea* Lindley）、樟叶西番莲（*P. laurifolia* Linnaeus）、翅茎西番莲（*P. alata* Aiton）、红花西番莲（*P. manicata* Persoon）、紫西番莲（*P. violacea* Velloso）、毛叶西番莲（*P. mollissima* Bailley）（包士英，1977；何家庆，2012）。

鸡蛋果（*Passiflora edulis* Linnaeus）

1. 生境和植物外形；2. 花；3. 果；4. 种子；5. 叶

参考文献

包士英，1977. 西番莲科 [M] // 谷粹芝. 中国植物志：第 52 卷第 1 分册. 北京：科学出版社：97-98.

何家庆，2012. 中国外来植物 [M]. 上海：上海科学技术出版社：215-216.

Feuillet C, MacDougal J M, 2007. *Passiflora*[M]// Kubitzki K. The families and genera of vascular plants: vol 9. Berlin: Springer-Verlag: 278-279.

Wang Y Z, Krosnick S E, Gensen P M J, et al., 2007. Passifloraceae[M]// Wu Z Y, Raven P H, Hong D Y. Flora of China: vol 13. Beijing: Science Press: 141.

分种检索表

1 叶柄无腺体；外副花冠裂片 3～5 轮，聚伞花序退化仅存 1 花，果成熟时黄褐色 ⋯⋯⋯⋯⋯⋯⋯⋯⋯⋯ 1. 龙珠果 *Passiflora foetida* Linnaeus

1 叶柄中、上部或顶端具 1～2 枚腺体；外副花冠裂片 2 轮，花单生或成对生于叶腋内，果成熟时黑色 ⋯⋯⋯⋯⋯⋯ 2

2 花无花瓣，外轮副花冠丝状裂片绿色 ⋯⋯⋯ 2. 三角叶西番莲 *Passiflora suberosa* Linnaeus

2 花瓣 5 枚，外轮副花冠丝状裂片白色带紫色 ⋯⋯ 3. 桑叶西番莲 *Passiflora morifolia* Masters

1. 龙珠果 *Passiflora foetida* Linnaeus, Sp. Pl. 2: 959. 1753.

【别名】 假苦果、龙须果、龙眼果、龙珠草、毛西番莲、香花果

【特征描述】 草质藤本，有臭味。茎具条纹并被平展柔毛。叶膜质，宽卵形至长圆状卵形，长 4.5～13 cm，宽 4～12 cm，先端 3 浅裂，基部心形，边缘常具头状缘毛，两面均被柔毛及混生少许腺毛，无腺体；叶脉掌状 3 出，侧脉 4～5 对，网脉横出；叶柄长 2～6 cm，密被平展柔毛和腺毛；托叶半抱茎，深裂，裂片顶端具腺毛。聚伞花序退化仅存 1 花，与卷须对生，花白色或浅紫色，直径 2～3 cm；苞片 3 枚，一至三回羽状分

裂，裂片丝状，顶端具腺毛；萼片 5，长 1.5 cm，外面近顶端有一角状突起；花瓣 5 枚，与萼片等长，外副花冠裂片 3～5 轮，丝状，内副花冠膜质，高 1～1.5 mm；雌雄蕊柄长 5～7 mm；雄蕊 5 枚，花丝基部合生；子房椭球形，花柱 3（～4）枚。浆果卵圆球形，直径 2～3 cm，成熟时黄褐色。**染色体**：$2n$=18、20、22（庄西卿，1991；De Melo et al., 2001）。**物候期**：花期 7—8 月，果期翌年 4—5 月。

【原产地及分布现状】 原产于热带美洲，现归化于热带地区（Wang et al., 2007）。**国内分布**：福建、广东、广西、贵州、海南、台湾、云南、香港。

【生境】 路旁、耕地、疏林。

【传入与扩散】 **文献记载**：龙珠果在中国最早的记载见于 1861 年出版的 *Flora Hongkongensis*（Bentham, 1861），1912 年出版的 *Flora of Kwangtung and Hongkong*（*China*）（Dunn & Tutcher, 1912）和 1956 年出版的《广州植物志》（侯宽昭，1956）都予以记载，1999 年出版的《中国植物志》予以收录（包士英，1999）。2002 年《中国外来入侵种》将其列为入侵种（李振宇和解焱，2002），2012 年《中国外来植物》也予以收录（何家庆，2012）。**标本信息**：后选模式（Lectotype），Herb. Linn. No. 1070. 24，标本存放于瑞典林奈植物标本馆（LINN）。中国最早的标本于 1928 年采自海南岛（吴瑞庭 1085，IBSC0116686、IBSC 0116687）、香港（蒋英 228，IBSC0116718、PE01163018）、广东［T. Tsiang（蒋英）0191，LBG00071674］。**传入方式**：本植物的果味甜可食，并兼有药用功能，很可能最初是人为引进的，后来逐渐逸为野生。**传播途径**：作为栽培物种引进，人工引种后逸生。**繁殖方式**：种子繁殖。**入侵特点**：① 繁殖性 生长快，开花期长，7—8 月边开花边结果，一直持续到翌年 4 月，种子产量大。② 传播性 主要通过种子扩散传播，长距离的扩散有可能通过鸟类取食果实后传播种子。在适生范围内，可通过长长的茎枝扩展自己的领地。③ 适应性 适应性较强，能在村边、田野、撂荒地、林缘等不同环境快速生长。**可能扩散的区域**：澳门、福建、广东、广西、贵州、海南、台湾、云南、香港。

【危害及防控】 **危害**：常攀附其他植物生长，形成大面积的单优群落，危害当地植物，影响生物多样性（曾宪锋，2018）。**防控**：在结果前将其清除，作为藤本植物，先找到其根部直接割断，然后待植株萎蔫后再进一步清理。也可利用秋耕和春耕，将其根茎置于地上晒死。不建议使用草甘膦等内吸性除草剂防除。

【凭证标本】 广西省防城港市茅岭乡，海拔 2 m，21.858 4°N，108.595 1°E，2009 年 2 月 4 日，刘全儒、孟世勇 GXGS099（BNU）；海南省三亚市凤凰镇梅村，海拔 4 m，18.299 1°N，109.399 4°E，2015 年 12 月 22 日，曾宪锋 RQHN03682（CSH）；云南省红河州个旧市蔓耗镇牛棚村马堵山，海拔 526 m，21.931 2°N，101.275 3°E，2014 年 7 月 13 日，税玉民、汪健、杨珍珍等 RQXN00012（CSH）。

龙珠果（*Passiflora foetida* Linnaeus）

1.群落和生境；2.叶和卷须；3.花；4.成熟果实；5.果实（解剖），示种子和果肉

参考文献

包士英，1999. 西番莲科 [M] // 谷粹芝 . 中国植物志：第 52 卷第 1 分册 . 北京：科学出版社：110.

何家庆，2012. 中国外来植物 [M]. 上海：上海科学技术出版社：215-216.

侯宽昭，1956. 广州植物志 [M]. 北京：科学出版社：182.

李振宇，解焱，2002. 中国外来入侵种 [M]. 北京：中国林业出版社：129.

曾宪锋，2018. 华南归化植物暨入侵植物 [M]. 北京：科学出版社：55.

庄西卿，1991. 世界西番莲研究近况Ⅳ遗传与育种 [J]. 福建热作科技，（1）：44-47.

Bentham G, 1861. Flora Hongkongensis: a description of the flowering plants and ferns[M]. London: Lovell Reeve.

De Melo N F, Cervi A C, Guerra M, 2001. Karyology and cytotaxonomy of the genus *Passiflora* L. (Passifloraceae)[J]. Plant Systematics and Evolution, 226(1−2): 69−84.

Dunn S T, Tutcher W T, 1912. Flora of Kwangtung and Hongkong (China)[J]. Bulletin of Miscellaneous Information, Additional Series, 10: 110.

Wang Y Z, Krosnick S E, Gensen P M J, et al., 2007. Passifloraceae[M]//Wu Z Y, Raven P H, Hong D Y. Flora of China. Beijing: Science Press: 141.

2. 三角叶西番莲 *Passiflora suberosa* Linnaeus, Sp. Pl. 2: 958. 1753.

【别名】 革叶香莲、姬西番莲、南美西番莲、栓皮西番莲、栓木藤西番莲

【特征描述】 多年生草质藤本，具腋生卷须。茎细弱，四棱形，有纵条纹，被细柔毛。叶互生，叶片 3 深裂，裂片卵状三角形，长 5.5～7 cm，宽 6～8.5 cm，先端具锐尖，基部心形，微被稀疏长柔毛，边缘具明显缘毛；叶柄被白色糙伏毛，中部或稍上部具 2 腺体；托叶线形或钻形。花单生或成对生于叶腋内，浅绿色或白色；花柄长 1～2 cm；具小苞片；萼片 5，长圆形或披针形，绿白色，被柔毛，在外面顶端具 1 枚细小的角状突起；无花瓣；外副花冠裂片 2 轮，丝状，绿色，靠近顶端带黄色，长约 7 mm；内副花冠褶状，带紫色；花盘 0.5～1 mm，雌雄蕊柄长约 4 mm；雄蕊 5，花丝基部结合成管，上部分离，围绕花柱呈放射状排列；子房近球形，密被白色柔毛；花柱 3，柱头近头状，浆果近球形，直径 1～1.5 cm，成熟时紫黑色。染色体：2*n*=12、24、36（De Melo et al.,

2001）。**物候期**：花期 8—11 月，果期 9—11 月。在原产地花果期近全年。

Porter-Utley（2014）在其分类修订中，在本种下划分出 2 个亚种：三角叶西番莲（*Passiflora suberosa* subsp. *suberosa*）和海滨西番莲［ *P. suberosa* subsp. *litoralis* (Kunth) K.Port.-Utl. ex M. A. M. Azevedo, Baumbratz & Gonç.-Estev.］。他认为两者有不同的地理分布，前者分布于加勒比海，后者则分布于墨西哥、中美洲，并侵入美国南部的夏威夷。两者的营养体非常相似，但 *P. suberosa* subsp. *suberosa* 全株近无毛，萼片绿白色，无毛，雄蕊花丝长 3.4～6.8 mm，花粉白色，果实卵球形，而 *P. suberosa* subsp. *litoralis* 通常具明显而密的弯曲柔毛，萼片绿黄色，具柔毛，雄蕊丝长 1.6～3.9 mm，花粉黄色，果实椭圆形至球形。按照此观点，曾宪锋等（2012）和曾宪锋（2018）记载的细柱西番莲（*P. gracilis* J. Jacquin ex Link）应该为 *P. suberosa* subsp. *suberosa* 的错误鉴定，而 *Flora of Taiwan*（第 3 卷）（Kao, 1993）和陈恒彬（2005）记述的三角叶西番莲更接近 *P. suberosa* subsp. *litoralis*。《云南植物志》（第 1 卷）（包士英，1977）和《中国植物志》（第 52 卷第 1 分册）（包士英，1977）记载的细柱西番莲（*P. gracilis* J. Jacquin & Link）则为桑叶西番莲（*P. morifolia* Masters）的错误鉴定。*Flora of China* 虽然指出了 *P. gracilis* 不同于 *P. suberosa*，但将细柱西番莲作为后者的中文名，造成了一定的混乱（Wang et al.，2007）。

【原产地及分布现状】 原产于西印度群岛和美国中南部，现广泛入侵澳大利亚地区（Green, 1972）。**国内分布**：福建、广东、台湾、香港、云南。

【生境】 路边、草坡。

【传入与扩散】 **文献记载**：1977 年《云南植物志》记载云南西双版纳有栽培或逸生；1979 年台湾有报道；2005 年厦门有入侵报道（陈恒斌，2005）；2012 年被收录至《生物入侵：中国外来入侵植物图鉴》（万方浩 等，2012）。**标本信息**：后选模式（Lectotype），Herb. Linn. No. 1070. 21, 标本存放于瑞典林奈植物标本馆（LINN）。中国最早的标本于 1926 年采自台湾屏东县（ S. Saito 7504，PE01163158）；2004 年 9 月在云南勐腊县勐仑镇热带植物园苗圃采集到栽培的标本（王洪 7415，PE01598862）；2009 年在福建厦门植物园采集到逸生的标本（刘全儒 010，BNU0016262）。**传入方式**：早年作为观赏植物或药用植物（全草煮水饮之可戒烟瘾）引入，以后通过反复人为引入，直至适应当地环境而逸生。**传播途径**：长距离传播可能通过鸟类取食果实后传播种子或人为引种，短距离传播主要通过种子扩散。**繁殖方式**：主要通过种子繁殖。**入侵特点**：① 繁殖性　种子量大，繁殖容易，对环境要求不高。② 传播性　在短距离范围内能通过产生大量果实和种子实现扩散。③ 适应性　在适宜环境中适应性强，生长迅速。**可能扩散的区域**：澳门、福建、广东、广西、台湾、香港。

【**危害及防控**】　**危害**：常攀附其他植物生长，形成大面积的单优种群，危害当地生物多样性。**防控**：限制引种栽培，发生区在结果前将其清除。

【**凭证标本**】　福建省漳州市东山县东山岛，海拔 17 m，24.444 3°N，118.085 9°E，2014 年 9 月 23 日，曾宪锋 RQHN06149（CSH）；香港香港岛薄扶林大道，海拔 68 m，22.281 9°N，114.132 5°E，2015 年 7 月 26 日，王瑞江、薛彬娥、朱双双 RQHN00931（IBSC，CSH）。

【**相似种**】　细柱西番莲（*Passiflora gracilis* J. Jacquin & Link）。全株无毛，叶裂片先端钝圆；腺体在叶柄的中下部；外轮副花冠丝状裂片白色带紫色纹理，成熟果实橙红色或红色，长椭圆形。而三角叶西番莲（*P. suberosa* Linnaeus）全株通常被柔毛或糙伏毛，叶裂片先端具短尖；腺体在叶柄的中上部；外轮副花冠丝状裂片绿色；成熟果实紫黑色，卵形或球形。目前国内所有鉴定为细柱西番莲（*P. gracilis* J. Jacquin ex Link）的标本均为 *P. suberosa* Linnaeus 的错误鉴定，尚无可靠的标本证明我国有细柱西番莲的分布。

三角叶西番莲（*Passiflora suberosa* Linnaeus）

1. 生境和植物外形；2. 花和卷须；3. 花；4. 花蕾和卷须；5. 幼果；6. 成熟果

参考文献

包士英，1999. 西番莲科［M］// 吴征镒. 云南植物志：第 1 卷. 北京：科学出版社：
  50-51.

包士英，1999. 西番莲科［M］// 谷粹芝. 中国植物志：第 52 卷第 1 分册. 北京：科学出版
  社：110.

陈恒彬，2005. 厦门地区的有害外来植物［J］. 亚热带植物科学，34（1）：50-55.

万方浩，刘全儒，谢明，等，2012. 生物入侵：中国外来入侵植物图鉴［M］. 北京：科学出
  版社：252-253.

曾宪锋，2018. 华南归化植物暨入侵植物［M］. 北京：科学出版社：90.

曾宪锋，邱贺媛，林静兰，2012. 福建省西番莲科 2 种新记录归化植物［J］. 福建林业科
  技，39（4）：109-110.

De Melo N F, Cervi A C, Guerra M, 2001. Karyology and cytotaxonomy of the genus *Passiflora* L.
  (Passifloraceae)[J]. Plant Systematics and Evolution, 226(1-2): 69-84.

Green P S, 1972. Passiflora in Australasia and the Pacific[J]. Kew Bulletin, 26(3): 539-558.

Kao M T, 1993. Passifloraceae[M]// Huang T C. Flora of Taiwan: vol 3. 2nd ed. Taibei: Lungwei
  Printing Company, Ltd: 840-841.

Porter-Utley K, 2014. A revision of *Passiflora* L. subgenus *Decaloba* (DC.) Rchb. supersection Cieca
  (Medik.) J. M. MacDougal & Feuillet (Passifloraceae)[J]. PhytoKeys, 43: 1-224.

Wang Y Z, Krosnick S E, Gensen P M J, et al., 2007. Passifloraceae[M]// Wu Z Y, Raven P H, Hong
  D Y. Flora of China: vol 13. Beijing: Science Press: 141.

3. **桑叶西番莲 Passiflora morifolia** Masters, Fl. Bras. (Martius) 13(1): 555. 1872. ——
Passiflora gracilis auct. non Jacq. ex Link: 云南植物志 1: 50. 1977; S. Y. Bao; Acta
Phytotax. Sin. 22(1): 61. 1984; 中国植物志 52(1): 110.

【特征描述】 多年生攀缘藤本。茎淡黄色，微四棱形，有纵条纹，被短柔毛，节长达
7 cm。叶草质，长 4～11 cm，宽 5～15 cm，掌状 3 浅裂，裂片具锐尖，中间裂片卵形
或卵状披针形，基部心形，上面深绿色，下面淡绿色，具短硬毛，脉上稍多，边缘呈
不规则波状或近全缘；叶柄长 5～9 cm，靠近叶片基部具 1～2 枚头状腺体；托叶半抱
茎，卵形，渐尖，稍具短硬毛。聚伞花序退化仅存 1～2 花，成对生于卷须的两侧或单
生于卷须和叶柄之间；花梗纤细，长 3～6 cm，近中部具 2～3 个线形小苞片，长可达

1 cm；花大，直径 2～3 cm；萼片 5，花瓣状，淡绿色，背面被柔毛；花瓣 5，淡白色，稍短于萼片；外副花冠裂片丝状，外部白色，内部紫色；内副花冠折扇状，稍弯曲；具雌雄蕊柄；雄蕊 5，花丝分离；花柱 3，分离，淡绿色，柱头头状；浆果近圆球形，成熟时紫黑色，被短刺毛和白霜；种子多数，长约 4 mm，稍扁平，周围具有橘色黏性的假种皮。**染色体**：2*n*=12、24（De Melo et al., 2001）。**物候期**：花、果期 7—9 月。

【**原产地及分布现状**】 原产于中南美洲，现于原产地以外的世界五大洲均已有归化，包括北美洲的美国，欧洲的西班牙，亚洲的以色列、印度尼西亚爪哇岛、马来西亚，大洋洲的太平洋岛屿和非洲的津巴布韦等（Green, 1972; Joel & Listone, 1986）。**国内分布**：云南省西双版纳植物园附近以及普洱市孟连县的竜山龙血树省级自然保护区。

【**生境**】 生于南垒河边，河岸季雨林林缘灌丛，海拔 960 m。

【**传入与扩散**】 **文献记载**：中国最早的记录应该是 1977 年出版的《云南植物志》第 1 卷（包士英，1977），遗憾的是该志依据的是错误鉴定的标本而记载为细柱西番莲（*P. gracilis* Linnaeus），1999 年以同样的方式收录于《中国植物志》（包士英，1999）；2015 年首次正式作为新记录报道，发现于我国云南省普洱市孟连县的竜山龙血树省级自然保护区（乔娣，2017）。**标本信息**：主模式（Holotype），K000036548，标本存放于英国邱皇家植物园标本馆（K），最早的标本于 1965 年 8 月 20 日采自云南西双版纳植物园（李延辉 5563，HITBC095999），该标本被错误地鉴定为细柱西番莲（*P. gracilis* Linnaeus），2015 年 7 月 24 日采自普洱市孟连县的竜山龙血树省级自然保护区（王焕冲等 ML-014，YUKU）。**传入方式**：最初可能作为观赏植物引入，后来逐渐逸为野生。**传播途径**：主要通过种子扩散传播，长距离的扩散有可能通过鸟类取食果实而传播种子。**繁殖方式**：主要通过种子繁殖。**入侵特点**：① 繁殖性 生长快，开花期长，7—9 月边开花边结果，种子产量大。② 传播性 主要通过种子扩散传播，长距离的扩散有可能通过鸟类取食而传播种子。③ 适应性 云南南部湿热的热带和亚热带气候条件非常适宜桑叶西番莲的生长和繁殖，能在村边、田野、撂荒地、林缘等不同环境快速生长，使其有进一步蔓延的可能性。**可能扩散的区域**：澳门、福建、广东、广西、贵州、海南、台湾、云南、香港。

【危害及防控】 **危害**：云南南部湿热的热带和亚热带气候条件非常适宜桑叶西番莲的生长和繁殖，常形成单优群落，危害当地植物，影响生物多样性。**防控**：在结果前将其清除，处理方法同龙珠果。

【凭证标本】 云南省普洱市孟连县竜山龙血树省级自然保护区，海拔 960 m，2015 年 7 月 24 日，王焕冲等 ML-014（YUKU）。云南省西双版纳傣族自治州勐腊县勐仑镇热带植物园，2004 年 9 月 5 日，王洪 7414（HITBC108683）。

桑叶西番莲（*Passiflora morifolia* Masters）
1. 生境和植物外形；2. 叶；3. 花；4. 成熟果实；5. 果实（打开）

参考文献

包士英, 1999. 西番莲科 [M] // 吴征镒. 云南植物志: 第 1 卷. 北京: 科学出版社: 50-51.

包士英, 1999. 西番莲科 [M] // 谷粹芝. 中国植物志: 第 52 卷第 1 分册. 北京: 科学出版社: 110.

乔娣, 杨凤, 曹建新, 等, 2017. 桑叶西番莲——中国西番莲科植物新归化种 [J]. 广西植物, 37 (11): 1443-1446.

De Melo N F, Cervi A C, Guerra M, 2001. Karyology and cytotaxonomy of the genus *Passiflora* L. (Passifloraceae)[J]. Plant Systematics and Evolution, 226(1-2): 69-84.

Green P S, 1972. *Passiflora* in Australasia and the Pacific[J]. Kew Bulletin, 26(3): 539-558.

Joel D M, Listone A, 1986. New adventive weeds in israel[J]. Israel Journal of Plant Sciences, 35(3-4): 215-223.

秋海棠科 | Begoniaceae

　　多年生肉质草本，稀为亚灌木。茎直立，匍匐状，稀攀缘状或仅具根状茎、球茎或块茎。单叶互生，稀为复叶，边缘具齿或分裂，极稀全缘，通常基部偏斜，两侧不相等；具长柄；托叶早落。花单性，雌雄同株，稀异株，通常组成聚伞花序；花被片花瓣状；雄花被片 2～4（～10），离生，极稀合生，雄蕊多数，花丝离生或基部合生；花药 2 室，药隔变化较大；雌花被片 2～5（～10），离生，稀合生；雌蕊心皮 2～5（～7）；子房下位，稀半下位，侧膜胎座或中轴胎座，花柱离生或基部合生；柱头呈螺旋状、头状、肾状或 U 形，并带刺状乳突。蒴果，有时呈浆果状，通常具不等大 3 翅，稀近等大，少数无翅而带棱；种子数极多，小，长圆形，种皮淡褐色，网状（谷粹芝，1999）。

　　本科有 2～3 属 1 400 余种（Gu et al., 2007）。广布于热带和亚热带地区。中国有 1 属 173 种，有 2 种外来逸生，其中 1 种为入侵植物。

参考文献

谷粹芝，1999. 秋海棠科［M］// 谷粹芝 . 中国植物志：第 52 卷第 1 分册 . 北京：科学出版社：126.

Gu C Z, Peng C I, Turland N J, 2007. Begoniaceae[M]// Wu Z Y, Raven P H, Hong D Y. Flora of China: vol 13. Beijing: Science Press: 153.

秋海棠属 *Begonia* Linnaeus

　　多年生肉质草本，稀亚灌木。具根状茎。茎直立、匍匐、稀攀缘状或常短缩而无地上茎。单叶，稀掌状复叶，互生或全部基生；叶片常偏斜，基部两侧常不相等，边缘常有不规则疏齿，并常浅至深裂，稀全缘，基出叶脉掌状；叶柄较长，托叶膜质，早落。花单性，多雌雄同株，极稀异株，常 2～4 或至数朵组成聚伞花序；具梗；有苞片；花被片花瓣状，花色有红、粉红、白色等；雄花被片 2～4，2 枚对生或 4 枚交互对生，通常外轮大；雄蕊多数，花丝离生或仅基部合生，稀合成单体；雌花被片 2～5（～8）；雌蕊由 2～4（～7）心皮形成；子房下位，1 室，具 3 个侧膜胎座，或为 2～4（～7）室的中轴胎座，每胎座具 1～2 裂片；柱头膨大，常扭曲呈螺旋状或其他形状，常有带刺状乳突。蒴果常具 3 翅，常有明显不等大，少数种类无翅而呈 3～4 棱或小角状突起。种子长圆形，浅褐色。

　　本属有 1 000 余种，广布于热带和亚热带地区，以中、南美洲最多（谷粹芝，1999）。中国有 173 种（141 种为中国特有），其中，具有入侵性的外来种 2 种，本志仅收录 1 种。瓦氏秋海棠（*B. wallichiana* Lehmann）在香港发现逸生，作为附记种记录。本属植物分布于长江流域以南各省份或自治区，极少数种广布至华北地区和甘肃、陕西南部，以云南东南部和广西西南部最集中。该类群植物花朵鲜艳美丽，体态多姿，花期较长，易于栽培，长期以来作为园艺和美化庭院的观赏植物。引种栽培的秋海棠还有原产巴西的斑叶竹节秋海棠（*B. maculata* Raddi）、牛耳海棠（*B. sanguinea* Raddi）以及园艺杂交种银星秋海棠（*B. argenteo-guttata* Hort. ex Bailey）（何家庆，2012）。

参考文献

谷粹芝，1999. 秋海棠属 [M] // 谷粹芝 . 中国植物志：第 52 卷第 1 分册 . 北京：科学出版
　　社：126-127.
何家庆，2012. 中国外来植物 [M] . 上海：上海科学技术出版社：50-51.

四季秋海棠 *Begonia cucullata* Willdenow, Sp. Pl. (ed. 4.) 4(1): 414.1805. ——*B. semperflorens* Link & Otto, Icon. Pl. Rar. t. 9. 1828.

【别名】 **四季海棠、瓜子海棠**

【特征描述】 多年生肉质草本，高 15～45 cm。茎直立，稍肉质，多分枝，绿色或带红

色，无毛。单叶互生，叶片卵形至阔卵形，长 5～8 cm，宽 3.5～7.5 cm，先端圆形或钝，基部略偏斜，微心形，边缘有锯齿和缘毛，两面绿色，但主脉通常微红，上面有光泽，无毛，掌状脉 7～9；叶柄长 0.5～2（～3）cm；托叶干膜质，卵状椭圆形，边缘带缘毛。聚伞花序腋生，花玫瑰红色至淡红色或白色；雄花直径 1～2 cm，花被片 4，外轮 2 枚近圆形，长约 1.5 cm，内轮 2 枚较小，倒卵状长圆形；雌花较雄花小，花被片 5，子房 3 室，花柱 3，基部合生，柱头叉裂，裂片扭曲。蒴果长 10～12 mm，具 3 枚稍不等大的翅。**染色体**：$2n$=34、56（Brouilet, 2015）。**物候期**：常年开花。

【原产地及分布现状】 原产于巴西和阿根廷（Brouilet, 2015），现分布北美南部、丹麦、瑞典、挪威、荷兰、英国和法国等。**国内分布**：广东、江西、台湾、澳门、福建，其余各地常见露地栽培或盆栽，栽培品种很多。

【生境】 喜温暖稍阴湿的环境和湿润的土壤。逸生见于茶园、沟边及荒地。

【传入与扩散】 **文献记载**：四季秋海棠在中国最早的记载见于 1937 年出版的《中国植物图鉴》（贾祖璋和贾祖珊，1937），1953 年出版的《华北经济植物志要》予以记载（崔友文，1953），1990 年出版的《中国花经》也进行了记载（陈俊愉和程绪珂，1990）。2009 年报道广东省东部地区有逸生（曾宪锋 等，2009）。**标本信息**：模式标本在原始文献中未列出，可能采自巴西，后选模式（Lectotype）信息不详。中国最早的标本于 1910 年采自广东肇庆七星岩（Anonymous 1779，PE01393276），1913 年在北京也采集到了标本（Anonymous 1759，PE01393272），此后至 2000 年采集到的该种标本均为栽培。2014 年、2015 年分别于浙江（闫小玲、王樟华、李惠茹、严靖 RQHD01480，CSH0101962）、福建采集到逸生的该种标本（曾宪锋 ZXF28378，CZH0023924）。**传入方式**：1901 年由日本人田代安定作为观赏植物从日本引入台湾。中国大陆的栽培从 1912 年开始，20 世纪 30 年代从美国引种，在上海、南京一带栽培（何家庆，2012）；**传播途径**：我国各地人为引种栽培导致其逸生是其传播的主要途径。**繁殖方式**：种子繁殖，营养繁殖。**入侵特点**：① 繁殖性 常年开花，种子量大且边成熟边繁殖，发芽力很强。② 传播性　作为观赏花卉人为引种栽培。由栽培到逸生扩散速度慢，一旦逸生，种子量大，在一定范围内可产生大量植株。③ 适应性　对光照的适应性较强，既能在半阴环境下生长，又能在全光照条件下生长。喜温暖，不耐寒，适宜空气湿度大，土壤湿润的环境（赵翠荣 等，2008）。**可能扩散的区域：** 华南地区。

【危害及防控】　**危害**：四季秋海棠为世界性园艺观赏花卉，园艺品种较多，一旦成为入侵物种，将对我国的野生种质资源造成基因污染，目前仅在华南局部地区发现野外大规模逸生现象。**防控**：注意人工栽培管理，避免引种至自然生态系统，一旦发现在自然生态系统中出现逸生现象应注意及时铲除或控制在一定范围内。

【凭证标本】　福建省南平市，海拔 92 m，26.633 4°N，118.177 2°E，2015 年 7 月 2 日，曾宪锋、邱贺媛 RQHN07155（CSH）；重庆市南川区三泉镇三泉村，海拔 507 m，29.129 9°N，107.202 8°E，2014 年 12 月 9 日，刘正宇、张军等 RQHZ06345（CSH）；浙江省温州市泰顺县泗溪镇，海拔 401 m，27.475 5°N，119.995 0°E，2014 年 10 月 16 日，严靖、闫小玲、王樟华、李惠茹 RQHD01480（CSH）。

四季秋海棠（*Begonia cucullata* Willldenow）
1. 群落；2. 花枝；3. 雄花；4. 果实

【附记种】 瓦氏秋海棠 *Begonia wallichiana* Lehmann, E. Otto, Neue Allgem. Deutsche Garten-und Blumenzeitung. Hamburg 6: 455. 1850.

该植物亦为肉质草本。具根状茎；茎直立，高 40～60 cm，节间长 4～7 cm，淡绿色或带红色，具腺毛。单叶互生，叶片阔卵形至椭圆形，不对称，基部斜心形，先端渐尖，边缘具小齿，表面亮绿色，背面淡绿色；掌状脉具 6～8 主脉，2～3 次级羽状脉；叶柄长 5～11 cm，密被腺毛；托叶披针形，淡绿色。聚伞花序腋生，二歧状；苞片淡绿色，披针形，早落；花白色，外面具腺毛，里面无毛；雄花直径约 1.5 cm，花被片 4，外轮 2 枚近圆形，长约 7 mm，内轮 2 枚较狭，匙形，花丝不等长；雌花与雄花近等大，花被片 5，椭圆形，里面的 1 枚略小，子房 3 室，中轴胎座，花柱分枝 3，基部合生，柱头叉裂，裂片扭曲。蒴果具 3 枚稍不等大的翅。花果期常年。原产于热带美洲（Radbouchoom, 2017），常作为花卉引种栽培，或有时作为分子生物学的研究材料（杨梦洁 等，2018），在南亚（越南）逸生，我国在香港逸生。该植物常年开花结实，单个果实的种子数量多达千粒以上，种子细小，幼苗生长速度较快，对环境的适应能力较强，是一种具潜在入侵能力的物种，应予以关注。

瓦氏秋海棠（*Begonia wallichiana* Lehmann）

1. 群落和生境；2. 植株；3. 雄花；4. 雌花

参考文献

陈俊愉，程绪珂，1990. 中国花经［M］. 上海：上海文化出版社：420-421.

崔友文，1953. 华北经济植物志要［M］. 北京：科学出版社：328.

何家庆，2012. 中国外来植物［M］. 上海：上海科学技术出版社：50-51.

贾祖璋，贾祖珊，1937. 中国植物图鉴［M］. 上海：开明书店：390.

杨梦洁，张大生，陈青，等，2018. 瓦氏秋海棠（*Begonia wallichiana* Lehm.）的遗传转化［J］. 分子植物育种，16（14）：4632-4637.

曾宪锋，林晓单，邱贺媛，等，2009. 粤东地区外来入侵植物的调查研究［J］. 福建林业科技，36（2）：174-179.

赵翠荣，赵开斌，唐前勇，等，2008. 四季海棠的繁殖与栽培技术［J］. 农技服务，22（3）：99.

Brouilet L, 2015. *Begonia* (Begoniaceae)[M]// Flora of North America Editorial Committee. Flora of North America. New York: Oxford, 2015, 6: 61-62 (http://www.efloras.org/florataxon.aspx?flora_id= 1&taxon_id=242433861).

Radbouchoom S, Chen W H, Shui Y M, 2017. *Begonia glutinosa*, a new synonym of *Begonia wallichiana* (Begoniaceae) with additional notes on this species[J]. Phytotaxa, 326(1): 77-82.

葫芦科 | Cucurbitaceae

一年生或多年生草质或木质藤本。茎通常具纵沟纹，匍匐或借助卷须攀缘。卷须侧生于叶柄基部，单一，或 2 至多歧，大多数在分歧点之上旋卷。叶互生，叶片不分裂，或掌状浅裂至深裂，稀为鸟足状复叶，边缘具锯齿或稀全缘，具掌状脉；无托叶，具叶柄。花常单性，雌雄同株或异株，单生、簇生或集成总状花序、圆锥花序或近伞形花序。雄花花萼辐状、钟状或管状，5 裂，裂片覆瓦状排列或开放式；花冠筒状或钟状，基部合生或完全分离，5 裂，裂片全缘或边缘成流苏状；雄蕊 5 或 3，花丝分离或合生成柱状，花药分离或靠合，常扭曲；退化雌蕊有或无；雌花花萼与花冠同雄花；退化雄蕊有或无；子房下位或稀半下位，由 3 心皮合生而成，侧膜胎座；花柱单一或在顶端 3 裂，稀完全分离，柱头膨大，2 裂或流苏状。瓠果大型至小型。种子 1 至多数，扁压状。

葫芦科植物容易识别，传统上分为 5 个族。目前被认为是一个单系类群，通常被分为 2 个亚科：翅子瓜亚科（Zanonioideae）和葫芦亚科（Cucurbitoideae）（Jeffrey, 1990; Heywood et al., 2007），或直接划分成 15 个族（Schaefer & Renner, 2011a, 2011b; Renner & Schaefer, 2016）。

本科约 123 属 800 种，大多数分布于热带和亚热带，少数种类散布至温带。我国有 35 属 151 种，其中，外来入侵 3 属 3 种，主要分布于西南部和南部，少数散布到北部。

曾被认为是入侵植物的黄瓜属植物小马泡（*Cucumis bisexualis* A. M. Lu & G. C. Wang）已经被作为甜瓜（*C. melo* Linnaeus）的异名，应该是栽培后逸生或返祖的结果，本志暂不收录。有学者把红瓜属的红瓜［*Coccinia grandis* (Linnaeus) Voigt］列为入侵植物（徐海根和强胜，2018），经考证该种在中国为原生种。

参考文献

徐海根，强胜，2018. 中国外来入侵植物：上册［M］. 修订版 . 北京：科学出版社：363.

Heywood V H, Brummit R K, Culham A, et al., 2007. Flowering plant families of the world[M].
    Ontario: Firefly Books: 115–118.

Jeffrey C, 1990. Appendix: an outline classification of the Cucurbitaceae[M]// Bates D M, Robinson
    R W, Jeffrey C. Biology and Utilization of the Cucurbitaceae. Ithaca: vol 3–9. New York:
    Cornell University Press: 449–463.

Renner S S, Schaefer H, 2016. Phylogeny and evolution of the Cucurbitaceae[M]// Grumet R, Katzir
    N, Garcia-Mas J. Genetics and genomics of Cucurbitaceae. Plant genetics and genomics: crops
    and models: vol 20. Switzerland: Springer, Cham: 13–23.

Schaefer H, Renner S S, 2011a. Cucurbitaceae[M]// Kubitzki K. The families and genera of vascular
    plants: vol 10. Berlin: Springer-Verlag: 112–129.

Schaefer H, Renner S S, 2011b. Phylogenetic relationships in the order Cucurbitales and a new
    classification of the gourd family (Cucurbitaceae)[J]. Taxon, 60 (1): 122–138.

分属检索表

1 果实具刺，种皮光滑；花白色、淡绿色或黄色 ⋯⋯⋯⋯⋯⋯⋯⋯⋯⋯⋯⋯ 2

1 果实无刺，种皮被长贴伏毛；花黄色 ⋯⋯⋯⋯⋯ 3. 垂瓜果属 *Melothria* Linnaeus

2 花 6 数，萼齿 6，花冠 6 深裂；子房 2 室，每室 2 胚珠⋯⋯⋯⋯⋯⋯⋯⋯⋯⋯⋯⋯

⋯⋯⋯⋯⋯⋯⋯⋯⋯⋯⋯⋯⋯ 1. 刺瓜属 *Echinocystis* Torrey & A. Gray

2 花 5 数，萼齿 5，花冠 5 深裂；子房 1 室，具 1 胚珠 ⋯⋯⋯⋯ 2. 野胡瓜属 *Sicyos* Linnaeus

1. 刺瓜属 *Echinocystis* Torrey & A. Gray

一年生攀缘草本，具卷须。卷须 2～5 分叉。叶掌状深裂或浅裂。花单性，较小，白色，雌雄同株；雄花花序总状或圆锥状；雄花萼筒宽钟状，萼齿 6，钻形或线形；花冠辐状，6 深裂，裂片长圆形或线状长圆形，具乳头状突起；雄蕊 3 枚，花丝贴合呈柱状，花药分离或贴合；雌花单生，极稀成对，或与雄花一起集生于叶腋，萼片和花冠同雄花，退化雄蕊缺如，或为刚毛状；子房卵形或球形，具皮刺，2 室，2 胎座，每室具 2 胚珠，花柱很短，柱头半球形。果成熟时肉质或干燥，囊状，具长皮刺，干时顶端不规则开裂，或为 1～2 孔裂。具 1～4 颗黑褐色种子，种子扁而平滑。**染色体**：n=16（Schaefer & Renner, 2011）。

本属仅 1 种，分布于北美洲（Hutchinson，1967）。在中国已经成为外来入侵种。

参考文献

Hutchinson J, 1967. The genera of flowering plants: vol 2[M]. Oxford: Clarendon Press: 413.

Schaefer H, Renner S S, 2011. Cucurbitaceae[M]// Kubitzki K. The families and genera of vascular plants: vol 10. Berlin: Springer-Verlag: 143–144.

刺瓜 *Echinocystis lobata* (Michaux) Torrey & A. Gray, Fl. N. Amer. 1: 542. 1840. —— *Sicyos lobata* Michaux, Fl. Bor. Amer.2: 217. 1803.

【特征描述】 一年生攀缘草本，茎细，长 5～6 m，具棱和槽。卷须 2～5 分叉。叶薄纸质，近圆形或宽卵形，长 5～10 cm，宽近相等，掌状 3～7 深裂或浅裂，中裂片较长，裂片三角形至披针形，顶端急尖、渐尖或短尾尖，基部心形或呈半圆形弯缺，两面被粗糙的小疣点，边缘具少数浅齿。花单性，雌雄同株，异序；雄花序呈窄圆锥形，长可达 30 cm，具花 50～200，无苞片，总花梗无毛或疏被短毛。雄花萼筒宽钟状，具钻状或丝状萼齿 6 枚，花冠辐状，直径 1～1.5 cm；6 深裂，裂片长圆形或线形，膜质，白色，具明显的脉纹，疏被腺状柔毛；雄蕊 3 枚，着生于花冠基部，花丝贴合呈柱状，花药贴合；花柄细，长 3～4 mm。雌花单生，极稀成对，或与雄花序同生于叶腋，花萼与花冠同雄花，子房卵球形，具皮刺，花柱短，柱头半球形，浅裂。果卵球形，长 4～5 cm，浅绿色至蓝绿色，囊状，表面密生长皮刺，熟时干燥，自顶端不规则开裂，内含种子 1～4 颗。种子椭圆形或倒卵形，长 12～20 mm，黑褐色。**染色体**：n=16（Schaefer & Renner, 2011）。**物候期**：花期 7—9 月，8 月开始结果。

【原产地及分布现状】 原产于北美东部（Hutchinson, 1967; Nesom, 2015），后传入欧洲（Tutin et al., 1968）和俄罗斯的远东地区（Vassilczenko, 1967）。**国内分布**：黑龙江漠河县。

【生境】 河岸边、路旁、灌木丛以及在其他易受干扰的区域。

【传入与扩散】 **文献记载**：2001 年中国首次发现归化，产自黑龙江省漠河县乌苏里，黑龙江岸边，栽培或逸为野生，可作为绿篱，种仁可食（程树志和曹子余，2002）。**标本信息**：模式标本采自美国宾夕法尼亚州俄亥俄河附近，T. F. Lucy 3452〔US-966366（photo, KMS）〕，由 Stocking 于 1955 年指定为后选模式（Lectotype），等后选模式（Isolectotype），S10-19872，标本存放于瑞典自然历史博物馆（S）。中国最早标本于 2001 年 8 月 28 日采自黑龙江省漠河市乌苏里（程树志、曹子余 013，046，PE），2016 年又分别采自内蒙古牙克石（张重岭 225，YAK0002730）和鄂伦春（张重岭 190，YAK0003139）。**传入方式**：早期被引种到欧洲和俄罗斯远东地区。然后从远东地区引种栽培后归化所致。栽培或逸为野生。**传播途径**：通过引种栽培，之后逸为野生。**繁殖方式**：种子繁殖。**入侵特点**：① 繁殖性 种子成活率高。② 传播性 其传播主要依赖人为引种。③ 适应性 适应力较强，攀缘生长，生长扩展速度较快，覆盖面积比较大。**可能扩散的区域**：内蒙古和东北地区。

【危害及防控】 **危害**：危害城市绿篱和农作物，可攀缘各种灌木、乔木。若任其蔓延生长，会将本地草本、灌木丛整个覆盖住，导致草本和灌木全部枯死。**防控**：人工铲除，苗期直接拔除，结果前先自根部将茎割断，待萎蔫后收集，沤制绿肥。如果果实成熟，应尽可能收集起来，集中销毁。

【凭证标本】 黑龙江省漠河市乌苏里，海拔 400 m，2001 年 8 月 28 日，程树志、曹子余 013，046（PE）；内蒙古自治区牙克石市，海拔 653 m，49.294 2°N，120.725 4°E，2016 年 9 月 20 日，张重岭 225（YAK0002730）；内蒙古自治区呼伦贝尔市鄂伦春自治旗，海拔 868 m，48.865 4°N，122.098 6°E，2016 年 9 月 15 日，张重岭 190（YAK0003139）。

刺瓜 [*Echinocystis lobata* (Michaux) Torrey & A. Gray]

1. 群落和生境；2. 部分植株；3. 花序；4. 果

参考文献

程树志，曹子余，2002. 刺瓜属——中国葫芦科一归化属 [J]. 植物分类学报，40（5）：462-464.

Hutchinson J, 1967. The genera of flowering plants: vol 2[M]. Oxford: Clarendon Press: 413.

Nesom G L, 2015. *Echinocystis* (Cucubicaceae)[M]// Flora of North America Editorial Committee. Flora of North America. New York: Oxford, 6: 61–62(http://www.efloras.org/florataxon.aspx? flora_id= 1&taxon_id=111224).

Schaefer H, Renner S S, 2011. Cucurbitaceae[M]// Kubitzki K. The families and genera of vascular plants: vol 10. Berlin: Springer-Verlag: 143–144.

Tutin T G, 1968. Cucurbitaceae[M]// Tutin T G, Heywood V, Burges N A, et al. Flora Europaea: vol 2. Cambridge: Cambridge University Press: 299.

Vassilczenko I T, 1957. Cucurbitaceae[M]// Komarov V L. Flora of the URSS: vol 24. Leningrad: Editio Academiae Scientiarum URSS: 91–125.

2. 野胡瓜属 *Sicyos* Linnaeus

一年生或多年生攀缘或匍匐草本，长可达 10 m。单叶，具叶柄；叶片膜质，多角形或分裂，稀 3～5 深裂；卷须 2 至多裂。花单性，雌雄同株，小或极小，白色、淡绿色或黄色，常簇生或伞房状排列成圆锥花序或总状花序；雄花呈总状或圆锥状，萼筒阔钟形或碟形，萼齿 5，小，离生，钻形或缺失；花冠辐射状，5 深裂，裂片三角形至卵圆形，基部合生；雄蕊（2）3（～5），着生于花冠管的近基部，花丝合生成短的合蕊柱；花药 2～5，合生呈头状或多少分离，药室弯曲、S 形或 Z 形；雌花呈总状，聚集在一个短的或长的花序梗的顶部，与雄花同轴，稀单生或成对；花萼和花冠与雄花的相同；子房卵圆形或纺锤形，有棱，多少被柔毛，1 室，胚珠 1 枚，悬垂于室顶；花柱短，柱头 2～3。果肉质或干燥，不开裂，小或长达 20 cm，卵球形到纺锤形，有刺，稀无刺。种子单生，肿胀或压扁，种皮光滑。染色体：n=12、13、14、15（Schaefer & Renner, 2011）。

基于分子系统学（Kocyan et al., 2007）的研究，Schaefer 和 Renner（2011）将一些单型属或小属如 *Sechium* P. Browne、*Sechiopsis* Naudin、*Pterosicyos* Brandegee、*Sicyosperma*

A. Gray、*Sicyocaulis* Wiggins、*Parasicyos* Dieterle 以及 *Costarica* L.D. Go'mez 等并入本属，详细的异名处理参见 *The Families and Genera of Vascular Plants* 第 10 卷（Schaefer & Renner, 2011）。

　　本属约 75 种，主要分布于墨西哥、阿根廷至美国，太平洋岛屿、澳大利亚、新西兰及热带非洲也有分布（Schaefer & Renner, 2011）。中国有 1 种，为外来入侵种。

参考文献

Kocyan A, Zhang L B, Schaefer H, et al., 2007. A multi-locus chloroplast phylogeny for the Cucurbitaceae and its implications for character evolution and classification[J]. Molecular Phylogenetics Evolution, 44: 553–577.

Schaefer H, Renner S S, 2011. Cucurbitaceae[M]// Kubitzki K. The families and genera of vascular plants: vol 10. Berlin: Springer-Verlag: 144–145.

刺果瓜 *Sicyos angulatus* Linnaeus, Sp. Pl. 1012. 1753.

【别名】 刺瓜藤

【特征描述】 一年生攀缘草本。茎长 3～6 m，具棱槽，散生硬毛，卷须 3～5 裂。单叶，叶片圆形或卵圆形，具 3～5 角或裂，裂片三角形，叶基深缺刻，叶两面微糙，长和宽近等长，3（5）～12（20）cm，叶柄长，有时短，具短柔毛；花单性，雌雄同株，雄花排列呈总状花序或头状伞房花序，花序梗长 10～20 cm，具短柔毛，花梗细，具短柔毛；花萼筒长 4～5 mm，具柔毛；萼齿长约 1 mm，披针形至锥形；花冠直径 9～14 mm，暗黄色，多少具柔毛，具绿色脉纹，裂片三角形至披针形，长约 3～4 mm；雌花较小，聚呈头状，无柄，10～15 朵着生于 1～2 cm 长的花序梗顶部。果长卵圆形，长 10～15 mm，具长刚毛，黄色或暗灰色，不开裂，内含 1 枚种子。种子橄榄形或扁卵形，光滑，长 7～10 mm。染色体：2n=24（Nesom, 2015）。物候期：花期 5—10 月，果期 6—10 月。

【原产地及分布现状】 原产于北美洲（Nesom, 2015），后传入欧洲，1952 年在日本静冈县发现。**国内分布**：北京、福建、广东、河北、辽宁、山东、四川。

【**生境**】 喜背阴、湿地，多见于海岸边、水库旁、低矮林间、悬崖底部、田间、灌木丛、路边空地、荒地等。

【**传入与扩散**】 **文献记载**：刘和义等（1999）记录了刺果瓜（*S. angulatus* L.）在中国台湾中北部草地归化。2003 年在山东青岛发现（徐克学，2014）；同年在辽宁大连发现（王青 等，2005）；2010 年在北京发现（张克亮和于顺利，2015）。2011 年被作为入侵植物收录于《中国外来入侵生物》（徐海根和强胜，2011）。**标本信息**：模式标本（Type），Clifford 452, Sicyos no. 1（BM），由 Jeffrey 于 1980 年指定。中国最早标本于 1987 年采自云南昆明植物研究所百草园（陈宗莲 87584，KUN0552113），存放于中国科学院昆明植物研究所标本馆（KUN），1988 年于四川峨眉山农田旁杉木林缘采到该标本（祝正银 2353，PE01671088），存放于中国科学院植物研究所标本馆（PE）。**传入方式**：无意引入。**传播途径**：其远距离传播主要通过交通运输，随农产品、苗木进口传入，可以跨越多个地区甚至国家；近距离传播则依靠水流，可迅速扩张到下游地区（李霄峰 等，2018；Sebastian et al., 2012），带刺的果实可由动物或人无意携带传播。**繁殖方式**：种子繁殖。**入侵特点**：① 繁殖性 种子量大，繁殖力极强。② 传播性 果实具刚毛可携带着种子进行传播；种子为扁平的船形结构，依靠水力传播，具有沿河流传播的特点（李霄峰 等，2018）。③ 适应性 主要发生在沟渠两侧及附近农田，攀缘生长，生长扩展速度极快，3 周内可扩展 2 m，在整个生长季内，该植株可进行周期性萌发（李霄峰 等，2018），覆盖面积非常大，且能够寄生在玉米上，即使根系被拔除仍能通过卷须从寄主中吸收水分生长繁殖（曹志艳 等，2014）。**可能扩散的区域**：除西北地区及西藏地区之外的全国各地。

【**危害及防控**】 **危害**：其会缠绕在作物茎秆上，与作物竞争光合养分，可直接导致倒伏减产，危害玉米、大豆等农作物。可生长于耕地与荒地，侵袭本土植物，其蔓延生长可将本地草本、灌木丛整个覆盖住，导致其全部枯死，有时攀缘到高大乔木上，使其无法光合作用而绞杀致死（邵秀玲 等，2006；张淑梅 等，2007）。2017 年被国家生态环境部列入中国自然生态系统外来入侵物种名单（第四批）。**防控**：做好出入境植物的检验检疫工作，根据其沿河流传播的特点开展有针对性的河道清理工作，消火其发生源（潘萍萍，2015；李霄峰 等，2018），在发生地可进行人工铲除，苗期直接拔除，结果前先自根部将茎割断，待萎蔫后收集沤制绿肥。如果果实成熟，应尽可能收集起来，集中销毁。

【凭证标本】 辽宁省大连市沙河口区滨海西路，海拔 21 m，38.875 0°N，121.593 7°E，2015 年 9 月 18 日，齐淑艳 RQSB04143（CSH）；广东省广州市黄埔区萝岗区九龙镇芳二社，海拔 45 m，23.230 3°N，113.492 4°E，2014 年 9 月 15 日，王瑞江 RQHN00163（CSH）；北京市顺义区潮白河畔，海拔 24 m，39.860 3°N，116.838 9°E，2014 年 9 月 18 日，刘全儒 RQSB09964（BNU）。

刺果瓜（*Sicyos angulatus* Linnaeus）
1. 群落和生境；2. 幼苗；3. 枝和叶；4. 雄花；5. 果序

参考文献

曹志艳，张金林，王艳辉，等，2014. 外来入侵杂草刺果瓜（*Sicyos angulatus* L.）严重危害玉米 [J]. 植物保护，40（2）：187-188.

李霄峰，刘振中，张风山，等，2018. 新外来入侵植物刺果瓜的传播途径及防控措施 [J]. 河北农业，（2）：32-34.

刘和义，杨远波，吕胜由，1999. 台湾维管束植物简志. 台北：台湾地区行政管理机构农业委员会，3：235.

潘萍萍，2015. 河北地区外来有害入侵生物刺果瓜的综合防治 [J]. 河北农业，（9）：32.

邵秀玲，梁成珠，魏晓棠，2006. 警惕一种外来有害杂草刺果藤 [J]. 植物检疫，（5）：43-45，76.

王青，李艳，陈晨，2005. 中国大陆葫芦科一归化属——野胡瓜属 [J]. 西北植物学报，25（6）：1227-1229.

徐海根，强胜，2011. 中国外来入侵生物 [M]. 北京：科学出版社：158-159.

徐克学，2004. 警惕一种新的入侵植物 [J]. 生命世界，（2）：64.

张克亮，于顺利，2015. 北京境内的新外来入侵植物——刺果瓜 [J]. 北京农业，（1）下旬刊：216.

张淑梅，王青，姜学品，2007. 大连地区外来植物——刺果瓜（*Sicyos angulatus* L.）对大连生态的影响及防治对策 [J]. 辽宁师范大学学报（自然科学版），30（3）：355-358.

Nesom G L, 2015. Sicyos (Cucurbitaceae)[M]// Flora of North America Editorial Committee. Flora of North America North of Mexico. New York and Oxford, 6 (http://www.efloras.org/florataxon.aspx?flora_id=1&taxon_id=242417250).

Schaefer H, Renner S S, 2011. *Sicyos* L. (Cucurbitaceae)[M]// Kubitzki K. The families and genera of vascular plants: vol 10. Berlin: Springer-Verlag: 144–145.

Sebastian P, Schaefer H, Lira R, et al., 2012. Radiation following long-distance dispersal: the contributions of time, opportunity and diaspore morphology in *Sicyos* (Cucurbitaceae)[J]. Journal of Biogeography, 39: 1427–1438.

3. 垂瓜果属 *Melothria* Linnaeus

一年生或多年生攀缘或蔓生草本，通常具有多年生的茎基。单叶，具叶柄；叶片通常掌状，常具有难闻的气味；卷须单生，常不分枝。花小，雌雄同株；雄花呈短的总状花序或伞形花序；花萼钟状至柱状，5 裂，齿状；花冠辐状，黄色，5 裂，裂片全缘；雄蕊 3，着生于花冠筒的中上部，其中 2 枚具 2 个药室，1 枚具 1 个药室，花丝明显，短；退化的子房近球形；雌花单生，通常与雄花同轴；花萼和花冠与雄花结构相同；子房球形至梭形，光滑，3 室，胚珠多数；花柱基部环状的花盘围绕，花盘球形或凹陷，全缘或 3 裂；柱头 3，长 2 裂；退化雄蕊 3 或缺。果球形至椭球形，浆果状，小果或大到 20 cm 不等，成熟时乳白色带绿色条纹、黄色、橙色、红色或紫黑色。种子多数，压扁，光滑，象牙色，被长的贴伏毛。**染色体**：x=12（Nesom, 2015）。

　　本属约 12 种，分布于热带中美洲和南美洲，1 种延伸到西部热带非洲（Schaefer & Renner, 2011），其中 1 种入侵至中国台湾。

参考文献

Nesom G L, 2015. *Melothria* (Cucubicaeae)[M]// Flora of North America Editorial Committee. Flora of North America North of Mexico. New York: Oxford. 2015, 6(http://www.efloras.org/florataxon. aspx?flora_id=1&taxon_id=120202).

Schaefer H, Renner S S, 2011. *Melothria* L.(Cucurbitaceae)[M]//Kubitzki K. The families and genera of vascular plants: vol 10. Berlin: Springer-Verlag: 160–161.

垂瓜果 *Melothria pendula* Linnaeus, Sp. Pl. 35. 1753.

【别名】　美洲马㼎儿

【特征描述】　多年生草本。单叶，阔卵形，具 3～5 角或裂，基部心形，先端钝至锐尖，边缘具不规则的小齿，叶两面均密被短硬毛；主脉 5～7，掌状。花单性，雌雄同株；雄花比雌花小；花冠 5 裂，黄色，裂片顶端 2 裂；雄花通常呈总状花序，具 6～7 朵花；花梗长约 5 mm；雄蕊 3，其中 2 枚具 2 个药室，1 枚具 1 个药室，着生于花冠筒上。雌花单生，花梗长 2.5～3 cm；花萼裂片长约 1 mm；花冠直径 8～10 mm，5 裂，裂片卵状，长约 3 mm，宽 3～4 mm；花柱 3；子房 3 室。果下垂，椭球形，长 15～19 mm，直径约 12 mm，未成熟时具白色斑点，成熟后黑色。种子卵状，长约 4 mm，宽约 2 mm，被白毛。**物候期**：花、果期 1—10 月。

【原产地及分布现状】 原产于美洲（Nesom, 2015），现已入侵到亚洲的热带地区。**国内分布**：台湾。

【生境】 路边、农田边缘。

【传入与扩散】 **文献记载**：2001年在台湾报道已在台湾归化，成为入侵物种（Hsu et al., 2001）；2004年被列入台湾地区归化植物名录（Wu et al., 2004）。**标本信息**：后选模式（Lectotype），LINN HL51-1，存放于林奈学会植物标本馆（LINN）。中国最早标本于2001年4月2日采自台湾彰化县（PE01774657），标本存放于中国科学院植物研究所标本馆（PE）。**传入方式**：可能为无意引入。**传播途径**：种子随自然传播。**繁殖方式**：种子繁殖。**入侵特点**：① 繁殖性 种子多数。② 传播性 在台湾由海边已快速扩散到中海拔地区。③ 适应性 分布于路边、农田边缘，有较强的适应性。**可能扩散的区域**：台湾、福建、广东、广西、海南、云南。

【危害及防控】 **危害**：成熟的黑色果实有一定毒性，在食用时具有很强的通便作用。根、藤、叶和花具有未知的毒性。**防控**：加强引种管理，一旦发现逸生及时拔除植株。

【凭证标本】 台湾彰化县田尾乡田尾村，海拔30 m，23.895 6°N，120.521 1°E，2001年4月2日，C. M. Wang 04810（PE）。

垂瓜果（*Melothria pendula* Linnaeus）

1. 植株和生境；2. 叶；3. 花序；4. 花；5. 果实

参考文献

Hsu T W, Liu H Y, 2012. *Melothria*[M]// Wang J C, Lu C T. Flora of Taiwan. 2nd ed. Taibei: Bor Hwa Printing Company: 128–130.

Hsu T W, Peng J J, Liu H Y, 2001. *Melothria Pednula* L. (Cucurbitaceae), a newly naturalized plant in Taiwan[J]. Taiwania, 46(3):193–198.

Nesom G L, 2015. *Melothria* (Cucubicaeae)[M]// Flora of North America Editorial Committee. Flora of North America North of Mexico. New York: Oxford, 2015, 6(http://www.efloras.org/florataxon. aspx?flora_id=1&taxon_id=120202).

Wu S H, Changfu H, Rejmánek M, 2004. Cataloguc of the naturalized flora of Taiwan[J]. Taiwania, 49(1): 16–31.

千屈菜科 | Lythraceae

草本、灌木或乔木；枝通常四棱形，有时具棘状短枝。叶对生，稀轮生或互生，全缘，叶片下面有时具黑色腺点；托叶细小或无托叶。花单生或簇生，或组成顶生或腋生的穗状花序、总状花序或圆锥花序；花两性，通常辐射对称，稀两侧对称，花萼筒状或钟状，平滑或有棱，有时有距，与子房分离而包围子房，常 3～6 裂，镊合状排列；花瓣与萼裂片同数或无花瓣，花瓣如存在，则着生萼筒边缘，在花芽时呈皱褶状；雄蕊通常为花瓣的倍数，有时较多或较少，着生于萼筒上，但位于花瓣的下方，花丝长短不一，花药纵裂；子房上位，通常无柄，2～6 室，每室具数枚倒生胚珠，中轴胎座，其轴有时不到子房顶部，花柱单生，长短不一，柱头头状，稀 2 裂。蒴果革质或膜质，2～6 室，稀 1 室，横裂、瓣裂或不规则开裂，稀不裂；种子多数，形状不一，有翅或无翅，无胚乳。花粉粒多为 3（～4）孔沟（孔或沟）。**染色体**：n=5、6、7、8、15、16 等（Graham, 2007）。

本科约有 25 属 550 种，广布于全世界，但主要分布于热带和亚热带地区（李树刚和刘兰芳，1983）。我国约有 11 属 47 种，其中外来入侵物种有 2 属 2 种，另有 1 属 1 种在台湾逸生。近年来，我国引进了大量的观赏水草，其中仅千屈菜科的水草有以下 4 个属：节节菜属（Rotala）、水苋菜属（Ammannia）、牛顿草属（Didiplis）和非洲红柳属（Nesaea），约 30 种，应该及早注意观察其逸生情况。

基于形态学（Graham et al., 1993b; Johnson & Briggs, 1984）和分子系统学（Graham et al., 1993a, 2005）的资料，现代的分类学家将千屈菜科界定为广义群，包括石榴属（Punica，常被置于石榴科 Punicaeae）、海桑属（Sonneratia）、八宝树属（Duabanga）（后两者常置于海桑科 Sonneratiaceae）（Graham, 2007）。广义的千屈菜科约有 32 属 602 种。

参考文献

李树刚，刘兰芳，1983. 千屈菜科［M］// 方文培，张泽荣. 中国植物志：第 52 卷第 2 分册. 北京：科学出版社：68-72.

Graham S A, 2007. Lythraceae[M]// Kubitzki K. The families and genera of vascular plants: vol 9. Berlin: Springer-Verlag: 226–246.

Graham S A, Conti E, Sytsma K, 1993a. Phylogenetic analysis of the Lythraceae based on *rbcL* sequence divergence[J]. American Journal of Batany, 80(6) Suppl: 150.

Graham S A, Crisci J V E, Hoch P C, 1993b. Cladistic analysis of the Lythraceae sensu lato based on morphological characters[J]. Botanical Journal of thc Linnean Society Batany, 113: 1–33.

Graham S A, Hall J, Sytsma K, et al., 2005. Phylogenetic analysis of the Lythraceae based on four gene regions and morphology[J]. International Journal of Plant Sciences, 166: 995–1017.

Johnson L A S, Briggs B G, 1984. Myrtales and Myrtaceae: a phylogenetic analysis[J]. Annals of the Missouri Botanical Garden, 71: 700–756.

分属检索表

1 草本；花辐射对称，4 数，花瓣细小或无花瓣，萼筒钟形、半球形、壶形或圆形，长宽近相等；蒴果突出于萼筒之外 ·· 2

1 灌木或灌木状草本；花两侧对称，6 数，花瓣多明显；萼筒斜生，长明显大于宽，基部背面有圆形的距；蒴果包保藏于萼筒内 ··················· 2. 萼距花属 *Cuphea* P. Browne

2 蒴果不规则开裂，果壁无横条纹；花单生或组成腋生的聚伞花序或稠密花簇·············· ··· 1. 水苋菜属 *Ammannia* Linnaeus

2 蒴果 2～5 瓣裂，果壁新鲜时可在放大镜下见有密横纹；花单生或组成腋生的穗状花序或总状花序 ··· 3. 节节菜属 *Rotala* Linnaeus

1. 水苋菜属 *Ammannia* Linnaeus

一年生草本，茎直立，柔弱，多分枝，枝通常具 4 棱。叶对生或互生，有时轮生，全缘；近无柄；无托叶。花小，4 基数，辐射对称，单生或组成腋生的聚伞花序或稠密花簇；苞片通常 2 枚；萼筒钟形或管状钟形，花后常变为球形或半球形，4～6 裂，裂片间有时有细小的附属体；花瓣与萼裂片同数，细小，贴生于萼筒上部，位于萼裂片之间，有时无花瓣，雄蕊 2～8，通常 4；子房矩圆形或球形，包藏于萼管内，2～4 室，花柱细长或短，柱头头状；胚珠多数，中轴胎座。蒴果球形或长椭圆形，膜质，下半部为宿存萼管包围，成熟时横裂或不规则周裂；果壁无平行的横条纹；种子多数，细小，有棱。

　　本属约有 30 种，广布于热带和亚热带，主产于非洲和亚洲。我国有 5 种，其中 1 种为外来入侵物种。

长叶水苋菜 *Ammannia coccinea* Rottboell, Pl. Horti Univ. Rar. Progr. 7. 1773.

【别名】 红花水苋

【特征描述】 一年生草本；成株高 20～110 cm，直立，上部茎 4 棱，淡绿色，无毛，分枝多且较长，主茎在叶腋处常有明显火焰状紫色斑。叶对生，无柄，狭披针形或线形，基部明显扩大，呈戟状耳形，半抱茎，长 35～130 mm，宽 7～20 mm，顶端渐尖或稍急尖，中脉从基部直达叶尖。花单生或 2～7 朵簇生于叶腋，无总花梗，花梗长约 1 mm；小苞片 2 枚，线形，长约 1 mm；萼筒钟形，长 3～4 mm，最初基部狭，结实时近半球形，有略明显的棱 6～8 条，裂片 4，三角形；花瓣 4～5，紫色、淡紫色或粉红色，近圆形，早落；雄蕊 4，花药黄色，稍伸出萼筒之外；子房球形，花柱长约 3 mm，与子房等长或更长，明显伸出萼筒之外。蒴果球形，成熟时近 1/3 伸出萼筒之外，深紫色，直径 3.5～5 mm，不规则开裂；种子卵状三角形，棕黄色，表面有疣状突起，长 0.3～0.4 mm。幼苗子叶刚萌发时椭圆形，逐渐呈梨形；初生叶 2，对生，初为长椭圆形，后呈匙形（朱金文 等，2015）。**染色体**：*n*=33（Graham, 1979）。**物候期**：苗期 5—6 月，花、果期 7—12 月（朱金文 等，2015）。

【原产地及分布状况】 原产于美洲，现分布于美国、波多黎各、特立尼达和多巴哥、墨西哥、牙买加、哥伦比亚、委内瑞拉、厄瓜多尔、秘鲁、葡萄牙、西班牙、土耳其、苏丹、莫桑比克、摩洛哥、伊朗、印度、柬埔寨、越南、菲律宾、日本、澳大利业等 20 多个国家和地区（Hartley, 1979; Barkley, 1980; Verdcourt, 1994; Tanji, 2010）。**国内分布**：安徽（阜阳、颍上）、北京（昌平、海淀、朝阳）、山东（微山）、台湾、浙江（绍兴）。

【**生境**】 长叶水苋菜喜湿喜温，是一种常生长在湿地的草本植物，在池塘与湖泊周边更是多见（Baskin et al., 2002）。耐荫性强，有研究表明，将长叶水苋菜幼苗转移到透光率 18% 的条件下培养 30 天后，其干重仍接近于全光照生长的植株；在遮阴条件卜植株能通过增加冠根比和茎节长度，减少茎干直径和分枝数来适应环境（Foin & Hill, 1997）。温度 28℃以上有利于该草生长（朱金文 等，2015）。

【**传入与扩散**】 **文献记载**：1773 年，哥本哈根植物园的一名园艺工作者最早对该杂草进行分类命名（Graham, 1979）。1987 年出版的《中华林学季刊》记载该草在台湾台南地区有分布，1993 年出版的 *Flora of Taiwan*（第二版）第三卷已予以记载。1992 年和 2004 年分别在北京市昌平、朝阳等地的水稻田和沟渠发现其逸生（贺士元 等，1992；车晋滇 等，2004）；在安徽阜阳等地浅水处发现其分布，危害程度较轻（胡刚 等，2005a）；在浙江省绍兴地区水稻田有分布，对水稻生产具有较大潜在危害（朱金文 等，2015）。**标本信息**：模式标本采自牙买加（Jamaica），等模式（Isotype），K000532861，标本存放于英国邱皇家植物园标本馆 (K)；MO-313058，标本存放于美国密苏里植物园标本馆（MO）。我国最早的标本记录是 1995 年 9 月 26 日采自安徽省阜阳市（黄金廷 95002，PE00995122）；1988 年 8 月 11 日，中国台湾学者黄增泉等在台南县采到标本（T. C. Huang & S. F. Huang 13736, TAI）。2013 年 9 月 11 日，朱金文等在浙江省绍兴采集到标本（朱金文、罗倩 ZJU0001）（HZU）。**传入方式**：长叶水苋菜种子小，可以通过其他作物种苗进口携带进入，尤其是园林植物连带土壤引入时更容易将其携带入境（刘全儒 等，2002）。**传播途径**：推测可能主要由种子调运传播（车晋滇 等，2004）。**繁殖方式**：种子繁殖（朱金文 等，2015）。**入侵特点**：① 繁殖性 种子量多，每个蒴果约有 270 颗种子，每株种子数可超过 50 万颗（朱金

文 等，2015）。② 传播性　长叶水苋菜种子细小，极易随粮食或种子调运，或通过农机具、包装材料等携带传播，也可随水流扩散。③ 适应性　长叶水苋菜耐荫能力强，与水稻竞争时节间变长，茎的生物量比显著增加（Foin & Hill, 1997），有利于获得光能。长叶水苋菜中含有槲皮素等类黄酮物质（Graham et al., 1980），UV-B 辐射后这些物质可转变成保护性黄酮，能清除自由基，也有利于植物抵抗病原菌侵染（Harborne & Williams, 2000；邹凤莲，2004），这也许是其具备较强适应能力的原因之一。**可能扩散的区域**：田间试验表明，温度 28℃以上较有利于该草生长，因此，推测长叶水苋菜可在我国的东北南部、华北东部和南部、华东地区、华中地区、华南地区以及西南地区的较大范围内进一步扩散。

【危害及防控】　**危害**：长叶水苋菜在美国、葡萄牙、西班牙等国家是农田危害性杂草，尤其在美国加利福尼亚等地区稻田。该草是两种分布最广泛的杂草之一，生长速度惊人。播种后 45 天株高即可超过水稻，密度 110 株 / 米 ^{2}，可导致水稻减产 39%，是当地水稻田阔叶杂草中竞争力最强、危害严重的优势杂草（Foin & Hill, 1997; Barrett & Seaman, 1980）。不仅如此，长叶水苋菜易产生抗药性，在美国加利福尼亚等地使用苄嘧磺隆 4～5 年后，长叶水苋菜就对该药剂产生了抗性（Pappas-Fader et al., 1994）。20 世纪 80 至 90 年代，长叶水苋菜在北京地区曾危害水稻，之后由于生态环境的改变几近灭绝（车晋滇，2004）。在淮北地区，长叶水苋菜已开始形成稳定的种群，分布的区域和面积不断扩展（胡刚 等，2005b）。在浙江等地，长叶水苋菜植株可高于水稻，竞争力很强，在某些稻田已成为优势种，对水稻生长构成了潜在威胁，极具危险性，应十分重视该外来入侵植物的防控（朱金文 等，2015）。**防控**：加强植物检疫方面的工作，调查长叶水苋菜分布，详细调查其危害、生长、传粉、繁殖和传播规律，尤其要对其种子加强检疫（刘全儒 等，2002）。在已发生危害的地区采取水旱轮作等栽培管理措施可有效抑制其生长，在稻田可用苄嘧磺隆、五氟磺草胺、灭草松、二甲四氯等除草剂进行防治（陆保理 等，2008）。该草种子小，但数量极多，在水稻生长后期应结合人工拔除等方法，防止其结实和进一步蔓延（朱金文 等，2015）。

【凭证标本】 台湾台东关山，海拔 320 m，23.048 6°N，121.160 3°E。2000 年 2 月 9 日，陈夻宇、陈武雄 1317（TAI）；台南麻豆（Matao），T. C. Huang & S. F. Huang 13736（TAI）。浙江省杭州市，采集人不详 2098（HZU）；浙江省绍兴市越城区东湖镇岑前村水稻田中，海拔 8 m，29.992 2°N，120.653 0°E，2013 年 9 月 11 日，朱金文、罗倩 ZJU0001（HZU）。

【相似种】 耳基水苋（*Ammannia auriculata* Willdenow）。叶片披针形，有明显的总花梗，长 3～5 mm，蒴果直径 2～3.5 mm，花柱长约 2 mm。与长叶水苋菜的区别为长叶水苋菜叶片狭披针形或线形，无花梗，蒴果直径 3.5～5 mm，花柱长约 3 mm。

长叶水苋菜（*Ammannia coccinea* Rottboell）
1. 群落和生境；2. 植株；3. 幼苗；4. 叶；5. 花；6. 蒴果

参考文献

车晋滇，贯潞生，孟昭萍，2004. 北京市外来入侵杂草调查研究初报［J］. 中国农技推广，2：57-58.

贺士元，邢其华，尹祖棠，1993. 北京植物志：下册［M］.1992 年修订版. 北京：北京出版社：1493.

胡刚，张忠华，董金廷，等，2005a. 安徽淮北地区外来入侵植物初步研究［J］. 合肥学院学报（自然科学版），15（2）：41-45.

胡刚，张忠华，梁士楚，2005b. 淮北地区外来杂草的研究［J］. 安徽农业科学，33（5）：789-790.

刘全儒，于明，周云龙，2002. 北京地区外来入侵植物的初步研究［J］. 北京师范大学学报（自然科学版），38（3）：399-404.

陆保理，张建新，王云香，等，2008. 耳叶水苋药剂防除试验简报［J］. 上海农业科技，4：127-128.

朱金文，周国军，陆强，等，2015. 新入侵植物——长叶水苋菜［J］. 植物检疫，4：64-66.

邹凤莲，寿森炎，叶统芝，等，2004. 类黄酮化合物在植物胁迫反应中作用的研究进展［J］. 细胞生物学杂志，26（1）：39-44.

Barkley T M, 1980. A geographical atlas of world weeds[J]. Brittonia, 32(2): 127.

Barrett S C H, Seaman D E, 1980. The weed flora of Californian rice fields[J]. Aquatic Botany, 9: 351–376.

Baskin C C, Baskin J M, Chester E W, 2002. Effects of flooding and temperature on dormancy break in seeds of the summer annual mudflat species *Ammannia coccinea* and *Rotala ramosior* (Lythraceae)[J]. Wetlands, 22(4): 661–668.

Foin T C, Hill J E, 1997. Mechanisms of competition for light between rice (*Oryza sativa*) and redstem (*Ammannia* spp)[J]. Weed Science, 45(2): 269–275.

Graham S A, 1979. The origin of *Ammannia* × *coccinea* Rottboell[J]. Taxon, 28(1/3): 169–178.

Graham S A, Timmermann B N, Mabry T J, 1980. Flavonoid glycosides in *Ammannia coccinea* (Lythraceae)[J]. Journal of Natural Products, 43(5): 644–645.

Harborne J B, Williams C A, 2000. Advances in flavonoid research since 1992[J]. Phytochemistry, 55(6): 481–504.

Hartley W, 1949. A checklist of economic plants in Australia[M]. Melbourne: CSIRO.

Huang T C, 1993. Lythraceae[M]// Huang T C. Flora of Taiwan. 2nd ed: vol 3. Taibei: Lungwei Printing Company, Ltd: 873.

Pappas-Fader T, Turner R G, Cook J F, et al., 1994. Resistance monitoring program for aquatic weeds to sulfonylurea herbicides in California rice fields[C]. Proceedings 25th Rice Technical Working Group in New Orleans. College Station TX, Texas: A & M University: 165.

Tanji A, Taleb A, 2010. New weed species recently introduced into Morocco[J]. Weed Research, 37(1): 27–31.

Verdcourt B, 1994. *Ammannia coccinea* Rottb. (Lythraceae) in Africa[J]. Kew Bulletin, 49(3): 510.

2. 萼距花属 *Cuphea* P. Browne

草本或灌木，全株多数具有黏质的腺毛。叶对生或轮生，稀互生。花稍两侧对称，单生或组成总状花序，生于叶柄之间，稀腋生或腋外生；小苞片2枚；花6数；萼筒延长而呈花冠状，有颜色，有棱12条，基部有距或驼背状凸起，口部偏斜，有6齿或6裂片，具同数的附属体；花瓣6，不相等，稀只有2枚或缺；雄蕊11，稀9、6或4，内藏或凸出，不等长，2枚较短，花药小，2裂或矩圆形；子房通常上位，无柄，基部有腺体，具不等的2室，每室有3至多数胚珠，花柱细长，柱头头状，2浅裂。蒴果长椭圆形，包藏于花萼管内，侧裂。

本属约240种，原产于美洲大陆和夏威夷群岛，现我国引种栽培的约有6种，1种为外来入侵种。

香膏萼距花 *Cuphea carthagenensis* (Jacquin) J. F. Macbride, Publ. Field Mus. Nat. Hist., Bot. Ser. 8(2): 124. 1930. ——*Lythrum carthagenense* Jacquin Enum. Syst. Pl. 22. 1760; *Cuphea balsamona* Chamisso & Schlechtendal, Linnae 2(3): 363. 1827.

【别名】 克非亚草

【特征描述】 一年生草本，高12～60 cm；小枝纤细，幼枝被短硬毛和腺毛，后变无毛而稍粗糙。叶对生，薄革质，卵状披针形或披针状矩圆形，长1.5～5 cm，宽5～10 mm，顶端渐尖或阔渐尖，基部渐狭或有时近圆形，两面粗糙，具腺毛，幼时被贴伏毛，后变无毛；叶近无柄。花较小，单生于枝顶或分枝的叶腋上，呈带叶的总状花序；花梗长约

1 mm，顶部有苞片；花萼长 4.5～6 mm，在纵棱上疏被硬毛；花瓣 6，等大，倒卵状披针形，长约 2 mm，蓝紫色或紫红色；雄蕊 11 或 9，排成 2 轮，花丝基部有柔毛；子房长圆形，花柱短，无毛，不突出，胚珠 4～8。**染色体**：$n=8$（Graham, 1987）。**物候期**：其物候期因地理位置而异。在巴西，从 12 月至次年 3 月开花，1 月至 4 月结果（Aranha et al., 1980）；在美国东南部，6 月至 9 月开花，而在斐济，花、果期持续全年；在我国云南省，花、果期为 11 月至次年 4 月。

【**原产地及分布状况**】 原产于巴西、墨西哥等美洲热带地区，在阿根廷、玻利维亚、巴西、哥伦比亚、厄瓜多尔、圭亚那、巴拉圭、秘鲁、苏里南和委内瑞拉均有分布（Graham, 1975, 1988, 1989, 1998），在中美洲的绝大部分地区以及包括夏威夷在内的美国 12 个州和墨西哥也有分布，此外非洲喀麦隆和几内亚也有标本记录。在亚洲，该植物是印度尼西亚危害玉米田的十大杂草之一（Muharrami, 2013），在东帝汶、日本（Mito et al., 2004）、印度（Naithani & Bennet, 1990）、马来西亚（Kiew, 2008）、菲律宾、缅甸等国家广泛归化。在大洋洲的萨摩亚群岛（Whistler, 1998）、波利尼西亚、斐济、新喀里多尼亚、巴布亚新几内亚、瓦努阿图等国家和地区有分布。**国内分布**：澳门、福建（龙川、上杭、永定）、广东（广州、深圳、惠东、博罗、河源、惠州、新丰、连平、左潭、潮州、潮安、大埔、丰顺、蕉岭、平远、乳源）、广西、湖南、江西（寻乌）、台湾（台北、台中、南投、高雄、屏东、宜兰）、云南。

【**生境**】 香膏萼距花主要分布在路边和田间地头（贺握权和黄忠良，2004），在 70～1 500 m 的中海拔条件、温度 0～35℃、相对湿度 40%～80%、土壤肥沃的地区均能生长繁殖（罗卫庭和卢焕仙，2006）。

【**传入与扩散**】 **文献记载**：香膏萼距花于 1960 年在中国台湾地区有分布记载（Hsu, 1973; Wu et al., 2004）；1983 年出版的《中国植物志》第 52 卷第 2 分册收录（李树刚和刘兰芳，1983）；2012 年《生物入侵：中国外来入侵植物图鉴》作为入侵植物收录（万方浩 等，2012）；2018 年收录于《中国外来入侵生物》（徐海根和强胜，2018）。**标本**

信息： 模式标本（Type），Jacquin s. n.，采自哥伦比亚，标本保存于哥伦比亚标本馆（HT）。在中国大陆，1965 年 11 月李秉滔第一次在广东省广州市白云山采集到标本（李秉涛 2322，IBSC0185535；李秉涛 2325，IBSC0185529）。**传入方式：** 香膏萼距花具有较高的观赏性，首先在广东等华南地区引进种植，后来发现有少数种群逸生野外（林建勇等，2012；马金双，2014），在台湾也作为观赏植物有意引入（Wu et al., 2004）。**传播途径：** 远距离传播主要通过人为引种栽培传播，近距离则通过种子扩散。**繁殖方式：** 以种子繁殖为主（朱慧，2012），也可以进行扦插繁殖。**入侵特点：** ① 繁殖性 每朵小花结子实 1～2 粒（罗卫庭和卢焕仙，2006），每株种子量极多。② 传播性 香膏萼距花种子细小，可以随水流传播也可被割草机等机械设备或车辆轮胎带到别处，也可随农产品调运传播。③ 适应性 适应性较强（朱慧，2012），性喜高温，生长适温为 18～32℃，不耐寒；喜光，也能耐半阴，喜排水良好的沙质土壤（罗卫庭和卢焕仙，2006）。**可能扩散的区域：** 中国南方热带及亚热带南部地区。

【危害及防控】 危害： 对入侵地生物多样性有一定影响（贺握权和黄忠良，2004）；在台湾农田已有危害报道（Xu et al., 2013）。**防控：** 严格监管香膏萼距花作为观赏植物的引种栽培，防止引入自然生态系统，一旦发现逸生应立即清除。在数量少的地方可手工拔除，不得已条件下可用草甘膦、二甲四氯、灭草松等进行化学防除。

【凭证标本】 澳门九澳水库，海拔 41 m，22.134 3°N，113.575 4°E，2015 年 4 月 25 日王发国 RQHN02760（CSH）；广东省肇庆市广宁县横山镇罗锅村，海拔 32 m，23.574 3°N，112.396 4°E，2014 年 7 月 12 日，王瑞江 RQHN00106（CSH）；广西省贺州市大宁镇，海拔 171 m，24.606 5°N，111.874 2°E，2016 年 8 月 5 日，韦春强、李象钦 RQXN08510（CSH）；海南省五指山市，海拔 740 m，18.907 2°N，109.679 2°E，2017 年 2 月 10 日，刘全儒、于明 RQSB10053（BNU）。

【相似种】 细叶萼距花（*Cuphea hyssopifolia* Kunth）与香膏萼距花一样花萼细小，长 1 cm 以下，但细叶萼距花为常绿小灌木；分枝多而密，叶片狭椭圆形或狭长圆形，长

1～1.5 cm，宽 3～9 mm。

其他已经被记录的栽培种包括萼距花（*C. hookeriana* Walpers）、火红萼距花［*C. ignea* A. Candolle (*C. platycentra* Lemaire, 1846, non Bentham, 1839)］、披针叶萼距花（*C. lanceolata* W. T. Aiton）、小瓣萼距花（*C. micropetala* Kunth）和平卧萼距花（*C. procumbens* Ortega）等（李树刚和刘兰芳，1983），但只有细叶萼距花和火红萼距花作为观赏植物被广泛种植。黏毛萼距花 {*Cuphea viscosissima* Jacquin［*C. petiolata* (Linnaeus) Koehne 1882, non Pohl ex Koehne 1877］} 原产于美国东部，从未被栽培，但常将植物园中栽培的披针叶萼距花（*C. lanceolata* W. T. Aiton）错误地鉴定为黏毛萼距花（*C. viscosissima*）（或 *C. petiolata*），并记录于栽培的植物名录中（Qin et al., 2008）。

香膏萼距花［*Cuphea carthagenensis* (Jacquin) J. F. Macbride］
1. 群落；2. 花枝；3. 枝上的腺毛和对生叶；4. 花（侧面观）；5. 花（正面观）

参考文献

贺握权, 黄忠良, 2004. 外来植物种对鼎湖山自然保护区的入侵及其影响 [J]. 林业与环境科学广东林业科技, 20 (3): 42-45.

李树刚, 刘兰芳, 1983. 千屈菜科 [M] // 方文培, 张泽荣. 中国植物志: 第 52 卷第 2 分册. 北京: 科学出版社: 83.

林建勇, 梁瑞龙, 李娟, 等, 2012. 华南地区外来入侵植物调查研究 [J]. 广西林业科学, 41 (3): 237-241.

马金双, 2014, 中国外来入侵植物调研报告: 下卷华南篇 [M]. 北京: 高等教育出版社.

万方浩, 刘全儒, 谢明, 2012. 生物入侵: 中国外来入侵植物图鉴 [M]. 北京: 科学出版社: 262-263.

徐海根, 强胜, 2018. 中国外来入侵生物 [M]. 修订版. 北京: 科学出版社: 368-369.

朱慧, 2012. 粤东地区入侵植物的克隆性与入侵性研究 [J]. 中国农学通报, 28 (15): 199-206.

Aranha C, Leitao Filho H F, Pio R M, 1980. Plantas invasoras de varzea no estado de Sao Paulo[J]. Planta Daninha, 3(2): 85–95.

Graham S A, 1975. Taxonomy of the Lythraceae in the southeastern United States[J]. Sida Contributions to Botany, 6(2): 80–103.

Graham S A, 1987. Chromosome Number Reports 94[J]. Taxon, 36: 282–283.

Graham S A, 1988. Revision of *Cuphea* section *Heterodon* (Lythraceae)[J]. Systematic Botany Monographs, 20: 1–168.

Graham S A, 1989. Chromosome numbers in *Cuphea* (Lythraceae): new counts and a summary[J]. American Journal of Botany, 76(10): 1530–1540.

Graham S A, 1998. Relationships among autogamous species of *Cuphea* P. Browne section *Brachyandra* (Lythraceae)[J]. Acta Botanica Brasilica, 12(3): 203–214.

Hsu C C, 1973. Some noteworthy plants found in Taiwan[J]. Tanwania, 18(1): 62–63.

Kiew R, 2008. New weeds from Peninsular Malaysia[J]. Flora Malesiana Bulletin, 14(3): 183–185.

Mito T, Uesugi T, 2004. Invasive alien species in Japan: the status quo and the new regulation for prevention of their adverse effects[J]. Global Environmental Research, 8(2): 171–191.

Muharrami R, 2013. Analisis vegetasi gulma pada pertanaman jagung (*Zea mays* L.) di lahan kering dan lahan sawah di kabupaten Pasaman[J]. Pakistan Journal of Biological Sciences, 11(4): 668–671.

Naithani H B, Bennet S S R, 1990. Note on the occurrence of Cuphea carthagensis from India[J]. Indian Forester, 116(5): 423–424.

Qin H N, Graham S, Gilbert M G, 2008. Lythraceae[M]// Wu Z Y, Raven P H, Hong D Y. Flora of

China: vol 13. Beijing: Science Press, 13: 274.

Whistler W A, 1998. A study of the rare plants of American Samoa[R]. Honolulu: US Fish and Wildlife Service.

Wu S H, Hsieh C F, Chaw S M, et al., 2004. Plant invasions in Taiwan: insights from the flora of casual and naturalized alien species[J]. Diversity & Distributions, 10(5－6): 349－362.

Xu H G, Qiang S, Genovesi P, et al., 2013. An inventory of invasive alien species in China[J]. NeoBiota, 15: 1－26.

3. 节节菜属 *Rotala* Linnaeus

一年生草本，少有多年生，无毛或近无毛。叶交互对生或轮生，稀互生，无柄或近无柄。花小，3～6基数，辐射对称，单生叶腋，或组成顶生、腋生的穗状花序或总状花序，常无花梗；小苞片2枚；萼筒钟形至半球形或壶形，干膜质，稀革质，3～6裂，裂片间无附属体，或有而呈刚毛状；花瓣3～6，细小或无，宿存或早落；雄蕊1～6；子房2～5，花柱短或细长，柱头盘状。蒴果不完全为宿存的萼管包围，室间开裂成2～5瓣，软骨质，果壁在放大镜下可见有密的横纹；种子细小。

本属约50种，主产于亚洲及非洲热带地区，少数产于澳大利亚、欧洲及美洲。我国有10种（Qin & Graham, 2007），其中具有潜在外来入侵物种1种，仅见于台湾（Lu, 2012）。《中国入侵植物名录》（马金双，2013）曾认为节节菜属（*Rotala*）的轮叶节节菜（*R. mexicana* Schlechtendal & Chamisso）为外来入侵植物，经考证该种为本土植物。

参考文献

马金双，2013. 中国入侵植物名录［M］. 北京：高等教育出版社：113.

Lu F Y, 2012. Lythraceae[M]// Huang T C. Flora of Taiwan. 2nd ed. Supplement. Taibei: Bor Hwa Printing Company, Ltd: 132.

Qin H N, Graham S, 2007. *Rotala*[M]// Wu Z Y, Raven P H. Flora of China: vol 13: 275－283.

美洲节节菜 *Rotala ramosior* (Linnaeus) Koehne in Martius, Fl. Bras. 13(2): 194. 1877. —— *Ammannia ramosior* Linnaeus, Sp. Pl. 1: 120. 1753.

【别名】 北美水猪母乳、北美水苋

【特征描述】 一年生匍匐披散草本，高达 20 cm，茎四棱形，紫红色。叶对生，近无柄，倒披针形至狭倒披针形，长达 2.5 cm，宽 0.5 cm，顶端锐尖，基部渐狭。花单生叶腋，无梗，具 2 枚小苞片；小苞片披针形；花萼钟形，4 裂，具尾状附属物；花冠淡紫色，椭圆形，顶端钝或凹，裂片 4；雄蕊 4，着生于花筒的中部以下，与裂片对生；雌蕊短，子房卵形，花柱近无。蒴果卵球形，棕色，长 4 mm；种子椭圆形，具疣突，长 0.5 mm。物候期：花期 7—9 月。

【原产地及分布状况】 原产于北美洲，在南美洲和西印度群岛也有分布（Britton，1901）。国内分布：台湾。

【生境】 生于沼泽地或稻田。

【传入与扩散】 文献记载：Wu 等（2004）在文章中指出该种早在 1942 年就已经进入台湾，而 Wu 等（2010）在文章中指出该种在 1982 年进入台湾。最早作为归化植物报道的是陈世辉于 1984 年 12 月发表的（Chen, 1984）。*Flora of Taiwan*（第 2 版）收载（Huang, 1993）。标本信息：后选模式（Lectotype），Clayton 774（BM-000051788, Designted by Fernald & Griscom in Rhodora 37: 169, 1935），标本存于英国自然历史博物馆（BM）。1982 年采自台湾花莲（Huang & Wu 15097, 15112）（Huang, 1993）。传入方式：无意引入。传播途径：随水流自然散播或生长在稻田里随种子运输人为传播（Baskin et al., 2002）。繁殖方式：营养繁殖和种子繁殖。入侵特点：① 繁殖性 种子繁殖和营养繁殖。② 传播性 美洲节节菜种子细小，可以随其他植物引种或国际贸易和人员流动扩散，其后出现逸生和归化现象。③ 适应性 美洲节节菜生长快，对光照需求高。可能扩散的区域：华东、华南、西南地区。

【危害及防控】 **危害**：美洲节节菜可以在稻田中生长，影响水稻产量。**防控**：严格控制美洲节节菜的引种。加强入侵监测和管理工作，一旦发现美洲节节菜分布地区建立，要迅速采取措施，可人工拔除。

【凭证标本】 台湾花莲市，海拔 0～50 m，24.123 9°N，121.648 1°E，1991 年 1 月 29 日，T. C. Huang & S. F. Huang 15097（TAI）；23.968 6°N，121.558 9°E，1991 年 1 月 30 日，T. C. Huang & S. F. Huang 15112（TAI）；23.866 1°N，121.504 4°E，1991 年 1 月 30 日，T. C. Huang & S. F. Huang 15101（TAI）。

【相似种】 与美洲节节菜同属相似的种有五蕊节节菜 [*R. rosea* (Poiret) C. D. K. Cook——*R. pentadraa* (Roxburgh) Blatter & Hallberg]，两者均为对生叶，花萼上有附属体，后者雄蕊 5。*Flora of China* 收载了台湾节节菜（Qin & Graham, 2007），两者雄蕊均为 4，外形区别较小，表现在后者叶倒卵形至长圆形，顶端锐尖或近锐尖，蒴果包于花筒内，且两者的凭证标本均采自台湾花莲，其关系仍需进一步研究。此外，该种在外形上非常接近多花水苋（*Ammannia multiflora* Roxburgh），区别在于后者蒴果不规则开裂，果壁无横条纹。

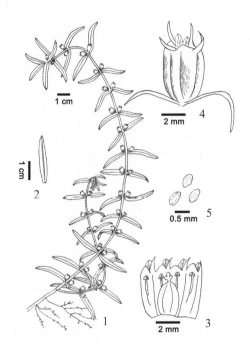

美洲节节菜 [*Rotala ramosior* (Linnaeus) Koehne]
(仿 *Flora of Taiwan* 2nd ed. Suppl.)

1. 植株外形; 2. 叶; 3. 花（展开）; 4. 花（外观）; 5. 种子; 6. 植株和生境; 7. 节部, 示果实

参考文献

Baskin C C, Baskin J M, Chester E W, 2002. Effects of flooding and temperature on dormancy break in seeds of the summer annual mudflat species *Ammannia coccinea* and *Rotala ramosior* (Lythraceae)[J]. Wetlands, 22(4): 661–668.

Britton N L, 1907. Manual of the flora of the Northern States and Canada[M]. 3rd ed. New York: Henry holt and Campany: 649.

Chen S H, 1984. *Rotala ramosior*, a naturalized plant newly found in Taiwan[J]. 花莲师专学报, 15: 366–368.

Huang T C, 1993. Lythraceae[M]// Wang J C, Liu C T. Flora of Taiwan. 2nd ed. Taibei: Lungwei Printing Company, Ltd: 881–882.

Wu S H, Hsieh C F, Rejmánek M, 2004. Catalogue of the naturalized flora of Taiwan[J]. Taiwania, 49(1): 16–31.

Wu S H, Yang T Y A, Teng Y C, et al., 2010. Insights of the latest naturalized flora of Taiwan: change in the past eight years[J]. Taiwania, 55(2): 139–159.

桃金娘科 | **Myrtaceae**

乔木或灌木。单叶对生或互生，具羽状脉或基出脉，全缘，常有油腺点，无托叶。花两性，有时杂性，单生或排成各式花序；萼管与子房合生，萼片 4～5 或更多，有时黏合；花瓣 4～5，有时无，分离或连成帽状体；雄蕊多数，很少为定数，插生于花盘边缘，在花蕾时向内弯或折曲，花丝分离或多少连成短管或成束而与花瓣对生，花药 2 室，背着或基生，纵裂或顶裂，药隔末端常有 1 腺体；子房下位或半下位，心皮 2 至多个，1 室或多室，少数的属出现假隔膜，胚珠每室 1 至多数，花柱单一，柱头单一，有时 2 裂。果为蒴果、浆果、核果或坚果；种子 1 至多数，种皮坚硬或薄膜质。

桃金娘科独特而明显为单系的科下系统关系已经得到基于形态学和分子系统学研究 的 支 持（Johnson & Briggs, 1984; Lucas et al., 2005; Sytsma et al., 1998; Wilson et al., 1996, 2001, 2005）。传统上，桃金娘科分为细籽亚科（Leptospermoideae）和桃金娘亚科（Myrtoideae）；最新的分类系统则把两个小属 *Heteropyxis* 和 *Psiloxylon* 放在一起，作为一个亚科 Psiloxyloideae 放在桃金娘科，而原来细籽亚科的类群都并入桃金娘亚科，并在其下划分出 15 个族（Takhtajan, 2009; Wilson et al., 2011）。

本科约 130 属 4 500～5 000 种，主要分布于美洲热带、大洋洲及亚洲热带。我国有 10 属 121 种，其中引种 5 属 32 种，主要产于广东、广西及云南等靠近热带的地区。本志收录 1 属 1 种，桉属植物均属人为栽培，本不应列入，但考虑到目前栽培的桉属植物已经造成了森林生态系统功能和生物多样的下降，因此予以列入。

番石榴属的番石榴（*Psidium guajava* Linnaeus）在我国南方长期栽培（1694 年引入台湾栽培），并在福建、广东、广西、贵州、海南、四川、台湾、云南等地逸为野生种。该植物在某些特殊的生境可以形成密集的灌木丛，取代原生植被，并造成严重的环境破坏，已被多个国家列为入侵植物。例如在新西兰，其被认为是潜在的杂草物种；其是加拉帕戈斯群岛上首批被列为入侵植物的物种之一（Mauchamp, 1997）。番石榴在我国目前作为果树栽培，逸生后未见造成明显危害，本志暂不收录，但建议避免引入自然保护区以及保存重要保护植物的地区。

《中国外来入侵生物》曾收录蒲桃［*Syzygium jambos* (Linnaeus) Alston］（徐海根和强胜，2011），经调查该植物主要为栽培，偶见在栽培地附近出现逸生的实生苗，不构成生物入侵。

参考文献

徐海根，强胜，2011. 中国外来入侵生物［M］. 北京：科学出版社：177-178.

Johnson L A S, Briggs B G, 1984. Myrtales and Myrtaceae: a phylogenetic analysis[J]. Annals of the Missouri Botanical Garden, 71: 700-756.

Lucas E J, Beelsham S R, Lughadha E M N, et al., 2005. Phylogenetic patterns in the fleshy-fruited Myrtaceae: preliminary molecular evidence[J]. Plant Systematics and Evulution, 251: 35-51.

Mauchamp A, 1997. Threats from alien plant species in the Galapagos Islands[J]. Conservation Biology, 11(1): 260-263.

Sytsma K J, Zjhra M L, Nepokroeff M, et al., 1998. Phylogenetic relationship, morphological evluton and biogeography in Mirtaceae based on *rbcL*, *trnL*, and *ndhF* sequences[J]. American Journal of Botany, 89: 1531-1546.

Takhtajan A, 2009. Flowering Plants[M]. 2nd ed. Berlin: Springer Science: 342-343.

Wilson P G, 2011. Myrtaceae[M]// Kubitzki K. The Families and Genera of Vascular Plants: vol 10. Berlin: Springer-Verlag: 212-271.

Wilson P G, Gadek P A, Quinn C J, 1996. Phylogeny of Myrtaceae and its allies based on *matK* sequence data[J]. American Journal of Botany, 83(6) (Suppl.): S202.

Wilson P G, O'Brien M M, Gadek P A, et al., 2001. Myrtaceae revisited: a reassessment of infrafamilial groups[J]. American Journal of Botany, 88(11): 2013-2025.

Wilson P G, O'Brien M M, Hestlewood M M, et al., 2005. Relationships within Myrtaceae sasu lato based on *matK* Phylogeny[J]. Plant Systematics and Evulution, 251: 3-19.

桉属 *Eucalyptus* L. Herit

乔木或灌木。叶片多为革质，多型性，幼态叶多为对生，有短柄或无柄或兼有腺毛；

成熟叶片常为革质，互生，全缘，具柄，阔卵形或狭披针形，常为镰状，有透明腺点，具边脉。花数朵排成伞形花序，腋生或多枝集成顶生或腋生圆锥花序，白色，少数为红色或黄色；有花梗或缺；萼管钟形；花瓣与萼片合生成 1 层帽状体或彼此不结合而有 2 层帽状体，花开放时帽状体整个脱落；雄蕊多数，常分离，着生于花盘上，子房与萼管合生，花柱不分裂。蒴果全部或下半部藏于扩大的萼管里，当上半部突出萼管时常形成果瓣，常裂开为 3 ~ 6 片，当花盘也扩大而突出萼管时则形成果缘，果瓣位于果缘的顶端；种子极多，种皮坚硬，有时扩大成翅。

本属约 800 种，集中于澳大利亚及其附近岛屿，世界各地热带、亚热带地区广泛引种栽培，有少数种类引种至温带地区。在我国，桉树的引种历史已逾百年，据胡秀英教授考究，我国大量的引种在 1874—1907 年（黄森木，1989）。至于我国引入桉树的种类，则各说不一。《中国树木分类学》共记载桉树 12 种（陈嵘，1957）；《中国植物志》和 *Flora of China* 分别记载引种 80 种和 110 种，但仅分别收载重要的栽培种类 27 种和 25 种（张宏达和缪汝槐，1984；Jie & Craven, 2007）；《中国树木志》第三卷记载引种 80 种，收载重要种类 33 种（张宏达，1997）；《中国桉树检索表》则收录 102 种（王浩然和布洛克，1991）；而《桉树栽培与利用》一书则说我国引种的桉树有 300 多种，现在栽培的有 200 多种（广东省雷州林业局，1981）。目前引种已遍及重庆、福建、广东、广西、贵州、海南、湖北、湖南、江苏、江西、陕西、四川、台湾、云南、浙江等 15 个省（自治区）（祁述雄，2002）。

桉属植物均为人工栽培，按照入侵植物的定义本不应列入，但考虑到目前泛滥的人工栽培已经造成了森林生态系统树种单一，生态功能下降等问题（王军 等，2008；中国林学会，2016），故收录至此，但仅收录最常见的 1 种，并简介了与常见栽培的另外 3 个种的区别。

参考文献

陈嵘，1957. 中国树木分类学 [M]. 北京：科学技术出版社：882-886.

广东省雷州林业局，1981. 桉树栽培与利用 [M]. 北京：中国林业出版社.

黄森木，1990. 桉树引种小考 [M] // 中国林学会林业史学会. 林史文集：第 1 卷. 北京：中国林业出版社：131-132.

祁述雄, 2002. 中国桉树 [M]. 2版. 北京: 中国林业出版社.

王浩然, 布洛克, 1991. 中国桉树检索表 [M]. 北京: 科学技术出版社.

王军, 廖庆生, 丁伟民, 等, 2008. 粤东地区速生桉树林与天然林枯枝落叶层无脊椎动物多样性比较 [J]. 应用生态学报, 19 (1): 25-31.

张宏达, 1997. 桃金娘科 [M] // 郑万钧. 中国树木志: 第3卷. 北京: 中国林业出版社: 3357-3379.

张宏达, 缪汝槐, 1984. 桃金娘科 [M] // 陈介. 中国植物志: 第53卷第1分册. 北京: 科学出版社: 31-52.

中国林学会, 2016. 桉树科学发展问题调研报告 [M]. 北京: 中国林业出版社.

Jie C, Craven L A, 2007. Myrtaceae[M]// Wu Z Y, Raven P H. Flora of China: vol 13. Beijing: Science Press: 321.

桉 *Eucalyptus robusta* Smith, Bot. Nov. Holl. 39. 1793.

【别名】 桉树、白柴油树、大叶桉、大叶有加利、莽树

【特征描述】 乔木, 高达20 m。树皮不剥落, 暗褐色, 厚约2 cm, 有不规则沟槽纹; 小枝淡红色, 嫩枝有棱。幼叶对生, 叶片厚革质, 卵形, 长约11 cm, 宽达7 cm, 有柄; 成熟叶互生, 卵状披针形, 厚革质, 不等侧, 长8~17 cm, 宽3~7 cm, 侧脉多而明显, 与中脉近呈80° 开角缓斜走向边缘, 两面均有腺点; 叶柄长1.5~2.5 cm。伞形花序腋生或侧生, 具花4~8朵, 总花梗压扁, 常有棱角, 长2.5 cm以内; 花梗短, 长不过4 mm, 粗而扁平; 花蕾长1.4~2 cm, 宽7~10 mm; 萼管半球形或倒圆锥形, 长7~9 mm, 宽6~8 mm; 帽状体约与萼管等长, 先端收缩成喙; 雄蕊长1~1.2 cm, 花药长圆形或长倒卵形, 纵裂; 蒴果倒卵形至壶形, 长1~1.5 cm, 果缘薄, 果瓣3~4, 深藏于萼管内。**物候期**: 花期4—9月。

【原产地及分布现状】 原产于澳大利亚。**国内分布**: 广西、重庆、湖北、湖南、江西、四川、安徽、浙江、香港、澳门、台湾。

【生境】 在原产地主要分布于沼泽地, 靠海河口的重黏壤地区, 也可见于海岸附近的沙壤。生于阳光充足的平原、山坡和路旁，从热带到温带、滨海到内地、平地到高山（海拔 2 000 m）且年降水量 250～4 000 mm 的地区都可生长。

【传入与扩散】 **文献记载**：在中国有关桉树的记载最早当属清末驻意大利公使吴宗濂撰写的《桉谱》；正式作为引种后的记载见于 1954 年出版的《中国栽培的桉树》（侯宽昭，1954）；1957 年出版的《中国树木分类学》也予以记载（陈嵘，1957）；2011 年收录于《中国外来入侵生物》（徐海根和强胜，2011）。**标本信息**：模式标本采自澳大利亚东南部的新南威尔士，其他信息不详。中国最早的标本于 1915 年 2 月 5 日采自台湾台北（S. Tanaka s. n., PE00979895），1917 年在广东采到该种标本（采集人不详 s. n., IBSC0243701），1922 年在福建厦门采到标本（H. C. Chao 765, AU016891）。**传入方式**：1890 年引种到广州、香港、澳门，1916 年在粤汉铁路广州至韶关段栽培作行道树。该种为有意引进，作为绿化和观赏树种人工引种到华南，后陆续引种到其他地区。随人工引种扩散为主，也偶见进行自我扩散。**传播途径**：人为引种栽培是其传播的主要途径。**繁殖方式**：种子繁殖，根颈部可萌芽进行营养繁殖。**入侵特点**：① 繁殖性 萌生力强。② 传播性 主要通过人为引种传播。③ 适应性 适应性强，生长迅速。**可能扩散的区域**：我国华南和西南地区。

【危害及防控】 **危害**：近年来，桉树种植已呈现出无序、混乱发展的态势，人类的栽培管理不当造成了森林生态系统树种单一，生态功能下降。**防控**：要解决桉树种植带来的生态环境问题，最重要的就是注意生态平衡，包括需求与环境方面的平衡，以及合理的规划布局与科学的经营管理。

【凭证标本】 海南省儋州市中和镇，海拔 16 m，19.784 1°N，109.345 5°E，2015 年 12 月 19 日，曾宪锋 RQHN03562（CSH）；广西省百色市田阳县头塘镇，海拔 126 m，23.794 0°N，106.805 5°E，2016 年 1 月 19 日，唐赛春、潘玉梅 RQXN08140（CSH）；浙江省舟山市嵊泗县基湖村，海拔 −3.7 m，30.718 3°N，122.463 3°E，2014 年 11 月 17 日，严靖、闫小玲、王樟华、李惠茹 RQHD01533（CSH）。

【相似种】 窿缘桉（*E. exserta* F. Müller）。树皮宿存，粗糙；幼枝叶片狭窄披针形，成熟叶片披针形，两面多微小黑腺点，侧脉以 35°～40° 开角急斜向上；萼管半球形，帽状体长锥形，长为萼管 2～3 倍；蒴果近球形，直径 6～7 mm，果瓣 4 片。

蓝桉（*E. globules* Labillardière subsp. *globules*）。树皮灰蓝色，片状剥落；幼枝叶片卵形，基部心形，有白粉，成熟叶片镰刀状披针形，两面有腺点，侧脉不很明显，以 35°～40° 开角斜行。花大，单生，无花梗或极短；萼管倒圆锥形，表面有 4 条突起棱角和小瘤状突；帽状体稍扁平；蒴果半球形，有 4 棱，果缘平而宽，果瓣不突出。

直杆蓝桉 [*E. globules* Labillardière subsp. *maidenii*（F. Müller）J. B. Kirkpatrick]。树皮光滑，灰蓝色，逐年脱落，基部有宿存树皮；幼枝叶片卵形至圆形，基部心形，无柄或抱茎，灰色；成熟叶片披针形，革质，稍弯曲，侧脉以 64° 角斜行，两面多黑腺点；萼管倒圆锥形，长 6 mm，有棱；帽状体三角锥状，与萼管同长；蒴果钟形或倒圆锥形，长 8～10 mm，宽 10～12 mm，果缘较宽，果瓣 3～5，先端突出萼管外。

桉（*Eucalyptus robusta* Smith）
1.群落和生境；2.叶；3.花；4.带花蕾的枝；5.成熟果实

参考文献

陈嵘，1957. 中国树木分类学［M］. 北京：科学技术出版社：882-886.

侯宽昭，1954. 中国栽培的桉树［M］. 北京：中国科学院.

徐海根，强胜，2011. 中国外来入侵生物［M］. 北京：科学出版社：177-178.

海桑科 | Sonneratiaceae

乔木或灌木。单叶革质，对生，全缘，无托叶。花两性，辐射对称，具花梗，单生或 2～3 朵聚生于小枝顶部或排列成顶生伞房花序；花萼厚革质，4～8 裂，裂片宿存，芽时镊合状排列，短尖，内面通常具颜色；花瓣 4～8，与花萼裂片互生，或无花瓣；雄蕊多数，着生于萼筒上部，排列成 1 至多轮，花蕾时内折，花丝分离，线状锥形，花药肾形或矩圆形，2 室，纵裂；子房近上位，无柄，花时为花萼基部包围，4 至多室，胚珠多数，生于粗厚的中轴胎座上，花柱单生，长而粗，柱头头状，全缘或微裂。果为不开裂的浆果或为瓣裂的蒴果；种子多数，细小，无胚乳。

本科有 2 属约 10 种，我国有 2 属 8 种，其中 1 种为外来入侵种。

现代的分类学家将海桑属（Sonneratia）、八宝树属（Duabanga）归于广义的千屈菜科（Graham, 2007）。

参考文献

Graham S A, 2007. Lythraceae[M]// Kubitzki K. The families and genera of vascular plants: vol 9. Berlin: Springer-Verlag: 226–246.

海桑属 *Sonneratia* Linnaeus f.

乔木或灌木，全株无毛。树干基部周围具呼吸根。单叶，对生，全缘，革质，无托叶。花单生或 2～3 朵聚生于小枝顶部；萼筒倒圆锥形、钟形或杯形；果实成熟时浅碟形，4～6（～8）裂，裂片卵状三角形，内面常有颜色；花瓣与花萼裂片同数，狭窄，或无花瓣，常与雄蕊早落；雄蕊极多数，花药肾形；花盘碟状；子房多室，中轴胎座，花柱芽时弯曲；浆果扁球形，顶端有宿存的花柱基部；种子藏于果肉内；外种皮不延长。**染色体**：2*n*=24（Graham, 2007）。

本属有 9 种，分布于非洲东部热带海岸、邻近的岛屿以及马来西亚、印度尼西亚、澳大利亚、新几内亚和西太平洋群岛；中国有 6 种，其中 1 种为外来入侵物种。

参考文献

Graham S A, 2007. Lythraceae[M]// Kubitzki K. The families and genera of vascular plants: vol 9. Berlin: Springer-Verlag: 226–246.

无瓣海桑 *Sonneratia apetala* Buchanan-Hamilton in Symes, Embassy Ava. 477. 1800.

【**特征描述**】 乔木，主干圆柱形，高 15～20 m。呼吸根笋状，达 1.5 m。小枝下垂，有隆起的节。叶对生，叶片狭椭圆形至披针形，长 5～13 cm，宽 1.5～4 cm，基部渐狭，先端钝；叶柄长 5～10 mm。花基数 4（～6），3～7 朵花组成聚伞花序；萼筒长 1.5～2.5 cm，光滑；萼片绿色，围绕果基部，果期裂片稍微弯曲；花瓣无；雄蕊多数，花丝白色；雌蕊柱头盾形，宽约 7 mm；浆果球形，直径 1～2.5 cm。种子 U 形或镰刀形，长 8～9.5 mm。**物候期**：花期 5—10 月，果期 8 月至翌年 4 月。

【**原产地及分布现状**】 原产于南亚，现广布于印度、缅甸、斯里兰卡。**国内分布**：香港、澳门、广东、海南。

【**生境**】 常生长在潮间带淤泥质土壤中。在盐较低的泥质滩涂特别是河流入海口附近泥滩生长良好。

【**传入与扩散**】 **文献记载**：最早的文献记载为 1995 年的报道（李云 等，1995）。2010 年作为外来入侵植物报道（周青青 等，2010）。**标本信息**：模式标本（Type），BM001190969，标本存放于英国自然历史博物馆（BM）。中国最早的标本由王瑞江于

1995 年 9 月 26 日采自海南东寨港（王瑞江 045，IBSC0220294）；1998 年 6 月 12 日于深圳市福田区红树林保护区采到（李沛琼、刘小琴 3517，SZG00010291）。**传入方式**：人工引种。该种于 1985 年由中国红树林考察团郑德璋、陈焕雄等从孟加拉国引入海南东寨港红树林自然保护区试种，作为优良速生的引进树种，为有意引进（李云 等，1998）。**传播途径**：人为引种栽培是其传播的主要途径，无瓣海桑的长距离传播主要依靠人工辅助（人工造林），而短距离传播主要取决于繁殖体的传播特性。**繁殖方式**：主要是种子繁殖。**入侵特点**：① **繁殖性**　无瓣海桑的种子数量多，适合于被潮水携带和快速萌发。它的果实和种子均能在不同盐度的海水中漂浮，种子不休眠，在漂浮过程中它们继续萌发并能维持相当长时间的漂浮。但种子萌发受潮汐动力、盐度、温度和滩涂基质等诸多条件的限制，尽管每年有大量漂移的种子，但绝大多数难以在潮间滩涂生长。② **传播性**　具有迅速的短距离扩散能力。在我国一些无瓣海桑引种区域的海湾和河口都普遍出现了无瓣海桑的自然扩散。无瓣海桑在我国均开花结实两次，即秋果和春果，但一般以秋果为主。③ **适应性**　无瓣海桑在新的生境中能迅速生长，结实率高、定居容易、适应性广，具有与乡土红树植物的生态位竞争优势，使它得以在大部分乡土红树植物无法生长的中低潮带占领空缺生态位而迅速定居和建群，主要在比较适宜的空旷裸滩中扩散定居。**可能扩散的区域**：中国桂南沿海等低纬度地区。

【**危害及防控**】　**危害**：无瓣海桑引种是否会造成生态入侵争议较大（陈玉军 等，2004；李玫和廖宝文，2008；廖宝文 等，2004；Ren et al.，2009）。随着无瓣海桑的归化和扩散，现已逐渐开始危害我国的红树林生态系统（吴地泉，2016），如分泌他感物质影响其他红树林植物的生长（李玫 等，2002，2004），与我国国产海桑属（*Sonneratia*）植物杂交影响遗传多样性等，如不及时控制并采取防治措施，将会对我国的红树林生态系统造成毁灭性的破坏（严岳鸿 等，2004）。**防控**：控制种群数量。无瓣海桑的引种目前尚未造成明显生态入侵危害，是否会导致生态入侵需要进一步研究，但在完全明确其生态效应之前，应谨慎推广种植，可主要用于乡土红树植物难以定居生长的裸滩造林，严禁引入原生红树林群落中（彭友贵，2012）。也有学者提出在红树林生态修复期间，无瓣海桑可作为生态修复物种应用（Ren et al.，2009）。

【凭证标本】 广东省汕头市潮阳区东里村，海拔 0 m，23.555 6°N，116.869 3°E，2014 年 10 月 26 日，曾宪锋、黄雅凤 RQHN06615（CSH）；广东省中山市南朗镇翠亨新区横门，海拔 1 m，22.553 8°N，113.573 7°E，2014 年 10 月 17 日，王瑞江 RQHN00639（CSH）；广东省中山市淇澳红树林湿地保护区，海拔 5 m，22.426 8°N，113.624 2°E，2014 年 10 月 20 日，王瑞江 RQHN00623（CSH）。

无瓣海桑（*Sonneratia apetala* Buchanan-Hamilton）

1. 群落和生境；2. 果枝；3. 叶枝；4. 花；5. 果

参考文献

陈玉军，廖宝文，郑松发，等，2004.无瓣海桑、海桑、秋茄红树人工林群落动态及物种多样性研究［J］.应用生态学报，15（6）：924-928.

李玫，廖宝文，2008.无瓣海桑的引种及生态影响［J］.防护林科技，84（3）：100-102.

李玫，廖宝文，郑松发，等，2002.外来种无瓣海桑化感作用初报［J］.生态科学，21（3）：197-200.

李玫，廖宝文，郑松发，等，2004.无瓣海桑对乡土红树植物的化感作用［J］.林业科学研究，17（5）：641-645.

李云，郑德璋，廖宝文，等，1995.无瓣海桑引种育苗试验［J］.林业科技通讯，（5）：21-22.

廖宝文，郑松发，陈玉军，等，2004.外来红树植物无瓣海桑生物学特性与生态环境适应性分析［J］.生态学杂志，23（1）：10-15.

彭友贵，徐正春，刘敏超，2012.外来红树植物无瓣海桑引种及其生态影响［J］.生态学报，32（7）：2259-2270.

吴地泉，2016.漳江口红树林国家级自然保护区无瓣海桑的扩散现状研究［J］.防护林科技，（7）：33-35.

严岳鸿，邢福武，黄向旭，等，2004.深圳的外来植物［J］.广西植物，24（3）：232-238.

周青青，陈志力，辛琨，2010.我国红树林外来入侵现状研究综述［J］.安徽农业科学，38（5）：2662-2664.

Ren H, Lu H F, Shen W J, et al., 2009. *Sonneratia apetala* Buch. Ham in the mangrove ecosystems of China: an invasive species or restoration species[J]? Ecological Engineering, 35: 1243–1248.

野牡丹科 | Melastomataceae

草本、灌木或小乔木，直立或攀缘，陆生或少数附生。单叶，对生或轮生，叶片全缘或具锯齿，通常基出脉 3～5（～7），稀 9 条，侧脉通常平行，极少为羽状脉；具叶柄或无，无托叶。花两性，通常为 4～5 数，稀 3 或 6 数；呈聚伞花序、伞形花序、伞房花序，或由上述花序组成的圆锥花序，或蝎尾状聚伞花序，稀单生、簇生或穗状花序；具苞片或无，小苞片对生，常早落；花萼漏斗形、钟形或杯形，常 4 棱，与子房基部合生，常具隔片，稀分离；花瓣通常具鲜艳的颜色，着生于萼管喉部，与萼片互生，通常呈螺旋状排列或覆瓦状排列，常偏斜；雄蕊为花被片的 1 倍或同数，与萼片及花瓣两两对生，或与萼片对生，着生于萼管喉部，分离，花药 2 室，基部具小瘤或附属体或无；药隔通常膨大，下延成长柄或短距，或各式形状；子房下位或半下位，稀上位，顶端具冠或无，花柱单 1。蒴果或浆果；种子极小，通常长不到 1 mm，近马蹄形或楔形，稀倒卵形。

本科有 163 属 5 600 余种，分布于热带及亚热带地区，以美洲最多。我国有 21 属 114 种，产自西藏至台湾、长江流域以南各省份（自治区），其中 1 种为入侵植物。

形态学性状（Renner, 1993）和 DNA 序列（Clausing et al., 2000; Clausing & Renner, 2001; Renner, 2004; Renner et al., 2001）支持野牡丹科为单系类群。广义的野牡丹科包括谷木亚科（Memecyloideae）和野牡丹亚科（Melastomatoideae）。狭义的野牡丹科不包括谷木亚科（作为独立的科），目前一般被分为 2 个亚科：翼药花亚科（Kibessioideae）和野牡丹亚科（Melastomatoideae），而后者又进一步被分为 8 个族（Renner, 1993）。

参考文献

Clausing G, Meyer K, Renner S S, 2000. Correlations among fruit traits and evolution of different fruits within Melastomataceae[J]. Botanical Journal of the Linnean Society, 133(3): 303–326.

Clausing G, Renner S S, 2001. Molecular phylogenetics of Melastomataceae and Memecylaceae: implications for character evolution[J]. American Journal of Botany, 88(3): 486–498.

Renner S S, 1993. Phylogeny and classification of the Melastomataceae and Memecylaceae[J]. Nordic Journal of Botany, 13: 519–540.

Renner S S, 2004. Bayesian analysis of combined chloroplast loci, using multiple calibrations, supports the recent arrival of Melastomataceae in Africa and Madagascar[J]. American Journal of Botany, 91 (9): 1427–1435.

Renner S S, Meyer G C, 2001. Historical biogeography of Melastomataceae: the roles of tertiary migration and long-distance dispersal[J]. American Journal of Botany, 88(7): 1290–1300.

毛野牡丹属 *Clidemia* D. Don

直立灌木，茎多分枝，高一般不超过 3 m，通常被毛。叶对生，通常等大，被毛，3～7 基出脉；具叶柄。花组成腋生的圆锥花序生于分枝顶端或近顶端叶腋，4～6 数；花萼钟形，被毛或无毛，上部边缘膜质，裂片很短，裂片下面具一长丝状附属物，顶端无；花瓣卵形或倒卵形，钝，无毛；雄蕊 8～12，相等或仅相等，围绕着一轮流苏状鳞片，花丝无毛，花药线形，药室以下药隔不伸长，背侧有瘤突，腹侧无附属物；子房半下位或下位，中轴胎座，3～9 室，常密被毛；花柱无毛，柱头不加宽。浆果；种子卵形。

本属约 400 种，分布于热带美洲。我国仅见 1 种，为外来入侵物种。

根据最近的形态学和分子系统学研究（Judd, 2007; Goldenberg et al., 2013; Gamba & Almeda, 2014），一些分类学家已经将包括毛野牡丹属（*Clidemia*）在内的多个属并入更为广义的 *Miconia* 属（Mabberley, 2017）。

参考文献

Gamba D, Almeda F, 2014. Systematics of the Octopleura Clade of *Miconia* (Melastomataceae: Miconieae) in tropical American[J]. Phytotaxa, 179(1): 1–174.

Goldenberg R, Almeda F, Caddah M K, et al., 2013. Nomenclator botanicus for the neotropical genus *Miconia* (Melastomataceae: Miconieae)[J]. Phytotaxa, 106(1): 1–171.

Judd W S, 2007. Revision of *Miconia* sect. *Chaenolpleura* (Melastomataceae: Miconieae) in the Greater Antilles[J]. Systemtic Botany Monographs, 81: 1–235.

Mabberley D J, 2017. Mabberley's plant-book—a portable dictionary of plants, their classification and uses[M]. 4th ed. Cambridge: Cambridge University Press: 584.

毛野牡丹 *Clidemia hirta* (Linnaeus) D. Don, Mem. Wern. Nat. Hist. Soc. 4: 309. 1823. ——*Melastoma hirtum* Linnaeus, Sp. Pl. 390. 1753.

【别名】 毛野牡丹藤

【特征描述】 直立灌木，高达 3～4 m；茎圆柱状，直立，小枝疏生长硬毛以及平展的毛，节间长 6～10 cm。单叶，对生；叶片卵形至椭圆形，长 5～12 cm，宽 2.5～6 cm，纸质，基部近心形，顶端渐尖，边缘具圆齿，具缘毛，基出脉 5～7，自基部具红棕色短毛，侧脉明显，20～30 对，两面疏生长硬毛，上面凹陷，下面略隆起；叶柄长 1～3 cm。圆锥花序或聚伞花序腋生或顶生，花序轴被长硬毛；花 4～9，具小苞片；花柄长 2～3 mm，具硬毛；萼筒狭钟形，长 4～5 mm，裂片 5，长 2～2.5 mm，被毛，线状钻形，脱落。花瓣 5，白色，长圆形，长 6～7 mm，宽约 3.5 mm，无毛，先端钝。雄蕊 10，近相等，直立；花丝贴生于萼筒，花药裂片线状披针形。子房半下位或下位，球状，5 室；胚珠多数，中轴胎座；花柱丝状，柱头头状。浆果圆球状，长 7～10 mm，直径 6～7 mm；种子多数，卵形。**物候期**：花、果期 5 月。

【原产地及分布现状】 原产于热带中美洲与南美洲，从墨西哥南部到阿根廷，包括委内瑞拉与西印度群岛的岛屿延伸（Gleason, 1939）。现已侵入热带与亚热带的潮湿与干燥区域，包括夏威夷、斐济、新加坡与马来半岛（Breaden et al., 2012; Wester & Wood, 1977; Peters, 2001）。它归化于整个热带地区，包括一些太平洋与印度洋的岛屿、印度次大陆与非洲东部（坦桑尼亚）（DeWalt et al., 2004; Manickam et al., 2000）。**国内分布**：台湾。

【生境】 在雨量丰沛的地区生长繁盛，在干燥或光线不良的地区则生长缓慢、结实量不佳。常生长在人类活动干扰开放的领域，如牧场、河岸、路旁和苗圃。

【传入与扩散】 **文献记载**：2001 年在台湾首次报道，作为新入侵植物记录（Yang, 2001），并被收录到 *Flora of Taiwan*（第二版）的补编（Yang, 2012）。**标本信息**：模式标本（Type），采自玻利维亚，Bang 491，主模式为 BR（Holotype）；等模式为 GH, K, M, MICH, NY, PH（Isotypes）。中国最早标本于 1999 年采自台湾屏东县（PE00783095）（PE）。**传入方式**：可能为无意引入。**传播途径**：通过鸟类采食果实无意传播。**繁殖方式**：种子繁殖。**入侵特点**：① 繁殖性 每个果实包含种子 100 颗以上，成熟的植株每季生产超过 500 个果实。种子能在土壤中保持休眠状态，时间超过 4 年，种子萌发力强。② 传播性 通过人为活动或鸟类采食进行传播，传播力较强。③ 适应性 适应多种环境，生长迅速。**可能扩散的区域**：福建、广东、广西、海南、云南。

【危害及防控】 **危害**：威胁侵入地区的下层植物，它可以侵入森林间隙，阻止本土植物再生。在夏威夷群岛，它对本土生态系统产生负面影响，并且难以控制。对其他地区也会有相似的影响，例如，各个印度洋上的岛屿（塞锡尔群岛）、马来群岛半岛、密克罗尼西亚（帛琉）。国际自然保护联盟物种存续委员会的入侵物种专家小组（ISSG）将其列为世界百大外来入侵种。**防控**：控制引种。对于小种群，人工拔除最为有效；但对于大种群，物理方法和化学方法仍不能达到较好的效果（DeWalt, 2006; DeWalt et al., 2004）。因此，及早发现并及时清除是最为经济的手段。此外，也有一些生物防治的报道（Reimer & Beardsley, 1989; Simmonds, 1933），但对于刚入侵的物种来说并不适用。

【凭证标本】 台湾屏东县，1999 年 5 月 14 日，杨胜任 28178（PE）。

毛野牡丹〔*Clidemia hirta*（Linnaeus）D. Don〕

1. 群落；2. 幼果枝；3. 花；4. 果

参考文献

Breaden R C, Brooks S J, Murphy H T, 2012. The Biology of Australia weeds 59. *Clidemia hirta* (L.) D. Don[J]. Plant Protection Quarterly, 27(1): 3–18.

DeWalt S J, 2006. Population dynamics and potential for biological control of an exotic invasive shrub in Hawaiian rainforests[J]. Biological Invasions, 8(5): 1145–1158.

DeWalt S J, Denslow J S, Ickes K, 2004. Natural-enemy release facilitates habitat expansion of the tropical shrub *Clidemia hirta*[J]. Ecology, 85(2): 471–483.

Gleason H A, 1939. The Genus *Clidemia* in Mexico and Central America[J]. Brittonia, 3(2): 97–140.

Manickam V S, Murugan C, Sundaresan V, et al., 2000. Genus *Clidemia* D. Don (Melastomataceae) — a new record of naturalized taxon for Tamil Nadu[J]. Indian Journal Forest, 23(4): 442–443.

Peters H A, 2001. *Clidemia hirta* invasion at the Pasoh forest reserve: an unexpected plant invasion in an undisturbed tropical forest[J]. Biotropica, 33(1): 60–68.

Reimer N J, Beardsley J W, 1989. Effectiveness of *Liothrips urichi* (Thysanoptera: Phlaeothripidae) introduced for biological control of *Clidemia hirta* in Hawaii[J]. Environmental Entomology, 18(6):1141–1146.

Simmonds H W, 1933. The biological control of the weed *Clidemia hirta* D. Don. in Fiji[J]. Bulletin of Entomological Research, 24(3): 345.

Wester L L, Wood H B, 1977. Koster's Curse (*Clidemia hirta*), a weed pest in Hawaiian forests[J]. Environmental Conservation, 4(1): 35–41.

Yang S Z, 2001. A new record and invasive species in Taiwan—*Clidemia hirta* (L.) D. Don[J]. Taiwania, 46(3):232–237.

Yang S Z, 2012. *Clidemia*[M]// Wang J C, Lu C T. Flora of Taiwan. 2nd ed. Supplement. Taibei: Bor Hwa Printing Company: 136–138.

柳叶菜科 | Onagraceae

一年生或多年生草本，有时为半灌木或灌木，稀为小乔木，有的为水生草本。叶互生或对生；托叶小或不存在。花两性，稀单性，辐射对称或两侧对称，单生于叶腋或排成顶生的穗状花序、总状花序或圆锥花序。花通常 4 数，稀 2 或 5 数；花管（指子房顶端至花喉部紧缩成管状部分，由花萼、花冠及花丝一部分合生而成）存在或不存在；萼片（2～）4 或 5；花瓣（2～）4 或 5，或缺，在芽时常旋转或覆瓦状排列，脱落；雄蕊（2～）4，或 8、10 排成 2 轮；花药呈"丁"字着生，稀基部着生；花粉单一，或为四分体，花粉粒间以黏丝连接；子房下位，4～5（稀 1～2）室，每室有少数或多数倒生胚珠，中轴胎座；花柱 1，柱头头状、棍棒状或具裂片。果为蒴果，室背开裂、室间开裂或不开裂，有时为浆果或坚果。种子多数或少数，稀 1，无胚乳。

柳叶菜科作为单系类群得到形态学、rDNA 和 *rbcL* 序列的支持，科下系统关系也已经过许多植物学家利用形态学、限制性位点、*rbcL*、*ndhF* 和 ITS 序列进行研究（Conti et al., 1993; Hoch et al., 1993; Sytsma & Smith, 1988; Sytsma et al., 1998; Katinas et al., 2004; Levin et al., 2003, 2004）。该科常常被划分为 2 个亚科，即水龙亚科（Russiaeaoideae）和柳叶菜亚科（Onagroideae）（Takhtajan, 2009）。

本科有 18 属约 655 种，广泛分布于温带和亚热带地区。我国分布 6 属 64 种，其中 3 属 14 种为入侵种或入侵性植物。

《西藏植物志》和《中国植物志》作为外来逸生种记载了克拉花属的克拉花（*Clarkia pulchella* Pursh），指出该种在我国西藏拉萨（罗布林卡）引种并逸为野生（李恒，1986；陈家瑞，2000）；《中国外来入侵植物（修订版）》将其收录作为外来入侵植物（徐海根和强胜，2011，2018）。经核实作为野生记载的凭证标本只有 1 份（张永田、郎楷永 2676，PE0169989），未见其他采集报道，说明并未构成入侵，本志暂不收录。

参考文献

陈家瑞，2000. 克拉花属［M］// 陈家瑞. 中国植物志：第 53 卷第 2 分册. 北京：科学出版社：72–73.

李恒，1986. 古代稀属［M］// 吴征镒. 西藏植物志：第 3 卷. 北京：科学出版社：365–366.

徐海根，强胜，2011. 中国外来入侵植物［M］. 北京：科学出版社：180.

徐海根，强胜，2018. 中国外来入侵植物：上册［M］. 修订版. 北京：科学出版社：380–381.

Conti E, Fischback A, Sytsma K J, 1993. Tribal relationships in Onagraceae: implications from *rbcL* data[J]. Annals of the Missouri Botanical Garden, 80: 672–685.

Hoch P C, Crisci J V, Tobe H, et al., 1993. A cladistic analysis of the plant family Onangraceae[J]. Annals of the Missouri Botanical Garden, 80: 672–685.

Katinas L, Crisci J, Wagner W L, et al., 2004. Geographical diversification of tribes Epilobieae, Gongylocarpeae, and Onagreae (Onagraceae) in North America, based on parsimony analysis of endemicity and track compatibility analysis[J]. Annals of the Missouri Botanical Garden, 91: 159–185.

Levin R A, Wagner W L, Hoch P C, et al., 2003. Family-level relationships of Onagraceae based on chloroplast *rbcL* and *ndhL* data[J]. American Journal of Botany, 90: 107–115.

Levin R A, Wagner W L, Hoch P C, et al., 2004. Paraphyly in Tribe Onagreae: insights into phylogenetic relationships of Onagraceae based on nuclear and chloroplast sequence data[J]. Systematic Botany, 29: 147–164.

Sytsma K J, Baum D A, Rodriguez A, et al., 1998. An ITS phylogeny for Ongnaraceae: congruence with three molecular data sets[J]. American Journal of Botany, 85(6) (Suppl.): 160.

Sytsma K J, Smith J F, 1988. DNA and morphology: comparisons in the Ongnaraceae[J]. Annals of the Missouri Botanical Garden, 75: 1217–1237.

Takhtajan A, 2009. Flowering Plants[M]. 2nd ed. Berlin: Springer Science: 342–343.

分属检索表

2 花柄有 2 小苞片；花管不存在，萼片 4 或 5，稀为 3，花后宿存 ……………………
…………………………………………………… 1. 丁香蓼属 *Ludwigia* Linnaeus

2 花柄无苞片；花管存在；萼片 4，花后脱落 ……………… 3. 月见草属 *Oenothera* Linnaeus

1. 丁香蓼属 *Ludwigia* Linnaeus

直立或匍匐草本，多为水生植物，稀灌溉木或小乔木。水生植物的茎常膨胀成海绵状；节上生根，常束生白色海绵质根状浮水器。叶互生或对生，稀轮生；常全缘；托叶存在，常早落。花单生于叶腋，或组成顶生的穗状花序或总状花序，有小苞片 2 枚，（3～）4～5 数；花管不存在；萼片（3～）4～5，花后宿存；花瓣与萼片同数，稀不存在，易脱落，黄色，稀白色，先端全缘或微凹；雄蕊与萼片同数或为萼片的 2 倍；花药以单体或四合花粉授粉；花盘位花柱基部，隆起呈锥状，在雄蕊着生基部有下陷的蜜腺；柱头头状，常浅裂，裂片数与子房室数一致；子房室数与萼片数相等，中轴胎座；胚珠每室多列或 1 列，稀上部多列而下部 1 列。蒴果室间开裂、室背开裂、不规则开裂或不裂。种子多数，与内果皮离生，或单个嵌入海绵质或木质的硬内果皮近圆锥状小盒里，近球形、长圆形，或不规则肾形；种脊多少明显，带形。**染色体**：n=8、16、24、32、48（Raven & Tai, 1979）。

狭义的丁香蓼属不包括水龙属（*Jussiaea* Linnacus），两者的主要区别在于前者的雄蕊与萼片同数，后者的雄蕊为萼片数的 2 倍。Raven（1963）将两属合并，得到广泛的认可（陈家瑞和陆尚志，2000）和分子系统学的支持（Liu et al., 2017）。

本属有 85 种，广布于泛热带，且多数分布于新大陆，少数种分布于温带地区；我国分布约 11 种，其中 2 种为入侵种。《中国入侵植物名录》曾记载草龙 [*Ludwigia hyssopifolia* (G. Don) Exell] 原产于热带美洲（马金双，2013），经考证为错误记载，亚洲热带地区为其原产地之一，不为入侵植物；有学者提出毛草龙 [*L. octovalvis* (Jacquin) Raven] 应列为入侵植物，其原产地可能为南美洲（蒋奥林 等，2017），但现有的植物志记载不能证实，有待于进一步考证。最近有报道沼生丁香蓼 [*L. palustris* (Linnaeus) Elliott]、翼茎丁香蓼（*L. decurrens* Walter）、美洲丁香蓼 [*L. erecta* (Linnaeus) Hara] 在台湾已经归化（Wu et al., 2010; Hsu et al., 2010），翼茎丁香蓼在江西南昌也已经归化（孔令普 等，2019），本志已收录。近年来，中国大陆引进了几种水生丁香蓼属植物用于水族箱装饰，主要有柳叶丁香蓼［*L. inclinata* (Linnaeus f.) M. Gómez］、红叶丁香蓼（*L. arcuata* Walter）、短柄丁香蓼［*L. brevipes* (Long) E. H. Eames］、沼生丁香蓼［*L. palustris* (Linnaeus) Elliott］和匍匐丁香蓼（*L. repens* J. R. Forster）（何家庆，2012），应注意关注这些种的逸生情况。

参考文献

陈家瑞，陆尚志，2000. 丁香蓼属［M］// 陈家瑞. 中国植物志：第 53 卷第 2 分册. 北京：科学出版社：28-40.

何家庆，2012. 中国外来植物［M］. 上海：上海科学技术出版社：171-173.

蒋奥林，朱双双，李晓瑜，等，2017. 2008—2016 年间广州市外来入侵植物的变化分析［J］. 热带亚热带植物学报，25（3）：288-298.

孔令普，彭玉辅，游凯，等，2019. 翼茎水丁香. 中国大陆柳叶菜科一归化水生植物［J］. 热带亚热带植物学报，27（3）：338-342.

马金双，2013. 中国入侵植物名录［M］. 北京：高等教育出版社：117.

Hsu T W, Peng C I, Chiang T Y, et al, 2010. Three newly naturalized species of the genus *Ludwigia*(Onagraceae) to Taiwan[J]. Taiwan Journal of Biodiversity, 12(3): 303–308.

Liu S H, Hoch P C, Diazgranados M, et al, 2017. Multi-locus phylogeny of *Ludwigia* (Onagraceae): insights on infra-generic relationships and the current classification of the genus[J]. Taxon, 66(5): 1112–1127.

Raven P H, 1963. The old world species of *Ludwigia* (including *Jussiaea*), with a synopsis of the genus (Onagraceae)[J]. Reinwardtia, 6(4): 327–427.

Raven P H, Tai W, 1979. Observations of chromosomes in *Ludwigia* (Onagraceae)[J]. Annals of the Missouri Botanical Garden, 66: 862–879.

Wu S H, Yang T Y A, Teng Y C, et al., 2010. Insights of the latest naturalized flora of Taiwan: change in the past eight years[J]. Taiwania, 55(2): 139–159.

分种检索表

1 萼片 1；花瓣常 5；蒴果线状圆柱形，长达 4.0 cm ⋯ 1. 细果草龙 *L. leptocarpa* (Nuttall) Hara

1 萼片 4；花瓣 4；蒴果方柱形，具 4 棱或翅，长 1.2～2 cm ⋯ 2. 翼茎丁香蓼 *L. decurrens* Walter

1. 细果草龙 Ludwigia leptocarpa (Nuttall) Hara, J. Jap. Bot. 28(10): 292. 1953.

【特征描述】 亚灌木状一年生或多年生草本，高可达 2 m，稍呈木质化，全株疏被柔毛。叶互生，叶片披针形或线状披针形，长 2～13 cm，宽 0.4～1.8 cm，先端渐尖，基部楔形；叶柄长 0.2～2.0 cm。花单生或簇生于叶腋或再集成花序；萼片和花瓣通常 5，偶有 4、6、7 数；萼片三角状卵形；花瓣黄色，倒卵形，长约 5 mm；雄蕊数为萼片的 2 倍。蒴果线状圆柱形，长达 4.0 cm，具柄，表面有浅凹。种子暗棕色。有细洼点。**染色体**：n=16、24（Raven & Tai, 1979）。**物候期**：花、果期 8—10 月。

【原产地及分布现状】 原产于美国佛罗里达，在美洲热带和亚热带地区及塞内加尔、喀麦隆等非洲热带地区广泛分布（苗国丽 等，2012）。**国内分布**：浙江（临安、湖州）、江苏（镇江）、上海。

【生境】 生于水边等潮湿地区。

【传入与扩散】 **文献记载**：苗国丽等于 2012 年首次报道细果草龙在浙江归化（苗国丽 等，2012）；李惠茹等于 2017 年报道上海出现逸生（李惠茹 等，2017）。**标本信息**：后选模式（Lectotype），Without data, Nuttall s. n., Vide Munz 1942, PH00026195，存放于美国费城自然科学院标本馆（PH）。最早的标本于 2008 年 10 月 22 日采自浙江临安（李根有、金水虎等 s. n., QSH081022158, ZJFC）；之后，2011 年 9 月 20 日在上海青浦区姚家村采到标本（汪远、李惠茹 等 WY04650, CSH）。**传入方式**：不详，很有可能通过贸易船只夹带种子无意带入。**传播途径**：可能通过交通工具夹带种子和水传播。**繁殖方式**：种子繁殖为主，通过根状茎也可进行营养繁殖。**入侵特点**：① 繁殖性 果实结实率高，种子数量多。② 传播性 种子小而轻，容易沿河流和湿地扩散蔓延。③ 适应性 适应性较强，根系较为发达，易形成单优势种群落。**可能扩散的区域**：华东和华南地区。

【危害及防控】 **危害**：主要危害水稻田。**防控**：结合土地深耕或苗期锄草，在结果前人工拔除。预防种子扩散。

【凭证标本】 浙江省杭州市临安区青山湖八百里，海拔 40 m，2008 年 10 月 22 日，李根有、金水虎等 s. n. QSH081022158（ZJFC）；上海市青浦区朱湘泾，2011 年 9 月 21 日，汪远、李惠茹等 WY04814（CSH）；上海市松江区沪松公路，31.116 7°N，121.330 6°E，2011 年 10 月 16 日，李宏庆等 SDP20689，CSH0079986（CSH）。

【相似种】 毛草龙（*L. octovalvis* (Jacquin) Raven）。亦为多年生草本或亚灌木状，高可达 2 m，蒴果较短（达 3.5 cm），但本种植株常被黄褐色粗毛，萼片、花瓣 4，花瓣长 0.7～1.4 cm，容易与细果草龙区别。草龙 [*L. hyssopifolia* (G. Don) Exell]，萼片和花瓣通常 4，花瓣长 2～3 mm，蒴果近圆柱状，长 1～1.5 cm，容易区别。与细花丁香蓼（*L. perennis* Linneus）、丁香蓼（*L. prostrata* Roxburgh）、假柳叶菜（*L. epilobioides* Maximowicz）的区别在于后三者花瓣长均不超过 3 mm，雄蕊均为 4，容易区别。

细果草龙 [*Ludwigia leptocarpa* (Nuttall) Hara]
1. 群落和生境；2. 茎枝，示毛被；3. 叶；4. 花枝；5. 花和果

参考文献

李惠茹，汪远，闫小玲，等，2017. 上海植物区系新资料［J］. 华东师范大学学报（自然科学版），（1）：132-142.

苗国丽，陈征海，谢文远，等，2012. 发现于浙江的 4 种归化植物新记录［J］. 浙江农林大学学报，29（3）：470-472.

Raven P H, Tai W L, 1979. Observations of chromosomes in *Ludwigia* (Onagraceae)[J]. Annals Missouri Botanical Garden, 66: 862–879.

2. 翼茎丁香蓼 *Ludwigia decurrens* Walter, Fl. Carol. 89. 1788.

【别名】 翼茎水丁香

【特征描述】 亚灌木状一年生挺水草本，高可达 2 m，全株光滑无毛。茎具纵棱，多分枝。叶互生，叶片全缘，披针形或狭长卵形，长 3.5～14 cm，宽 1～3 cm，先端锐尖，基部楔形或钝形；侧脉 12～18 对，在近边缘处环节；叶柄长 0.5 cm 或近无柄，叶边缘向下延伸至茎上成狭翅；托叶极小或近退化。单花生于叶腋，花梗长 5～8 mm，花直径约 2.5 cm；萼片和花瓣 4；萼片狭三角形或披针形，长 0.7～1 cm；花瓣黄色，倒卵形或阔卵形，长 0.8～1.2 cm，宽 0.6～1 cm，先端微突尖，具 4～5 条侧脉；雄蕊 8，低于花柱，花丝长 1.5～2.5 mm，花药淡黄色；子房四棱柱形，4 室，花盘基部围以白毛；柱头长球形，顶端微凹。蒴果方柱形，具 4 棱或翅，长 1.2～2 cm，宽 0.5～0.8 cm，部分果实基部弯曲，不规则开裂或不裂。种子灰褐色，长球形或稍肾形。**染色体**：$2n=16$（Ramamoorthy & Zardini, 1987）。**物候期**：花、果期 8—10 月。

【原产地及分布现状】 原产于美国东南部和阿根廷北部（Raven, 1963; Walck & Smith, 1988），后被引入到旧大陆，像欧洲的法国，非洲的喀麦隆、冈比亚、尼日利亚，东亚的日本，东南亚及南亚的菲律宾、印度、孟加拉国、斯里兰卡等（孔令普 等，2019）。**国内分布**：江西（南昌）、台湾（桃园）。

【生境】 生于水边等潮湿地区。

【传入与扩散】 **文献记载**：Wu 等（2010）在其文章中指出翼茎丁香蓼于 1999 年进入台湾，2002 年的《台湾水生植物》收录该种（林春古，2002），许再文等 2010 年首次报道该种在台湾归化（Hsu et al., 2010）；孔令普等 2019 年报道江西南昌出现逸生。**标本信息**：新模式（Neotype），South Carolina, Berkeley Co., Walter s. n.，存放于英国自然历史博物馆（BM）。最早的标本于 2004 年 12 月 12 日采自台湾桃园市龙潭区（高资栋 257494, TAI）；2017 年 8 月 27 日在江西南昌市南昌县采到标本（孔令普 FHG02342, JXAU）。**传入方式**：可能通过货物贸易、人为有意或无意带入。**传播途径**：可能通过交通工具夹带种子和水传播。**繁殖方式**：种子繁殖，有时在水体中的分枝茎节可生根形成新个体。**入侵特点**：① 繁殖性　在南昌地区植株长势旺盛，分枝多，开花数量多，花期持续时间长，果实产种量大，平均每个蒴果产种约 1 000 粒。② 传播性　种子小而轻，容易通过水流、风、动物或人类活动传播扩散。③ 适应性　适应性较强，根系较为发达，能够在新的区域快速形成密集的优势种群；此外有报道该植物具有化感作用，其种子的浸出液会抑制其他植物种子的萌发（孔令普 等，2019）。**可能扩散的区域**：华东和华南地区。

【危害及防控】 **危害**：主要危害水稻田，为稻田中最常见的杂草之一，严重影响水稻的产量和品质；可在入侵地快速形成结构单一的有势群落，威胁当地物种，导致生物多样性下降；此外，在一些公共水域大量繁殖，会阻碍水域的流通，影响稻田、水塘的正常用水，从而导致农产品减产，经济受损。**防控**：预防种子扩散。在发生地将其在结果前人工拔除。

【凭证标本】 江西省南昌县凤凰沟景区，海拔 30 m，28.366 8°N，116.008 0°E，2017 年 8 月 27 日，孔令普 FHG02342（JXAU）；江西省进贤县温圳镇康山村，海拔 25 m，28.344 0°N，116.061 7°E，2017 年 11 月 2 日，孔令普、游凯 KSC02343（JXAU）；台湾桃园市龙潭区，海拔 25 m，24.840 6°N，121.206 4°E，2004 年 12 月 12 日，高资栋 257494（TAI）。

【相似种】 与国产种草龙 [*L. hyssopifolia* (G. Don) Exell] 在外形上较为相似，但翼茎丁香蓼花较大，花径约 2.5 cm，蒴果方柱形，长 1.2～2 cm，而草龙花较小，花径约 0.6 cm，蒴果圆柱形，长 2～5 cm。另有 2 种同属植物已在台湾归化，一种为美洲丁香蓼 [*L. erecta* (Linnaeus) Hara]，为高大直立草本，高可达 3，全株无毛，叶互生；茎和果实不具翅；花直径约 1 cm；雄蕊 8 枚。另一种为沼生丁香蓼 [*L. palustris* (Linnaeus) Elliott]，植株平卧或斜生，全株无毛，叶对生，长不超过 2.5 cm，卵形到椭圆状卵形，无花瓣，雄蕊 4 枚，种子不具有扁平的种脊。

翼茎丁香蓼（*Ludwigia decurrens* Walter）

1. 群落和生境；2. 茎，示茎上的翼；3. 花（侧面观）；4. 花（正面观）；5. 果实

参考文献

孔令普，彭玉辅，游凯，等，2019. 翼茎水丁香. 中国大陆柳叶菜科一归化水生植物 [J]. 热带亚热带植物学报，27（3）：338-342.

林春吉，2002. 台湾水生植物：第 1 卷 [M]. 台北：田野影像出版社：124.

Hsu T W, Peng C I, Chiang T Y, et al., 2010. Three newly naturalized species of the genus *Ludwigia*(Onagraceae) to Taiwan[J]. Taiwan Journal of Biodiversity, 12(3): 303-308.

Ramamoorthy T P, Zardini E M, 1987. The systematics and evolution of *Ludwigia* sect. *Myrtocarpus* sensu lato (Onagraceae)[M]// Missouri Botanical Garden. Mono-graphs in Systematic Botany from the Missouri Botanical Garden: vol 19. Louis: Missouri Botanical Garden: 1-120.

Raven P H, 1963. The old world species of *Ludwigia* (including *Jussiaea*), with a synopsis of the genus (Onagraceae)[J]. Reinwardtia, 6(4): 327-427.

Walck J L, Smith T L, 1988. The first Pennsylvania record of the upright primrose-willow (*Ludwigia decurrens* Walt)[J]. Bartonia, (54): 24-25.

Wu S H, Yang T Y A, Teng Y C, et al., 2010. Insights of the latest naturalized flora of Taiwan: change in the past eight years[J]. Taiwania, 55(2): 139-159.

2. 山桃草属 *Gaura* Linnaeus

一年生、二年生或多年生草本，有时近基部木质化。叶具基生叶与茎生叶，基生叶较大，排成莲座状，向着基部渐变狭成具翅的柄；茎生叶互生，向上逐渐变小，全缘或具齿。花序穗状或总状。花常 4 数，稀 3 数，两侧对称，花瓣水平地排向一侧，雄蕊与花柱伸向花的另一侧，花常在傍晚开放，开放后一天内就凋谢；花管狭长，由花萼、花冠与花丝之一部分合生而成，其内基部有蜜腺，萼片 4，花期反折，花后脱落；花瓣 4，通常白色，受粉后变红色，具爪；雄蕊为萼片的 2 倍，近等长，每一花丝基部内面有 1 小的鳞片状附属体；花药常带红色，2 药室间具药隔；子房 4 室，稀 3 室，每室有 1 枚胚珠，但并不都发育；花柱线形，被毛；柱头深 4（稀 3）裂，常高出雄蕊。蒴果坚果状，不开裂，具 4（～3）条棱。种子常卵状，柔软光滑。**染色体**：n=7、14、21、28（Raven & David, 1972）。

该属世界性的修订已于 1972 年完成（Raven & David, 1972），分子系统学方面的工作也已经开展（Carr et al., 1990; Hoggard et al., 2004），基于分子资料，有些学者将该属并入月见草属（*Oenothera*）（Wagner, 2007; Mabberley, 2017）。

　　本属有 21 种，分布于北美洲和墨西哥（Raven & David, 1972）。我国引入 3 种，其中 1 种已成为入侵植物。另外 2 种分别为山桃草（*Gaura lindheimeri* Engelmann & Gray）和阔果山桃草（*Gaura biennis* Linnaeus），均为引种栽培的观赏花卉，并在栽培地偶尔逸为野生。

参考文献

Carr B L, Crisci J V, Hoch P C, 1990. A cladistic analysis of the genus *Gaura* (Onagraceae)[J]. Systematic Botany, 15: 454–461.

Hoggard G D, Kores P J, Molvray M, et al., 2004. The phylogeny of *Gaura* (Onagraceae) based on *ITS*, *ETS* and *TrnL-F* sequence data[J]. American Journal of Botany, 91: 139–148.

Mabberley D J, 2017. Mabberley's plant-book—a portable dictionary of plants, their classification and uses[M]. 4th ed. Cambridge: Cambridge University Press.

Raven P H, David P G, 1972. A revision of the genus *Gaura* (Onagraceae)[J]. Memoirs of the Torrey Botanical Club, 23(1): 1–96.

Wagner W L, Hoch P C, Raven P H, 2007. Revised classification of the Onagraceae[J]. Systematic Botany Monographs, 83:1–240.

小花山桃草 *Gaura parviflora* Douglas ex Lehmann, Nov. Stirp. Pug. 2: 15. 1830.

【特征描述】　一年生草本，全株密被伸展灰白色长毛与腺毛。茎直立，不分枝，或在顶部花序之下少数分枝，高 50～100 cm。基生叶宽倒披针形，长达 12 cm，宽达 2.5 cm，先端锐尖，基部渐狭下延至柄；茎生叶狭椭圆形、长圆状卵形，有时菱状卵形，长 2～10 cm，宽 0.5～2.5 cm，先端渐尖或锐尖，基部楔形下延至柄，侧脉 6～12 对。花序穗状，有时有少数分枝，生茎枝顶端，常下垂，长 5～45 cm；苞片线形；花傍晚开放；花管带红色，长 1.5～3 mm；萼片绿色，线状披针形，长 2～3.5 mm，花期反折；花瓣白色，以后变红色，倒卵形，长 1.5～3 m，宽 1～1.5 mm，先端钝，基部具爪；花丝长 1.5～2.5 mm，基部具鳞片状附属物；花柱长 3～6 mm，伸出花管部分长 1.5～2.2 mm；柱头围以花药，具深 4 裂。蒴果坚果状，纺锤形，长 5～10 mm，径 1.5～3 mm，具不明显 4 棱。种子 4 枚或 3 枚，卵状，红棕色。染色体：*n*=7（Raven &

David, 1972)。**物候期**：花期 7—8 月，果期 8—9 月。

【**原产地及分布现状**】 原产于北美中南部，南美洲、欧洲、亚洲、大洋洲有引种并逸为野生（Raven & David, 1972）。**国内分布**：安徽、北京、福建、河北、河南、湖北、辽宁、江苏、江西、山东、上海、浙江。

【**生境**】 生于路边、山坡、田埂甚至在盐碱地上。

【**传入与扩散**】 **文献记载**：20 世纪 50 年代河南省引种栽培，后逸为野生。1959 年出版的《江苏南部种子植物手册》有记载（裴鉴，1959；陈家瑞和陆尚志，2000）。1986 年报道了在东北的逸生（韩亚光和李文耀，1986）。2003 年报道了其入侵特性（杜卫兵 等，2003）。2009 年报道入侵河北衡水（芦站根，2009）。2011 年被收录到《中国外来入侵生物》（徐海根和强胜，2011），2013 年被收录到《生物入侵：中国外来入侵植物图鉴》（万方浩 等，2013）。**标本信息**：模式标本（Type），David Douglas；主模式：BM001024381（Holotype），标本存放于英国自然历史博物馆（BM）；等模式（Isotype）存于英国邱皇家植物园标本馆（K）。刘慎谔于 1930 年 5 月在山东烟台采到标本（L. 6964，PE01152945），同年 6 月在北京三贝子花园（Prince Park）采到标本（L. 6965，PE01348941）。**传入方式**：无意带入和有意引种，栽培逸生。**传播途径**：通过人为活动、农产品贸易和交通工具携带传播。**繁殖方式**：种子繁殖。**入侵特点**：① 繁殖性　繁殖力强，小花山桃草每株花序数为 10 余枝，每个花序产约 134 朵花，约产 126 颗种子，结实率超过 94%，每株产上千颗种子（杜卫兵 等，2003）；生长快，幼苗期短，3—5 月前后为幼苗期，6 月下旬就达到生长高峰期；种子几乎在整个生长季都可萌发；种子的发芽率高，在光照和黑暗的条件下发芽率均可达到 85% 以上（刘龙昌 等，2012，2014）。② 传播性　在长达 3 个月的时间都有开花和果实成熟脱落，这对其找到合适的天气条件和生境条件传粉和散播种子非常有利。③ 适应性　生活力强，适应性广泛，对干旱的抗性强，有较强的耐旱机制（黄萍 等，2009，2011）；可生活在路边、山坡、田埂、甚至在碱涝薄地上生长。**可能扩散的区域**：华北、华中、华东、华南地区。

【危害及防控】 **危害**：入侵作物田和果园导致农作物和果树减产，减少生物多样性，影响景观；消耗土壤养分，对土壤的可耕性破坏严重，影响其他植物的生长（黄萍 等，2008；徐海根和强胜，2011）。**防控**：结合土地深耕或结果前人工铲除；除非必要，可利用草甘膦等灭生性除草剂在非耕地使用，也可以在农田中使用选择性除草剂如莠去津、二甲四氯等；检疫部门加强对货物、运输工具等携带小花山桃草子实的监控，杜绝引种到其他地区。

【凭证标本】 黑龙江省大庆市龙凤区学府街，海拔 149 m，46.584 8°N，125.145 3°E，2016 年 7 月 2 日，齐淑艳 s. n.（CSH）；安徽省宿州市埇桥区宋桥乡，海拔 26.52 m，33.474 5°N，117.138 5°E，2015 年 5 月 5 日，严靖、李惠茹、王樟华、闫小玲 RQHD01762（CSH）；河南省登封市薛家门外，海拔 444 m，34.470 5°N，113.050 8°E，2016 年 10 月 25 日，刘全儒、何毅等 RQSB09502（BNU）。

【相似种】 山桃草（*G. lindheimeri* Engelmann & Gray）。为多年生草本，植株常丛生，茎生叶椭圆状披针形或倒披针形，花瓣长 1.2～1.5 cm，花拂晓开放，偶见植物园周边逸生。

阔果山桃草（*G. biennis* Linnaeus）。为一年生或二年生草本，植株不成丛生，茎生叶椭圆形，花瓣长约 7 cm，花傍晚开放。两者的花瓣长均超过 6 cm，花序直立，与花瓣长不超过 3 cm，花序多少下垂的小花山桃草容易区别。

小花山桃草（*Gaura parviflora* Douglas ex Lehmann）

1.群落；2.叶；3.花序；4.花；5.果

参考文献

陈家瑞，陆尚志，2000. 山桃草属 [M] // 陈家瑞 . 中国植物志：第 53 卷第 2 分册 . 北京：科学出版社：57-60.

杜卫兵，叶永忠，彭少麟，2003. 小花山桃草季节生长动态及入侵特性 [J] . 生态学报，23（8）：1679-1684.

韩亚光，李文耀，1986. 东北山桃草属植物新记录 [J] . 沈阳农业大学学报，（4）：69.

黄萍，顾东亚，沈俊辉，等，2008. 入侵植物小花山桃草的化感作用研究 [J] . 河南科学，26（12）：1484-1487.

黄萍，贾东坡，袁志良，等，2011. 外来杂草小花山桃草对干旱胁迫的生理响应 [J] . 东北农业大学学报，42（4）：102-106.

黄萍，沈俊辉，顾东亚，等，2009. 小花山桃草营养器官解剖结构及其生态适应性研究 [J] . 植物研究，29（4）：397-401.

刘龙昌，范伟杰，董雷鸣，等，2012. 入侵植物小花山桃草种群构件生物量结构及种子萌发特征 [J] . 广西植物，32（1）：69-76.

刘龙昌，徐蕾，冯佩，等，2014. 外来杂草小花山桃草种子休眠萌发特性 [J] . 生态学报，34（24）：7338-7349.

芦站根，2009. 小花山桃草入侵河北衡水 [J] . 杂草科学，（4）：73-74.

裴鉴，1959. 江苏南部种子植物手册 [M] . 北京：科学出版社：533.

万方浩，刘全儒，谢明，2012. 生物入侵：中国外来入侵植物图鉴 [M] . 北京：科学出版社：202-203.

徐海根，强胜，2011. 中国外来入侵植物 [M] . 北京：科学出版社：180-181.

Raven P H, David P G, 1972. A revision of the genus *Gaura* (Onagraceae)[J]. Memoirs of the Torrey Botanical Club, 23(1): 1-96.

3. 月见草属 *Oenothera* Linnaeus

一年生、二年生或多年生草本。茎直立、上升或匍匐生，常具垂直主根，有时自伸展的侧根上生分枝，稀具地下茎。叶在幼株常具基生叶，以后具茎生叶，螺旋状互生，边缘全缘、有齿或羽状深裂；无托叶。花大，美丽，4 数，辐射对称，生于茎枝顶端叶腋或退化叶腋，排成穗状、总状或伞房花序，花期通常短，常傍晚开放，至次日日出时萎凋；花管发达，圆筒状，至近喉部多少呈喇叭状，花后迅速凋落；萼片 4，反折，绿色、淡红或紫红色，花后脱落；花瓣 4，黄色，紫红色或白色，有时基部有深色斑，常倒心形或倒卵形；雄蕊 8，近等长或对瓣的较短；花药丁字着生，花粉粒以单体授粉，但彼此间有孢黏丝连接；子房 4 室，胚珠多数；柱头深裂成 4 线形裂片，裂片授粉面全缘。蒴果圆柱状，常具 4 棱或翅，直立或弯曲，室背开裂，稀不裂。种子多数，每室排成 2 行（1 或 3 行的种在中国不产，陈家瑞，2000）。**染色体**：n=7、14、21（Kurabayashi et al., 1962; Chen et al., 2000; Wagner et al., 2007）。

本属约 121 种，分布在美洲的温带及亚热带地区。我国引种栽培用作花卉及药用植物或经济植物 19 或 20 种（于漱琦和田永清，1999；徐永清 等，2006），其中归化逸生或成为入侵植物 11 种。

广义的月见草属还要包括 *Calylophus*、山桃草属（*Gaura*）和 *Stenosiphon* 等属（Wagner et al., 2007; Mabberley, 2017）。

参考文献

陈家瑞，2000. 月见草属［M］// 陈家瑞. 中国植物志：第 53 卷第 2 分册. 北京：科学出版社：60-72.

徐永清，李海燕，胡宝忠，2006. 月见草属（*Oenothera* L.）植物研究进展［J］. 东北农业大学学报，37（1）：111-114.

于漱琦，田永清，1999. 我国月见草属植物的种类与分布［J］. 特产研究，（4）：60-62.

Chen J R, Hoch P C, Wagner W L, 2000. Onagraceae[M]// Wu Z Y, Raven P H. Flora of China: vol 13. Beijing: Science Press: 423–426.

Kurabayashi M, Lewis H, Raven P H, 1962. A comparative study of mitosis in the Onagraceae[J]. American Journal of Botany, 49(9): 1003–1026.

Mabberley D J, 2017. Mabberley's plant-book—a portable dictionary of plants, their classification and uses[M]. 4th ed. Cambridge: Cambridge University Press.

Wagner W L, Hoch P C, Raven P H, 2007. Revised classification of the Onagraceae[J]. Systematic Botany Monographs, 83: 1–240.

分种检索表

1 花白色、粉红或紫红色；蒴果倒卵状或棒状，具翅或无翅，具果梗 ·················· 2

1 花黄色，或喉部有紫斑，或花冠管后期带红色；蒴果圆柱状，不具翅，不具果梗 ········ 4

2 柱头高于花药，花瓣白色，后变成粉红色或紫色，长大于 1.5 cm ················· 3

2　柱头围以花药，花瓣粉红至紫红色，长不及 1 cm……………………………………
　　………………………………… 1. 粉花月见草 *O. rosea* L'Héritier ex Aiton

3　茎生叶狭椭圆形至披针形，上部的叶疏生浅齿，下部的深羽状裂；花瓣长 1.6～3.8 cm；蒴
　　果倒卵状，具 4 条纵翅 ………………………… 2. 四翅月见草 *O. tetraptera* Cavanilles

3　叶形变异大，从线形至倒卵形，边缘齿状或波状；花瓣长 3.8～5.1 cm；蒴果卵圆形，无
　　纵翅 ……………………………………………… 3. 美丽月见草 *O. speciosa* Nuttall

4　花柱开花时伸出花管部分长 2～3.5 cm，柱头高出花药；花瓣长 3～5 cm ……………… 5

4　花柱开花时伸出花管部分长不超过 2～3.5 cm，柱头围以花药；花瓣长不超过 3 cm …… 6

5　茎直立或平铺，高 20～50 cm；茎生叶下部有时呈羽裂状；果直径 2～3 mm；种子椭圆
　　状，不具棱角，表面具整齐洼点 ………………… 4. 海滨月见草 *O. drummondii* Hooker

5　茎直立，高 70～150 cm；茎上可见毛基为红色疱状的伸展长毛，茎生叶下部决不呈羽裂
　　状；果直径 5～6 mm；种子棱状，具棱角，表面具不整齐洼点………………………………
　　……………………………………………… 7. 黄花月见草 *O. glazioviana* Michael

6　茎生叶线形，无柄，基部心形，边缘疏生齿突；花瓣黄色，基部具红斑…………………
　　……………………………………… 6. 待宵草 *O. stritica* Ledebour ex Link

6　茎生叶狭倒卵形、倒披针形或狭椭圆形，基部楔形或渐狭，茎下部叶明显具柄，边缘具齿
　　或下部具羽状深裂；花瓣黄色，基部一般不具有红斑或多少带红晕 ……………………… 7

7　茎生叶下部具羽状深裂；种子椭圆状或近球形，不具棱角，表面具整齐洼点………………
　　…………………………………………… 5. 裂叶月见草 *O. laciniata* Hill

7　茎生叶具齿或波状齿；种子短楔形或棱形，具棱角，表面具不整齐洼点 ………………… 8

8　花瓣长 2.5～3 cm ………………………………… 8. 月见草 *O. biennis* Linnaeus

8　花瓣长不过 2 cm ……………………………………………………………………… 9

9　基生叶柄长 5～10 cm；茎生叶侧脉 6～8 对；萼片花开放时稍变红色；花管淡黄色，有
　　时在茎上部花序与花萼还疏生具疱状基部的长毛与腺毛………………………………………
　　…………………………………… 10. 小花月见草 *O. parviflora* Linnaeus

9　基生叶柄长 1.5～4 cm；茎生叶侧脉 8～12 对；萼片绿色至黄绿色；花管开花时常带红色

或具红色斑点 ··· 10

10 茎直立，高达 200 cm；花序顶端直立；花管淡黄色或开花时带红色；茎、叶、花萼密被

贴生曲柔毛与长柔毛 ··· 9. 长毛月见草 *O. villosa* Thunberg

10 茎直立至平铺生，高 20～70 cm；花序顶端弯曲上升；花管开花时变红色或具红色斑点；

茎、叶、花萼密被贴生绢质曲柔毛及混生稀疏的长毛 ··

····················· 11. 曲序月见草 *O. oakesiana* (A. Gray) Robbins ex Watson & Coulter

1. **粉花月见草** *Oenothera rosea* L'Héritier ex Aiton, Hort. Kew, ed. 1, 2: 3. 1789.

【别名】 红花山芝麻、粉花柳叶菜、红花月见草

【特征描述】 多年生草本。全株被曲柔毛，具粗大主根。茎常丛生，上升，长
30～50 cm，多分枝。基生叶紧贴地面，倒披针形，长 1.5～4 cm，宽 1～1.5 cm，不
规则羽状深裂下延至柄；叶柄长 0.5～1.5 cm，淡紫红色，开花时基生叶枯萎。茎生叶
披针形或长圆状卵形，长 3～6 cm，宽 1～2.2 cm，基部宽楔形并骤缩下延至柄，边缘
具齿突，基部细羽状裂，侧脉 6～8 对。花单生于茎、枝顶部叶腋，近早晨日出开放；
花蕾绿色，锥状圆柱形；花管淡红色，萼片绿色，带红色，披针形，长 6～9 mm，宽
2～2.5 mm，先端萼齿长 1～1.5 mm，开花时反折再向上翻；花瓣粉红色至紫红色，宽
倒卵形，长 6～9 mm，宽 3～4 mm，先端钝圆；花药粉红色至黄色，花粉约 50% 发育；
子房花期狭椭圆状，密被曲柔毛；花柱白色，长 8～12 mm，伸出花管部分长 4～5 mm；
柱头红色，围以花药。蒴果棒状，长 8～10 mm，直径 3～4 mm，具 4 条纵翅，顶端具
短喙。种子每室多数，长圆状倒卵形。**染色体**：$2n=14$（Chen et al., 2000; Wagner et al.,
2007）。**物候期**：花期 4—11 月，果期 9—12 月。

【原产地及分布现状】 原产于热带美洲（美国得克萨斯州南部至墨西哥）（Chen et al.,
2000; Wagner et al., 2007），栽培并归化于亚洲、澳大利亚、欧洲和南非。**国内分布**：北
京、广西、贵州、河北、江苏、江西、上海、云南、浙江。

【生境】 喜湿润向阳开阔草地、湿地，生于海拔 1 000～2 000 m 的路边、荒地、草地、沟边。

【传入与扩散】 **文献记载**：最早记载于 1984 年出版的《云南种子植物名录》（上册）（吴征镒，1984）。2009 年报道了其入侵繁殖特性（韦美玉 等，2009）。2011 年被作为入侵植物收录至《中国外来入侵生物》（徐海根和强胜，2011）。2012 年被收录至《生物入侵：中国外来入侵植物图鉴》（万方浩 等，2012）以及《中国外来植物》（何家庆，2012）。**标本信息**：模式标本不详，由原产秘鲁的植物于 1783 年引入欧洲栽培后而来，采集人为 Thouin。最早的标本为傅立国 1957 年 6 月 10 日在江苏南京中山植物园采到（傅立国 0274，NAS00073501、NAS00073502）。**传入方式**：最早各植物园引进种植，后扩散到民间种植，逸为野生。**传播途径**：通过人工引种、水流、风、动物携带传播。**繁殖方式**：种子繁殖。**入侵特点**：① 繁殖性 繁殖力强，单花花期 1 天，整株花期 50 天左右；单花花粉量达 8 825 个，花粉活力 53.2%；花粉萌发快；萌发率达 44.6%；自花授粉，种子小，千粒重 0.092 g，种子发芽率达 85%，萌发时间短，具有休眠机制。三年生株丛结果达 1 274 个，单果种子高达 206 粒，单株丛种子量 2.6×10^5。② 传播性 人为活动使其远距离传播，种子表面平滑，自然传播以重力为主和风力作用，传播距离在 100 cm 范围内，易形成单优群落，具有较大的危害性。③ 适应性 种子小，近圆形，易形成种子库（韦美玉 等，2009，2011）。**可能扩散的区域**：西南、华东。

【危害及防控】 **危害**：有害杂草，危害较重。**防控**：每年在植株幼小时将其彻底铲除最为安全和有效。成株可采用人工拔掉根茎，及时清除土壤中留下的茎段；存留种子会休眠，应监控生长开花。化学防治可在结果前用 2,4-D、草甘膦进行（徐海根和强胜，2018）。

【凭证标本】 云南省昭通市大山包乡，海拔 2370 m，24.630 0°N，103.581 6°E，2016 年 12 月 30 日，税玉民 RQXN00821（CSH）；云南省河口县坝洒南屏九队，海拔 1 702 m，22.949 3°N，103.691 1°E，2014 年 8 月 4 日，杨珍珍 RQXN00066（CSH）；贵州省毕节市黔西县近郊海子坝附近，海拔 1 252 m，27.013 3°N，106.000 8°E，2016 年 4 月 28 日，马海英、王翟、杨金磊 RQXN05070（CSH）。

粉花月见草（*Oenothera rosea* L'Héritier ex Aiton）

1. 群落和生境；2-3. 花枝；4. 花与果（侧面观）；5. 花（正面观）

参考文献

何家庆，2012. 中国外来植物［M］. 上海：上海科学技术出版社：198-199.

万方浩，刘全儒，谢明，2012. 生物入侵：中国外来入侵植物图鉴［M］. 北京：科学出版
　　社：206-207.

韦美玉，陈世军，刘丽萍，2009. 外来入侵植物粉花月见草的繁殖生物学特性［J］. 广西植
　　物，29（2）：227-230.

韦美玉，王玉林，刘丽萍，2011. 外来植物粉花月见草种子萌发特性的研究［J］. 广东农业
　　科学，38（14）：50-52.

吴征镒，1984. 云南种子植物名录：上册［M］. 昆明：云南人民出版社：314.

徐海根，强胜，2011. 中国外来入侵植物［M］. 北京：科学出版社：190-191.

徐海根，强胜，2018. 中国外来入侵植物：上册［M］. 修订版. 北京：科学出版社：
　　396-397.

Chen J R, Hoch P C, Wagner W L, 2000. Onagraceae[M]// Wu Z Y, Raven P H. Flora of China: vol
　　13. Beijing: Science Press: 423–426.

Wagner W L, Hoch P C, Raven P H, 2007. Revised classification of the Onagraceae[J]. Systematic
　　Botany Monographs, 83: 1–240.

2. 四翅月见草 *Oenothera tetraptera* Cavanilles, Icon. 3: 40. 1796.

【别名】 椎果月见草

【特征描述】 多年生或一年生草本，具主根。茎常丛生，直立或上升，高 15～50 cm，
被曲柔毛及疏生伸展具疱状基部的长毛。基部生叶椭圆形至狭倒卵形，长 3～10 cm，
宽 1～3 cm；茎生叶倒披针形至倒卵形椭圆状披针形，上部狭窄，长 2～5 cm，宽
0.6～2.5 cm，基部狭楔形，上部的叶疏生浅齿，下部的叶具深羽状裂。花序总状，由
少数花组成，生茎枝顶部叶腋；花蕾锥状长圆形，长 2～3 mm，被曲柔毛。花傍晚开
放；花管近漏斗状，长 1～2.9 cm；萼片黄绿色，狭披针形，长 1.6～3.2 cm，开放时反
折，再从中部上翻；花瓣白色，受粉后变紫红色，宽倒卵形，长 1.6～3.8 cm，先端钝圆
或微凹；花粉约 90% 发育；花柱头长 2～2.5 cm，伸出花管部分长 1.2～1.4 cm；柱头绿
色高出花药，裂片长 2.5～3.5 mm。蒴果倒卵状，稀棍棒状，长 0.75～1.8 cm，具 4 条

纵翅，翅间有白色棱，顶端骤缩成喙，密被伸展长毛；果梗长 1.2～2 cm，种子倒卵状，不具棱角，淡褐色，表面有整齐注点。**染色体**：$2n=14$（Chen et al., 2000; Wagner et al., 2007）。**物候期**：花期为 5—8 月，果期为 7—10 月。

【**原产地及分布现状**】 原产于北美洲南部，包括墨西哥，归化于斯里兰卡、西南亚、澳大利亚、中美洲、欧洲、北非和南美洲（Chen et al., 2000; Wagner et al., 2007）。**国内分布**：北京、福建、贵州、江苏、上海、四川、台湾、云南。

【**生境**】 喜温暖、湿润。生于山坡路边、田埂开旷或阴生草地，海拔 1 000～2 200 m。

【**传入与扩散**】 **文献记载**：1848 年从日本引进（徐永清 等，2006）。2000 年被《中国植物志》收录（陈家瑞，2000）。2011 年被作为入侵植物收录到《中国外来入侵生物》（徐海根和强胜，2011）。**标本信息**：模式标本（Type），MA476028、MA476026、MA476027，存于西班牙马德里皇家植物园标本馆（MA）；SEV-H6310，存于西班牙塞维利亚大学标本馆（SEV）。目前发现最早的标本为 1935 年采自贵州安顺市（S. W. Teng 1066, IBSC0379877）。**传入方式**：有意引入，引种栽培。**传播途径**：人工引种。**繁殖方式**：种子繁殖。**入侵特点**：① 繁殖性 繁殖能力强。② 传播性 人为活动使其远距离传播，种子细小，容易通过风力作用短距离传播。③ 适应性 适应性广泛。**可能扩散的区域**：全国。

【**危害及防控**】 **危害**：杂草。**防控**：谨慎引种和栽培利用，逸生种群及时清除（徐海根和强胜，2018）。

【**凭证标本**】 江苏省句容市江苏农林职业技术学院，海拔 32.72 m，31.963 5°N，119.169 4°E，2015 年 6 月 19 日，严靖、闫小玲、李惠茹、王樟华 RQHD02469（CSH）；福建省厦门市园博苑厦门园博苑，海拔 9 m，24.582 0°N，118.067 1° E，2014 年 9 月 21 日，曾宪锋 RQHN06138（CSH）。

四翅月见草（*Oenothera tetraptera* Cavanilles）
1. 群落和生境；2. 花、果、枝；3. 幼果；4. 成熟开裂的果

参考文献

陈家瑞, 2000. 月见草属 [M] // 陈家瑞. 中国植物志: 第 53 卷第 2 分册. 北京: 科学出版
  社: 70–71.

徐海根, 强胜, 2011. 中国外来入侵植物 [M]. 北京: 科学出版社: 193–194.

徐海根, 强胜, 2018. 中国外来入侵植物: 上册 [M]. 修订版. 北京: 科学出版社:
  392–394.

徐永清, 李海燕, 胡宝忠, 2006. 月见草属 (*Oenothera* L.) 植物研究进展 [J]. 东北农业
  大学学报, 37 (1): 111–114.

Chen J R, Hoch P C, Wagner W L, 2000. Onagraceae[M]// Wu Z Y, Raven P H. Flora of China: vol
  13. Beijing: Science Press: 423–426.

Wagner W L, Hoch P C, Raven P H, 2007. Revised classification of the Onagraceae[J]. Systematic
  Botany Monographs, 83: 1–240.

3. 美丽月见草 *Oenothera speciosa* Nuttall, J. Acad. Nat. Sci. Philadelphia 2(1): 119–120. 1821.

【别名】 红衣丁香、艳红夜来香、粉晚樱草、丽姿月见

【特征描述】 多年生草本。根圆柱状。茎直立, 常丛生, 高可达 50 cm, 幼苗期呈莲座状, 基部有红色长毛。叶两面被白色柔毛, 互生, 基生叶有柄, 茎生叶近无柄, 长可达 10 cm, 宽可达 4 cm, 叶形变异较大, 从线形、狭椭圆形至倒卵状披针形, 边缘波状、齿状或浅裂。花单花于枝端叶腋, 排成疏穗状; 花冠杯状, 花瓣 4, 长 3.8～5.1 cm, 白色, 后逐渐变成粉红色, 花冠喉部、柱头和雄蕊黄色, 柱头高于花药; 幼果及花柄常淡红色, 后顶端膨大。蒴果卵圆形, 长约 1.3 cm, 成熟后顶部开裂。**染色体**: $2n$=14、28、42 (Wagner et al., 2007)。**物候期**: 花期 4—11 月。

【原产地及分布现状】 原产于美国和墨西哥 (Wagner et al., 2007)。**国内分布**: 安徽、江苏、江西、山东、上海、浙江。北京有盆栽。

【生境】 喜日光充足的温暖环境，忌水湿，适宜生长于排水良好的沙壤上，常生长在草原、开阔的林地、斜坡、路边、草地和受干扰的地区。

【传入与扩散】 **文献记载**：据初步考证，最早的文献为 1999 年《特产研究》中《我国月见草属植物的种类与分布》，在该文中将本种称为丽姿月见（于漱琦和田永清，1999）。2006 年也在《月见草属（*Oenothera* L.）植物研究进展》中提及（徐永清 等，2006），当时主要作为观赏植物引种栽培（马燕 等，2012；刘艳霞，2012）。2017 年被作为归化植物报道（李惠茹 等，2017）。**标本信息**：模式标本（Type），MO-345328，标本存于美国密苏里植物园标本馆（MO）。最早的标本记录为 2004 年采自江苏省无锡市锡惠公园的标本（邬文祥 11182，NAS00583718）；李惠茹等于 2014 年 6 月 15 日在安徽马鞍山采到逸生的标本（李惠茹、王樟华、闫小玲、严靖 LHR00737，CSH）。**传入方式**：有意引入，栽培观赏。**传播途径**：引种栽培。**繁殖方式**：种子繁殖。**入侵特点**：① 繁殖性　花期长，种子多，每 1 g 种子有 10 000 余颗。② 传播性　具有非常强的自播繁衍能力。③ 适应性　适应性广泛，对土壤要求不严，耐寒、耐旱、耐贫瘠（徐小玉 等，2015）。**可能扩散的区域**：华北、华东、华中、华南等我国东部地区，甚至中南或西南地区。

【危害及防控】 **危害**：为路边杂草。**防控**：避免在自然生态系统引种和栽培，发现逸生种群及时人工清除。

【凭证标本】 江西省抚州市金溪县，海拔 99.5 m，27.922 2°N，119.538 9°E，2016 年 6 月 2 日，严靖、王樟华 RQHD03509（CSH）；上海市闵行区昆阳路，2015 年 7 月 16 日，闫小玲、李惠茹等 RQHD02786（CSH）；浙江省杭州市桐庐县钟山乡金一村附近，海拔 124 m，29.771 9°N，119.538 9°E，2014 年 9 月 23 日，严靖、闫小玲、王樟华、李惠茹 RQHD00964（CSH）。

美丽月见草（*Oenothera speciosa* Nuttall）
1. 群落和生境；2. 苗；3. 叶；4. 花；5. 果

参考文献

李惠茹，汪远，闫小玲，等，2017. 上海植物区系新资料 [J]. 华东师范大学学报（自然科学版），(1)：132−142.

刘艳霞，2012. 美丽月见草特性及其绿地栽培养护技术 [J]. 现代园艺，(9)：18−19.

马燕，蔺艳，孙丽萍，等，2012. 北京地区美丽月见草抗寒育种初步研究 [J]. 草业科学，29（10）：1569−1573.

徐小玉，张凤银，戴小康，2015. 模拟酸雨对美丽月见草种子萌发及幼苗生长的影响 [J]. 种子，34（3）：17−19.

徐永清，李海燕，胡宝忠，2006. 月见草属（*Oenothera* L.）植物研究进展 [J]. 东北农业大学学报，37（1）：111−114.

于漱琦，田永清，1999. 我国月见草属植物的种类与分布 [J]. 特产研究，(4)：1001−4721.

Wagner W L, Hoch P C, Raven P H, 2007. Revised classification of the Onagraceae[J]. Systematic Botany Monographs, 83: 1−240.

4. **海滨月见草 *Oenothera drummondii*** Hooker in Bot. Mag. 61: t. 3361. 1834. —— *Oenothera littoralis* Schlechter in Linnaea 5: 556. 1830, & 1. c. 12: 268. 1838.

【别名】 **海边月见草、海芙蓉、鲁蒙月见草**

【特征描述】 一年生至多年生直立或平铺草本。具径不超过 1 cm 的主根。茎长 20～50 cm，茎叶被白色或带紫色的曲柔毛与长柔毛，有时上部有腺毛。叶近无柄，基部渐狭或骤狭至叶柄，边缘疏生浅齿至全缘，稀在下部羽裂；基生叶狭倒披针形至椭圆形，长 5～12 cm，宽 1～2 cm，先端锐尖；茎生叶狭倒卵形至倒披针形，有时椭圆形或卵形，长 3～7 cm，宽 0.5～1.8 cm。花序穗状，疏生茎枝顶端，通常每日傍晚开一朵花；苞片狭椭圆形至狭倒披针形，长 1～5 cm，宽 0.5～1.5 cm；萼片、花冠、子房、蒴果密被曲柔毛与长柔毛，常混生腺毛；花蕾锥状披针形或狭卵形；花管长 2.5～5 cm，开放前向上曲伸；萼片绿色或黄绿色，开放时边缘带红色，披针形，长 2～3 cm，先端游离萼齿长 1～3 mm；花瓣黄色，宽倒卵形，长 2～4 cm，宽 2.5～4.5 cm；花丝长 1～2.2 cm；花粉 90%～100% 发育；花柱长 5～7 cm，伸出花管部分长 2.5～3.5 cm；柱头开花时高过花药，裂片长 5～10 mm。蒴果圆柱状，长 2.5～5.5 cm，直径

2～3 mm。种子椭圆状，褐色，表面具整齐洼点。**染色体**：2*n*=14（Dietrich & Wagner, 1988）。**物候期**：花期 5—8 月，果期 8—11 月。

【**原产地及分布现状**】 原产于美国大西洋海岸与墨西哥湾沿岸（Dietrich & Wagner, 1988），现归化于非洲、西亚、澳大利亚、欧洲和南美洲。**国内分布**：福建、广东、海南、江西、台湾、香港。

【**生境**】 沿海沙丘或其他常受干扰的多沙地区。

【**传入与扩散**】 **文献记载**：最早的文献记载见 1989 年出版的《福建植物志》第 4 卷（曾文彬，1989）。2005 年作为有害外来植物报道（陈恒彬，2005）。2011 年报道海南分布（王清隆 等，2011）。2011 年和 2018 年作为入侵植物收录到《中国外来入侵生物》（徐海根和强胜，2011，2018）。**标本信息**：模式标本（Type），由采自美国得克萨斯州的种子在植物园种植而来；主模式（Holotype）存于英国爱丁堡植物园标本馆（E）；等模式（Isotype），K000742469 存于英国邱皇家植物园标本馆（K）。最早的标本是钟心煊于 1923 年 4 月 22 日采自福建厦门（H. H. Chung 1524，PE013448951）。**传入方式**：有意引入，引种栽培，可能先引种到福建，再引种扩散到华南沿海地区。**传播途径**：作为观赏植物引种扩散。**繁殖方式**：种子繁殖。**入侵特点**：① 繁殖性 易繁殖，果期长。② 传播性 人为活动使其远距离传播，种子细小，容易通过风力作用短距离传播。③ 适应性 耐寒、耐盐碱、抗风力强。**可能扩散的区域**：东部沿海地区。

【**危害及防控**】 **危害**：危害滨海沙地作物，有时入侵农田。**防控**：结实前人工拔除，农田可结合中耕除草清除，亦可在管理可控的条件下作为观赏植物处理，避免将种子带入自然生态系统。

【**凭证标本**】 福建省厦门市园博苑，海拔 17 m，23.707 7°N，117.481 7°E，2014 年 9 月 21 日，曾宪锋、邱贺媛 RQHN06113（CSH）；广东省潮州市饶平县，海拔 5 m，23.554 3°N，117.077 1°E，2014 年 10 月 25 日，曾宪锋、黄雅凤 RQHN06563（CSH）。

海滨月见草（*Oenothera drummondii* Hooker）

1. 群落和生境；2. 叶、枝；3. 花、枝；4. 花；5. 果

参考文献

陈恒彬，2005. 厦门地区的有害外来植物 [J]. 亚热带植物科学，34（1）：50-55.

王清隆，程纹，王祝年，等，2011. 海南植物新记录 [J]. 热带作物学报，32（7）：1255-1257.

徐海根，强胜，2011. 中国外来入侵植物 [M]. 北京：科学出版社：183-184.

徐海根，强胜，2018. 中国外来入侵植物：上册 [M]. 修订版. 北京：科学出版社：385-386.

于漱琦，田永清，1999. 我国月见草属植物的种类与分布 [J]. 特产研究，（4）：60-62.

曾文彬，1989. 柳叶菜科 [M] // 林来官. 福建植物志：第4卷. 福州：福建科学技术出版社：138.

Dietrich W, Wagner W L, 1988. Systematics of Oenothera Sect. Oenothera Subsect. Raimannia and Subsect. Nutantigemma (Onagraceae)[J]. Systematic Botany Monographs, 24: 1–91.

5. 裂叶月见草 *Oenothera laciniata* Hill, Veg. Syst. 12, Appendix: 64, pl. 10. 1767.

【特征描述】 一年生至多年生草本。具主根。茎长 10～50 cm，常分枝，茎叶被曲柔毛及长柔毛，茎上部常混生腺毛。基部叶线状倒披针形，长 5～15 cm，宽 1～2.5 cm，边缘羽状深裂，向着先端常全缘；叶柄长 0.5～1.5 cm；茎生叶狭倒卵形或狭椭圆形，长 4～10 cm，宽 0.7～3 cm，下部常羽状裂，中上部具齿，上部近全缘；苞片叶状，边缘疏生浅齿或基部具少数羽状裂片。花序穗状，由少数花组成，生茎枝顶部，每日近日落时每序开一朵花；花蕾长圆形呈卵状；花管、萼片、子房、蒴果常被长柔毛、腺毛、曲柔毛；花管带黄色，盛开时带红色，长 1.5～3.5 cm；萼片绿色或黄绿色，开放时反折，变红色，尤边缘红色，芽时先端游离萼齿长 0.5～3 mm；花瓣淡黄色至黄色，宽倒卵形，长 0.5～2 cm，宽 0.7～1.8 cm；花丝长 0.3～1.3 cm；花粉约 50% 发育；花柱长 2～5 cm，伸出花管部分长 0.3～1.4 cm；柱头围以花药。蒴果圆柱状，长 2.5～5 cm，径 2～4 mm。种子每室 2 列，椭圆状至近球状，褐色，表面具整齐的注点。染色体：2n=14（Dietrich & Wagner, 1988）。物候期：花期 4—9 月，果期 5—11 月。

【原产地及分布现状】 原产于美国东部至中部（Dietrich & Wagner, 1988），现归化南非、大洋洲、中美洲、南美洲、欧洲、亚洲（Petrova & Barzov, 2017）。**国内分布**：安徽、福建、广东、湖北、湖南、江苏、江西、上海、台湾、浙江。

【**生境**】　生于海滨沙滩或低海拔开旷荒地、田边处，海拔 50～1 300 m。

【**传入与扩散**】　**文献记载**：彭镜毅 1986 年根据台湾桃园采集的标本在植物学汇报（Botanical Bulletin of Academia Sinica）27 卷予以报道（Hoch & Wagner, 1993）。2004 年作为外来杂草报道（蒋明 等，2004a, 2004b）。2008 年和 2014 年分别入侵广东和福建（曾宪锋 等，2008；林爱英 等，2014）。2011 年和 2018 年作为入侵植物收录到《中国外来入侵生物》（徐海根和强胜，2011，2018）。**标本信息**：后选模式（Leptotype），为模式文献中的插图（Pl. 10），绘图植物来自美国卡罗来纳。最早的标本为钟心煊于 1923 年采自福建厦门（H. H. Chung 1524, IBSC0379864）；台湾最早的标本为彭镜毅于 1985 年 5 月在台湾桃园海边采集（Peng 7725）。**传入方式**：有意引入，观赏植物。**传播途径**：通过自身的传播能力或借助自然力的扩散而自然入侵。**繁殖方式**：种子繁殖。**入侵特点**：① 繁殖性　繁殖性强，分枝能力强。② 传播性　人为活动使其远距离传播，种子细小，容易通过风力作用短距离传播。③ 适应性　适应性极广，能在肥沃的田间、贫瘠的水沟、较干燥的田埂以及荒地、海边滩涂等地生长，具有较强的耐寒、耐贫瘠、耐盐碱和耐水湿的能力（徐海根和强胜，2011）。**可能扩散的区域**：华东、西北、华南。

【**危害及防控**】　**危害**：具有很高的入侵性和明显的化感作用，排挤本地种的生长（刘龙昌和董雷鸣，2010）。**防控**：加强种子管理；发现逸生后将植株连根挖出，晒干后就地销毁。

【**凭证标本**】　浙江省舟山市嵊泗小洋山东海大桥入口，海拔 7.71 m，30.641 9°N，122.054 3°E，2015 年 4 月 28 日，严靖、闫小玲、李惠茹、王樟华 RQHD01706（CSH）；湖北省荆州市岳口码头，海拔 51 m，30.508 6°N，113.072 9°E，2014 年 9 月 1 日，李振宇、范晓虹、于胜祥、龚国祥、熊永红 13218（CSH）；江西省上饶市铅山县辛弃疾文化公园，海拔 69.97 m，28.318 7°N，117.721 2°E，2016 年 4 月 19 日，严靖、王樟华 RQHD03322（CSH）。

裂叶月见草（*Oenothera laciniata* Hill）

1. 群落和生境；2. 花枝；3. 花（侧面观）；4. 花（正面观）；5. 果实和种子

参考文献

陈燕珍，1997.台湾的新归化物种——裂叶月见草 Oenothera laciniata Hill（Onagraceae）的遗传变异分布情形［J］.师大生物学报，32（1）：33-41.

蒋明，曹家树，丁炳扬，等，2004a.新外来杂草——裂叶月见草的生物学特性及防控对策［J］.生物学通报，39（9）：20-21.

蒋明，丁炳扬，曹家树，等，2004b.外来杂草——裂叶月见草［J］.植物检疫，18（5）：285-287.

林爱英，陈炳华，邱燕连，等，2014.福建省新分布植物（Ⅱ）［J］.福建师范大学学报（自然科学版），（5）：91-95.

刘龙昌，董雷鸣，2010.外来物种裂叶月见草化感作用［J］.中国农学通报，26（16）：256-261.

徐海根，强胜，2011.中国外来入侵植物［M］.北京：科学出版社：186-187.

徐海根，强胜，2018.中国外来入侵植物：上册［M］.修订版.北京：科学出版社：388-389.

曾宪锋，邱贺媛，唐光大，等，2008.广东省5种新记录植物［J］.华南农业大学学报，29（3）：59-60.

Dietrich W, Wagner W L, 1988. Systematics of *Oenothera* Sect. *Oenothera* Subsect. *Raimannia* and Subsect. *Nutantigemma* (Onagraceae)[J]. Systematic Botany Monographs, 24: 1–91.

Hoch P C, Wagner W L, 1993. *Oenothera* Linnaeus[M]// Huang T C, Flora of Taiwan: vol 3. 2nd ed. Taibei: Editorial Committee of the Flora of Taiwan: 965.

Petrova A S, Barzov Z, 2017. *Oenothera laciniata* Hill (Onagraceae), a new alien species to the Bulgarian flora[J]. Acta Zoologica Bulgarica, 9(suppl): 43–46.

6. 待宵草 *Oenothera stricta* Ledebour et Link, Enum. Pl. Hort. Berol. 1: 377. 1821.

【别名】 月见草、夜来香

【特征描述】 二年生直立草本，高30～100 cm。茎叶被曲柔毛与伸展长毛。叶先端渐狭锐尖，基部楔形；基生叶狭椭圆形至倒线状披针形，长10～15 cm，宽0.8～1.2 cm，边缘具远离浅齿；茎生叶，无柄，绿色，长6～10 cm，宽5～8 mm，由下向上渐小，先端渐狭锐尖，基部心形，边缘每侧有6～10枚齿突，两面被曲柔毛，中脉及边缘有长柔毛,侧脉不明显。花序穗状,花疏生茎及枝中部以上叶腋;苞片叶状,卵状披针形至狭卵形,边缘疏生齿突或全缘,两面被曲柔毛与腺毛,中脉与边缘有长毛;花蕾绿色或黄绿色,直立,密被曲柔毛、腺毛与疏生长毛;花管长 2.5～4.5 cm;萼片黄绿色,披针形,长 1.5～2.5 cm,宽 4～6 mm,开花时反折;花瓣黄色,基部具红斑,宽倒卵形,长 1.5～2.7 cm,宽 1.2～2.2 cm,先端微凹;花粉约 50% 发育;子房长 1.3～2 cm;花柱长 3.5～6.5 cm,伸出花管部分长 1.5～2 cm;柱头围以花药。蒴果圆柱状,长 2.5～3.5 cm,径 3～4 mm,被曲柔毛与腺毛。种子在果内斜伸,宽椭圆状,无棱角,褐色,表面具整齐洼点。**染色体**:$2n$=14、16(Dietrich & Wagner, 1988)。**物候期**:花期 4—10 月,果期 6—11 月。

【原产地及分布现状】 原产于南美洲(Dietrich & Wagner, 1988)。**国内分布**:北京、重庆、福建、甘肃、广东、广西、贵州、河北、湖北、湖南、吉林、江苏、江西、辽宁、山东、陕西、上海、四川、台湾、天津、云南、浙江。

【生境】 向阳山坡、荒草地、沙质地、林缘、河边、河畔、田边、地角。

【传入与扩散】 **文献记载**:人工引种在植物园栽培,后引入民间逸生。2011 年和 2018 年被作为入侵植物收录到《中国外来入侵生物》(徐海根和强胜,2011,2018)。2012 年收载于《中国外来植物》(何家庆,2012)。**标本信息**:后选模式(Lectotype),LE00015486,标本存于俄罗斯科学院柯马洛夫植物研究所标本馆(LE)。最早的标本 1917 年 6 月 20 日采自浙江杭州(D282, PE01162729),其他较早的标本如 1932 年 3 月 8 日采自山东崂山李存(F. H. Sha 322, PE01162732),1935 年 4 月采自云南昆明(王启无 62609, KUN0483800)。**传入方式**:有意引入,花卉观赏。**传播途径**:人工引种、水流、风、动物携带种子传播。**繁殖方式**:种子繁殖。**入侵特点**:① 繁殖性 繁殖力强,具有很高的杂草属性。② 传播性 人为活动使其远距离传播,种子细小,容易通过风力作用短距离传播;此外,也可通过水流、动物携带种子传播。③ 适应性 适应性强,抗逆性强。**可能扩散的区域**:全国各地。

【危害及防控】 **危害**：危害程度较轻。**防控**：严格控制引种到自然生态系统，一旦发现逸生可及时铲除。必要时可用施放草甘膦、氯氟吡氧乙酸等化学方法防除。

【凭证标本】 重庆市南川区三泉镇三泉村，海拔 576 m，29.131 6°N，107.203 0°E，2015 年 5 月 28 日，刘正宇、张军等 RQHZ06069（CSH）；山东省崂山区王哥庄镇峰山，海拔 36 m，36.250 6°N，108.667 6°E，王春海、郭雪菲、侯元兔 2014010（QFNU）。

【相似种】 香月见草（*O. odoratus* Jacquin）。在欧亚大陆及澳大利亚常常将待宵草（*O. stricta* Ledebour & Link）误定为该种，区别在于该种茎生叶基部楔形，苞片长，超过蒴果，花瓣长达 5 cm；而待宵草茎生叶基部心形，苞片长不超过蒴果，花瓣长不超过 2.5 cm，容易区别。

待宵草（*Oenothera stricta* Ledebour ex Link）

1. 植物外形；2. 花果枝，示果实上端粗；3. 花枝；4. 花，示花侧面观

参考文献

何家庆，2012.中国外来植物［M］.上海：上海科学技术出版社：197–198.

徐海根，强胜，2011.中国外来入侵植物［M］.北京：科学出版社：191–193.

徐海根，强胜，2018.中国外来入侵植物：上册［M］.修订版.北京：科学出版社：394–395.

Dietrich W, Wagner W L, 1988. Systematics of *Oenothera* Sect. *Oenothera* Subsect. *Raimannia* and Subsect. *Nutantigemma* (Onagraceae)[J]. Systematic Botany Monographs, 24: 1–91.

7. 黄花月见草 *Oenothera glazioviana* Michael in Martius, Fl. Brasil. 13(2): 178. 1875.

【别名】 红萼月见草、月见草

【特征描述】 直立二年生至多年生草本。具粗大主根。茎高 70～150 cm，茎叶常密被曲柔毛与疏生伸展长毛，在茎枝上部常密混生短腺毛。叶基部渐狭并下延为翅，边缘自下向上有远离的浅波状齿；基生叶莲座状，倒披针形，长 15～25 cm，宽 4～5 cm，叶柄长 3～4 cm；茎生叶螺旋状互生，狭椭圆形至披针形，长 5～13 cm，宽 2.5～3.5 cm，叶柄长 2～15 mm。花序穗状，生茎枝顶，被曲柔毛、长毛与短腺毛；苞片卵形至披针形。花蕾锥状披针形，斜展；花管长 3.5～5 cm，粗 1～1.3 mm；萼片黄绿色，狭披针形，长 3～4 cm，宽 5～6 mm，先端尾状，彼此靠合，开花时反折；花瓣黄色，宽倒卵形，长 4～5 cm，宽 4～5.2 cm，先端钝圆或微凹；花丝近等长；花粉约 50% 发育；子房圆柱状，具 4 棱，长 8～12 mm，径 1.5～2 mm；花柱长 5～8 cm，伸出花管部分长 2～3.5 cm；柱头开花时伸出花药，裂片长 5～8 mm。蒴果锥状圆柱形，向上变狭，长 2.5～3.5 cm，直径 5～6 mm，具纵棱与红色的槽。种子棱形，褐色，具棱角，各面具不整齐洼点，有约一半败育。**染色体**：$2n=14$（Dietrich, 1997）。**物候期**：花期 5—10 月，果期 8—12 月。

【原产地及分布现状】 该种为杂交起源，源自欧洲，可能是英国（Dietrich, 1997），现于阿富汗、印度、日本、巴基斯坦、俄罗斯、非洲、澳大利亚、北美、南美、太平洋岛屿（新西兰）均有分布。**国内分布**：安徽、北京、重庆、福建、甘肃、广东、广西、贵州、河北、河南、黑龙江、湖北、湖南、吉林、江苏、江西、辽宁、内蒙古、青海、山东、山西、陕西、上海、四川、台湾、天津、新疆、云南、浙江。

【生境】　荒草地、沙质地、山坡、林缘、河边、湖畔、田边。常生长于铁路旁、工业地区、道路两旁。

【传入与扩散】　**文献记载**：17 世纪经欧洲传入中国（徐海根和强胜，2018）。我国早年记载的拉马克戴宵草（*O. lamarckiana* Seringe）应该为该种的错误鉴定（Raven et al., 1979；贾祖璋和贾祖珊，1937；崔友文，1953）。2011 年作为入侵植物收录到《中国外来入侵生物》（徐海根和强胜，2011）。**标本信息**：模式标本采自巴西，Glaziou 2568，主模式（Holotype），P00723497，标本存放于法国巴黎自然历史博物馆（P）；等模式（Isotype），BR0000008698513，标本存放于比利时国家植物园标本馆（BR）；FI005204，标本存放于意大利佛罗伦萨大学植物标本馆（FI）；R000010173，巴西里约热内卢国家博物馆（R）。最早的标本于 1910 年 8 月 23 日采自河南信阳市（3612，PE01162597，该标本可能为钟观光所采，采集时间可能为 1921 年 8 月 23 日）。**传入方式**：有意引入，园艺引种栽培。**传播途径**：通过根、茎、叶或种子的繁殖及水流、风、动物等携带传播。**繁殖方式**：种子繁殖。**入侵特点**：① 繁殖性　繁殖力较强，栽培后容易逸生为杂草。② 传播性　人为活动使其远距离传播，种子细小，容易通过风力作用短距离传播。③ 适应性　适应性强，能够在不同的环境条件下生长。**可能扩散的区域**：全国各地。

【危害及防控】　**危害**：环境杂草。**防控**：严格引种和栽培管理。对逸生到自然生态系统的植株应及时连根铲除。

【凭证标本】　江苏省邳州市 S25 新河派出所驻校警务室附近，2015 年 8 月 19 日，严靖、闫小玲、李惠茹、王樟华 RQHD02874（CSH）；贵州省贵阳市花溪区，海拔 1 161 m，26.440 6°N，106.678 3°E，2014 年 8 月 11 日，马海英、秦磊、敖鸿舜 268（CSH）；甘肃省武威市凉州区洪祥镇，海拔 1 523 m，37.962 5°N，102.597 7°E，2014 年 9 月 14 日，张勇 RQSB02809（CSH）。

【相似种】 大花月见草（*O. grandiflora* L'Héritier）。花黄色，花直径 7～10 cm，为黄花月见草园艺亲本之一，外形特征与月见草相近，非常容易混淆。

黄花月见草（*Oenothera glazioviana* Michael）

1. 生境和基生叶；2. 花枝；3. 花蕾；4. 花枝，示叶；5. 花

参考文献

崔友文，1953. 华北经济植物志要［M］. 北京：科学出版社：350-351.

贾祖璋，贾祖珊，1937. 中国植物图鉴［M］. 上海：开明书店：354.

徐海根，强胜，2011. 中国外来入侵植物［M］. 北京：科学出版社：184-186.

徐海根，强胜，2018. 中国外来入侵植物：上册［M］. 修订版. 北京：科学出版社：386-388.

Dietrich W, 1997. Systematics of *Oenothera* Section *Oenothera*: Subsection *Oenothera* (Onagraceae) [J]. Systematic Botany Monographs, 50(1): 1-234.

Raven P H, Dietrich W, Stubbe W, 1979. An Outlinc of the Systematics of *Oenothera* Subsect. *Euoenothera* (Onagraceae)[J]. Systematic Botany, 4(3): 242-252.

8. 月见草 *Oenothera biennis* Linnaeus Sp. Pl 1: 346. 1753.

【别名】 待宵草、夜来香

【特征描述】 直立二年生粗壮草本。基生莲座叶丛紧贴地面茎高 50～200 cm；茎叶被曲柔毛与伸展长毛，常混生有腺毛；叶先端锐尖，基部楔形，边缘疏生不整齐的浅钝齿。基生叶倒披针形，长 10～25 cm，宽 2～4.5 cm，叶柄长 1.5～3 cm；茎生叶椭圆形至倒披针形，长 7～20 cm，宽 1～5 cm，叶柄长 0～15 mm。花序穗状，通常不分枝；苞片叶状，椭圆状披针形，近无柄，果时宿存；花蕾锥状长圆形，顶端具长约 3 mm 的喙；花瓣、萼片、子房和蒴果被伸展的长毛与短腺毛；花管黄绿色或开花时带红色；萼片有时带红色，长圆状披针形，长 1.8～2.2 cm，先端骤缩呈尾状，开放时自基部反折，但又在中部上翻；花瓣黄色，宽倒卵形，长 2.5～3 cm，宽 2～2.8 cm，先端微凹缺；花粉约 50% 发育；子房圆柱状，具 4 棱，长 1～1.2 cm；花柱长 3.5～5 cm，伸出花管部分长 0.7～1.5 cm；柱头围以花药。蒴果锥状圆柱形，向上变狭，长 2～3.5 cm，直立，具明显的棱。种子在果中呈水平状排列，暗褐色，棱形具棱角，各面具不整齐洼点。**染色体**：$2n$=14（Raven et al., 1979; Dietrich, 1997）。**物候期**：花期 6—10 月，果期 7—11 月。

【原产地及分布现状】 原产于北美洲东部（Dietrich, 1997），现广泛分布于温带和亚热带地区。**国内分布**：安徽、北京、重庆、福建、广东、广西、贵州、河北、河南、黑龙江、湖北、湖南、吉林、江苏、江西、辽宁、内蒙古、山东、山西、陕西、上海、四川、台湾、天津、云南、浙江。

【生境】 喜光，忌积水，抽蔓开花前需要一定的低温刺激。常生长在向阳山坡、荒草地、山坡、次生林边缘、路旁、河岸及房前屋后的间隙空地。

【传入与扩散】 **文献记载**：17 世纪经欧洲传入我国东北，后陆续引种到全国其他地区。2000 年被《中国植物志》收录（陈家瑞，2000）。2004 年作为入侵植物收录于《中国外来入侵物种编目》（徐海根和强胜，2004）。**标本信息**：后选模式（Lectotype），Linn. 484.1，标本存放于林奈植物标本馆（LINN）。最早的标本于 1900 年在辽宁省大连市采到（王薇 22，IFP）。**传入方式**：有意引进，引种观赏而后逸生。**传播途径**：随人工引种扩散。**繁殖方式**：种子繁殖。**入侵特点**：① 繁殖性　繁殖力较强，开花后结果率高，每个果实产生的种子量大，栽培后容易逸生为杂草。② 传播性　人为活动使其远距离传播，种子细小，容易通过风力作用短距离传播。③ 适应性　适应性强，耐干旱耐瘠薄，能够在不同的环境条件下生长。**可能扩散的区域**：全国。

【危害及防控】 **危害**：化感作用强，会排挤其他植物的生长，从而形成密集型的单优势种群落，威胁当地的植物多样性。**防控**：严格控制引种，结果前人工拔除是比较理想的防治方法，必要时采用施放草甘膦、氯氟吡氧乙酸等化学防治方法（徐海根和强胜，2018）。

【凭证标本】 吉林省吉林市龙潭区金珠乡，海拔 200 m，44.020 3°N，126.549 4°E，2016 年 7 月 4 日，齐淑燕 RQSB04877（CSH）；浙江省金华市磐安县长坑村附近，海拔 446 m，29.042 1°N，120.544 9°E，2014 年 9 月 20 日，闫小垲、王樟华、李惠茹、严靖 RQHD00891（CSH）；河南省商丘市民权镇双塔乡，海拔 61 m，34.729 4°N，114.878 6°E，刘全儒、何毅等 RQSB09596（CSH）。

月见草（*Oenothera biennis* Linnaeus）

1. 群落和生境；2. 苗；3. 花枝；4. 花（解剖）；5. 成熟蒴果；6. 果枝

参考文献

陈家瑞，2000.月见草属［M］//陈家瑞.中国植物志：第53卷第2分册.北京：科学出版社：60-72.

徐海根，强胜，2004.中国外来入侵物种编目［M］.北京：中国环境科学出版社：201-203.

徐海根，强胜，2018.中国外来入侵植物：上册［M］.修订版.北京：科学出版社：384-385.

Dietrich W, 1997. Systematics of *Oenothera* Section *Oenothera*: Subsection *Oenothera* (Onagraceae) [J]. Systematic Botany Monographs, 50(1): 1-234.

Raven P H, Dietrich W, Stubbe W, 1979. An Outline of the Systematics of *Oenothera* Subsect. *Euoenothera* (Onagraceae)[J]. Systematic Botany, 4(3): 242-252.

9. 长毛月见草 *Oenothera villosa* Thunberg, Prodr. Fl. Cap. 75. 1794.

【特征描述】 直立二年生草本。具粗大主根。茎高50～200 cm，茎叶密被近贴生的曲柔毛与长毛。基生叶莲座状，狭倒披针形，长15～30 cm，宽1.5～4 cm，先端锐尖，基部渐狭，边缘具明显的浅齿，淡绿色，有时淡红色，叶柄长1.5～2.5 cm；茎生叶暗绿色或灰绿色，倒披针形至椭圆形，长8～20 cm，宽1.2～3 cm，边缘具浅齿或浅波状齿，叶柄自下而上变短，长0～8 mm。花序穗状，不分枝，顶端直立；苞片披针形至狭椭圆形或卵形，近无柄，长过花蕾。花蕾锥状圆柱形至圆柱状，长1～2 cm，顶端具长1～3 mm的喙；花管、萼片、子房、蒴果被贴生曲柔毛或长柔毛；花管淡黄色或红色；萼片绿色至黄绿色，披针形，长1～1.8 cm，宽2.5～4.5 mm；花瓣黄色或淡黄色，宽倒卵形，长1～2 cm，宽2～2.2 cm，先端微凹缺；花粉约50%发育；花柱长3～5 cm，伸出花管部分长0.4～1.4 cm；柱头围以花药。蒴果圆柱状，向上渐变狭，长2～4 cm，径5～6 mm，灰绿色至暗绿色，具红色条纹与淡绿色脉纹。种子短楔形，深褐色，具棱角，各面具不整齐洼点。染色体：$2n$=14（Dietrich, 1997）。物候期：花期7—9月，果期9—10月。

【原产地及分布现状】 原产于北美南部（Dietrich, 1997），现于南美、欧洲、亚洲、非洲南部有分布。**国内分布**：北京、贵州、黑龙江、吉林、辽宁、山东、上海、四川、台湾、云南。

【生境】 常生于开旷田园边、荒地、沟边较湿润处。

【传入与扩散】 **文献记载**：《中国外来入侵生物》记载 1959 年 7 月 10 日于黑龙江临帽儿山采到逸生植物（徐海根和强胜，2018）。2000 年收录于《中国植物志》（陈家瑞，2000）。2011 年作为入侵植物收录于《中国外来入侵生物》（徐海根和强胜，2011）。**标本信息**：主模式（Holotye），采自南非，Thunberg s. n.，标本存放于瑞典乌普萨拉大学标本馆（UPS）。目前发现最早的标本于 1957 年 8 月 5 日在吉林长白山采到标本（钱家驹等 704，PE01348933）。**传入方式**：有意引入，栽培观赏。**传播途径**：随人的活动如观赏性种植、经济作物种植传播。**繁殖方式**：种子繁殖和宿根繁殖。**入侵特点**：① 繁殖性 繁殖性强，栽培后容易逸生为杂草。② 传播性 人为活动使其远距离传播，种子容易通过风力作用短距离传播。③ 适应性 耐旱涝，抗风寒，对土壤要求不严，在中性、微酸或微碱性土壤均能生长（徐海根和强胜，2011）。**可能扩散的区域**：全国湿润地区。

【危害及防控】 **危害**：有较高的入侵性，破坏水土，排挤本地种生长，影响畜牧业生产和农业种植。**防控**：严格控制引种，避免引种至自然生态系统，一旦逸生应人工清除。

【凭证标本】 辽宁省抚顺市新宾县旺清门服务区，海拔 441 m，41.699 6°N，125.269 3°E，2016 年 7 月 6 日，齐淑艳（CSH）；吉林省通化市东昌区通化经济开发区湾湾川村，海拔 373 m，41.668 9°N，125.862 6°E，2016 年 7 月 6 日，齐淑艳 RQSB04925（CSH）。

长毛月见草（*Oenothera villosa* Thunberg ）

1. 群落和生境；2. 叶枝；3. 花序；4. 花枝；5. 果枝

参考文献

陈家瑞，2000. 月见草属［M］// 陈家瑞. 中国植物志：第53卷第2分册. 北京：科学出版社：60-72.

徐海根，强胜，2011. 中国外来入侵植物［M］. 北京：科学出版社：194-195.

徐海根，强胜，2018. 中国外来入侵植物：上册［M］. 修订版. 北京：科学出版社：397-398.

Dietrich W, 1997. Systematics of *Oenothera* Section *Oenothera*: Subsection *Oenothera* (Onagraceae)［J］. Systematic Botany Monographs, 50(1): 1-234.

10. 小花月见草 *Oenothera parviflora* Linnaeus, Syst. Nat. ed. 10. 2: 998. 1759.

【特征描述】　直立二年生草本。具主根。茎高30～150 cm，疏被曲柔毛、长毛与腺毛。基生叶狭倒披针形或狭椭圆形，鲜绿色，长10～25 cm，宽1～3.5 cm，边缘具浅齿，下部具浅波状齿，侧脉10～12对，疏被曲柔毛，叶柄长5～10 mm；茎生叶披针形至狭卵形或狭椭圆形，长5～16 cm，宽1～2.8 cm，侧脉6～8对，疏被曲柔毛，叶柄0～5 mm。花序穗状，直立或弯曲上升；苞片狭卵形至披针形；花蕾狭长圆状；花管淡黄色，长2.5～4 cm，径约1 mm，近无毛；萼片绿色或黄绿色，开放时稍变红色，狭披针形，长0.8～1.7 cm，宽2.5～4 mm，彼此靠合，先端离生，长1～5 mm，开放时反折；花瓣黄色或淡黄色，先端微凹；花粉约50% 发育；子房锥状圆柱形，被曲柔毛，混生稀疏的长柔毛与腺毛；花柱长2.5～5 cm，伸出花管部分长0.2～1 cm；柱头低于或围以花药。蒴果锥状圆柱形，长2～4 cm，直径3.5～5 mm，绿色，干时变黑色。种子褐色或黑色，棱形，各面具不整齐洼点。**染色体**：$2n=14$（Dietrich, 1997）。**物候期**：花期7—9月，果期10月。

【原产地及分布现状】　原产于美国东部与中部，现于欧洲、亚洲东部、新西兰、南非有栽培并逸为野生。**国内分布**：北京、河北、黑龙江、湖南、吉林、辽宁、内蒙古。

【生境】　喜湿润、疏松土壤。生于荒坡、沟边湿润处。

【传入与扩散】 **文献记载**：1999 年有文献报道（于漱琦和田永清，1999）。2000 年收录至《中国植物志》（陈家瑞，2000）。2011 年作为入侵种收录于《中国外来入侵生物》（徐海根和强胜，2011）。**标本信息**：后选模式（Lectotype），Linn. 484.2，标本存放于林奈植物标本馆（LINN）。最早的标本记录是王战、刘娛心、李书馨等 1951 年 9 月 30 日于辽宁本溪采集（Z Wang et al. 1413，PE01348890）。**传入方式**：有意引入，栽培观赏。**传播途径**：中国东北等地引种栽培，之后由于自身的传播能力或者借助于自然力的扩散而自然入侵。**繁殖方式**：种子繁殖。**入侵特点**：① 繁殖性　繁殖力较强，开花后结果率高，每个果实产生的种子量大。② 传播性　人为活动使其远距离传播，种子容易通过风力作用短距离传播。③ 适应性　适应性强，喜湿润，耐干旱耐瘠薄，能够在不同的环境条件下生长。**可能扩散的区域**：全国湿润地区。

【危害及防控】 **危害**：该种一旦表现出入侵性，将破坏水土、危及周围其他植物的生长、影响畜牧业生产和农业种植，并且难以防除。**防控**：对野外逸生种群及时清除，可用二甲四氯、百草敌等除草剂防除，以免进一步扩散蔓延（徐海根和强胜，2018）。

【凭证标本】 黑龙江省牡丹江市东宁县东宁镇，海拔 146 m，46.584 8°N，125.145 3°E，2016 年 7 月 2 日，齐淑艳 RQSB03576（CSH0132785）；吉林省吉林市船营区越山西路，海拔 242 m，43.855 6°N，126.513 3°E，齐淑艳 RQSB03768（CSH0132941）；辽宁省辽阳市辽阳县八会镇下八会村，海拔 181 m，40.938 6°N，123.192 8°E，2014 年 8 月 21 日，齐淑艳 RQSB03389（CSH0130563）；陕西省延安市黄陵县，海拔 890 m，35.564 2°N，109.202 5°E，2015 年 8 月 1 日，张勇 RQSB02524（CSH0132544）。

小花月见草（*Oenothera parviflora* Linnaeus）

1. 生境和群落；2. 花枝；3. 花

参考文献

陈家瑞，2000. 月见草属［M］// 陈家瑞 . 中国植物志：第 53 卷第 2 分册 . 北京：科学出版社：60-72.

徐海根，强胜，2011. 中国外来入侵植物［M］. 北京：科学出版社：189-190.

徐海根，强胜，2018. 中国外来入侵植物：上册［M］. 修订版 . 北京：科学出版社：391-392.

于漱琦，田永清，1999. 我国月见草属植物的种类与分布［J］. 特产研究，（4）：60-62.

Dietrich W, 1997. Systematics of *Oenothera* Section *Oenothera*: Subsection *Oenothera* (Onagraceae) [J]. Systematic Botany Monographs, 50(1): 1–234.

11. 曲序月见草 *Oenothera oakesiana* (A. Gray) Robbins ex Walson & Coulter, Manual, ed. 6. 190. 1890.

【特征描述】 直立至平铺二年生草本。具主根。茎高 20～70 cm，粗 3～10 mm，密被贴生绢质曲柔毛与混生稀疏的长毛，有时在上部混生有腺毛。叶灰绿色或暗绿色，狭倒披针形或狭椭圆形，先端锐尖，基部渐狭，边缘具浅齿或波状，两面被绢状曲柔毛；基生叶长 10～30 cm，宽 5～25 mm，侧脉 10～12 对，叶柄长 2～4 cm；茎生叶长 5～20 cm，宽 5～27 mm，侧脉 8～10 对。花序穗状，生于茎枝顶端，不分枝，上部常多少弯曲上升；苞片果期常较蒴果长，先端锐尖；花蕾长圆状至狭卵状；花管、萼片、子房贴生绢质曲柔毛及稀疏长毛与腺毛；花管黄绿色，开花时变红色或具红色斑点，长 1.5～4 cm；萼片绿色至黄色，披针形，长 1～1.7 cm，宽 2.5～4 mm，开花时反折；花瓣黄色或淡黄色，宽倒卵形，长 0.7～2 cm，宽 0.8～2 cm，先端微凹；花粉约 50% 发育；花柱长 2～4.5 cm，伸出花管部分长 4～8 mm，柱头围以花药。蒴果锥状圆柱形，长 1.5～4 cm，直径 4～8 mm，暗绿色，有时具红色条纹或红色斑点，干时变红褐色。种子短楔形，深褐色，具棱角，表面具不整齐注点。**染色体**：2*n*=14（Dietrich, 1997）。**物候期**：花期 7—9 月，果期 9—10 月。

【原产地及分布现状】 原产于北美，现于欧洲广泛野化，在亚洲零星逸出野生（陈家瑞，2000）。**国内分布**：福建、湖南。

【**生境**】 生于向阳荒坡、田园、荒地、次生林边缘、道路两旁及河岸砂砾地等处。

【**传入与扩散**】 **文献记载**：20世纪在福建引种并逸为野生（徐海根和强胜，2018），2001年在浙江发表新分布（李根有 等，2001）。2011年作为入侵植物收录于《中国外来入侵生物》（徐海根和强胜，2011）。**标本信息**：后选模式（Lectotype），Robbins s. n.，GH00073026，标本存放于美国哈佛大学格林标本馆（GH）；新模式（Neotype），MO-345189，标本存放于美国密苏里植物园标本馆（MO）。1999年11月28日刘岳炎、应顺东在浙江省北仑采到标本（ZJFC 06021002）。2014年喻勋林、周辉在湖南省洪江市采到标本（喻勋林、周辉14051201，CSFI 026040）。**传入方式**：有意引种，观赏。**传播途径**：作为观赏植物或经济作物栽培，逸为野生。**繁殖方式**：种子繁殖。**入侵特点**：① 繁殖性 繁殖力较强，开花后结果率高，栽培后容易逸生为杂草。② 传播性 人为活动使其远距离传播，种子容易通过风力作用短距离传播。③ 适应性 适应性强，能够在不同的环境条件下生长。**可能扩散的区域**：全国。

【**危害及防控**】 **危害**：环境杂草，危害较小。**防控**：加强引种管理，避免其在野外逸生。

【**凭证标本**】 湖南省洪江市江市镇，海拔200 m，2014年5月12日，喻勋林、周辉14051201（CSFI026040）。湖南省洪江市托口镇，海拔200 m，2014年5月13日，喻勋林、周辉14051301（CSFI026042）。

曲序月见草 [*Oenothera oakesiana* (A. Gray) Robbins ex Walson & Coulter]

1. 群落和生境; 2. 花; 3. 叶枝; 4. 果; 5. 花枝，示花序上部弯曲

参考文献

陈家瑞，2000. 月见草属［M］// 陈家瑞. 中国植物志：第 53 卷第 2 分册. 北京：科学出版社：60-72.

李根有，陈征海，仲山民，等，2001. 华东植物区系新资料［J］. 浙江农林大学学报，18（4）：371-374.

徐海根，强胜，2011. 中国外来入侵植物［M］. 北京：科学出版社：187-188.

徐海根，强胜，2018. 中国外来入侵植物：上册［M］. 修订版. 北京：科学出版社：389-391.

Dietrich W, 1997. Systematics of *Oenothera* Section *Oenothera*: Subsection *Oenothera* (Onagraceae) [J]. Systematic Botany Monographs, 50(1): 1-234.

小二仙草科 | Haloragaceae

水生或陆生草本。叶互生、对生或轮生，生于水中的常为篦齿状分裂；托叶缺。花小，两性或单性，腋生，单生或簇生，或成顶生的穗状花序、圆锥花序、伞房花序；萼筒与子房合生，萼片2～4或缺；花瓣2～4，早落，或缺；雄蕊2～8，排成2轮；花药基着生；子房下位，2～4室；柱头2～4裂，无柄或具短柄。果为坚果或核果状，小型，有时有翅，不开裂，或很少瓣裂。

本科约8属100种，广布全世界，但主产于南半球，尤其是大洋洲（万文豪，2000；Chen & Funston, 2007）。我国有2属13种，产全国各省份（自治区），其中3种为引种栽培，1种为入侵植物。

参考文献

万文豪，2000. 小二仙草科［M］// 陈家瑞. 中国植物志：第53卷第2分册. 北京：科学出版社：60-72.

Chen J R, Funston A M, 2007. Haloragaceae[M]// Wu Z Y, Raven P H. Flora of China: vol 13. Beijing: Science Press: 428–432.

狐尾藻属 *Myriophyllum* Linnaeus

水生或半湿生草本。根系发达，在水底泥中蔓生。叶互生，轮生，无柄或近无柄，线形至卵形，全缘，有锯齿，多篦齿状分裂。花水上生，很小，无柄，单生叶腋或轮生，或少有呈穗状花序；苞片2，全缘或分裂；花单性同株或两性，稀雌雄异株；雄花具短萼筒；先端2～4裂或全缘；花瓣2～4，早落；退化雌蕊存在或缺；雄蕊2～8，分离，花药基着生，纵裂；雌花萼筒与子房合生，具 4 深槽，萼裂 4 或不裂；花瓣小，早落或缺；退化雄蕊存在或缺；子房下位，4 室，稀 2 室，每室具 1 倒生胚珠；花柱 4 或 2 裂，通常弯曲；柱头羽毛状。果实成熟后分裂成 4 或 2 个小坚果状的果瓣，果皮光滑或有瘤状物，每小坚果状的果瓣具 1 种子。种子圆柱形，种皮膜质，有胚乳。

本属约 35 种，广布于全世界。我国有 11 种，产自南北各省份（自治区），其中 2 种引种栽培并逸为野生，1 种已经成为入侵物种。

粉绿狐尾藻 *Myriophyllum aquaticum* Verdcourt, Kew Bull. 28(1): 36. 1973.

【别名】 大聚藻、绿狐尾藻

【特征描述】 多年生挺水或沉水草本。根状茎发达，在底泥中蔓延，节部生根。茎黄绿色，长 100～400 cm，半蔓性，能匍匐湿地生长；上部为挺水枝，匍匐挺水，高 10～20 cm；下半部为沉水枝，多分枝，节部均生须状根。叶 5～7 枚轮生，羽状全裂，裂片丝状，绿蓝色，在顶部密集；沉水叶丝状，红色，冬天枯萎脱落。花单生，单性，雌雄异株，稀两性，每轮 4～6 朵花，花无柄；雌花生于水上茎较下部叶腋，萼筒与子房合生，萼裂片 4 裂，裂片长不到 1 mm，卵状三角形，花瓣 4，舟状，早落，雌蕊 1，子房 4 室，柱头 4 裂；雄花花瓣 4，椭圆形，长 2～3 mm，早落，雄蕊 8，开花后伸出花冠外，核果坚果状，长约 3 mm，有 4 条浅槽，顶端具残存的萼裂片及花柱。**物候期**：4—6 月出苗，花期 4—9 月。

【原产地及分布现状】 原产于南美洲（Britton, 1907），现归化于欧洲。**国内分布**：广西、湖北、湖南、江苏、江西、四川、台湾、浙江。北京有栽培，但不能越冬。

【生境】 喜温暖水湿、阳光充足的气候环境，不耐寒，入冬后地上部分逐渐枯死，以根茎在泥中越冬。生长环境主要为稻田、沟渠、溪流、池塘等，在微碱性的土壤中生长良好。

【传入与扩散】 **文献记载**：2006 年首次报道在台湾兰阳平原发现。2013 年对其进行了生态安全性探讨（柴伟刚 等，2013）。2016 年报道在浙江归化（李惠茹 等，2016）。2017 年报道入侵湖南（刘雷 等，2017）。2018 年作入侵种收录于《中国外来入侵生物》（徐海根和强胜，2018）。**标本信息**：后选模式（Lectotype），插图（Fl. Flumin. Icon. 1, tab. 150, 1831. Vellozo s. n.）；附加模式（Epitype），Petrópolis, Caelitu, Dec. 1943, O. C. Goes 863，标本存于巴西里约热内卢国家博物馆（R）。中国最早的标本于 1996 年采自于台湾台中市（PE01446594），2014 年在福建厦门和浙江温州、嘉兴和绍兴采到该种标本（CZH0010066、CSH0101878、CSH0103036、CSH0102747）。**传入方式**：作为水生观赏植物引进栽培，后在野外归化。**传播途径**：广泛引种栽培并逃逸扩散，此外通过水流传播繁殖体是另一种传播途径。**繁殖方式**：种子繁殖，也可进行营养繁殖。**入侵特点**：① **繁殖性** 其种子具休眠期，干燥条件下可保存数年，翌春休眠解除。种子在黑暗和长光照下均能发芽，发芽幼苗能漂浮水面，可随水流传播繁殖体。根状茎还具有强大的营养繁殖能力，可以靠植物茎的段片进行营养繁殖。② **传播性** 借助水流传播，果实、幼苗甚至断裂的茎段均可随水流传播，短时间内形成较大的种群数量。③ **适应性** 夏季生长旺盛，入冬后地上部分逐渐枯死，以根茎在泥中越冬。**可能扩散的区域**：除青藏高原以及西北高海拔地区以外的中国淡水水体，尤其是南方地区富营养的河流、湖泊等。

【危害及防控】 **危害**：粉绿狐尾藻在适生范围会覆盖整个水面和湿地，排挤其他植物。**防控**：在引种时应避免在自然湿地特别是生态敏感区域种植，将其严格控制在人工湿地内，防止其逃逸和扩散，控制栽培数量，对已造成危害的地区在进行人工打捞。可通过资源化综合利用来达到防控的目标，同时也实现了污染水体的治理（吴程 等，2008；金春华 等，2011；刘锋 等，2018）。

【凭证标本】 浙江省绍兴市上虞区东关镇东关中学，海拔 21 m，30.012 4°E，120.814 2°E，2014 年 11 月 2 日，严靖、闫小玲、王樟华、李惠茹 RQHD01246（CZH）；海南省儋州市儋州热带植物园，海拔 130 m，19.512 6°N，109.500 9°E，2015 年 12 月 20

日，曾宪锋 RQHN03614（CSH）；四川省凉山彝族自治州盐源县泸沽湖镇泸沽湖村，海拔 2 703 m，27.714 2°N，100.875 2°E，2014 年 11 月 6 日，刘正宇、张军等 RQHZ06289（CSH）。

【相似种】 异叶狐尾藻（*Myriophyllum heterophyllum* Michaux）。植物体两性，偶有雌雄同株。茎粗壮，长可达 100 cm；节间拥挤。沉水叶 4 或 5 轮生或散生，外形长圆形，（1.5 cm～）（2～4 cm）×（1～3 cm）；裂片 5～12 对，丝状，0.5～1.5 cm；沉水叶至少上部的一个不分裂，全缘或有锯齿。花序组成 4 轮花的顶生穗状花序，长 5～35 cm，在雌雄同株植物中最下部的花雌性，最上部的雄花，雄花无花莛；苞片宿存，最终反折，披针形到长圆形或倒卵形，（4～18 mm）×（1～3 mm），边缘具锐细锯齿；小苞片卵形，约 1.2 mm×0.6 mm，边缘有锯齿；花瓣 1.5～3 mm；雄蕊 4。果 4 室，近球形，直径 1～1.5 mm；分生果具 2 细具瘤脊背面，先端具喙。花、果期 5—8 月。原产于北美洲，我国仅见于广东（Chen & Funston, 2007），应该注意其种群扩展情况。

粉绿狐尾藻（*Myriophyllum aquaticum* Verdcourt）
1. 群落和生境；2. 花期的群落；3. 水生茎；4. 花枝；5. 节和轮生叶

参考文献

柴伟纲，谌江华，孙梅梅，等，2013. 外来水生植物大聚藻的生态安全性初探［J］. 生态科学，32：355-358.

金春华，陆开宏，胡智勇，等，2011. 粉绿狐尾藻和凤眼莲对不同形态氮吸收动力学研究［J］. 水生生物学报，35：75-79.

李惠茹，闫小玲，严靖，等，2016. 浙江省归化植物新记录［J］. 杂草学报，34（1）：31-34.

刘锋，罗沛，刘新亮，等，2018. 绿狐尾藻生态湿地处理污染水体的研究评述［J］. 农业现代化研究，39（6）：1020-1029.

刘雷，段林东，周建成，等，2017. 湖南省4种新记录外来植物及其入侵性分析［J］. 生命科学研究，21（1）：31-34.

吴程，常学秀，董红娟，等，2008. 粉绿狐尾藻（*Myriophyllum aquaticum*）对铜绿微囊藻（Microcystis aeruginosa）的化感抑制效应及其生理机制［J］. 生态学报，28：2595-2603.

徐海根，强胜，2018. 中国外来入侵植物：上册［M］. 修订版. 北京：科学出版社：399-400.

Chen J R, Funston A M, 2007. *Myriophyllum*[M]// Wu Z Y, Raven P H. Flora of China: vol 13: 429-432.

Britton N L, 1907. Manual of the flora of the Northern States and Canada[M]. 3rd ed. New York: Henry Holt and Campany: 666.

伞形科 | Apiaceae

一年生至多年生草本。根常肉质而粗。茎直立或匍匐上升。叶互生，1回掌状或1～4回羽状复叶，或1～2回三出式羽状复叶，很少为单叶；叶柄基部具叶鞘，通常无托叶。花小，两性或杂性，复伞形花序或单伞形花序，很少为头状花序；伞形花序的基部有总苞片；小伞形花序的基部有小总苞片；花萼与子房贴生，萼齿5或无；花瓣5；雄蕊5，与花瓣互生。子房下位；花柱2，柱头头状。果实为双悬果，心皮柄顶端分裂或裂至基部，心皮的外面有5条主棱（1条背棱，2条中棱，2条侧棱），外果皮表面平滑或有毛、皮刺、瘤状突起，棱和棱之间有沟槽，有些在主棱间还有4条次棱；中果皮层内的棱槽内和合生面通常有纵走的油管1至多数；胚乳丰富，胚小。

本科有250～455属3 300～3 780种，广布于全球温带到热带地区，但主要分布于北半球的温带地区。我国有100余属630余种，各省份（自治区）均有分布，其中外来入侵植物4属4种。芫荽属的芫荽（*Coriandrum sativum* Linnaeus）曾被《中国外来入侵物种编目》收录为入侵植物（徐海根和强胜，2004），经野外观察，该种为栽培蔬菜，仅见在栽培地附近逸生，不构成入侵植物。阿米芹属（*Ammi*）在《中国植物志》第55卷第2分册和 *Flora of China* 第14卷中记载为栽培植物，包含大阿米芹（*Ammi majus* Linnaeus）、阿米芹（*A. visnaga* (Linnaeus) Lamarck）2个种，均原产于欧洲南部（单人骅，1985），张源（2007）曾作为外来杂草报道，经野外调查，在自然环境中未发现逸生。*Flora of China* 第14卷中还收载了亮叶芹属的亮叶芹 [*Silaum silaus* (Linnaeus) Schinz & Thellung]，原产欧洲至地中海一带，江苏有逸生，但未见相关的研究报道。董振国等（2013）基于在江苏连云港市采集的标本（汪庆等5018，NAS）报道了峨参属的刺毛峨参（*Anthriscus caucalis* Marschall von Bieberstein）在我国的归化。台湾台中黎山也有采集记录（郭城孟8425）。是否会成为入侵植物有待于进一步的观察。上述5种植物本志暂不收录。

伞形科作为单系类群已经得到分子系统学的支持（Chandler & Plunkett, 2004; Plunkett et al., 1996a, 1996b, 1997）。现代的伞形科一般被划分为 4 个亚科：芹亚科（Apioideae）、扁豆菜亚科（Saniculoideae）、马蹄芹亚科（Azorelloideae）、积雪草亚科（Mackinlayoideae），而芹亚科又被划分了若干个族（Takhtajan, 2009; Plunkett et al., 1999），后两个亚科属于伞形科的基部群（Judd et al., 2008）。按照 APG 系统，一些传统上被放在天胡荽亚科（Hydrocotyloideae）的属中，有些如积雪草属（Centella）、马蹄芹属（Dickinsia）仍保留在伞形科中，而有些属如天胡荽属（Hydrocotyle）则被置于五加科中（Judd et al., 2008）。按照这个概念，我国的伞形科植物数量为 99 属 616 种。

参考文献

董振国，刘启新，胡君，等，2013. 中国大陆归化植物新记录 [J]. 广西植物，33（3）：432-434.

单人骅，1985. 阿米芹属 [M] // 单人骅，佘孟兰. 中国植物志：第 55 卷第 2 分册. 北京：科学出版社：24.

徐海根，强胜，2004. 中国外来入侵物种编目 [M]. 北京：中国环境科学出版社：220-221.

张源，2007. 乌鲁木齐市外来杂草的调查分析 [J]. 阜阳师范学院学报，24（2）：52-55.

Chandler G T, Plunkett G M, 2004. Evolution in apiales: nuclear and chloroplast markers together in (almost) perfect harmony[J]. Botanical Journal of the Linnean Society, 144: 123–147.

Judd W S, Campbell C S, Kellogg E A, et al., 2008. Plant systematics: a phylogenetic approach. 3rd ed. New York: W H Freeman.

Plunkett G M, Downie S R, 1999. Major lineages within Apiaceae subfamily Apioideae: comparison of chloroplast restriction site and DNA sequencn data[J]. American Journal of Botany, 86: 1014–1026.

Plunkett G M, Jun W, Lowry P P, 2004. Infrafamilial clacifications and characters in Araliaceae: insights from the phylogegetic analysis of nuclear (ITS) and plastid (*trnL-trnF*) sequencn data[J]. Plant Systematics and Evolution, 245: 1–39.

Plunkett G M, Soltis D E, Soltis P S, 1996a. Evolutionary patterns in Apiaceae: inferences based on *matK* sequencn data[J]. Systematic Botany, 21: 477–495.

Plunkett G M, Soltis D E, Soltis P S, 1996b. Higher level relationships of Apiales (Apiaceae and

Araliaceae) based on phylogegetic analysis of *rbcL* sequencn data[J]. American Journal of Botany, 83: 499–515.

Plunkett G M, Soltis D E, Soltis P S, 1997. Clarification of the relationship between Apiaceae and Araliaceae based on *matK* and *rbcL* sequencn data[J]. American Journal of Botany, 84: 567–580.

Takhtajan A, 2009. Flowering Plants[M]. 2nd ed. Berlin: Springer Science: 342–343.

分属检索表

1 单叶，叶片心形、五角形、肾形或圆形，伞形花序单生 ······1. 天胡荽属 *Hydrocotyle* Linnaeus

1 复叶，很少为单叶，复伞形花序很少单生 ························· 2

2 单叶，常呈掌状分裂至齿状缺刻；果实表面有瘤状或鳞片状突起··············

··················· 2. 刺芹属 *Eryngium* Linnaeus

2 通常为复叶，极少单叶；外果皮平滑或有柔毛，有时有细刺 ········· 3

3 果实的次棱发达，有皮刺或刺状突起 ·············· 3. 胡萝卜属 *Daucus* Linnaeus

3 果实主棱明显突起，次棱缺乏，分生果的合生面平直；无小总苞片············

··················· 4. 细叶旱芹属 *Cyclospermum* Lagascay Seguea

1. 天胡荽属 *Hydrocotyle* Linnaeus

多年生草本。茎细长，匍匐或直立，节部生根。单叶互生，叶片心形、圆形、肾形或五角形，有裂齿或掌状分裂；叶柄细长，无叶鞘；托叶细小，膜质。花序为腋生或与叶对生的单伞形花序，细小，有多数或少数花，密集呈头状；花序梗通常生自叶腋，短或长过叶柄；花白色、绿色或淡黄色；萼齿甚小或不明显；花瓣卵形，白色、淡绿色或黄色，在花蕾时镊合状排列。果实心状圆形或椭圆球形，侧面压扁，背部圆钝，背棱和中棱显著，侧棱常藏于合生面，表面无网纹，油管不明显，内果皮有1层厚壁细胞，围绕着种子胚乳。

本属约75（~200）种，广泛分布于热带和温带地区，约55种分布于大洋洲，且绝大多数为特有种。中国有 15 种，其中 1 种为外来入侵植物。

　　传统上该属被放在天胡荽亚科（Hydrocotyloideac）置于伞形科中，近年来分子系统学研究表明该属与五加科的亲缘关系更近（Plunkett et al., 1996a, 1996b, 1997, 2004），而将其置于五加科中（Judd et al., 2008；李德铢，2018）。

参考文献

李德铢，2018. 中国维管植物科属词典［M］. 北京：科学出版社：260.

Judd W S, Campbell C S, Kellogg E A, et al., 2008. Plant systematics: a phylogenetic approach. 3rd ed. New York: W H Freeman.

Plunkett G M, Jun W, Lowry P P, 2004. Infrafamilial clacifications and characters in Araliaceae: insights from the phylogegetic analysis of nuclear (ITS) and plastid (*trnL-trnF*) sequencn data[J]. Plant Systematics and Evolution, 245: 1–39.

Plunkett G M, Soltis D E, Soltis P S, 1996a. Evolutionary patterns in Apiaceae: inferences based on *matK* sequencn data[J]. Systematic Botany, 21: 477–495.

Plunkett G M, Soltis D E, Soltis P S, 1996b. Higher level relationships of Apiales (Apiaceae and Araliaceae) based on phylogegetic analysis of *rbcL* sequencn data[J]. American Journal of Botany, 83: 499–515.

Plunkett G M, Soltis D E, Soltis P S, 1997. Clarification of the relationship between Apiaceae and Araliaceae based on *matK* and *rbcL* sequencn data[J]. American Journal of Botany, 84: 567–580.

南美天胡荽 *Hydrocotyle verticillata* Thunberg, Hydrocole 2. 5–6. Pl. s. n. [2]. 1798. ——*Hydrocotyle vulgaris* auct. non Linnaeus.

【别名】　欧洲天胡荽、香菇草、铜钱草、盾叶天胡荽

【特征描述】　多年生挺水或湿生草本。株高 10～45 cm，全株光滑无毛。植株具有蔓生性，根茎发达，节上常生不定根，节间长 3～10 cm；非水生部分幼茎节处常膨大。叶互生，叶片圆形盾状，直径 2～4 cm，射出脉 8～14 条，叶缘波状具钝圆锯齿，叶面油绿具光泽；叶具长柄，光滑。伞形花序总状排列，每一花序有花 4～6 轮，每轮由 3～10

朵花组成，稀仅有 1～2 轮；花序长于叶柄或与叶柄几乎等长；小花梗长 2～6 mm，花两性；花瓣 5，白色；雄蕊 5；雌蕊花柱 2，子房下位，2 室；双悬果，长约 2.5 mm，二侧扁平，背棱和中棱明显。**物候期**：花、果期 3—10 月。

【**原产地及分布现状**】 原产于热带美洲，在热带非洲和澳大利亚也有分布。现于欧洲已经逸为野生。**国内分布**：安徽、澳门、福建、广东、湖南、江苏、江西、上海、台湾、浙江。

【**生境**】 适应从水生到旱生、强光到隐蔽等多种生境，包括农田、旱地、湿地、草坪等。

【**传入与扩散**】 **文献记载**：有关该种的记载，最早为 1995 年发表的《香菇草的快速繁殖》（周根余 等，1995），当时误用了的学名为 *Hydrocotyle leucocephala*；2011 年进行了入侵风险研究（缪丽华 等，2011），当时误用了的学名为 *Hydrocotyle vulgaris*。2013 年在广东归化（曾宪锋 等，2013）。2014 年在江苏和浙江成为入侵植物（严辉 等，2014；闫小玲 等，2014）。2017 年经过名实考证确认了目前的学名（严靖，2017）。**标本信息**：模式标本（Type），BM000902701，标本存于英国自然历史博物馆（BM）。中国最早标本于 1979 年采自福建大田县（FJSI000634），之后于 2003 年在云南西双版纳州勐腊县勐仑镇热带植物园采集到该种标本（HITBC105939）。**传入方式**：20 世纪 90 年代随着各地生态水域尤其是水族馆的发展而引入中国，作为水景植物，在长江流域及以南地区的湿地造景中广泛应用。之后伴随着栽培范围的扩大而在长江以南的水域传播，并且在很多湿地沿岸地区大规模地蔓延。**传播途径**：人为引种栽培导致逸生是其传播的主要途径，此外也有由农事活动中的种子携带、茎节随泥土携带、室内盆栽弃倒等导致的无意传播。**繁殖方式**：主要通过营养繁殖，其中以分株营养繁殖为主，成活快容易形成。也可进行种子繁殖。**入侵特点**：① 繁殖性 以根茎营养繁殖为主，繁殖速度快，能迅速占领生境，排挤其他植物。② 传播性 在自然条件下能够产生复杂的芽系统，可适应资源异质性及种间竞争所产生的各种微环境，具有超强的适应能力。③ 适应性 在野外能形成高密度的单一居群，地下部分有密集呈网状交错的根茎和不定根，具有表型可塑性，能够适应从水生到旱生、强光到隐蔽等多种生境，具有较好的耐受性，能占据更宽的生态幅。**可能扩散的区域**：南美天胡荽更适宜湿生环境，预测该种在中国可能向抗寒抗旱的方向进行演变，在中国的适生范围包括青藏高原以东、秦岭—黄河线以南各省份（自治区）。

【危害及防控】 **危害**：侵入农田和旱地，危害作物生长；侵入田间沟渠，影响农田灌溉；侵入湿地、草坪，破坏景观。南美天胡荽能够在入侵地快速生长繁衍，大量侵占其他植物的生存空间，很有可能是通过叶片淋溶的方式，释放化感物质抑制其他植物种子萌发和幼根生长，从而扩大自身生存空间（杨琴琴 等，2013）。**防控**：密度较小或新入侵的种群可采用机械、人工防除方法；园林利用的同时应注意控制其生长范围，不能随意丢弃，限制其进一步扩散蔓延。

【凭证标本】 广东省深圳市仙湖植物园，2008 年 10 月 13 日，李沛琼 027769（CZG00070179）；福建省石狮市沙提村，2014 年 10 月 3 日，曾宪锋 ZXF15567（CZH0010124）；浙江省海宁市渔昌南路，海拔 28 m，30.505 8°N，120.688 3°E，2014 年 11 月 5 日，闫小玲、王樟华、李惠茹、严靖 RQHD01496（CSH0103044）。

【相似种】 少脉天胡荽（*Hydrocotyle vulgaris* Linnaeus）与南美天胡荽（*H. verticillata* Thunberg）经常混淆，前者叶柄尤其是近顶端、花序密被毛，叶脉 6～9 条，边缘浅裂而间隔有较深裂齿，花序的长度只有叶柄的一半，多轮轮伞花序，每轮花多数；后者叶柄光滑，叶脉 8～13 条及以上，花序的长度与叶柄几乎等长，轮伞花序每轮有少数花（常为 2～4，有时到 10）。少脉天胡荽目前在中国尚未发现有分布，也未见引种栽培（严靖，2017）。

南美天胡荽（*Hydrocotyle verticillata* Thunberg ）
1. 群落和生境；2. 地下根状茎；3. 叶；4. 花序；5. 果

参考文献

缪丽华，季梦成，王莹莹，等，2011. 湿地外来植物香菇草（*Hydrocotyle vulgaris*）入侵风险研究 [J] . 浙江大学学报，37（4）：425-431.

全晗，董必成，刘录，等，2016. 水陆生境和氮沉降对香菇草（*Hydrocotyle vulgaris*）入侵湿地植物群落的影响 [J] . 生态学报，36（13）：4045-4054.

严辉，郭盛，段金廒，等，2014. 江苏地区外来入侵植物及其资源化利用现状与应对策略 [J] . 中国现代中药，（12）：961-970，984.

严靖，2017. 关于水生植物南美天胡荽的几个问题 [J] . 园林，（3）：54-56.

闫小玲，寿海洋，马金双，2014. 浙江省外来入侵植物研究 [J] . 植物分类与资源学报，36（1）：77-78.

杨琴琴，缪丽华，洪春桃，等，2013. 香菇草水浸提液对3种植物种子萌发和幼苗生长的化感效应 [J] . 浙江林业大学学报，30（3）：354-358.

曾宪锋，邱贺媛，黄雅风，等，2013. 华南地区归化植物新记录 [J] . 广东农业科学，40（11）：177-178.

周根余，蒋雄龙，贺名蓉，1995. 香菇草的快速繁殖 [J] . 上海师范大学学报（自然科学版），（2）：105-106.

2. 刺芹属 *Eryngium* Linnaeus

一年生或多年生草本。茎直立或无茎，无毛，有数条槽纹。单叶全缘或稍有分裂，有时呈羽状或掌状分裂，边缘有刺状锯齿，叶革质或膜质，叶脉平行或网状；叶柄基部扩大成叶鞘，无托叶。花小，白色或淡绿色，无柄或近无柄，排列成头状花序，头状花序单生或数个排列成聚伞状或总状花序；总苞片1～5，全缘或分裂；花两性；萼齿5，直立，常硬而尖，有脉1条，宿存；花瓣5，狭窄，中部以上内折成舌片，白色、淡绿色或紫色；雄蕊与花瓣同数而互生，花丝长于花瓣，花药卵圆形；花柱短于花丝，直立或稍倾斜；花盘较厚。果卵圆形或球形，侧面略扁，表面有鳞片状或瘤状突起，果棱不明显，通常有油管5条。种子圆柱形，腹面平直或略凸出。心皮柄缺乏。

本属有220～250种，广布于热带和温带地区，尤其是南美洲。中国有2种，其中外来入侵1种。

刺芹 *Eryngium foetidum* Linnaeus, Sp. Pl. 1: 232. 1753.

【别名】 刺芫荽、假芫荽、节节花、野香草、假香荽、缅芫荽、香菜

【特征描述】 二年生或多年生草本。高达 40 cm。主根纺锤形。茎直立，粗壮，有数条槽纹，上部有 3～5 歧聚伞式的分枝。基生叶披针形或倒披针形不分裂，顶端钝，基部渐窄成膜质叶鞘；茎生叶，着生于每一叉状分枝的基部，对生，无柄，边缘有深锯齿，齿尖刺状，顶端不分裂或 3～5 深裂。头状花序生于茎的分叉处及上部枝条的短枝上，呈圆柱形，无花序梗；总苞片 4～7，叶状，披针形，边缘有 1～3 刺状锯齿；小总苞片阔线形至披针形，边缘透明膜质；花极小，多而密集，长约 1 mm；萼齿卵状披针形至卵状三角形，顶端尖锐；花瓣与萼齿近等长，倒披针形至倒卵形，顶端内折，花白色、淡黄色或草绿色；花柱直立或稍向外倾斜，略长过萼齿。果卵圆形或球形，表面有瘤状突起，果棱不明显。**物候期**：花、果期 4—12 月。

【原产地及分布现状】 原产于中美洲，现于南美东部、安的列斯群岛以及亚洲、非洲的热带地区普遍归化（刘守炉，1979）。**国内分布**：澳门、福建、广东、海南、广西、云南、甘肃、台湾、香港。

【生境】 常生于海拔 100～1 540 m 的丘陵、山地林下、沟边、路旁或田园等湿润处，对土壤要求不严。

【传入与扩散】 **文献记载**：刺芹在中国最早的记载见于 1912 年出版的 *Flora of Kwangtung and Hongkong*（*China*）（Dunn & Tutcher, 1912）；1974 年出版的《海南植物志》第 3 卷以及 1979 年出版的《中国植物志》均有记载（广东省植物研究所，1974；刘守炉，1979）。1998 年收录于《中国杂草志》（李扬汉，1998）。2011 年和 2018 年作为入侵种被《中国外来入侵生物》收录（徐海根和强胜，2011，2018）。**标本信息**：后选模式（Lectotype），为一插图（Sloane, Voy. Jamaica, 1: 264, t. 156, f. 3, 1707）。

中国最早的标本于 1912 年采自海南的陵水县（AU045400），之后于 1914 年在云南
（PE00756056）、1919 年在广东（PE00756039）、广西（PEY0065000）采集到该种标本。
传入方式：该种为有意引进，以供药用。**传播途径**：栽培传播，种子扩散。**繁殖方式**：
种子繁殖。**入侵特点**：① 繁殖性　种子结实率多，成活率较高。② 传播性　除通过认
为引种栽培传播外，种子自然扩散也是一个方面。③ 适应性　适应性强，通过化感作
用影响其他植物生长，能耐-1 ～ 2℃的低温，适宜生长温度为 17 ～ 20℃，超过 20℃生
长缓慢，30℃则停止生长。**可能扩散的区域**：向北扩散至华中、华东和中南地区。

【危害及防控】 **危害**：为果园和农田中常见杂草。**防控**：开花前人工拔除，必要时采用
除草剂化学防除（徐海根和强胜，2018）。该种在一些地方作为野菜或药用植物被栽培，
但要加以控制，防止其逃逸。

【凭证标本】 广东省潮州市湘桥区意溪镇，海拔 42 m，23.797 5°N，116.695 3°E，2014
年 10 月 23 日，曾宪锋 RQHN06511（CSH）；广西省防城港市那梭镇，海拔 23 m，
21.723 5°N，108.117 5°E，2015 年 11 月 21 日，韦春强、李象钦 RQXN07791（CSH）。

【相似种】 扁叶刺芹（*Eryngium planum* Linnaeus）。原产于中亚、西亚、欧洲；欧洲中
部、南部和俄罗斯的高加索、西伯利亚西部及新疆天山、阿尔泰山等地区均有分布。
本种与刺芹的主要区别为：刺芹花白色、淡黄色或草绿色，果实表面有瘤状突起；
而扁叶刺芹花浅蓝色，果实外面被白色窄长的鳞片。

刺芹（*Eryngium foetidum* Linnaeus）
1. 群落和生境；2. 花序枝；3. 总苞片；4. 花序（花蕾期）；5. 花序（花谢期）

参考文献

广东省植物研究所，1974.海南植物志［M］.北京：科学出版社，3：132.

李扬汉，1998.中国杂草志［M］.北京：中国农业出版社：981.

刘守炉，1979.刺芹属［M］// 单人骅，佘孟兰.中国植物志：第 55 卷第 1 分册.北京：科学出版社：64.

徐海根，强胜，2011.中国外来入侵生物［M］.北京：科学出版社：257-258.

徐海根，强胜，2018.中国外来入侵生物：上册［M］.修订版.北京：科学出版社：405-406.

Dunn S T, Tutcher W T, 1912. Flora of Kwangtung and Hongkong (China)[J]. Bulletin of Miscellaneous Information, Additional Series, 10: 110.

3. 胡萝卜属 *Daucus* Linnaeus

二年生草本。根肉质。茎直立，有分枝。叶有柄，叶柄具鞘；叶片薄膜质，羽状分裂，末回裂片窄小。花序为疏松的复伞形花序，花序梗顶生或腋生；总苞具多数羽状分裂或不分裂的苞片；小总苞片多数，3 裂、不裂或缺乏；伞辐少数至多数，开展；花白色或黄色，小伞形花序中心的花呈紫色，通常不孕；花柄开展，不等长；萼齿小或不明显；花瓣倒卵形，先端凹陷，有 1 内折的小舌片，靠外缘的花瓣为辐射瓣；花柱基短圆锥形，花柱短。果实长圆形至圆卵形，棱上有刚毛或刺毛，每棱槽内有油管 1，合生面油管 2；胚乳腹面略凹陷或近平直；心皮柄不分裂或顶端 2 裂。

本属约 21 种，分布于欧洲、非洲、美洲和亚洲。中国仅 1 种和 1 栽培变种，前者为外来入侵植物。

野胡萝卜 *Daucus carota* Linnaeus, Sp. Pl. 1: 242. 1753.

【别名】 假胡萝卜、鹤虱草

【特征描述】 二年生草本。高 15～120 cm。茎单生，全体有白色粗硬毛。基生叶薄膜质，长圆形，二至三回羽状全裂，末回裂片线形或披针形，顶端尖锐，有小尖头，光滑或有糙硬毛；叶柄长 3～12 cm；茎生叶近无柄，有叶鞘，末回裂片小或细长。复伞形花序，有糙硬毛；总苞有多数苞片，呈叶状，羽状分裂，少有不裂的，裂片线形；伞辐多数，长 2～7.5 cm，结果时外缘的伞辐向内弯曲；小总苞片 5～7，线形，不分裂或 2～3 裂，边缘膜质，具纤毛；花通常白色，有时带淡红色；花柄不等长。果实圆卵形，长 3～4 mm，宽 2 mm，棱上有白色刺毛。**物候期**：花期 5—7 月，果期 6—8 月。

【**原产地及分布现状**】 原产于欧洲，现分布于欧洲及东南亚地区。**国内分布**：安徽、澳门、北京、重庆、福建、甘肃、广东、广西、贵州、海南、河北、河南、黑龙江、湖北、湖南、吉林、江苏、江西、辽宁、内蒙古、宁夏、青海、陕西、山东、山西、上海、四川、天津、西藏、香港、新疆、云南、浙江。

【**生境**】 田边、路旁、渠岸、荒地、农田或灌丛中，果园、茶园、夏秋作物田中常见。

【**传入与扩散**】 **文献记载**：1406 年明初《救荒本草》首次记载。1998 年收载于《中国杂草志》（李扬汉，1998）。2002 年作为入侵植物收录于《中国外来入侵种》（谷卫彬，2002）。2012 年及 2018 年收录于《中国外来入侵生物》（徐海根和强胜，2011，2018）。**标本信息**：后选模式（Lectotype），Herb. Linn. No. 340.1，存于林奈学会植物标本馆（LINN）。中国最早的标本于 1910 年采自湖北武汉市（PE00725853）和北京（NAS00022089），之后于 1913 年于江苏（NAS00022138）采集到该种标本。**传入方式**：无意引进，可能随作物种子或通过人或货物经丝绸之路携带引入。**传播途径**：随引种过程中裹挟、交通工具、动物和鸟类皮毛或羽毛黏附扩散。**繁殖方式**：种子繁殖。**入侵特点**：① 繁殖性 果实结实率高，种子繁殖能力强。② 传播性 果实表面具钩毛，容易被交通工具、人或动物黏附携带而扩散。③ 适应性 适应性强，种苗成活率高。此外，因其具有化感作用，故可通过抑制生境中其他植物的生长而使自己成为单优势种群落（陶俊杰 等，2014）。**可能扩散的区域**：除青藏高原以外的全国各地。

【危害及防控】 **危害**：为常见农田杂草（辛存志等，2001；余顺慧和邓红平，2011），也广泛发生于城市路边，影响景观。**防控**：在野胡萝卜生长较多的农田合理组织作物轮作换茬，加强田间管理及中耕除草工作，必要时采用除草剂防除，也可通过放牧或采收作为饲料加以利用而达到防治的效果。

【凭证标本】 河南省南阳市唐河县唐河服务区，海拔 112 m，32.756 1°N，112.763 4°E，2016 年 10 月 25 日，刘全儒、何毅等 RQSB09550（BNU）；浙江省舟山市嵊泗县菜园轮渡客运站，海拔 3 m，30.741 3°N，122.423 8°E，2014 年 11 月 17 日，严靖、闫小玲、王樟华、李惠茹 RQHD01524（CSH）；新疆维吾尔自治区伊犁哈萨克族自治州伊宁市伊宁县上胡地亚于孜小学附近，海拔 722 m，43.591 4°N，81.469 9°E，2015 年 8 月 15 日，张勇 RQSB02100（CSH）。

野胡萝卜（*Daucus carota* Linnaeus）

1. 群落和生境；2. 叶；3. 复伞形花序（侧面观），示总苞片；
4. 复伞形花序（正面观）；5. 果序，示小总苞片

参考文献

谷卫彬，2002. 野胡萝卜［M］// 李振宇，解焱. 中国外来入侵种. 北京：中国林业出版社：134.

李扬汉，1998. 中国杂草志［M］. 北京：中国农业出版社：979-981.

陶俊杰，李玮，郭青云，2014. 野胡萝卜水浸液对两种禾本科杂草的化感作用［J］. 江西农
业大学学报，36（6）：1270-1274.

辛存岳，邱学林，郭青云，等，2001. 青海湖环湖地区农田杂草发生危害及防治研究［J］.
青海农林科技，（1）：19-20.

徐海根，强胜，2011. 中国外来入侵生物［M］. 北京：科学出版社：256-257.

徐海根，强胜，2018. 中国外来入侵生物：上册［M］. 修订版. 北京：科学出版社：403-404.

余顺慧，邓红平，2011. 万州区外来入侵植物的种类与分布［J］. 贵州农业科学，39（2）：
76-78.

4. 细叶旱芹属 *Cyclospermum* Lagascay Seguea

草本。茎多数分枝，光滑。基生叶叶柄有叶鞘，叶鞘膜质；叶三至四回羽状全裂，
小裂片狭窄；茎生叶向上渐小，叶柄完全变为叶鞘。花序顶生或与叶对生，复伞形花序，
稀减缩为单伞形花序；总花梗短或无；伞形花序少花；无总苞片或小总苞片，伞辐少。
萼齿细小或无；花瓣卵形，先端反折，中肋突出；花柱基短圆锥形，花柱短或无。双悬
果侧扁，合生面稍缢缩，无毛或稀有毛；果棱 5，线形突起，近木质化；每棱槽油管 1，
合生面油管 2；胚乳腹面平直。

本属有 3 种，分布于温带和热带美洲。中国 1 种，为归化杂草。

细叶旱芹 *Cyclospermum leptophyllum* (Persoon) Spargue ex Britton & P. Wilson,
Bot. Porto Rico 6: 25.1925. ——*Apium leptophyllum* (Persoon) F. Müeller ex Bentham.
Fl. Austral. 3: 372-373. 1866; *Chaerophyllum temulum* auct. non Linnaeus: 汪小飞等，
江苏林业科技，34(6): 25. 2007; *Chaerophyllum villosum* auct. non de Candolle: 徐亮
等，吉首大学学报（自然科学版），30(1): 99. 2009.

【别名】 茴香芹、细叶芹

【特征描述】 一年生草本。高达 45 cm。茎多分枝。根生叶有柄,柄长 2～5（～11）cm,叶宽长圆形或长圆状卵形,三至四回羽状多裂,小裂片丝线状至丝状;茎生叶常三出羽状多裂,裂片线形,无毛;复伞形花序顶生或腋生,无梗或有短梗;无总苞片和小总苞片;伞辐 2～3（～5）,无毛;小伞形花序有花 5～23。无萼齿,花瓣白、绿或稍带粉红色,顶端内折,花丝短于花瓣,很少与花瓣同长,花柱基扁压,花柱极短。果卵圆形,分果具 5 棱,圆钝;心皮柄顶端 2 浅裂。**物候期**:花期 5—6 月,果期 6—7 月。

【原产地及分布现状】 原产于南美洲,现广泛分布于热带和温带地区。**国内分布**:安徽、江苏、上海、浙江、湖北、四川、福建、广东、台湾、香港、广西、贵州。

【生境】 田野荒地、路旁、草坪,喜生于湿润地或低地杂草丛中。

【传入与扩散】 **文献记载**:20 世纪初在香港发现（Dunn & Tutcher, 1912）,当时被置于芹属,1985 年出版的《中国植物志》第 55 卷第 2 分册予以记载（刘守炉,1985）;2007 年和 2009 年曾分别以 *Chaerophyllum temulum* 和 *Chaerophyllum villosum* 的名称被报道（汪小飞 等,2007;徐亮 等,2009）。2002 年作为入侵种收录于《中国外来入侵种》（谷卫彬,2002）。2004 年作为入侵种收录至《中国外来入侵物种编目》（徐海根和强胜,2004）。2010 年入侵云南（王焕冲 等,2010）。**标本信息**:等模式（Isotype）,MO-345283,存于美国密苏里植物园标本馆（MO）。中国最早的标本由钟观光于 1918 年采集,产地不详（PEY0064254）;1922 年陈焕镛采福建（H. H. Chen 766, AU017591）。**传入方式**:无意引进,种子混入进口农产品或种子中入境（徐海根和强胜,2018）。**传播途径**:夹带种子进行传播。**繁殖方式**:种子繁殖。**入侵特点**:① 繁殖性 植株结实率高,果实虽小但数量大;种子在较窄的温度范围内具有较高的发芽率（Walck et al., 2008）。② 传播性 容易混入粮食中通过交通工具扩散。③ 适应性 适应性较强,田野荒地、路旁、草坪均可生长。**可能扩散的区域**:华北南部、华中、华东、华南以及中南、西南等地区。

【危害及防控】 **危害**：常见的农田、草坪、园圃杂草，影响作物正常生长，还可能成为多种病菌及害虫的寄主与传染源。**防控**：一般逸生直接通过结实前人工拔除的方式，如果在耕地中大量出现，可深翻土壤将种子深埋，一般不建议采用除草剂防除。

【凭证标本】 江苏省宿迁市沭阳县苏北花卉示范园，海拔 −5 m，34.171 9°N，118.720 1°E，2015 年 6 月 2 日，严靖、闫小玲、李惠茹、王樟华 RQHD02192（CSH）；贵州省黔南州兴仁县鸦桥村，海拔 1 290 m，25.442 2°N，105.143 9°E，2016 年 7 月 13 日，马海英、彭丽双、刘斌辉、蔡秋宇 RQXN05160（CSH）；湖北省宜昌市集装箱港码头，海拔 76 m，30.815 9°N，111.022 4°E，2014 年 9 月 3 日，李振宇、范晓虹、于胜祥、龚国祥、熊永红 RQHZ10553（CSH）。

细叶旱芹 [*Cyclospermum leptophyllum* (Persoon) Spargue ex Britton & P. Wilson]
1. 群落；2. 植株；3. 根；4. 叶；5. 伞形花序；6. 果序

参考文献

谷卫彬，2002. 细叶芹 [M] // 李振宇，谢焱. 中国外来入侵种. 北京: 中国林业出版社: 135.

刘守炉，1985. 芹属 [M] // 单人骅，佘孟兰. 中国植物志: 第 55 卷第 2 分册. 北京: 科学出版社: 7-8.

王焕冲，万玉华，王崇云，等，2010. 云南种子植物中的新入侵和新分布种 [J]. 云南植物研究，32 (3): 227-229.

汪小飞，程轶宏，赵昌恒，等，2007. 黄山市外来入侵植物分析 [J]. 江苏林业科技，34 (6): 23-27.

徐海根，强胜，2004. 中国外来入侵物种编目 [M]. 北京: 中国环境科学出版社: 221-223.

徐海根，强胜，2018. 中国外来入侵生物: 上册 [M]. 修订版. 北京: 科学出版社: 402-403.

徐亮，陈功锡，张代贵，等，2009. 湘西地区外来入侵植物调查 [J]. 吉首大学学报（自然科学版），30 (1): 98-103.

Dunn S T, Tutcher W T, 1912. Flora of Kwangtung and Hongkong (China)[J]. Bulletin of Miscellaneous Information, Additional Series, 10: 110.

Walck J L, Baskin C C, Hidayati S N, et al., 2008. Comparison of the seed germination of native and non-native winter annual Apiaceae in North America, with particular focus on *Cyclospermum leptophyllum* naturalized from South America[J]. Plant Species Biology, 23(1): 33– 42.

报春花科 | Primulaceae

多年生或一年生草本，稀为亚灌木。茎直立或匍匐。叶互生、对生或轮生，或无地上茎而叶全部基生，并常形成稠密的莲座丛；单叶，全缘至有齿或裂，无托叶。花单生或组成总状、伞形或穗状花序，两性，辐射对称；花萼通常 5 裂，稀 4 或 6～9 裂，宿存；花冠下部合生成短或长筒，上部通常 5 裂，稀 4 或 6～9 裂，稀无花冠；雄蕊多少贴生于花冠上，与花冠裂片同数而对生，极少具 1 轮鳞片状退化雄蕊，花丝分离或下部联合成筒；子房上位，稀半下位，1 室；花柱单一；特立中央胎座，胚珠常多数。蒴果通常 5 齿裂或瓣裂，稀盖裂；种子小，有棱角，常为盾状，种脐位于腹面的中心；胚小而直，藏于胚乳中。

本科有 22 属约 1 000 种，分布于全世界，主产于北半球温带。我国有 12 属约 517 种，产于全国各地，尤以西部高原和山区种类最为丰富，其中 1 种为入侵物种。

根据形态学和分子系统学研究资料（Anderberg & Ståhl, 1995; Anderberg et al., 1998; Källersjö et al., 2000），传统的报春花目包括 Theophrastaceae、紫金牛科和报春花科，它们共同构成了一个单系类群，APG 系统把它们作为了一个广义的报春花科，广义的报春花科约有 57 属 2 645 种（Mabberley, 2017）。塔赫他间在其最新的分类系统中仍采用狭义的报春花科，并划分为 3 个亚科：报春花亚科（Primuloideae）、珍珠菜亚科（Lysimachioideae）、仙客来亚科（Cyclaminoideae）（Takhtajan, 2009）。

参考文献

Anderberg A A, Ståhl B, 1995. Phylogenetic relationships in the order Primulales, with special emphasis on the family circumscriptions[J]. Candaian Journal of Botany, 73: 1699–1730.

Anderberg A A, Ståhl B, Källersjö M, 1998. Phylogenetic interrelationships inferred from *rbcL* sequence data[J]. Plant Systematics and Evolution, 211: 93–102.

Källersjö M, Bergqvist G, Anderberg A A, 2000. Generic realignment in primuloid families of the Ericales s. l.: a phylogenetic analysis based on DNA sequences from three chloroplast genes and morphology[J]. American Journal of Botany, 87: 1325–1341.

Mabberley D J, 2017. Mabberley's plant-book—a portable dictionary of plants, their classification and uses[M]. 4th ed. Cambridge: Cambridge University Press.

Takhtajan A, 2009. Flowering Plants[M]. 2nd ed. Berlin: Springer Science: 567–568.

琉璃繁缕属 *Anagallis* Linnaeus

一年生或多年生草本。全株无毛。茎直立、平卧或外倾，无根状茎。叶对生，稀轮生或有时互生；叶片卵形至椭圆形或披针形，基部圆形、楔形或心形，通常全缘，有时具小圆齿。花常单生于叶腋，有时在茎的末端密集。花整齐，花萼常深裂达基部，裂片（4～）5，裂片披针形；花冠绯红色、青蓝色或白色，（4～）5深裂，裂片在花蕾中旋转状排列；雄蕊（4～）5，与花冠裂片对生，着生于花冠的基部；花丝常被毛，分类或基部联合成环；子房上位，球形，花柱丝状。蒴果球形，成熟时自中部横裂为上下两半；种子多数，暗棕色至红棕色。染色体：x=10、11。

本属约30种，产欧洲、非洲、美洲及亚洲。我国原产1种，另有1种入侵至台湾。

琉璃繁缕属传统上属于报春花科，分子系统学和形态学的研究显示应置于紫金牛科（Källersjö et al., 2000; Manns & Anderberg, 2005）。

参考文献

Källersjö M, Bergqvist G, Anderberg A A, 2000. Generic realignment in primuloid families of the Ericales s. l.: a phylogenetic analysis based on DNA sequences from three chloroplast genes and morphology[J]. American Journal of Botany, 87: 1325–1341.

Manns U, Anderberg A A, 2005. Molecular phylogeny of Anagallis (Primulaceae) based on *ITS*, *trnL-F*, and *ndhF* sequence data[J]. International Journal of Plant Sciences, 166(6): 1019–1028.

小海绿 *Anagallis minima* (Linnaeus) E. H. L. Krause in Sturm, Fl. Deutschl. ed. 2. 9: 251. 1901. ——*Centunculus minimus* Linnaeus, Sp. Pl. 1: 116. 1753.

【特征描述】 一年生草本，全株无毛。茎近直立，不分枝或有分枝，高达 10 cm。叶互生，有时在基部 1～3 节上对生；叶片椭圆形至匙形，长 3～10 mm，宽 2～4 mm，基部楔形，全缘。花常生于叶腋；花萼 4～5 深裂，几乎离生，裂片披针形，长 1.5～2.5 mm，长于花冠裂片；花冠白色至淡粉色，4～5 深裂，仅基部合生，裂片卵状披针形，长 1.2～1.5 mm。蒴果球形，直径 1.5～2 mm，成熟时自中部横；种子 5～15，椭圆形，长约 0.5 mm，棕褐色。**染色体**：2*n*=22（Cholewa, 2009）。**物候期**：花、果期 4—6 月。

【原产地及分布现状】 原产于北美洲至欧洲，现侵入到南美洲和澳大利亚（Cholewa, 2009）。**国内分布**：台湾。

【生境】 生于路边以及受干扰的草甸、林缘、河岸、沼泽等处。

【传入与扩散】 **文献记载**：小海绿在我国最早记载 2009 年在台湾发现逸生（Hsu et al., 2009）。2012 年被 *Flora of Taiwan* 修订版的补编收录（Hsu & Chung, 2012）。**标本信息**：后选模式（Lectotype），Herb. Linn. No. 147. 1，存放于林奈学会植物标本馆（LINN）。中国最早的标本于 2003 年 4 月 25 日采自台北（Hsu T. C. s. n., TAIF）。**传入方式**：无意引进。**传播途径**：人为的引种而导致逸生可能是其传播的主要途径，自然环境中主要通过种子传播。**入侵特点**：① **繁殖性** 种子繁殖。② **传播性** 种子较小，可能沿河流通过水流等传播。③ **适应性** 适应性较强，几乎世界性分布。**可能扩散的区域**：该种可能扩散至我国热带和亚热带的澳门、福建、广东、广西、海南、香港、云南。

【危害及防控】 **危害**：其植株较小，危害不大。但作为湿生植物，蔓延迅速，容易在短时间内大量爆发，如侵入农田，会降低作物产量，而且在农田内不易铲除，对农业生产有较大的危害。**防控**：加强调查监测，避免入侵至我国大陆沿海地区。

【凭证标本】 台湾台北市，2003 年 4 月 25 日，Hsu T. C. s. n.（TAIF）；2008 年 3 月 15 日，Hsu T. C. 1264（TAIF）；2008 年 5 月 3 日，Hsu T. C. s. n.（TAIF）。

【相似种】 琉璃繁缕（*Anagallis arvensis* Linnaeus）。与小海绿明显的区别为琉璃繁缕花冠长 4～6 mm，淡红色或浅蓝色。在我国产于福建、广东、台湾、浙江。

小海绿 [*Anagallis minima* (Linnaeus) E. H. L. Krause]

1. 群落和生境；2. 花果枝；3. 花果枝上的花和果；4. 花枝上的花；

琉璃繁缕（ *Anagallis arvensis* Linnaeus ）

5. 花；6. 植株外形

参考文献

Cholewa A F, 2009. *Anagallis* (Myrsinaceae)[M]// Flora of North America Editorial Committee. Flora of North American: vol 8. New York: Oxford University Press: 305–307.

Hsu T C, Chung S W, 2012. *Anagallis*[M]// Wang J C, Lu C T. Flora of Taiwan. 2nd ed. Supplement. Taipei: Bor Hwa Printing Company, Ltd: 150.

Hsu T C, Lin J J, Chung S W, 2009. Two newly discovered plants in Taiwan[J]. Taiwania, 54(4): 403–404.

夹竹桃科 | Apocynaceae

乔木、直立灌木、木质藤本或多年生草本。具乳汁或水液。无刺或稀有刺。叶对生、轮生，稀互生，单叶，全缘，稀有细锯齿，羽状脉；通常无托叶或托叶退化成腺体，稀有假托叶。花单生或组成各式的聚伞花序，腋生或顶生。花两性，辐射对称；花萼5裂，基部合生成筒状或钟状；花冠合瓣，高脚碟状、漏斗状、坛状、钟状等，5裂或稀4裂，裂片覆瓦状、镊合状或旋转状排列，喉部常有副花冠、鳞片或毛状附属物；雄蕊5，着生于花冠管上，花丝分离，花药常呈箭头形，分离或相互黏合并贴生于柱头上；花粉颗粒状；花盘呈环状、杯状或舌状；子房上位或稀半下位，1～2室，有胚珠1至多枚，或心皮2枚，离生；花柱1；柱头顶端常2裂。果为浆果、核果、蒴果或为2个蓇葖。种子通常一端被毛，稀无种毛。

本科约155属2 000种，主要分布于热带与亚热带，少数分布于温带地区。我国约有44属145种，近95%的种类分布于南方及西南地区。外来入侵植物1属1种。

根据分子系统学研究资料，狭义的夹竹桃科和萝藦科共同构成了一个单系类群（Civeyrel et al., 1998; Endress et al., 1996; Endress & Bruyns, 2000; Endress & Stevens, 2001; Potgieter & Albert, 2001）。APG系统将萝藦科并入本科组成了一个广义的夹竹桃科（APG, 2016）。塔赫他间在其最新的分类系统中将广义的夹竹桃科划分为5个亚科：萝芙木亚科（Rauvolfioideae）、夹竹桃亚科（Apocynoideae）、杠柳亚科（Periplocoideae）、鲫鱼草亚科（Secamonoideae）、马利筋亚科（Asclepiadoideae）（Takhtajan, 2009; Mabberley, 2017）。广义的夹竹桃科有345～432属3 700～5 100种。

本科植物一般有毒，尤以种子和乳汁毒性为烈。很多种含有生物碱，为重要的药物原料，可治疗多种病症；农业上可用于虫害防治；有些植物含有橡胶，可提制日用橡胶制品；有些种类具有优良的植物纤维，是纺织、造纸的重要原料（蒋英和李秉滔，1977）。

参考文献

蒋英，李秉滔，1977. 夹竹桃科 [M] // 蒋英，李秉滔. 中国植物志：第 63 卷. 北京：科学出版社：83-84.

Civeyrel L, Thomas A L, Ferguson K, et al., 1998. Critical reexamination of palynological characters used todelimit Asclepiadaceae in comparison to the molecular phylogeny obtained from plastid *matK* sequences[J]. Molecular Phylogenetics and Evolution, 9: 517–527.

Endress M E, Bruyns P V, 2000. A revised classification of the Apocynaceae s. l.[J]. Botanical Review, 66: 1–56.

Endress M E, Sennblad B, Nilsson S, et al., 1996. A phylogenetic analysis of Apocynaceae s. str. and some related taxa in Gentianales. A multidisciplinary approach[J]. Opera Botanica Belgica, 7: 59–102.

Endress M E, Stevens W D, 2001. The renaissance of the Apocynaceae s. l.: recent advances in systematics, phylogeny, and evolution: introduction[J]. Annals of the Missouri Botanical Garden, 88: 517–522.

Mabberley D J, 2017. Mabberley's plant-book—a portable dictionary of plants, their classification and uses[M]. 4th ed. Cambridge: Cambridge University Press.

Potgieter K, Albert V A, 2001. Phylogenetic relationships within Apocynaceae s. l. based on *trnL* intron and *trnL-F* spacer sequences and propagule characters[J]. Annals of the Missouri Botanical Gardon, 88: 523–549.

Takhtajan A, 2009. Flowering Plants[M]. 2nd ed. Berlin: Springer Science: 567–568.

The Angiosperm Phylogeny Group (APG), 2016. An update of the Angiosperm Phylogeny Group classification for the orders and families of flowering plants: APG IV[J]. Botanical Journal of the Linnean Society, 181(1): 1–20.

长春花属 *Catharanthus* G. Don

多年生草本，基部常木质化。叶草质，对生；叶腋内和叶腋间有腺体；叶片全缘。花 2～3 朵组成聚伞花序，顶生或腋生。花萼 5 深裂，裂片小；花冠高脚碟状，花冠筒圆筒状，喉部紧缩，花冠裂片 5，左旋排列；雄蕊着生于花冠筒中部以上，内藏不外露；花丝圆柱状，比花药短；花药长圆形或长圆状披针形，基部圆形，顶端钝；花盘为 2 舌状腺体组成，与心皮互生而较长；心皮 2，分离，胚珠多数，花柱丝状，柱头盘状，顶有束毛。蓇葖双生，直立。种子多数，长圆形，两端截形，种皮皱，黑色，具颗粒状小瘤。

本属有 8 种，其中 7 种为马达加斯加特产，1 种分布于印度与斯里兰卡。我国引种栽培 1 种，在海南等地逃逸成入侵种。

长春花 *Catharanthus roseus* (Linnaeus) G. Don, Gen. Hist. 4: 95. 1837. —— *Vinca rosea* Linnaeus, Syst. Nat. ed. 10: 944. 1759.

【别名】 雁来红、四时春、四季梅、五瓣梅

【特征描述】 直立多年生草本，高达 60 cm，有水液，全株无毛。叶对生，倒卵状矩圆形，长 3～4 cm，宽 1.5～2.5 cm，顶端圆形，基部钝圆，全缘或微波状；叶脉在叶面扁平，在叶背面隆起；基部渐狭成短柄。聚伞花序顶生或腋生，有花 2～3 朵。花冠红色、粉红色、白色或黄色，高脚碟状，花冠裂片 5 枚，向左覆盖；雄蕊 5 枚着生于花冠筒中部之上；花盘由 2 片舌状腺体组成，与心皮互生而比其长；子房由 2 个离生心皮组成，花柱线形，柱头头状。蓇葖果 2 个，直立，长约 2.5 cm，直径约 3 mm，被柔毛；种子无种毛，具颗粒状小瘤突起。**染色体**：$2n$=16（贾彩虹 等，2008）。**物候期**：花、果期 5—10 月。

【原产地及分布现状】 原产于非洲东部马达加斯加，几乎在所有热带和亚热带地区都已归化，在世界大部分地区栽培，在较冷的地区作为一年生或室内植物种植（van Bergen, 1996; Li et al., 1995; 蒋英和李秉滔，1977）。**国内分布**：安徽、澳门、重庆、福建、广东、广西、贵州、海南、湖北、湖南、江苏、江西、上海、四川、香港、云南、浙江。

【生境】 阳性植物，喜光、耐旱、怕涝、不宜荫蔽、怕严寒，一般生长于林边、路边、海滩、灌草丛、荒坡及林下受干扰的生境。

【传入与扩散】 **文献记载**：长春花在我国最早记载于 1661 年引入到华南地区（徐海根和强胜，2018），1861 年和 1912 年有在香港的记载（Bentham, 1861; Dunn &

Tutcher, 1912）；侯宽昭主编的《广州植物志》（1956）对本种也有记载。2011 年作为入侵种收录至《中国外来入侵生物》（徐海根和强胜，2011）。**标本信息**：后选模式（Lectotype），为一插图，Miller, Fig. Pl. Gard. Dict., 2: 124, t. 186, 1757；典型模式（Typotype），Miller 1849，标本存放于英国伦敦自然历史博物馆（BM）。中国最早的标本于 1911 年 8 月 7 日采自香港九龙（Anonymous 628, PE00975756）；较早的标本于 1913 年采自云南（E. E. Maire 331, IBSC0477346），但无具体采集地。**传入方式**：作为观赏植物有意引进，引种栽培到华南地区再扩散到其他地区（何家庆，2012；徐海根和强胜，2018）。**传播途径**：在传入早期由于人为的引种而导致逸生是其传播的主要途径，自然环境中主要通过种子传播。**入侵特点**：① **繁殖性** 种子繁殖，种子量大，萌发率较高。发芽的最适宜基质温度为 24～26℃，最适宜气温为 16～22℃，最适宜空气湿度为 90%，播后 15 天左右发芽整齐，发芽率达 80% 以上（冯晓容和俞晓艳，2006）。② **传播性** 种子较小，可借助风、水、人、畜等传播。③ **适应性** 长春花种内遗传多样性较高（姚丹青 等，2009；石林 等，2013）。农艺性状与次生代谢产物含量的相关性因品种不同而异（孙小芬 等，2009）。主要分布于温暖、较干燥和阳光充足的环境，生长适宜温度 22～28℃，相对湿度 70% 左右，喜疏松、肥沃、排水良好的微酸性或中性沙壤土、壤土（于晓梅和王非，2010；肖艳 等，2016）。**可能扩散的区域**：该种可能扩散至我国热带和亚热带的澳门、福建、广东、海南、江西、台湾、广西、云南、贵州、四川、河南及江浙一带。

【**危害及防控**】 **危害**：植株有毒，折断茎叶流出的白色乳汁含有有毒生物碱，牲畜食用后会患低血压、神经毒性、贫血、癫痫，甚至死亡。该种种群数量大、繁殖量大，能形成高密度的植株丛成片生长，根除难度很大，排挤其他植物，影响物种多样性。若侵入农田，会降低作物产量。**防控**：加强引种管理，种植时设置硬质边界隔离，不可随意丢弃，避免疯长扩散；加强干扰生境的监管，在果实成熟前将其连根拔除；长春花富含多种生物碱和黄酮类化合物，对多种肿瘤、高血压、痈肿疮毒、疟疾、腹泻等病有疗效，具有较高药用价值（孙燕 等，1998；钟祥章 等，2004；肖亮 等，2007），可将防治和利用相结合，发挥经济效益。

【凭证标本】 广西省崇左市夏石镇，海拔 198.4 m，22.118 3°N，106.895 6°E，2015 年 11 月 20 日，韦春强、李象钦 RQXN07599（CSH）；福建省漳州市东山县西埔镇，海拔 38 m，23.707 7°N，117.427 5°E，2014 年 9 月 14 日，曾宪锋 RQHN06032（CSH）；安徽省黄山市祁门县火车站附近河边，海拔 120 m，29.849 2°N，117.725 9°E，2014 年 8 月 31 日，严靖、李惠茹、王樟华、闫小玲 RQHD00664（CSH）。

长春花 [*Catharanthus roseus* (Linnaeus) G. Don]
1. 群落和生境；2. 叶枝；3. 花（正面观）；4. 花果枝

参考文献

冯晓容，俞晓艳，2006. 长春花栽培技术研究［J］. 宁夏农林科技，5：26-27.

何家庆，2012. 中国外来植物［M］. 上海：上海科学技术出版社：454.

侯宽昭，1956. 广州植物志［M］. 北京：科学出版社：492-493.

贾彩红，代正福，徐碧玉，等，2008. 长春花核型的研究［J］. 热带亚热带植物学报，16
（2）：169-172.

蒋英，李秉滔，1977. 夹竹桃科［M］// 蒋英，李秉滔. 中国植物志：第63卷. 北京：科学
出版社：83-84.

石林，何丽贞，李苏，2013. 全广东地区不同长春花品种的遗传多样性分析［J］. 广东农业
科学，（2）：128-131.

孙小芬，陈雨，潘俊松，等，2009. 长春花主要农艺性状与文多灵含量的相关及通径分析
［J］. 植物学报，44（1）：96-102.

孙燕，张湘茹，张和平，等，1998. 去甲长春花碱Ⅲ期临床使用结果［J］. 中国新药杂志，
4（7）：262-265.

肖亮，全海天，徐永平，等，2007. 长春氟宁抗肿瘤作用的研究［J］. 中国药理学通报，23
（4）：507-511.

肖艳，杨涛，李伟杰，等，2016. 海南归化植物长春花资源调查研究［J］. 热带作物学报，
37（7）：1249-1253.

徐海根，强胜，2011. 中国外来入侵生物［M］. 北京：中国环境科学出版社：197-198.

徐海根，强胜，2018. 中国外来入侵生物：上册［M］. 修订版. 北京：科学出版社：409-411.

姚丹青，潘彬也，热娜·多里坤，等，2009. 长春花种质资源遗传多样性的ISSR分析
［J］. 上海交通大学学报（农业科学版），（2）：138-142.

于晓梅，王非，2010. 海南长春花生境土壤环境及其生长规律［J］. 东北林业大学学报，38
（6）：38-39.

钟祥章，王国才，王英，等，2010. 长春花地上部分单吲哚类生物碱成分研究［J］. 药学学
报，45（4）：471-474.

Bentham G, 1861. Flora Hongkongensis: a description of the flowering plants and ferns[M]. London:
Lovell Reeve.

Dunn S T, Tutcher W T, 1912. Flora of Kwangtung and Hong Kong (China)[J]. Bulletin of
Miscellaneous Information, Additional Series, 10: 1-370.

Li P T, Antony J M L, David J M, 1995. Apocynaceae[M]// Wu Z Y, Raven P H. Flora of China: vol
16. Beijing: Science Press: 143-188.

van Bergen M A, 1996. Revision of *Catharanthus* G. Don, series of revisions of Apocynaceae
XLI[J]. Wageningen Agricultural University Papers, 96(3): 32-35.

萝藦科 | Asclepiadaceae

草木。有乳汁。叶对生，无托叶；叶柄顶端通常具有丛生的腺体。聚伞花序；花两性，整齐，5数；花萼筒短，5裂，裂片覆瓦状或镊合状排列，内面通常有腺体；花冠合瓣，顶端5裂，裂片覆瓦状或镊合状排列，副花冠存在；雄蕊5，与雌蕊粘生成合蕊柱；花丝合生成有蜜腺的合蕊冠；花药连生成一环而腹部贴生于柱头基部的膨大处；心皮2，离生；花柱2，柱头基部具5棱，顶端各式；胚珠多数。蓇葖果2。种子有种毛。

本科约250属2 000种，分布于世界热带、亚热带，少数温带地区。我国约有44属270种，外来入侵植物1属1种。本科植物，尤其是种子和乳汁具毒，常含有各种生物碱和糖苷类，具有药用价值并可用于杀虫剂。

根据分子系统学研究资料，狭义的夹竹桃科和萝藦科共同构成了一个单系类群（APG，2016），本志根据传统的恩格勒系统，仍将其作为独立的科。

参考文献

The Angiosperm Phylogeny Group (APG), 2016. An update of the Angiosperm Phylogeny Group classification for the ordors and families of flowering plants: APG IV[J]. Botanical Journal of the Linnaen Society, 181(1): 1–20.

马利筋属 *Asclepias* Linnaeus

多年生草本。叶对生或轮生，叶片长椭圆状披针形，羽状脉，具叶柄。聚伞花序排成伞状，顶生或腋生；花萼5深裂，内面基部有腺体5～10个；花冠辐状，5深裂，裂片呈镊合状排列，反折；副花冠为5个直立的帽状体，每一帽状体内有一角状体突出于外；雄蕊着生于花冠基部，花丝合生成合蕊冠，花药顶端有一膜质附属物；花粉块每室1个，下垂；雌蕊由2枚离生心皮组成；柱头五角状或5裂。蓇葖披针形，端部渐尖；种子顶端具白色绢质种毛。

本属约120种，分布于美洲、非洲、南欧和亚洲热带和亚热带地区。我国引种1种，在部分省份（自治区）逃逸成外来入侵植物。

马利筋 *Asclepias curassavica* Linnaeus, Sp. Pl. 1: 215. 1753.

【别名】 莲生桂子花、金凤花

【特征描述】 多年生直立草本，灌木状。高达80 cm。无毛，全株有白色乳汁。单叶对生，披针形或椭圆状披针形，长6～13 cm，宽1～3.5 cm，顶端渐尖，基部楔形下延至叶柄，全缘，侧脉每边约8条；叶柄长0.5～1 cm。聚伞花序顶生或腋生，有花10～20朵；花萼裂片披针形；花冠裂片5枚，紫红色，矩圆形，反折；副花冠生于合蕊冠上，5裂，黄色；雄蕊5，花丝联合呈管状，花粉块长圆形，下垂，着粉腺紫红色，花药2室。雌蕊黄绿色，由2枚离生心皮组成，藏于合蕊柱内。蓇葖果披针形，两端渐尖，长6～10 cm，直径1～1.5 cm，腹缝线裂开。种子扁平近椭圆形，顶端具一束白绢质长达2.5 cm的种毛。**染色体**：$2n=20$（肖亚琼等，2006），22（FOC）。**物候期**：花期5—8月，果期8—12月。

【原产地及分布现状】 原产于热带美洲，现归化于热带及亚热带地区（Li et al., 1995）。**国内分布**：安徽、澳门、广东、广西、贵州、湖南、湖北、江苏、江西、上海、四川、台湾、香港、云南、浙江。

【生境】 喜向阳、通风、温暖、干燥的环境，不择土壤。生于荒地、路边、农田。

【传入与扩散】 **文献记载**：在我国有悠久的栽培历史，清代成书于1848年的《植物名实图考》就有栽培记载，当时记载为"莲生桂子花"。1861年和1912年有在香港的记载

（Bentham, 1861; Dunn & Tutcher, 1912）；以后《中国植物图鉴》（贾祖璋和贾祖珊，1937）、《广州植物志》（侯宽昭，1956）等均有收载。2011年作为入侵种收录至《中国外来入侵生物》（徐海根和强胜，2011）。**标本信息：** 后选模式（Lectotype），Herb. Linn. No. 310.19，标本存放于林奈学会植物标本馆（LINN）。中国最早标本于1912年7月采自云南（G. Forrest 8563, PE01019149）；之后于1919年在广东高州采到（杜庚屏等2721，PE01019087）。**传入方式：** 作为观赏植物有意引进。人工引种到华南地区，再引种到其他地区。最初是以观赏植物引种，随着开发利用，我国民间常作为中草药栽培。**传播途径：** 人工引进，各地引种栽培，由种子繁殖和传播，扩散至野生状态。**繁殖方式：** 种子繁殖。**入侵特点：** ① 繁殖性 种子萌发率高，发芽适宜温度22～28℃（徐海根和强胜，2018），生长迅速。② 传播性 蓇葖果刺刀状，易于动物等传播，由于种子具2.5cm长种毛，遇风四处飞散，遇到适宜条件即会生根发芽，这种自行繁衍的习性使得它能在野生状态下迅速扩散。马利筋为蝴蝶寄主植物，可用于养殖金斑蝶、异形紫斑蝶、虎斑蝶和幻紫斑蝶（蔡卫京 等，2011）；马利筋还是药用植物，根、茎、叶中均含有马利筋苷，具有消炎清热、活血止血、强心等作用（张援虎 等，2000）；马利筋花色鲜艳、美丽，具有很高的观赏价值。因此常在适宜种植区引种，这也是其传播的主要途径。③ 适应性 该种喜向阳、通风、温暖、干燥的环境，不择土壤。**可能扩散的区域：** 该种可能在我国华南、华中、西南、华东地区扩散。

【危害与防控】 **危害：** 全株有毒，其乳汁会引起衰弱、肿胀、无法站立或行走、发高烧、脉搏加速但微弱、呼吸困难、瞳孔放大等症状，因此会对人类和家畜造成伤害。一般杂草，排挤本地植物，影响生物多样性。**防控：** 在种子成熟前人工清除；加强引种管理，防止扩散蔓延。

【凭证标本】 广西省河池市宜州区刘三姐乡，海拔230 m，24.6160°N，108.7673°E，2014年10月16日，唐赛春、潘玉梅HC036（CSH）；贵州省黔南州罗甸县沟亭村沟亭乡，海拔342 m，25.3444°N，106.6620°E，2016年7月16日，马海英、彭丽双、刘斌辉、蔡秋宇RQXN05242（CSH）；福建省漳州市龙海市市区，海拔14 m，24.4446°N，117.8171°E，2015年9月17日，曾宪锋、邱贺媛RQHN07399（CSH）。

马利筋（*Asclepias curassavica* Linnaeus）
1. 群落和生境；2. 植物外形；3. 花序及花；4. 果

参考文献

蔡卫京，陈仁利，赵灿南，等，2011.金斑蝶生物学与规模化饲养的初步研究［J］.生态科
　　学，30（1）：21-25.

侯宽昭，1956.广州植物志［M］.北京：科学出版社：496-497.

贾祖璋，贾祖珊，1937.中国植物图鉴［M］.上海：开明书店：234.

肖亚琼，郑思乡，赵雁，等，2006.马利筋多倍体诱导研究初报［J］.云南大学学报，21
　　（2）：263-266.

徐海根，强胜，2011.中国外来入侵生物［M］.北京：科学出版社：198-199.

徐海根，强胜，2018.中国外来入侵生物：上册［M］.修订版.北京：科学出版社：
　　411-412.

张援虎，温远影，匡廷远，2000.萝藦科马利筋族植物化学成分研究进展（Ⅱ）［J］.天然产
　　物研究与开发，（5）：82-89.

Bentham G, 1861. Flora Hongkongensis: a description of the flowering plants and ferns[M]. London:
　　Lovell Reeve.

Dunn S T, Tutcher W T, 1912. Flora of Kwangtung and Hong Kong (China)[J]. Bulletin of
　　Miscellaneous Information, Additional Series, 10: 1-370.

Li P T, Antony J M L, David J M, 1995. Asclepiadaceae[M]// Wu Z Y, Raven P H. Flora of China:
　　vol 16. Beijing: Science Press: 208.

茜草科 | Rubiaceae

乔木、灌木或一年生及多年生草本，有时为藤本。单叶，对生或有时轮生，常全缘；托叶各式，三角状或撕裂状，有时叶状，常生于叶柄间，宿存或脱落。花序各式，由聚伞花序复合而成；花两性、单性或杂性，辐射对称，有时稍左右对称，常具花柱异长现象；萼管与子房合生，萼檐截平形，4～5（～8）裂；花冠合瓣，管状、漏斗状、高脚碟状或辐状，通常4～5裂，裂片镊合状、覆瓦状或旋转状排列；雄蕊与花冠裂片同数互生，着生于花冠管的内壁上；雌蕊通常由2心皮组成，子房下位，常2室，中轴胎座或有时为侧膜胎座，花柱顶生，具头状或分裂的柱头，每室有胚珠1至多粒。蒴果、浆果或核果，或干燥而不开裂，或为分果。种子裸露或嵌于果肉及肉质胎座。

本科约614属13 150种，广布于全世界的热带和亚热带，少数分布至北温带。我国有103属743种（李德铢，2018），其中外来入侵植物5属8种，主要分布华南地区。

茜草科是一个易于识别的单系类群，科内的系统关系有较多的形态学和分子系统学研究（Bremer & Jansen, 1991; Bremer & Struwe, 1992; Bremer et al., 1995, 1999; Robbrecht & Manen, 2006）。科下划分也有不同的观点：一种分为2亚科，即金鸡纳亚科（Cinchonoideae）和茜草亚科（Rubioideae）（Robbrecht & Manen, 2006）；另一种分为3亚科：茜草亚科（Rubioideae）、龙船花亚科（Ixoroideae）和金鸡纳亚科（Cinchonoideae）（Takhtajan, 2009）；还有一种观点分为4个亚科，即金鸡纳亚科（Cinchonoideae）、龙船花业科（Dialypetalanthoideae/Ixoroideae）、毛茶亚科（Antirheoideae）和茜草亚科（Rubioideae）（Robbrecht, 1988; Mabberley, 2017）。

参考文献

李德铢，2018. 中国维管植物科属词典［M］. 北京：科学出版社：455.

Bremer B, Andreasen K, Olsson D, 1995. Subfamilial and tribal relationships in the Rubiaceae based on *rbcL*, sequence data[J]. Annals of the Missouri Botanical Garden, 82: 383–397.

Bremer B, Jansen R K, 1991. Comparative restriction site mapping of chloroplast DNA implies new phylogenetic relationships within the Rubiaceae[J]. Acta Botanica Neerlandica, 15: 1–33.

Bremer B, Jansen R K, Oxelman B, et al., 1999. Mora characters more taxa for a robust phylogeny: case study from the coffee family (Rubiaceae)[J]. Systematic Biology, 48: 413–435.

Bremer B, Struwe L, 1992. Phylogeny of the Rubiaceae and Loganiaceae: congruence or conflict between morphological and data?[J] American Journal of Botany, 70: 1171–1184.

Mabberley D J, 2017. Mabberley's plant-book—a portable dictionary of plants, their classification and uses[M]. 4th ed. Cambridge: Cambridge University Press.

Robbrecht E, 1988. Tropical woody Rubiaceae[J]. Opera Botanica Belgica, 1: 1–271.

Robbrecht E, Manen J-F, 2006. The major evolutionary lineages of the Coffee Family (Rubiaceae, Angiosperms). Combined analysis (nDNA and cpDNA) to Infer the position of *Coptosapelta* and *Luculia*, and supertree construction based on *rbcL*, *rps16*, *trnL-trnF* and *atpB-rbcL* data. A new classification in two subfamilies, Cinchonoideae and Rubioideae[J]. Systematics and Geography of Plants, 76(1): 85–145.

Takhtajan A, 2009. Flowering plants[M]. 2nd ed. Berlin: Springer Science: 342–343.

分属检索表

1 单叶对生，托叶撕裂状 ··· 2

1 叶 4～6 枚假轮生，托叶叶状；聚伞花序腋生或顶生，花序下部常具 6～8 枚苞叶聚生成总苞；花萼 6 浅裂 ·························· 5. 田茜属 *Sherardia* Linnaeus

2 茎近圆柱形；萼檐脱落；子房 3～4 室；花序头状，顶生，基部具叶状苞片承托············· ·· 1. 墨苜蓿属 *Richardia* Linnaeus

2 茎四棱形；萼檐宿存，不脱落；子房 2（～3）室 ··································· 3

3 果成熟时于中部或近中部环状周裂；花序顶生，头状，最上部 4 叶总苞状·················· ·· 2. 盖裂果属 *Mitracarpus* Zuccarini

1. 墨苜蓿属 *Richardia* Linnaeus

草本。茎直立或平卧，近圆柱形。单叶对生，无柄或有柄；托叶与叶柄合生呈鞘状，上部分裂成多条丝状或钻状的裂片。花序头状，顶生，有叶状总苞片；花小，白色或粉红色，两性或有时杂性异株；萼管陀螺状或球状，檐部 4～8 裂，裂片披针形至钻形，宿存；花冠漏斗状，檐部 3～6 裂，裂片卵形或披针形，芽时镊合状排列；雄蕊 3～6，着生于花冠喉部，花丝丝状，花药近基部背着，线形或长圆形，伸出；花盘不明显；子房 3～4 室，花柱有 3～4 个线状或匙形的分枝，伸出；胚珠每室 1 枚，生于隔膜中部。蒴果成熟时萼檐自基部环状裂开而脱落。种子背部平凸，腹面有 1～2 直槽，胚乳角质；子叶叶状，胚根柱状，向下。

本属有 15 种，分布于中、南美洲及北美洲，多为旷野或耕地杂草，其中巴西墨苜蓿和墨苜蓿为甘蔗地和菠萝园等种植园的恶性杂草，现广布于全世界的热带和亚热带（Chen & Charlotte, 2011）。我国 2 种，皆为入侵物种。

参考文献

Chen T, Charlotte M T, 2011. *Richardia*[M]// Wu Z Y, Raven P H, Hong D Y. Flora of China: vol. 19. Beijing: Science Press: 302–303.

分种检索表

1 成熟分果 爿 背面隆起，腹面具 2 条直沟槽 ·················1. 巴西墨苜蓿 *R. brasiliensis* Gomes

1 成熟分果 爿 三角状或圆形，腹面具 1 条狭直沟槽 ·················2. 墨苜蓿 *R. scabra* Linnaeus

1. **巴西墨苜蓿** *Richardia brasiliensis* Gomes, Mem. Ipecacuanha Brasil. 31. 1801.

【别名】 **巴西拟鸭舌癀、墨苜蓿**

【特征描述】 一年生多分枝匍匐或近直立草本。茎近圆柱形，被硬毛。叶对生，厚纸质，卵状椭圆形，长 2～5 cm，宽 1～2 cm，顶端常急尖，基部下延，两面均被短硬毛，叶柄长达 1 cm，托叶与叶柄贴生，鞘状，顶部近平截，具 4～5 个钻状裂片；花序几无总梗，顶生，有花多朵，密集呈头状，基部为 1～2 对等大或不等大的叶状总苞所承托；花两性，3（～ 5）数；萼管近螺旋状，与萼檐连接处隘缩，裂片狭，比萼管稍短；花冠漏斗状，白色，花冠管内近基部有一毛环，裂片卵形或披针形，外面被短柔毛，盛开时开展，直径 5～6 mm；雄蕊着生于花冠喉部；子房 3 室，每室有胚珠 1 枚，花柱顶部 3 裂，柱头头状。果倒圆锥形至卵形，略压扁，浅褐色，外面被短糙毛和乳头状突起，成熟时萼檐基部环状开裂而脱落，子房分裂为 3 个平截状倒卵形的分果 爿。果 爿 长约 2.5 mm，腹面具槽。种子背面隆起，腹面有 2 条直沟槽。物候期：花、果期 2—9 月。

【原产地及分布现状】 原产于南美洲，现已传播至亚洲、非洲的热带和亚热带地区以及太平洋的一些岛屿（Lewis & Oliver, 1974）。国内分布：广东、广西、福建、海南、台湾、香港。

【生境】 生于沙地、海边、种植园或撂荒地（Chen & Charlotte, 2011）。

【传入与扩散】 **文献记载**：1987 年报道了本种在台湾的分布（Chaw & Peng, 1987）；李泽贤和邢福武（1989）在《广西植物》发表《我国新发现的两种外域杂草》，首次报道了本种在中国大陆的分布。2018 年作为入侵种被《中国外来入侵生物（修订版）》收录（徐海根和强胜，2018）。**标本信息**：模式标本信息未见。我国较早标本于 1958 年采自海南海口（Anonymous 7159, IBSC0508848）；广东标本较早于 1978 年 4 月 26 日采自博罗（粤 78 6364，IBSC0508853）。**传入方式**：无意引入。**传播途径**：种子随海水、风、人及动物传播。**繁殖方式**：种子繁殖。**入侵特点**：① 繁殖性　种子产生量大，繁殖力强。② 传播性　果实表面密被硬毛，可随动物、风等为媒介传播。③ 适应性　多分布于种植园和撂荒地，耐瘠薄，耐旱，适应性较强。**可能扩散的区域**：该种可能扩散华南、中南地区适生区。

【危害及防控】 **危害**：危害旱地作物，影响生物多样性。**防控**：加强管理，结实前人工拔除。

【凭证标本】 广西省南宁市五象岭公园，海拔 92 m，22.744 8°N，108.373 6°E，2016 年 6 月 19 日，韦春强、李象钦 RQXN08350（CSH）；广东省湛江市赤坎区寸金桥公园，海拔 35 m，21.268 3°N，110.343 8°E，2015 年 7 月 5 日，王发国、李西贝阳、李仕裕 RQHN02927（CSH）；福建省漳州市漳浦县六鳌镇，海拔 22 m，24.068 0°N，117.800 7°E，2014 年 9 月 30 日，曾宪锋 RQHN06245（CSH）。

【相似种】 本种和同属入侵植物的墨苜蓿（*R. scabra* Linnaeus）相似：植株都为匍匐或近直立，茎近圆形，叶厚纸质；花序几无总梗，顶生，有花多朵，密集成头状，花冠漏斗状，白色。但本种成熟分果爿背面隆起，腹面具 2 条直沟槽，而墨苜蓿成熟分果爿三角状或圆形，腹面具 1 条狭直沟槽。

巴西墨苜蓿（*Richardia brasiliensis* Gomes）

1. 群落和生境；2. 花果枝；3. 花序；4. 花序及花；5. 花；6. 果实；7. 分果爿

参考文献

李泽贤，邢福武，1989. 我国新发现外域杂草 [J] . 广西植物，9（1）: 35-36.

徐海根，强胜，2018. 中国外来入侵生物：上册 [M] . 修订版 . 北京：科学出版社：295-297.

Chaw S M, Peng C I, 1987. Remarks on the species of Spermacoceae (Rubiaceae) of Taiwan[J]. Journal of Taiwan Museum, 40(1): 71–83.

Chen T, Charlotte M T, 2011. *Richardia*[M]// Wu Z Y, Raven P H, Hong D Y. Flora of China: vol. 19. Beijing: Science Press: 302–303.

Lewis W H, Oliver R L, 1974. Revision of *Richardia* (Rubiaceae)[J]. Brittonia, 26: 271–301.

2. 墨苜蓿 *Richardia scabra* Linnaeus, Sp. Pl. 1: 330. 1753.

【别名】 李察草

【特征描述】 一年生匍匐或近直立草本。茎近圆柱形，被硬毛，疏分枝。单叶对生，叶厚纸质，卵形、椭圆形或披针形，长1～5 cm，顶端渐尖或骤尖，基部渐狭，两面粗糙，边上有缘毛；叶柄长5～10 mm；托叶鞘状，顶部截平，边缘有数条长2～5 mm的刺毛。头状花序有花多朵，顶生，几无总梗，总梗顶端有1或2对叶状总苞，2对时，其中1对较小，总苞片阔卵形；花6或5数；萼长2.5～3.5 mm，萼管顶部缢缩，萼裂片披针形或狭披针形，长约为萼管的2倍，被缘毛；花冠白色，漏斗状或高脚碟状，管长2～8 mm，里面基部有一环白色长毛，裂片6，盛开时星状展开；雄蕊6，伸出或不伸出；子房通常有3心皮，柱头头状，3裂。分果瓣3（～6），长2～3.5 mm，成熟分果片三角状或圆形，背部密覆小乳突和糙伏毛，腹面有1条狭沟槽，基部微凹。染色体：2n=28、56（万方浩 等，2012）。物候期：花期3—5月，果期6—9月。

【原产地及分布现状】 原产于热带美洲，现广布于全世界的热带和亚热带（Lewis & Olive, 1974; Chen & Charlotte, 2011）。国内分布：澳门、北京、福建、广东、广西、海南、台湾、香港、浙江。

【生境】 海边沙地、耕地。

【传入与扩散】 **文献记载**:《中国植物志》第 71 卷第 2 分册记载，约 20 世纪 80 年代传入我国南部（陈伟球，1999）。2002 年在北京发现（刘全儒 等，2005）；2010 年在广西发现（林春蕊 等，2012）；2012 年在福建发现（曾宪锋 等，2012）；2014 年在浙江发现（潘媛媛 等，2014）。2012 年作为入侵种被《生物入侵：中国外来入侵植物图鉴》收录（万方浩 等，2012）。**标本信息**：主模式（Holotype），Houstoun s.n.，1730 年采自墨西哥，标本现存英国自然历史博物馆（BM）。最早的标本于 1958 年 6 月 11 日采自海南的海口（Anonymous 7159, IBSC0508848）；2002 年在北京采到标本（王辰 021011003，BNU）；2010 年在广西合浦采到标本（谢彦军、梁树朝 B0465，IBK）；2012 年在浙江平阳采到标本（陈贤兴 662，WZU）。**传入方式**：人为无意引进。**传播途径**：可能随花木带入。**繁殖方式**：种子繁殖。**入侵特点**：① 繁殖性 种子产生量大，繁殖能力较强。② 传播性 种子具糙毛及突起，易于传播。③ 适应性 耐干旱、瘠薄，适应性较强。**可能扩散的区域**：该种可能扩散至华南、中南地区适生区。

【危害及防控】 **危害**：华南地区沿沙地上有大量分布（李泽贤和邢福武，1989），内陆逐渐减少。有可能成为一种危害旱地作物的恶性杂草。在华南地区海边沙地大量生长，逐渐侵入耕地，影响作物产量。**防控**：结实前人工拔除；加强管理，防止传播。

【凭证标本】 福建省厦门市思明区厦门植物园，海拔 68 m，2013 年 10 月 29 日，曾宪锋 14928（CZH）；广东省增城区增城街大埔围，海拔 25 m，23.221 5°N，113.887 4°E，2014 年 9 月 15 日，王瑞江 RQHN00180（CSH）；海南省文昌市，2009 年 1 月 11 日，刘全儒 09011104（BNU）。

【相似种】 本种和茜草科其他属植物的区别在于，本种茎常匍匐，被硬毛，叶厚纸质，卵形、椭圆形或披针形，两面粗糙；头状花序顶生，几无总花梗，总苞片宽卵形；花冠白色，漏斗状或高脚碟状，先端 6 裂。与同属入侵植物巴西墨苜蓿（*R. brasiliensis* Gomes）的区别在于：本种成熟分果爿三角状或圆形，腹面具 1 条狭直沟槽，而巴西墨苜蓿成熟分果爿背面隆起，腹面具 2 条直沟槽。

墨苜蓿（*Richardia scabra* Linnaeus）
1. 群落和生境；2. 花序；3-4. 果序；5. 分果爿

参考文献

陈伟球，1999. 中国植物志：第 71 卷第 2 分册［M］. 北京：科学出版社：202-204.

李泽贤，邢福武，1989. 我国新发现的两种外域杂草［J］. 广西植物，9（1）：35-36.

林春蕊，沈晓琳，黄俞淞，等，2012. 广西外来种子植物新记录［J］. 广西植物，32（4）：446-449.

刘全儒，车晋滇，贯潞生，等，2005. 北京及河北植物新记录（Ⅲ）［J］. 北京师范大学学报（自然科学版），41（5）：510-512.

潘媛媛，陆厉芳，范倩莹，等，2014. 温州地区茜草科植物的分类研究［J］. 温州大学学报（自然科学版），35（2）：32-43.

万方浩，刘全儒，谢明，2012. 生物入侵：中国外来入侵植物图鉴［M］. 北京：科学出版社：244-245.

曾宪锋，邱贺媛，林静兰，2012. 福建省 2 种新记录归化植物［J］. 广东农业科学，10：186-187.

Chen T, Charlotte M T, 2011. *Richardia*[M]// Wu Z Y, Raven P H, Hong D Y. Flora of China: vol 19. Beijing: Science Press: 303.

Lewis W H, Oliver R L, 1974. Revision of *Richardia* (Rubiaceae)[J]. Brittonia, 26: 271-301.

2. 盖裂果属 *Mitracarpus* Zuccarini

直立或平卧草本。茎四棱形，下部木质。单叶对生，叶片披针形、卵形或线形；托叶生于叶柄间，不脱落。花两性，通常在茎枝上部叶腋内组成头状花序；萼管陀螺形、倒卵形或近圆形，萼檐杯形，顶部 4～5 裂，通常 2 枚裂片比其他的略长，宿存；花冠高脚碟形或漏斗形，冠管内部常具 1 环疏长毛，喉部无毛或被柔毛，裂片 4，镊合状排列，开展；雄蕊 4，生于冠管喉部，花药内藏或突出；花盘肉质；子房 2（～3）室，花柱 2 裂，裂片线形，长或极短；胚珠每室 1 粒，生于隔膜中部盾形的胎座上。果双生，成熟时在中部或中部以下盖裂。种子长圆形或圆形，腹面平或 4 裂。

本属约 30 种，主要分布于热带美洲，其次是非洲和大洋洲。我国有 1 种，为外来入侵植物。

盖裂果 ***Mitracarpus hirtus*** (Linnaeus) de Candolle, Prodr. 4: 572–573. 1830. ——
M. villosus (Swartz) de Candolle, Prodr. 4: 572. 1830.

【别名】　**硬毛盖裂果**

【特征描述】　多年生草本。茎直立、分枝、被毛，高 40～80 cm；茎下部近圆柱形，微
木质化，上部微具棱，被疏粗毛。叶对生，无柄，长圆形或披针形，长 3～4.5 cm，宽
0.7～1.5 cm，顶端短尖，基部渐狭，上面粗糙或被极疏短毛，下面被毛稍密和略长，边
缘粗糙；叶脉纤细而不明显；托叶鞘形，顶端刚毛状，裂片长短不齐。花小，簇生于叶
腋内密集呈团伞状或头状，有线形与萼近等长的小苞片；萼管近球形，萼檐裂片 4，不
等长，2 枚较长，长 1.8～2 mm，2 枚较短，长 0.8～1.2 mm，具缘毛；花冠漏斗形，黄
白色，长 2～2.2 mm，管内和喉部均无毛，裂片三角形至卵形，长 0.5～1 mm，顶端钝
尖；雄蕊 4，生于花冠管喉部；子房 2 室，花柱异长。果近球形，直径约 1 mm，表面粗
糙或被疏短毛，成熟时周裂成盖。种子深褐色，近长圆形。**物候期**：花期 4—6 月。

【原产地及分布现状】　原产于热带美洲，现归化于热带非洲、亚洲、澳大利亚和太平洋
岛屿（Chen & Charlotte, 2011）。**国内分布**：澳门、北京、福建、广东、广西、海南、江
西、香港、云南。

【生境】　生于公路两旁荒地。

【传入与扩散】　**文献记载**：1986 年首次报道了盖裂果属在中国的发现，同时记载了盖裂
果在海南的分布（高蕴璋，1986）；2002 年在北京发现逸生（刘全儒 等，2005）；2010 年
在广西发现逸生（林春蕊 等，2012）；2010 年在福建逸生（曾宪锋和邱贺媛，2012）；2012
年在江西逸生（曾宪锋和邱贺媛，2013）。2018 年作为入侵种被《中国外来入侵生物》（修
订版，上册）收录（徐海根和强胜，2018）。**标本信息**：模式标本（Type），BM001009067，
William Houston 1695 年采自牙买加，标本现存于英国伦敦自然历史博物馆（BM）。中国
较早标本记录为符国援于 1980 年在海南万宁采集的标本（符国援 1996，IBSC0445730）；

2002 年在北京采到标本（王辰 021011004，BNU）；2010 年在广西采到标本（林春蕊 1005，IBK）；2010 年在福建发现分布（曾宪锋 等，2013）（CZH）；2012 年在江西采到标本（曾宪锋、邱贺媛 12597，CZH）。**传入方式**：无意引入。**传播途径**：种子传播，自然扩散。**繁殖方式**：种子繁殖。**入侵特点**：① 繁殖性　种子繁殖，繁殖力较强。② 传播性　种子随风、人或引种而传播。本种 1980 年在海南首次发现，现已扩散到广西、福建、广东、江西、云南、北京、香港等地。③ 适应性　对环境要求不严，常分布于公路两旁荒地，适应性较强。**可能扩散的区域**：该种可能在华南、中南地区适生区扩散。

【危害及防控】 **危害**：在华南沿海、海岛为路边常见杂草，可危害旱作农田、草坪。**防控**：结合中耕除草人工清除。

【凭证标本】 广东省梅州市平远县大柘镇，海拔 197 m，24.548 7°N，115.860 1°E，2014 年 9 月 7 日，曾宪锋、邱贺媛 RQHN05934（CSH）；海南省儋州市东城镇，海拔 40 m，19.672 2°N，109.476 0°E，2015 年 12 月 18 日，曾宪锋 RQHN03526（CSH）；香港九龙水塘，海拔 134 m，22.353 5°N，114.156 7°E，2015 年 7 月 27 日，王瑞江、薛彬娥、朱双双 RQHN00962（CSH）。

盖裂果 [*Mitracarpus hirtus* (Linnaeus) de Candolle]
1. 群落和生境；2. 植株；3. 花序（正面观）；4. 花序（侧面观）

参考文献

高蕴璋，1986. 盖裂果属——中国茜草科一新增属［J］. 广西植物，6（4）：261-262.

林春蕊，沈晓琳，黄俞淞，等，2012. 广西外来种子植物新记录［J］. 广西植物，32（4）：446-449.

刘全儒，车晋滇，贯潞生，等，2005. 北京及河北植物新记录（Ⅲ）［J］. 北京师范大学学报，41（5）：510-512.

徐海根，强胜，2018. 中国外来入侵生物：上册［M］. 修订版. 北京：科学出版社：413-415.

曾宪锋，邱贺媛，2012. 福建省 2 种新记录归化植物［J］. 安徽农业科学，40（4）：1941.

曾宪锋，邱贺媛，2013. 江西省入侵植物茜草科 2 种新记录［J］. 贵州农业科学，41（4）：101-102.

Chen T, Charlotte M T, 2011. *Mitracarpus*[M]// Wu Z Y, Raven P H, Hong D Y. Flora of China: vol. 19. Beijing: Science Press: 217–218.

3. 丰花草属 *Spermacoce* Linnaeus

一年生或多年生草本，或为半灌木。小枝常四棱形。叶对生，无柄或具柄；托叶与叶柄合生成鞘，顶部细裂为不等长的刚毛状。花小，无柄，数朵排成腋生或顶生的花簇或聚伞花序；苞片多数，线形；萼管倒卵形或倒圆锥形，萼檐 2～4 裂，裂片间常有齿，宿存；花冠白色，有时带蓝色或淡粉色，漏斗状或高脚碟状，裂片 4，扩展，镊合状排列；雄蕊 4，着生于花冠管内或花冠喉部，花药背着；花盘肿胀或不明显；子房下位，2 室，每室有 1 枚胚珠，生于隔膜中部。蒴果，成熟时 2 瓣裂或仅顶部纵裂，隔膜有时宿存；种子腹面有槽，种皮薄，常有颗粒状等纹饰，具角质或肉质的胚乳。

本属有 200～300 种，分布于热带和暖温带地区。我国有 7 种，其中外来入侵植物 2 种。

传统分类学中，根据蒴果开裂情况将 *Borreria* 属从 *Spermacoce* 属中分出，*Borreria* 属蒴果 2 瓣开裂，而 *Spermacoce* 一个果瓣开裂，一个果瓣不裂（高蕴璋，1999）。基于广泛的形态学研究和分子数据，现大多数学者（Chaw & Peng, 1987; Harwood & Dessein, 2005）采用广义丰花草属的概念，将 *Borreria* 属包含于 *Spermacoce* 属。

参考文献

高蕴璋，1999.丰花草属［M］//陈伟球.中国植物志：第72卷第2分册.北京：科学出版社：205-210.

Chaw S M, Peng C I, 1987. Remarks on the species of Spermacoceae (Rubiaceae) of Taiwan[J]. Journal of Taiwan Museum, 40(1): 71–83.

Harwood A C, Dessein B, 2005. Australian *Spermacoce* (Rubiaceae: Spermacoceae). I. Northern Territory[J]. Australian Systematic Botany, 18(4): 297–365.

$$\boxed{\text{分种检索表}}$$

1 叶椭圆形至卵状椭圆形，被柔毛，长2～7.5 cm，宽1～4 cm；花冠筒长2～3 mm……………………………………………………………………… 1. 阔叶丰花草 S. alata Aublet

1 叶狭椭圆形至披针形，光滑无毛，宽4～16 mm；花冠筒长0.5～1.5 mm…………………………………………………………………………… 2. 光叶丰花草 S. remota Lamarck

1. **阔叶丰花草 *Spermacoce alata*** Aublet, Hist. Pl. Guiane. 1: 55. 1775. ——*Borreria alata* (Aublet) de Candolle Prodr. 4: 544. 1830; *B. latifolia* (Aublet) K. Schumann in Mart. Fl. Bras. 6: 61. 1888; *Spermacoce latifolia* Aublet Pl. Guiana 1: 55, t. 19. 1775.

【别名】 **四方骨草**

【特征描述】 多年生披散草本，被毛。茎四棱柱形，棱上具狭翅。叶椭圆形或卵状长圆形，长2～7.5 cm，宽1～4 cm，顶端锐尖或钝，基部阔楔形而下延，边缘波状，叶面平滑，鲜时黄绿色；侧脉每边5～6条，略明显；叶柄长4～10 mm，扁平；托叶膜质，被粗毛，顶部有数条长于鞘的刺毛。花数朵丛生于托叶鞘内，无梗；小苞片略长于花萼；萼管圆筒形，长约1 mm，被粗毛，萼檐4裂，裂片长2 mm；花冠漏斗形，淡紫色，稀白色，长3～6 mm，里面被疏散柔毛，基部具1毛环，顶部4裂，裂片外面被毛或无毛，花冠筒长 2～3 mm；花柱长 5～7 mm，柱头 2，裂片线形。蒴果椭圆形，长约 4 mm，直径约 2 mm，被毛，成熟时从顶部纵裂至基部，隔膜不脱落或 1 个分果爿的隔膜脱落。种子近椭圆形，两端钝，长约 2 mm，直径约 1 mm，干后浅褐色或黑褐色，有小颗粒。**染色体**：2n=28（万方浩 等，2012）。**物候期**：花、果期 5—10 月。

【**原产地及分布现状**】 原产于南美洲热带地区，现广泛分布于安的列斯群岛、中美洲、墨西哥、非洲、澳大利亚、印度、印度尼西亚和马达加斯加（Harwood & Dessein，2005）。**国内分布**：澳门、福建、广东、海南、江西、台湾、香港、浙江。

【**生境**】 喜光性杂草，常生于红壤土。多见于废墟、荒地、水沟边、半山坡荒地，部分地区侵入果园、菜地及橡胶林。

【**传入与扩散**】 **文献记载**：1937 年作为军马饲料引进广东等地（高蕴璋，1999）；20 世纪 70 年代常作为地被植物栽培，之后扩散到海南、香港、台湾和福建南部等地。2002 年作为入侵种被《中国外来入侵种》收录（李振宇和解焱，2002）。2006 年报道在浙江发现（高末 等，2006）；2007 年报道在湖南发现（喻勋林 等，2007）；2008 年报道了广西的分布（唐赛春 等，2008）；2012 年报道在江西发现（曾宪锋 等，2012）；2016 年报道在江苏发现（李惠茹 等，2016）。**标本信息**：主模式（Holotype），100366382，J. Aublet 采自圭亚那，现存于美国密苏里植物园（MO）。我国最早标本于 1959 年采自海南（中德采集队 2109，IBSC）；之后于 1960 年 9 月 9 日采自广西南宁（连文琰等 1718，IBK00098658）。**传入方式**：有意引入，1937 年作为军马饲料引进广东等地，20 世纪 70 年代作为地被植物而广泛栽培，现在已成为华南地区常见害草（暨淑仪 等，1995；李振宇和解焱，2002；严岳鸿 等，2004）。**传播途径**：首先引种栽培于广东，再人工引种或随苗木、花卉的运输传播扩散到其他省区（高末 等，2006）。**繁殖方式**：种子繁殖及营养繁殖。**入侵特点**：① 繁殖性 以种子进行繁殖，也具有很强的营养繁殖能力，斩断的茎节能长成新的植株（杨子林，2009）。阔叶丰花草具有生长期和花果期长且果实边成熟边脱落的特性；单株总结实量平均为 723 颗种子，单位面积的

种子产量可达 50 794 颗 /m²（曹晓晓 等，2013）。在海南，阔叶丰花草 6 月份开始开花，
7—8 月果实开始成熟，到 10 月仍在开花结果。阔叶丰花草种子全年都能萌发生长，
3—10 月处于萌发活跃状态，5 月份为全年萌发高峰期，平均萌发率达 31.3%，1—2 月
和 11—12 月萌发较少（范志伟 等，2014）。繁殖扩散速度非常快，幼苗生长迅速。在
浙江观察到一片阔叶丰花草居群，10 月份比 6 月份的分布面积增加了将近 1 倍，植株
数量增加了 2～3 倍，新出现了大量幼苗（李根有 等，2006）。阔叶丰花草在甘蔗地发
生时，种群密度很快便会在群落中占有绝对的比例。广东和海南两省的蔗区在甘蔗株
高 30～50 cm，盖度为 10% 的样方中，阔叶丰花草幼苗的密度可达 258 株 /m²，多度达
95% 以上（暨淑仪 等，1995）。在海南农田中的优势杂草中，阔叶丰花草的重要值最高
（范志伟 等，2014）。② 传播性　营养生长迅速，常形成大片种群。③ 适应性　喜光性
杂草，结实量大，是生存策略为 R-对策的杂草，适应性强。阔叶丰花草有强烈的化感
作用（陶文琴 等，2014；马永林 等，2016），有强大的繁殖势和巨大的种子数量，在入
侵地有空余生态位的情况下，经过数个生长周期后，会逐步形成植株数量多、结构复杂
的密集型种群，这使其能够在入侵地迅速建立优势种群，通过生存空间竞争排挤本地植
物，形成单优群落，从而成功入侵（曹晓晓 等，2013）。阔叶丰花草生态位宽度很大，
对环境的适应能力较强，与其他物种竞争中占有优势地位（洪思思 等，2008）。**可能扩**
散区域：该种可能扩散华南、中南地区适生区。

【**危害及防控**】　**危害：**本种现已成为华南地区严重的入侵植物，在肥沃的地块上生长特
别繁茂，群落内很少有其他杂草生存，被称为"草中鲨鱼"或"绿色植物癌症"（李根有
等，2006；肖艳，2006）。常入侵茶园、桑园、果园、咖啡园、橡胶园、花生、甘蔗、蔬
菜等旱作物地及农田，危害严重，已成为恶性杂草，具有强大的繁殖能力，幼苗生长迅
速，能很快形成大的种群，对作物尤其是作物的幼苗形成很大的危害（暨淑仪 等，1995；
李振宇和解焱，2002；严岳鸿 等，2004）；本种具有化感作用，能在其生长的环境中分泌
有毒物质，抑制其他种类植物的生长，从而达到快速扩张和群集生长的目的。实验证明，
阔叶丰花草水提液可以强烈抑制番茄、茄子等作物种子的萌发及幼苗生长（陶文琴 等，
2014），并且随着浸提液浓度的升高，化感效应明显增强（马永林 等，2016）。**防控：**人

工铲除是最理想的防治方法，营养生长期时是控制阔叶丰花草传播和扩散的有利时机（郑思思 等，2009），因此，需在发生初期或开花结果前结合中耕管理将其拔除或铲除，同时认真清理和处理其残体，以尽可能降低其长势和繁殖力。除此，可采用化学除草剂杀灭，利用二甲四氯、草甘膦或四氟丙酸钠等除草剂防除，效果较为理想。

【凭证标本】　广西省贵港市桂平市石龙镇，海拔 29.3 m，23.315 8°N，109.816 7°E，2015 年 12 月 26 日，韦春强、李象钦 RQXN07898（CSH）；广东省湛江市赤坎区瑞云湖公园，海拔 28 m，21.264 3°N，110.344 7°E，2015 年 7 月 6 日，王发国、李西贝阳、李仕裕 RQHN02962（CSH）；福建省漳州市漳浦县六鳌镇，海拔 31 m，24.068 7°N，117.805 7°E，2014 年 9 月 30 日，曾宪锋 RQHN06244（CSH）。

【相似种】　本种与同属植物长管糙叶丰花草（*S. articularis* Linnaeus f. ）较为相似，区别在于本种叶椭圆形至卵状椭圆形，通常近中部最宽，长 2～7.5 cm，宽 1～4 cm，花冠管长 2～3 mm；而后者叶长圆形、倒卵形或匙形，通常中部以上最宽，长 1～3 cm，宽 0.5～1.5 cm，花冠筒长 0.7～1 cm。与糙叶丰花草（*S. hispida* Linnaeus）也较相似，区别在于后者花冠筒较长，达 2.5～4.5 mm。

阔叶丰花草（*Spermacoce alata* Aublet）

1. 群落和生境；2. 幼苗；3. 花序；4. 花；5. 果

参考文献

曹晓晓，柴丽君，蔡晓梦，等，2013. 外来入侵植物阔叶丰花草的生长与繁殖特性 [J] . 温州大学学报（自然科学版），34（2）：29-35.

范志伟，张建华，程汉亭，等，2014. 海南不同市县旱田代表性杂草发生规律研究 [J] . 热带作物学报，35（12）：2502-2512.

高末，丁炳扬，罗清应，等，2006. 阔叶丰花草——浙江茜草科一新归化种 [J] . 植物研究，26（5）：520-521.

高蕴璋，1999. 丰花草属 [M] // 陈伟球 . 中国植物志：第72卷第2分册 . 北京：科学出版社：205-210.

洪思思，缪崇崇，方本基，等，2008. 浙江省阔叶丰花草入侵群落物种多样性、生态位及种间联结研究 [J] . 武汉植物学研究，26（5）：501-508.

暨淑仪，宁洁珍，吴万春，等，1995. 报道一种优势旱地杂草——阔叶丰花草 [J] . 杂草学报，9（1）：51-52.

李根有，陈征海，颜福彬，等，2006. 采自温岭的浙江分布新记录植物 [J] . 浙江林学院学报，23（5）：592-594.

李惠茹，闫小玲，严靖，等，2016. 江苏省外来归化植物新记录 [J] . 杂草学报，34（2）：42-44.

李振宇，解焱，2002. 中国外来入侵种 [M] . 北京：中国林业出版社：153.

马永林，马跃峰，郭成林，等，2016. 阔叶丰花草水浸提液对5种作物的化感作用 [J] . 种子，35（10）：32-35.

唐赛春，吕仕洪，何成新，等，2008. 广西的外来入侵植物 [J] . 广西植物，28（6）：775-779.

陶文琴，许镇健，黄丽宜，等，2014. 阔叶丰花草对茄科作物的化感效应 [J] . 贵州农业科学，42（10）：91-94.

万方浩，刘全儒，谢明，2012. 生物入侵：中国外来入侵植物图鉴 [M] . 北京：科学出版社：242-243.

肖艳，2006. 植物癌症：阔叶丰花草入侵浙江 [J] . 浙江林业，（8）：43.

严岳鸿，邢福武，黄向旭，等，2004. 深圳的外来植物 [J] . 广西植物，24（3）：232-238.

杨子林，2009. 滇西南蔗区新有害生物——阔叶丰花草 [J] . 中国糖料，4：41-43.

喻勋林，刘克明，谷志容，2007. 湖南省新记录植物（Ⅱ）[J] . 中南林业科技大学学报，27（3）：66-69.

曾宪锋，邱贺媛，2013. 江西省入侵植物茜草科2种新记录 [J] . 贵州农业科学，41（4）：101-102.

郑思思，戴玲，林培，等，2009. 阔叶丰花草入侵群落物种组成及其土壤种子库季节动态 [J] . 温州大学学报（自然科学版），35（6）：677- 685.

Harwood A C, Dessein B, 2005. Australian *Spermacoce* (Rubiaceae: Spermacoceae). I. Northern Territory[J]. Australian Systematic Botany, 18(4) : 297-365.

2. 光叶丰花草 *Spermacoce remota* Lamarck, Tabl. Encycl. 1: 273. 1792.

【别名】 耳草

【特征描述】 多年生草本或半灌木。上升到直立，高 30～65 cm，茎近圆柱状至近正方形，具槽或棱，无毛或棱上具短缘毛。叶柄无至具长约 3 mm 的短柄；叶片纸质，狭椭圆形至披针形，长 10～45 mm，宽 4～16 mm，被微柔毛，后脱落，基部楔形，先端锐尖，侧脉 2 或 3 对；托叶被微柔毛或具微糙硬毛至脱落无毛，叶鞘 1～3 mm，具 5～7 条长 0.5～2 mm 刺毛。花序顶生或着生于上部叶腋，近球形，直径 5～12 mm，多花；苞片多数，丝状，宽 0.5～1 mm；花萼被微柔毛或具微糙硬毛或近无毛；萼筒部倒卵球形，长约 0.5 mm；裂片 4，狭三角形到线形，长 0.8～1 mm；花冠白色，漏斗状，裂片外面无毛或被微柔毛；花冠筒 0.5～1.5 mm，喉部有短柔毛；裂片三角形，长 1～1.5 mm。蒴果椭圆形，长 1.8～2 mm，宽 1～1.2 mm，具微糙硬毛或柔毛，纸质，成熟时从顶端室间开裂。种子棕黄色，椭圆形，长 1.5～1.8 mm，宽 0.8～1 mm，两端钝，有发亮横向皱纹及不规则深槽。**物候期：**花期 6—9 月，果期 8—12 月。

【原产地及分布现状】 原产于南美洲热带地区，现广泛分布于印度、斯里兰卡、泰国、越南、新加坡、印度尼西亚、安的列群岛、澳大利亚、中美洲、墨西哥、毛里求斯等地区（Narasimhan et al., 2001）。**国内分布：**重庆、福建、广东、广西、海南、台湾、云南。

【生境】 农田、果园及湿地。

【传入与扩散】 **文献记载：**1987 年首次在台湾被报道（Chaw & Peng, 1987）；2010 年作为中国新记录报道在云南发现此种分布，但学名误定为：*Borreia laevis* (Lam.) Griseb（郭怡卿 等，2010）。2017 年在西沙群岛发现（邓双文 等，2017）。2018 年作为入侵种被《中国外来入侵生物》（修订版，上册）收录（徐海根和强胜，2018）。**标本信息：**模式标本（Type），S05–1666，Sagot, P. A.，1855 年 1 月 16 日采自圭亚那，标本现存于瑞典自然历史博物馆（S）。2017 年 2 月 10 日在海南五指山采集的标本（刘全儒、于明 0031120，BNU）。**传入方式**：无意引入。**传播途径**：种子随水流传播。也可随作物引种传播。**繁殖方式**：种子繁殖与营养繁殖。**入侵特点**：① 繁殖性　合适条件下，种子播种后 15 天即可萌发，出苗后 2 个月进入花期；当年的种子萌发率高于收获储藏 1～2 年的种子；发芽最适温度为 27～30℃（Galinato et al., 1999）。植株分枝能力强，茎节处可生不定根，迅速扩大分布区（郭怡卿 等，2010）。② 传播性　种子可随水、风等媒介传播；分枝能力强，茎节处可生不定根。③ 适应性　对环境适应性较强。**可能扩散的区域**：该种可能在华南、中南地区适生区扩散（徐根海和强胜，2018）。

【危害及防控】　**危害**：危害稻类、玉米、果树等，是线虫的中间寄主（Galinato et al., 1999；杨德 等，2011）。**防控**：人工拔除，加强管理，以防扩散。

【凭证标本】　海南省五指山，海拔 740 m，18.907 2°N，109.679 2°E，2017 年 2 月 10 日，刘全儒、于明 RQSB10053（BNU0031120）；海南省三亚市红沙镇红沙码头，海拔 62 m，18.237 9°N，109.561 7°E，2017 年 6 月 11 日，刘全儒、于明 RQSB09009（BNU0032948）。

【相似种】　丰花草（*S. pusilla* Wallich）。区别为光叶丰花草叶狭椭圆形至披针形，宽 4～16 mm；而丰花草叶线状长圆形，宽 4～6 mm。

光叶丰花草（*Spermacoce remota* Lamarck）
1. 群落和生境；2. 枝叶；3. 节与托叶；4. 花（侧面观）；5. 花序及花

参考文献

邓双文，王发国，刘俊芳，等，2017.西沙群岛植物的订正与增补［J］.生物多样性，25
　（11）：1246-1250.

郭怡卿，赵国晶，陈勇，等，2010.云南农田外来杂草及其危害现状［J］.西南农业学报，
　23（4）：1352-1355.

徐海根，强胜，2018.中国外来入侵生物：上册［M］.修订版.北京：科学出版社：
　416-418.

杨德，刘光华，肖长明，等，2011.重庆市农业入侵植物的现状与防治［J］.江西农业学报，
　（23）：93-95.

Chaw S M, Peng C I, 1987. Remarks on the species of Spermacoceae (Rubiaceae) of Taiwan[J]. J
　Taiwan Mus, 40(1): 71-83.

Galinato M I, Moody K, Piggin C M, 1999. Upland rice weeds of south and southeast Asia[M].
　Makati City: International Rice Research Institute: 99.

Narasimhan D, Gnanasekaran G, Nehru P, 2011. *Spermacoce remota* Lam. (Rubiaceae)—Aporential
　invasive weed of wetlands[J]. Journal of Economic and Taxonomic Botany, 35(4): 645-647.

4. 双角草属 *Diodia* Linnaeus

一年生或多年生草本。茎分枝，外倾或直立，微呈四棱形，无毛或被糙硬毛。叶对生或假轮生，无柄，叶片通常有条纹状脉纹；托叶合生成鞘，鞘的口部有刚毛。花小，腋生，白色或粉红色；萼管倒圆锥形、卵圆形或倒卵形，檐部通常 2 或 4 裂，裂片常宿存；花冠漏斗状，檐部通常 4 裂，裂片短，卵状三角形，镊合状排列；雄蕊通常 4，着生于花冠喉部，花丝丝状，花药背着，伸出；子房 2 室，花柱丝状，伸出，短 2 裂，裂片叉开，柱头 2，头状；胚珠每子房室中 1 枚，生于隔膜中部，横生。果通常具 2 分果爿，果爿平凸，脆壳质，腹部平滑，或有槽，或啮蚀状，不开裂。种子长圆形，背部凸起，脐生于腹面，前部有纵槽，胚乳角质；胚直，子叶宽阔，胚根生于下方。

本属约 50 种，分布于美洲和非洲的热带和亚热带，部分种在旧大陆热带归化。我国有 2 种，均为外来入侵植物。

分种检索表

1 植株直立；叶无柄；花萼裂片 4，花冠粉红色，花冠筒长约 5 mm；果实近骨质，长约 3 mm，成熟时开裂为 2 个分果片 ……………………………………………… 1. 山东丰花草 *D. teres* Walter

1 植株匍匐或斜生；叶具长约 3 mm 的柄；花萼裂片 2，花冠白色，花冠管长约 15 mm；果实木栓质，长 6～9 mm，不分裂 ……………………………………… 2. 双角草 *D. virginiana* Linnaeus

1. **山东丰花草 *Diodia teres*** Walter, Fl. Carol. 87. 1788. ——*Borreria shandongensis* F. Z. Li & X. D. Chen in Acta Bot. Yunnan. 7(4): 419-421, t. 1. 1985.

【别名】 圆茎钮扣草

【特征描述】 一年生草本。高 10～30 cm，茎直立或斜生，微呈四棱形，被短毛。叶对生，无柄，线状披针形，长 20～40 mm，宽 3～5 mm，先端渐尖，基部宽楔形；边缘粗糙，具短缘毛，稍反卷；叶中脉上面凹陷，下面凸出；托叶膜质，流苏状，4～8 浅裂，长 5～8 mm，贴生于叶片基部节间。花单生腋生，无梗；花萼裂片 4，卵状披针形，长约 1 mm，不等长，被短柔毛；花冠粉红色，4 裂，漏斗状，外被短柔毛，筒长约 5 mm，花冠裂片长约 1.2 mm，宽约 1 mm，卵形；雄蕊 4，贴生于花冠喉部，内藏；子房下位，2 室；花柱丝状，长约 5 mm；柱头扩大，双球状。果椭圆形，包于宿存花萼内，长约 2.8 mm，直径约 3 mm，近骨质，被短柔毛，成熟时分裂为 2 个小坚果，每个小坚果含 1 颗种子。种子长圆形，长约 2.5 mm，有 1 条纵沟槽。**物候期**：花、果期 6—10 月。

本种的分类地位有不同意见（Bacigalupo & Cabral, 1999），本志依据传统分类学，仍将其放入双角草属（*Diodia*）（Gao et al., 2010; Chen et al., 2011）。

【原产地及分布现状】 原产于北美洲，现归化于北非、东亚和马达加斯加（Kearney & Peebles, 1964; Osada, 1976; Hsien & Chaw, 1987）。**国内分布**：福建、山东、浙江。

【生境】 多见于山坡、路边、草丛、河漫滩、沙丘。

【传入与扩散】 **文献记载**：1982 年根据在山东青岛崂山李村采集的标本发表丰花草属新种山东丰花草 *Borreria shandongensis* F. Z. Li & X. D. Chen（李法曾和陈锡典，1985），并被《中国植物志》收录（高蕴璋，1999），后经考证该种与双角草属植物 *Diodia teres* Walter 为同一实体，并在 *Flora of China* 中进行了分类处理，中文名仍沿用山东丰花草（Chen et al., 2011）；2009 年报道了在浙江温州有分布（张芬耀 等，2009）；2010 年报道了该种在福建金门的分布（Gao et al., 2010）。2018 年作为入侵种被《中国外来入侵生物》（修订版，上册）收录（徐海根和强胜，2018）。**标本信息**：模式标本（Type），BM001009092, R. Shakespeare 于 1777 年 1 月 12 日采自牙买加，标本现存于英国伦敦自然历史博物馆（BM）。中国最早标本记录为李法曾 1982 年 8 月 15 日在青岛崂山采到标本（李法曾 820701，SDFS）；2002 年在福建金门采到标本（I-hua Chiang 319, TAI）；2008 年在浙江温州采到标本（张芬耀等 平阳−001, ZJFC）。**传入方式**：山东丰花草原产于北美洲（Kearney & Peebles, 1964; Osada, 1976; Hsien & Chaw, 1987），在 20 世纪 60 年代传入朝鲜（Kong et al., 2004）和日本（Osada, 1976）；在我国，本种最早发现于山东青岛（1982 年），后发现于福建金门（2002 年）、浙江平阳（2008 年），这些地方都有较长的海岸线，且离日本较近。20 世纪 80 年代，我国和日本贸易频繁，据此推测，本种有可能是随货物或水流从日本进入我国山东沿海，再扩散至浙江，至于金门的分布尚需进一步研究。**传播途径**：种子可借助风、水、人等外力传播。**繁殖方式**：种子繁殖。**入侵特点**：① 繁殖性 植株结实率较高，种子容易繁殖。② 传播性 种子借助风、水、人等外力传播。③ 适应性 适应性较强，对土壤肥力等要求不高。**可能扩散的区域**：该种可能扩散到华东、华南沿海地区。

【危害及防控】 **危害**：分布范围有限，危害较轻，但容易在发生区，尤其是人为干扰严重的地区形成单优势种群落，对生物多样性有一定影响。**防控**：一旦发现逸生即可采取人工拔除的方式清除，另外加强种源管理和控制，防止蔓延。

【凭证标本】 山东省青岛市崂山县李村，1982 年 8 月 15 日，李法曾 820701（SDFS），山东青岛市崂山区车家岭村，海拔 5 m，36.247 6°N，120.675 1°E，2018 年 8 月 28 日，刘全儒、侯元同 RQSB09042（BNU）；福建省金门市胡健镇东村，24.450 0°N，118.416 7°E，2002 年 9 月 4 日，宜桦蒋 319（TAI）；浙江省平阳市南麂列岛，海拔 120 m，2008 年，张芬耀等平阳-001（ZJFC）。

【相似种】 和丰花草属植物丰花草（*Spermacoce pusilla* Wallich）在营养体上相似，主要区别在于：本种花单生于叶腋，花较大，粉红色，长约 5 mm；种子较大，长圆形，长约 2.5 mm。而丰花草的花多数密集成球状生于托叶鞘中，花较小，白色，顶端略红，长约 2.5 mm；种子较小，狭长圆形，长 2.1～2.3 mm。

山东丰花草（*Diodia teres* Walter）

1. 群落和生境；2. 花枝；3. 节及托叶；4. 花；5. 果枝

参考文献

高蕴璋，1999. 丰花草属［M］// 陈伟球. 中国植物志：第 72 卷第 2 分册. 北京：科学出版社：205-210.

李法曾，陈锡典，1985. 山东丰花草属一新种［J］. 云南植物研究，7（4）：419-420.

徐海根，强胜，2018. 中国外来入侵生物：上册［M］. 修订版. 北京：科学出版社：412-413.

张芬耀，陈锋，谢文远，等，2009. 浙江省 2 种新记录植物［J］. 西北植物学报，29（9）：1917-1919.

Bacigalupo N M, Cabral E L, 1999. Revision of the American species of the genus *Diodia* (Rubiaceae, Spermacoceae)[J]. Darwiniana, 37: 153–165.

Chen T, Luo X R, Zhu H, 2011. Rubiaceae[M]// Wu Z Y, Raven P H, Hong D Y. Flora of China: vol. 19. Beijing: Science Press: 98–99.

Gao Y D, Wang R J, Peng C I, 2010. *Diodia teres* Walt. (Rubiaceae), a newly recorded weed in Fujian[J]. Tanwania, 55(2): 177–179.

Hsien C F, Chaw S M, 1987. *Diodia virginiana* L. (Rubiaceae) in Hsinchu: new to Taiwan[J]. Bot Bull Acad Sin, 28: 43–48.

Kearney T H, Peebles R H, 1964. Arizona Flora[M]. Berkeley and Los Angeles: University of California Press, CA, USA 1964: 808.

Kong H Y, Suh S U, Suh M H, et al., 2004. Distributions of naturalized alien plants in south Korea[J]. Weed Technology, 18: 1493–1495.

Osada T, 1976. Coloured illustration of naturalized plants of Japan[M]. Osaka: Hoikusha Publishing Co: 425.

2. 双角草 *Diodia virginiana* Linnaeus, Sp. Pl. 1: 104. 1753.

【别名】 维州钮扣草、大钮扣草

【特征描述】 多年生匍匐或斜上升草本。茎有 4 棱，棱上被侧生的毛。分枝长达 60 cm。叶椭圆状披针形至倒披针形，边缘有小齿，侧脉每边 4～5 条；叶柄长约 3 mm；托叶膜质，与叶柄贴生。花通常单朵腋生；萼裂片 2，线状披针形，长 5～7 mm，被短柔毛；花冠白色，檐部直径达 18 mm，花冠管纤细，长约 15 mm，内外均无毛，裂片里面被柔毛；花丝长约 2 mm；花柱长约 13 mm，无毛，柱头线形，长达 4 mm。果木栓质，被柔毛，椭圆形，长 6～9 mm，宽 4～6 mm，有 8 条隆起的棱脊，冠以 2 片延长的宿萼裂片。种子表面有网纹。**物候期**：花、果期 8—9 月。

【原产地及分布现状】 原产于中美洲、北美洲东部，现归化于墨西哥、中美洲、日本（Chen & Taylor, 2011; Liu & Yang, 1998; Osada, 1976）。**国内分布**：安徽、台湾。

【生境】 多见于海港、湖边、堤坝、竹林边。

【传入与扩散】 **文献记载**：1987 年报道了该种在台湾新竹的分布（Hsieh & Chaw, 1987）；2014 年报道了在安徽的分布（李中林 等，1987）。**标本信息**：后选模式（Lectotype），John Clayton 277, BM000042231，1694 年采自美国弗吉尼亚，标本现存于英国自然历史博物馆（BM）。最早于 2013 年 6 月在安徽芜湖三山区采到标本（ZLL-201306001, ANU）。**传播途径**：植株常生活于水边，果实可借水流传播。**繁殖方式**：种子繁殖及无性繁殖。**入侵特点**：① 繁殖性 有性生殖可产生大量的种子，具有发达的根状茎，有很强的无性繁殖能力（Breedeng & Brosnan, 2014）。② 传播性 随杂草种子引种而传播。强大的无性繁殖能力也可扩大其分布范围。③ 适应性 在安徽共发现两处双角草居群，虽然分布面积都不大，但其生长状况良好，能正常开花结果，说明其对分布地具有较强的适应性（李中林 等，1987）。**可能扩散的区域**：该种可能在华东、华南地区扩散。

【危害及防控】 **危害**：分布范围有限，危害较轻。双角草原产美洲，是阔叶杂草中比较难以控制的一种常见草坪杂草。能产生大量的种子，再加上其具有广泛的无性繁殖能力，使得防治极为困难（Breedeng & Brosnan, 2014）。**防控**：严密监控，加强管理，一旦发现逸生及时人工拔除，防止蔓延。

【凭证标本】 安徽省芜湖市三山区峨桥镇，海拔 20 m，2013 年 6 月 25 日，李中林 ZLL—201306001（ANU）；安徽省六安市舒城县万佛湖，海拔 70 m，2013 年 7 月 20 日，刘坤 KL—201307001（ANU）；安徽省宣城市旌德县徽水河保护区，海拔 169 m，30.377 0°N，118.382 0°E，2016 年 10 月 19 日，章伟、汪慧峰，ANUB02041（ANUB）。

双角草（*Diodia virginiana* Linnaeus）

1. 群落和生境；2. 成熟果枝；3. 果枝，示叶正面；4. 果枝，示叶背面；5. 果

参考文献

李中林，洪欣，刘坤，等，2014. 中国大陆茜草科一新归化种——双角草［J］. 安徽师范大学学报（自然科学版），37（5）：475-476.

Breedeng, Brosnan J T, 2014. Virginia Buttonweed (*Diodia virginiana*)［EB. OL］.［2014-02-12］http://tennesseeturfgrassweeds.org.

Chen T, Taylor C M, 2011. *Diodia*[M]// Wu Z Y, Raven P H, Hong D Y. Flora of China: vol 19. Beijing: Science Press: 98-99.

Hsieh C F, Chaw S M, 1987. *Diodia virginiana* L.(Rubiaceae) in Hsinchu: new to Taiwan[J]. Bot Bull Acad Sin, 28(1): 43-48.

Liu H Y, Yang T Y A, 1998. *Diodia*[M]// Editorial Committee of the Flora of Taiwan. Flora of Taiwan: vol 4. 2nd ed. Taibei: Editorial Committee, Dep Bot, NTU: 252-254.

Osada T, 1976. Coloured illustration of naturalized plants of Japan[M]. Osaka: Hoikusha Publishing Co: 425.

5. 田茜属 *Sherardia* Linnaeus

一年生草本。茎四棱形，被短硬毛，多分枝。叶4～6片假轮生，除2片为叶外，其余为叶状托叶，近无柄，披针形，先端锐尖或渐尖，全缘。聚伞花序顶生或腋生，每花序具2～3花，花序下部常具6～8枚苞片基部合生成的总苞；花小，直径4～5 mm；花萼6浅裂，被短毛；花冠漏斗状，4～5裂，粉红色至紫色，基部白色；花冠裂片卵形，无毛；雄蕊4，与花萼对生，伸出；花丝贴生于花冠管；花药基部着生，纵向开裂；雌蕊2心皮，2室；柱头2，头状；中轴胎座，每室胚珠1。小坚果，卵形，常具2分果，花萼宿存。种子肾形。

单种属，原产于欧洲、西亚，目前已在美洲、日本、澳大利亚、夏威夷群岛、新西兰和我国北京、湖南、苏州、台湾归化。

田茜 *Sherardia arvensis* Linnaeus, Sp. Pl. 1: 102. 1753.

【别名】 **野茜、雪亚迪草**

【特征描述】 一年生草本。高 5～40 cm。根细弱，橙红色。茎四棱形，被短硬毛，多分枝。叶 4～6 片假轮生，无柄，披针形，长 4～13 mm，宽 3～4 mm，先端锐尖或渐尖，全缘，具缘毛，叶背中脉被短柔毛；中脉叶面下凹，侧脉不明显；开花时，茎下部叶枯萎。聚伞花序顶生或腋生，每花序具 2～3 花，花序下部常具 6～8 枚苞片基部合生成的总苞；花序梗长 1～2 mm，无毛或疏被短柔毛；花径 4～5 mm；花梗长 2～4 mm；花萼 6 浅裂，被短毛，萼裂片三角形，长 3 mm；花冠漏斗状，4～5 裂，粉红色至紫色，花冠筒长 3 mm，基部白色，无毛；花冠裂片卵形，平展，长 1～2 mm，宽约 1 mm，无毛；雄蕊 4，长 4～5 mm，与花萼对生，伸出；花丝白色，无毛，贴生于花冠管；花药紫色，基部着生，纵向开裂；雌蕊 2 心皮，2 室；花柱外露，无毛，半透明，长达 4 mm；柱头 2，头状；中轴胎座，每室胚珠 1。小坚果，卵形，长 2～5 mm，常具 2 分果，花萼宿存。种子肾形，长 1～3 mm。**物候期**：花期 5—6 月，果期 7—10 月。

【原产地及分布现状】 原产于欧洲、西亚，目前已在北美洲、南美洲、日本、澳大利亚、夏威夷群岛、新西兰归化（Wheeler et al., 2002; Evenhuis & Eldredge, 2008）。**国内分布**：北京、湖南、江苏、台湾。

【生境】 生长于草地、麦地、牧场、路旁、河流沿岸、田野、人工草坪等地，常和杂草伴生。

【传入与扩散】 **文献记载**：1999 年记录了本种已在台湾归化（曾彦学和欧辰雄，1999）；2014 年报道了在中国大陆长沙及苏州的分布（徐永福和喻勋林，2014）。**标本信息**：后选模式（Lectotype），BM000557768，George Clifford 1685 年采自荷兰，标本现存于英国伦敦自然历史博物馆（BM）。在中国数字植物标本馆（CVH）中记载了一份 1928 年 5 月 5 日采自中国的标本（Pang and M. s.n., NAS），但在原标本上并未记载采自中国，存疑；徐永福 2013 年在湖南长沙采到的标本（徐永福 XYF201306033764，CSFI）。**传入方式**：随引种无意传入。**传播途径**：自然传播及随引种扩散。**繁殖方式**：种子繁殖。**入侵特点**：① 繁殖性 种子繁盛，种子小，数量多，繁殖力强。② 传播性 种子量大，常与草坪草及牧草交织混生，极易传播与繁殖（徐永福和喻勋林，2014）。③ 适应性 适应性强，喜生于干旱、开阔的受干扰地区。**可能扩散的区域**：该种可能在我国除西北以外的大部分地区扩散。

【危害及防控】 **危害**：危害草坪及草地，破坏草坪景观，降低牧草产量。根据外来物种入侵风险指数评估体系（李振宇和解焱，2002）进行综合评估，田茜可被列为"中等风险"物种，具有一定的入侵风险（徐永福和喻勋林，2014）。**防控**：加强种子控制管理，一旦发现逸生及时人工清除；区域范围内发生，在开花结果前人工拔除，监测其扩散速度和入侵动态，以降低其危害范围与程度。

【凭证标本】 湖南省长沙市岳麓区湘江沿岸绿化带，海拔 34 m，28.154 9°N，112.947 0°E，2013 年 6 月 3 日，徐永福 XYF201306033764（CSFI）；北京市海淀区北京师范大学校园，海拔 60 m，39.957 8°N，116.957 8°E，2018 年 6 月 28 日，刘全儒 RQSB09049（BNU）。

【相似种】 田茜形态与拉拉藤属植物异叶轮草（车叶草）[*Galium maximoviczii* (Komarov) Pobedimova] 相似。但田茜花冠粉红色至紫色，花冠筒漏斗形，花冠裂片 4，花序具 6～8 枚叶状苞片组成的总苞片；而后者花冠白色，花序无叶状总苞片，容易区别。

田茜（*Sherardia arvensis* Linnaeus）

1. 植物外形；2. 叶枝；3. 花枝；4. 花；5. 果

参考文献

李振宇，解焱，2002. 中国外来入侵种［M］. 北京：中国林业出版社：43-45.

徐永福，喻勋林，2014. 田茜（茜草科）——中国大陆新归化植物［J］. 植物科学学报，32（5）：450-452.

曾彦学，欧辰雄，1999. 台湾新归化茜草科植物——雪亚迪草［J］. 林业研究季刊，21（1）：61-63.

Evenhuis N L, Eldredge L G, 2008. Records of the Hawaii Biological Survey for 2007[M]. Honolulu: Bishop Museum Press: 34.

Wheeler J, Marchant N, Lewington M, 2002. Flora of the South West, Bunbury, Augusta, Denmark: vol 2[M]. Perth: University of Western Australia Press: 471-472.

旋花科 | Convolvulaceae

草本、亚灌木或灌木，或为寄生植物。被各式单毛或分叉的毛；植物体常有乳汁。茎缠绕或攀缘，有时平卧或匍匐，偶有直立。叶互生，螺旋排列，寄生种类无叶或退化成小鳞片，通常单叶，全缘或裂，叶基常心形或戟形；通常有叶柄。花单生于叶腋，或组成腋生聚伞花序；苞片成对，通常很小；花整齐，两性，5 数；花萼分离或仅基部联合；花冠合瓣，漏斗状、钟状、高脚碟状或坛状；花冠外常有 5 条明显的瓣中带；雄蕊着生花冠管基部或中部稍下，花丝丝状；子房上位，由 2（稀 3～5）心皮组成，1～2 室，或因有发育的假隔膜而为 4 室，稀 3 室，心皮合生；中轴胎座；花柱 1～2，柱头各式。通常为蒴果，或为不开裂的肉质浆果，或果皮干燥坚硬呈坚果状。种子通常呈三棱形。

本科约 60 属 1 650 种，广泛分布于热带、亚热带和温带地区。我国有 20 属 134 种，其中 5 属 18 种为外来入侵植物。

旋花科是一个单系类群（Stefanović et al., 2002），在恩格勒系统中隶属于管花目，Takhtajan 将其单独列入旋花目（Takhtajan, 1997），而多数学者将其与茄科一同置于茄目（Cronquist, 1988; Dahlgren, 1989; Thorne, 1992; Takhtajan, 2009; APG, 2016）。旋花科科下一般被划分为若干个族（Austin, 1973, 1998），目前普遍接受的观点是 Stefanović 基于形态学以及分子系统学资料将旋花科划分为 12 个族（Stefanović, 2003; Heywood, 2007）。

参考文献

Austin D F, 1973. The American Erycibeae (Convolvulaceae): Maripa, Dicranostyles, and Lysiostyles I. Systematics[J]. Annals of the Missouri Botanical Garden: 306–412.

Austin D F, 1998. Parallel and convergent evolution in the Convolvulaceae[J]. Biodiversity and taxonomy of tropical flowering plants, 201: 234.

Cronquist A, 1979. Evolution and classification of flowering plants[J]. Brittonia, 31(2): 293–293.

Dahlgren G, 1989. The last Dahlgrenogram: system of classification of the dicotyledones[M]// Tann K, Mill R R, Elias T S. Plant taxonomy, phytogeography and related subjects. Edinburgh: Edinburgh University Press: 249–260.

Heywood V H, Brummitt R K, Culham A, et al., 2007. Flowering plant families of the world. Ontario: Firefly Books: 330–331.

Stefanović S, Austin D F, Olmstead R G, 2003. Classification of Convolvulaceae: a phylogenetic approach[J]. Systematic Botany, 28(4): 791–806.

Takhtajan A, 1997. Diversity and classification of flowering plants[M]. New York: Columbia University Press.

Takhtajan A, 2009. Flowering plants[M]. 2nd ed. Berlin: Springer Science: 534–535.

The Angiosperm Phylogeny Group (APG), 2016. An update of the Angiosperm Phylogeny Group classification for the orders and families of flowering plants: APG IV[J]. Botanical Journal of the Linnean Society, 181(1): 1–20.

Thorne R E, 1992. An updated phylogenetic classification of flowering plants[J]. Aliso, 13: 365–389.

分属检索表

1 寄生草本，茎黄色或红色；无叶，具吸器；花小；花冠筒部内面雄蕊下有 5 个流苏状的鳞片 ·················· 1. 菟丝子属 *Cuscuta* Linnaeus

1 不为寄生植物，茎绿色；具营养叶；花通常显著 ·················· 2

2 茎平卧，叶小，全缘，长不及 2 cm；花柱 2 ·················· 2. 土丁桂属 *Evolvulus* Linnaeus

2 茎缠绕，叶形多样，全缘或具裂，通常长于 2 cm；花柱 1 ·················· 3

3 柱头 2 裂，裂片丝状、线形、长圆形或棒状；种子背部边缘具狭翅·················· ·················· 3. 小牵牛属 *Jacquemontia* Choisy

3 柱头头状或 2 裂，稀柱头 2 头状 ·················· 4

4 花粉粒无刺；花冠通常黄色，极少淡蓝色或淡紫色；瓣中带通常有 5 条明显的脉；花药旋转状扭曲 ·················· 4. 鱼黄草属 *Merremia* Dennstedt ex Endlicher

4 花粉粒有刺；花冠白色、淡红色、红色、淡紫色、紫色；瓣中带有 2 条明显的脉，清楚分界；花药一般不扭曲 ·················· 5. 番薯属 *Ipomoea* Linnaeus

1. 菟丝子属 *Cuscuta* Linnaeus

寄生草本。无根，全体不被毛。茎缠绕，细长，线形，黄色或红色，不为绿色，借助吸器固着寄主。无叶，或退化成小的鳞片。花小，白色或淡红色，呈穗状、总状或簇生呈头状的花序；苞片小或无；花 5 数，少数 4 数；萼片近等大，基部或多或少联合；花冠管状、壶状、球形或钟状，在花冠筒内面基部雄蕊之下具有 5 个边缘分裂或流苏状的鳞片；雄蕊着生于花冠喉部或花冠裂片相邻处，通常稍微伸出，具短的花丝及内向的花药；花粉粒椭圆形，无刺；子房 2 室，每室 2 胚珠，柱头头状或棒状。蒴果球形或卵形，有时稍肉质，周裂或不规则破裂。种子 1～4，无毛；胚在肉质的胚乳之中，线状，成圆盘形弯曲或螺旋状，无子叶或稀具细小的鳞片状的遗痕。

本属约 170 种，广布于全世界暖温带，主产于美洲、澳大利亚、印度，太平洋诸岛均有分布。我国分布有 12 种，有 2 种被列为入侵植物。欧洲菟丝子（*Cuscuta europaea* Linnaeus）虽在国际上被认为是被检疫的入侵植物，但其原产地广泛包括亚洲、欧洲、非洲各地区，应属于国产种而未被收录。杯花菟丝子（*C. approximata* Babington）与欧洲菟丝子（*C. europaea* Linnaeus）接近，区别在于后者茎黄色或带红色，花有短花梗，花萼背面不增厚，花柱和柱头短于子房；而杯花菟丝子茎淡紫红色，花无柄，花萼背面肉质增厚，花柱和柱头与子房近等长。*Flora of China* 和《新疆植物志》均记载杯花菟丝子在新疆为自然分布（Fang et al., 1995；方瑞征和黄素华，1979；姜彦成，2006），但后来在西藏、四川以及湖南也发现了采集记录，但这些地区可能仍属于国内入侵，本志暂不收录。

菟丝子属（*Custuca*）曾经被独立作为单属的菟丝子科（Custucaceae）（Cronquist, 1988; Takhtajan, 2009），分子系统学研究表明其位置仍然属于旋花科（Stefanović et al., 2002; Stefanović & Olmstead, 2004）。

参考文献

方瑞征，黄素华，1979. 菟丝子属 [M] // 吴征镒 . 中国植物志：第 64 卷第 1 分册 . 北京：科学出版社：143-153.

姜彦成，2004. 旋花科［M］// 米吉提·胡达拜尔地，潘晓玲. 新疆植物志：第 4 卷. 乌鲁木齐：新疆科学技术出版社：135-140.

Cronquist A, 1979. Evolution and classification of flowering plants[J]. Brittonia, 31(2): 293.

Fang R C, Musselman L J, Plitmann U, 1995. *Custuca*[M]// Wu Z Y, Raven P H. Flora of China: vol 16. Beijing: Science Press: 322-325.

Stefanović S, Krueger L, Olmstead R G, 2002. Monophyly of the Convolvulaceae and circumscription of their major lineages based on DNA sequences of multiple chloroplast loci[J]. American Journal of Botany, 89: 1510-1522.

Stefanović S, Olmstead R G, 2004. Testing the phylogenetic position of a parasitic plant (*Cuscuta*, Convolvulaceae, Asteridae): Bayesian inference and the parametric bootstrap on data drawn from three genomes[J]. Systematics and Biodiversity, 53(3): 384-399.

Takhtajan A, 2009. Flowering plants[M]. 2nd ed. Berlin: Springer Science: 534-535.

分种检索表

1 柱头不伸长，头状；花冠裂片常反折，花冠同内的鳞片边缘具长流苏；蒴果不规则开裂；茎黄色或麦秆黄色 ······························ 1. 原野菟丝子 *C. campestris* Yuncker

1 柱头伸长，线状或棒状；花冠裂片直伸或开展，花冠筒内的鳞片边缘具短流苏；蒴果周裂；茎浅黄色、乳白色或绿白色 ···················· 2. 亚麻菟丝子 *C. epilinum* Weihe

1. 原野菟丝子 *Cuscuta campestris* Yuncker, Mem. Torrey Bot. Club 18(2): 138. 1932.

【别名】 田野菟丝子、野地菟丝子

【特征描述】 一年生寄生草本。茎细丝状分枝，光滑，黄绿色、淡黄色或麦秆黄色，缠绕，无叶。圆锥花序球形，较疏散，长 0.6～1 cm，有花 4～18 朵；苞片披针形，全缘无毛。花梗长约 2 mm，与花萼近相等。花萼碗状，长 2～2.5 mm，黄色，从近中部裂开，裂片三角形，顶端钝，背部有小的瘤状突起；花冠坛状，白色，长于花萼，5 深裂，裂片卵状或长圆形，顶部稍向内弯，花后常反折；花冠筒里面基部的鳞片广椭圆形，等长或略长于花冠筒，具长流苏；雄蕊（4～）5，着生在花冠裂片间弯曲处的基部，与花冠裂片近等长或短于裂片，花丝长于花药，花药椭圆形；子房半圆形，花柱 2，不等长，柱头头状，花柱和柱头与子房等长。蒴果近球形，顶部微凹，成熟时不规则开裂。种子 3 或 4，卵形，褐色。**染色体**：$2n=56$（Sharawy, 2013）。**物候期**：花期 7—8 月，果期 8—9 月（阴知勤，1986）；在华南地区花果期从 12 月至翌年 7 月。

【原产地及分布现状】 原产于北美洲，现于欧洲、非洲、亚洲、澳大利亚、南美洲、太平洋岛屿均有分布（Yuncker, 1932）。**国内分布**：福建、广东、贵州、湖南、内蒙古、台湾、香港、新疆、浙江。

【生境】 常见于田间、路旁，寄生在栽培植物葱、胡萝卜、苜蓿以及野生杂草骆驼刺、旋花等植物上（阴知勤，1986）。

【传入与扩散】 **文献记载**：据 Yuncker 报道，Metcalf 曾经在中国福建省福州市发现过（Metcalf 4765），但未记载发生地点和寄主（张给升，1989）。20 世纪 80 年代以来，在新疆天山南北各地迅速蔓延（阴知勤，1986）。1986 年 9 月，在福州市郊区洪山桥菜地的葱上再次采到标本，收藏于福建农科院植保系病理学实验室，并赠送中国科学院昆明植物研究所和福建师范大学生物系植物标本室馆藏（张给升，1989）。2005 年作为入侵植物记载（黄大庆和姚剑，2005）。2014 年在内蒙古发现入侵（秦帅 等，2014）。**标本信息**：主模式（Holotype），Ferdinand J. Lindheimer, 126，采自美国得克萨斯（MO–1889019），存放于美国密苏里植物园标本馆（MO）。中国最早的标本于 1958 年 6 月 8 日采自新疆吐鲁番市（Anonymous 06633，XJBI00030867）。**传入方式**：无意引入。**传播途径**：可借助水流、农业机械、农具、鸟兽、人为因素等广泛传播，也可混杂于苗木、制品、粮食或土壤中远距离传播和扩散。**繁殖方式**：主要通过种子繁殖，也能进行营养繁殖。**入侵特点**：① 繁殖性 繁殖力强，生殖生长时间较长，植株结实率高，一株菟丝子可结数千粒种子。② 传播性 种子可借助多种方式传播，也可进行营养繁殖，蔓延迅速。③ 适应性 适应性和抗逆性都较强（郭琼霞和黄可辉，1995）寄主范围相当广泛（郭琼霞和黄可辉，1996，1999）。**可能扩散的区域**：全国各地城市周边或农耕区域，尤其是大豆、蔬菜种植区（徐海根和强胜，2018）。

【危害及防控】 **危害**：寄生在多种植物上（蔡磊明 等，1999），吸收寄主的养料和水分，并于寄主争夺阳光，使寄主生长不良，降低产量与品质，甚至成片死亡（林积秀，2010）。危害大豆、四季豆、丝瓜、空心菜、白菜、韭菜、辣椒、洋葱、葱、茄子等作物，使作物减产。可在近 20 科 30 多种植物上寄生并产生危害（郭琼霞和黄可辉，1996，1999）。此外，为农作物病虫害提供中间寄主，助长病虫害的发生（徐海根和强胜，2018）。**防控**：加强检疫，以防货运中夹带种子；人工铲除，收集人工铲除的菟丝子，经暴晒后深埋。化学防治，上年发生危害的田块，在播种作物前 2～3 天喷施乙草胺乳油抑制萌发，或在播种后 2～3 天喷施双丁乐灵，组织其缠绕寄主。生物防控，使用真菌除草剂（林积秀，2010）。

【凭证标本】 贵州省贵阳市修文县，海拔 1 364 m，26.852 5°N，106.606 1°E，2015 年 8 月 3 日，马海英、邱天雯、徐志茹 618（CSH）；湖南省岳阳市，海拔 50 m，29.503 3°N，112.802 9°E，2014 年 8 月 29 日，李振宇、范晓虹、于胜祥、张华茂、罗志萍 RQHZ10616（CSH）；浙江省宁波市象山县，海拔 61 m，2015 年 8 月 4 日，葛斌杰、沈彬、李涍、陈敏瑜 GBJ04773（CSH）。

【相似种】 在外形上与南方菟丝子（*C. australis* R. Brown）相似，区别在于南方菟丝子花冠裂片卵状或长圆形，先端钝或圆形，通常直立；花冠筒里面基部的鳞片长不及花冠筒的一半，深 2 半裂。而原野菟丝子花冠裂片三角形，先端锐尖或钝，通常反折；花冠筒里面基部的鳞片约与花冠筒近等长，可达喉部，深流苏状。与菟丝子（*C. chinensis* Lamarck）的区别在于菟丝子蒴果完全被枯萎的花冠包围，周裂。

原野菟丝子（*Cuscuta campestris* Yuncker）
1. 群落和生境；2. 植物外形；3. 花序；4. 雄蕊和花柱；5. 果序

参考文献

蔡磊明，李扬汉，翟图娜，等，1999. 新疆伊宁地区田野菟丝子寄主范围调查 [J]. 植物检疫，13（2）：80-83.

郭琼霞，黄可辉，1995. 危险性杂草——田野菟丝子的研究 [J]. 福建农业科技，S1：72.

郭琼霞，黄可辉，1996. 田野菟丝子形态、特性与危害的研究 [J]. 福建稻麦科技，4：45-46.

郭琼霞，黄可辉，1999. 田野菟丝子 Custuca campestris 的研究 [J]. 武夷科学：82-84.

黄大庆，姚剑，2005. 外来入侵物种——菟丝子的研究 [J]. 中学生物学，21（12）：7-9.

林积秀，2010. 田野菟丝子生活习性及防治措施 [J]. 农业科技通讯，12：94-95.

秦帅，葛欢，赵利清，2014. 内蒙古维管植物新资料 [J]. 西北植物学报，34（2）：397-400.

徐海根，强胜，2018. 中国外来入侵生物 [M]. 修订版. 北京：科学出版社：418-420.

阴知勤，1986. 新疆高等寄生植物——菟丝子 Cuscuta L. [J]. 新疆农业大学学报，（1）：9-16，54.

张绐升，1989. 原野菟丝子在中国重新发现 [J]. 福建农学院学报，（3）：308-311.

Sharawy S M, 2013. Karyotypic studies of the genus *Cuscuta* L.(Convolvulaceae) in Saudi Arabia and their taxonomic significance[J]. Taeckholmia, (33): 65-83.

Yuncker T G, 1932. The genus *Cuscuta*[J]. Memoirs of the Torrey Botanical Club, 18(2): 109-331.

2. 亚麻菟丝子 *Cuscuta epilinum* Weihe, Archiv des Apothekervereins in nordlichen Deutschland 8: 51. 1824.

【特征描述】 寄生草木。根、叶退化成鳞片状。茎浅黄色、乳白色或绿白色。花序紧凑，直径约 10 mm，无苞片；花 5 数，花梗长 0～0.5 mm；花萼长 1.8～2.5 mm，裂片不等长，宽卵形，长于萼筒；花冠长 2.5～4 mm，淡黄色，裂片卵状三角形，钝，短于花冠筒；花丝长 0.5～0.8 mm，稍长于花药；花冠附属物呈平截的匙形，短于花冠管，具极短的流苏；花柱 2，柱头线形。蒴果近球形，直径约 2 mm，周裂。种子长约 1 mm，常两粒结合在一起，结合体呈肾形，表面粗糙如麻织品物，种脐周缘有明显辐射状条纹（马德英 等，2007）。染色体：2n=14、16、28、30、32、42（Sharawy, 2013）。物候期：花期 6—8 月，果期 7—10 月。

【原产地及分布现状】 原产于欧洲、北美、西亚、非洲西南部（Yuncker, 1932; Gleason &

Cronquist, 1991）。**国内分布**：甘肃、黑龙江、陕西、新疆。

【**生境**】 寄生于亚麻等草本或小灌木上。在阳光充足而开阔的区域，其繁殖力强，蔓延迅速。

【**传入与扩散**】 **文献记载**：1990 年文献提及甘肃有分布（王克恭和严双全，1990），1995年有新疆分布的记载（张金兰，1995），2014 年被《中国入侵植物名录》收录（马金双，2014）。**标本信息**：模式（Type），Weihe, 1838，采自德国（HAL0115080），存放马丁·路德·金大学标本馆（HAL）。中国最早的标本（Kozloff, 14299）于 1926 年 5 月 8 日采自黑龙江（00058412，TIE）。**传入方式**：无意引入。**传播途径**：可借助水流、农业机械、农具、鸟兽、人为因素等广泛传播，也可混杂于苗木、品粮食或土壤中远距离传播和扩散。**繁殖方式**：主要种子繁殖，也能营养繁殖。**入侵特点**：① 繁殖性 繁殖力强，生殖生长时间较长，一株菟丝子可结数千粒种子。② 传播性 种子借助多种方式传播，也可进行营养繁殖，蔓延迅速。③ 适应性 寄主范围广泛（刘晓红，2009）。**可能扩散的区域**：全国适生区内均有可能扩散。

【**危害及防控**】 **危害**：危害亚麻（印丽萍，1995）茎之吸盘深入寄主体内，吸取养分和养分。一株亚麻菟丝子可以侵染 150 株亚麻。**防控**：精选种子，防止其种子混入。深翻土地，以抑制种子萌发。摘除藤蔓，带出田外烧毁或深埋。化学防治，使用燕麦畏（每亩有效成分 75 g，1 亩 ≈ 666 m^2）或燕麦敌（每亩有效成分 50 g）对防除有较好的效果（马金双，2014）。

【**凭证标本**】 黑龙江，1928 年 7 月 25 日，Kozlov, 14299（TIE00026852，00058412）；陕西，1932 年 7 月 25 日，P. Licent S. J. 10233（PE00113260；TIE00026850、00061449、00061450、00061451、00061452）。

【**相似种**】 本种在茎的颜色上与南方菟丝子（*C. australis* R. Brown）、原野菟丝子（*C. campestris* Yuncker）、菟丝子（*C. chinensis* Lamarck）相似，区别在于本种柱头线形，而不为球形或头状。

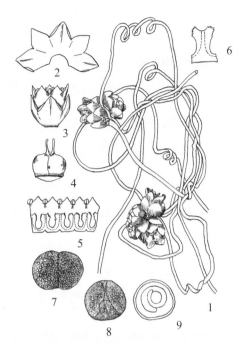

亚麻菟丝子（*Cuscuta epilinum* Weihe）

1. 具花部分植株；2. 花萼（展开）；3. 花（侧面观）；4. 子房；5. 花冠（展开）；
6. 花冠附属物；7. 两粒相连的种子；8. 种子外形；9. 种子（纵剖面），示胚；10. 植株和寄主；11. 花枝

参考文献

刘晓红, 2009. 黑龙江省菟丝子种类及寄主范围 [J]. 植物检疫, 23 (3): 60.

马德英, 柴燕, 玉山江·吐尼亚孜, 等, 2007. 新疆农田寄生杂草菟丝子种子检疫鉴别特征 [J]. 新疆农业科学, 44 (4): 429-433.

马金双, 2014. 中国外来入侵植物调研报告: 上卷 [M]. 北京: 高等教育出版社: 216.

王克恭, 严双全, 1990. 为害菊花的欧洲菟丝子及其防治 [J]. 甘肃农业科技, (6): 27-28.

印丽萍, 1995. 菟丝子属主要种的分类记述 (三) [J]. 植物检疫, (5): 290-296.

张金兰, 蒋青, 印丽萍, 等, 1995. 新疆寄生杂草菟丝子和列当的调查 [J]. 植物检疫, (4): 205-207.

Gleason H A, Cronquist A, 1991. Manual of vascular plants of northeastern United States and adjacent Canada. New York: New York Botanical Garden: 563-565.

Sharawy S M, 2013. Karyotypic studies of the genus *Cuscuta* L. (Convolvulaceae) in Saudi Arabia and their taxonomic significance[J]. Taeckholmia: 33.

Yuncker T G, 1932. The genus *Cuscuta*[J]. Memoirs of the Torrey Botanical Club, 18(2): 109-331.

2. 土丁桂属 *Evolvulus* Linnaeus

一年生或多年生草本, 亚灌木或灌木。茎平卧, 上升或直立, 但不缠绕, 通常被丝毛至柔毛或疏柔毛。叶小, 全缘。花小, 腋生, 具柄或无柄, 单花, 或多花形成聚伞花序, 或排列为顶生穗状花序, 或头状花序; 萼片 5, 小, 相等或近相等, 渐尖, 锐尖或钝, 果期不增大; 花冠小, 辐状、漏斗状、钟状, 或高脚碟状, 紫色、蓝色或白色, 稀黄色; 冠檐近全缘至明显的 5 裂, 瓣中带通常在外面被疏柔毛; 雄蕊 5, 大多在花冠管中部着生, 或稀基部着生, 内藏或伸出; 花丝贴生于花冠管上, 丝状, 无毛, 花药卵形或长圆形, 花粉粒球形, 平滑; 花盘小, 杯状, 或不存在; 子房无毛, 或有时被疏柔毛, 2 室, 每室具 2 胚珠, 稀 1 室, 4 胚珠; 花柱 2, 丝状, 基部联合, 或分离, 每 1 花柱 2 尖裂; 柱头长, 圆柱形、丝状或稍棒状。蒴果球形或卵形, 2～4 瓣裂。种子 1～4, 平滑或梢具瘤, 尤毛。

本属约 100 种, 全部原产于南美洲和北美洲, 其中 2 种也分布于东半球热带及亚热带。我国 2 种, 其中 1 种为入侵植物。

短梗土丁桂 *Evolvulus nummularius* (Linnaeus) Linnaeus, Sp. Pl. ed. 2. 391. 1762. ——*Convolvulus nummularius* Linnaeus, Sp. Pl. 1: 157. 1753.

【别名】 美洲土丁桂、云南土丁桂

【特征描述】 多年生草本。茎多数，节上生根，匍匐状，长 20～40 cm，多少被绒毛或粗糙。叶 2 列互生，叶柄长 2～4 mm，叶片近圆形，全缘，长 1.3～1.7 cm，宽 1.2～1.4 cm，基部心形或圆形，先端圆或微凹，侧脉 2～3 对。花序梗极短，花梗 2.5～3 mm，密被绒毛；花腋生，1～2 朵；萼片椭圆形，长 3～4 mm，宽 2～3 mm，外面 2 片稍长。花冠白色，阔钟状或近辐状，直径约 7～8 mm，5 裂；花丝长约 1.5 mm，基部无毛；花药长圆形；子房球状；花柱 2，裂片丝状，长约 3 mm；柱头稍头状。蒴果卵圆形，直径 2～3 mm。种子 2～4，棕色，卵状三棱形，稍具瘤。**染色体**：2*n*=24（Fang & Staples, 1995）。**物候期**：花期 4—6 月，果期 6—8 月。

【原产地及分布现状】 原产于中美洲和南美洲，现归化于印度、马来西亚、非洲（Austin, 1980; Chen, 1990）。**国内分布**：广西、台湾、云南。

【生境】 一般生于河流和湖泊的边缘。

【传入与扩散】 文献记载：1980 年在云南首次发现（徐海根和强胜，2018），1986 年作为新种云南土丁桂（*Evolvulus yunnanensis* S. H. Huang）发表（黄素华，1986），1995 年被指出为错误鉴定而作为异名（丘华兴，1995）。1995 年收载于 *Flora of China*（Fang & Staples, 1995）。2009 年报道在台湾有分布（Chen et al., 2009）。2013 年在广西被发现（宁小清 等，2013）。2018 年作为入侵植物收录于《中国外来入侵生物（修订版）》（徐海根和强胜，2018）。标本信息：后选模式（Lectotype），"*Convolvulus minor repens, nummulariae folio, flore coeruleo*" in Sloane, Voy. Jamaica, 1: 157, t. 99, f. 2, 1707；由 Verdcourt 指定［Jarvis et al., 1993］。Typotype: Herb. Sloane 3: 19，由

Stearn 指定（Stearn, 1972），存放于自然历史博物馆（BM）。中国最早的标本（刘寿养000689）于 1956 年 6 月采自云南芒市（云大调查队 776，YUNU），当时被作为云南土丁桂的模式标本。2001 年 7 月 15 日在广西省澄碧湖水库旁采到标本，标本存于广西中医学院医药会展中心腊叶标本馆。**传入方式**：无意引入。**传播途径**：通过种子扩散，可能主要通过引种夹带种子传播。**繁殖方式**：种子繁殖。**入侵特点**：① 繁殖性 主要通过种子繁殖，也可通过匍匐茎进行营养繁殖。② 传播性 蔓延分布，不密集，但占据的空间范围较大。③ 适应性 对湿生环境有较强的适应性。**可能扩散的区域**：西南、东南地区。

【危害及防控】 危害：对本地物种有一定竞争作用，但由于本种的非密集特性，其对生态的影响有限。**防控**：防止其种子扩散即可达到预防其面积扩大的可能性，采用人工和机械的控制方式可达到控制管理此物种的目的（徐海根和强胜，2018）。

【凭证标本】 广西省百色市澄碧湖水库旁，2001 年 7 月 15 日，刘寿养 000689（宁小清等，2013）；台湾高雄市临近高雄国际机场，2008 年 10 月 27 日，Chen s. n.（NHU）。

【相似种】 土丁桂［*Evolvulus alsinoides* (Linnaeus) Linnaeus］，主要区别在于土丁桂茎节上不生根，叶片椭圆形或匙形，萼片披针形，近等大；花冠辐状，通常蓝色或紫色，有时白色。产自我国南方各地。

短梗土丁桂 [*Evolvulus nummularius* (Linnaeus) Linnaeus]
1. 群落和生境；2. 叶；3. 花；4. 果枝

参考文献

黄素华，1986. 中国旋花科新分类群 [J] . 植物分类学报，24（1）：17-20.

宁小清，谈远锋，刘寿养，2013. 广西植物分布新记录 [J] . 广西植物，33（2）：283-284.

丘华兴，1995. 华南植物区系的评论（三）：Ⅳ. 旋花科一些种类的修订 [J] . 广西植物，15（1）：7-12.

徐海根，强胜，2018. 中国外来入侵生物 [M] . 修订版 . 北京：科学出版社：421.

Austin D F, 1980. Convolvulaceae[M]// Dassanayake M D, Fosberg F R. A Revised Handbook to the Flora of Ceylon: vol 1. Rotterdam: A A Balkema: 279–363.

Chen S H, 1990. Pteridophytes & Dicotyledons[M]// Illustrations of Aquatic and Wetland Plants of Eastern Taiwan: vol 1. Hualien: Taiwan Provincial Hualien Teachers College: 214.

Chen S H, Su J Y, Wu M J, 2009. Notes on two newly naturalized plants in Taiwan: *Evolvulus nummularius* (L.) L. (Convolvulaceae) and *Acalypha aristata* Kunth (Euphorbiaceae)[J]. Taiwania, 54(3): 273–278.

Fang R C, Staples G, 1995. *Evolvulus*[M]// Wu Z Y, Raven P H. Flora of China: vol 16. Beijing: Science Press: 275–277.

Jarvis C E, Barrie F R, Allan D M, et al., 1993. A list of Linnaean generic names and their types[J]. Reg num Vegetabile, 127:16.

Stearn W T, 1972. Typification of *Evolvulus nummularius*, E. *convolvuloides* and E. *alsinoides* (Convolvulaceae)[J]. Taxon, 21(5/6): 647–650.

3. 小牵牛属 *Jacquemontia* Choisy

缠绕或平卧，稀直立草本，或木质藤本。叶具柄，大小和形状多变，通常心形，全缘，稀具齿或浅裂。花小，腋生，伞形或头状聚伞花序，或为苞片和苞叶包被的头状花序，或稀疏的总状花序，或密集顶生的穗状或头状花序，稀单生；苞片小，线形或披针形，或较大而叶状；萼片5，等长或稍不等长，通常外面的较宽大；花冠整齐，中等大小或小，漏斗状或钟状，蓝色、淡紫色、粉红色，稀白色；具5条明显的瓣中带，冠檐5齿或近全缘，稀5浅裂；雄蕊及花柱内藏；雄蕊5，花丝丝状，贴生于花冠基部；花药长椭圆形，花粉粒无刺；子房2室，每室2胚珠；花柱丝状，顶端2尖裂，柱头裂片大多椭圆形；花盘小或无。蒴果球形，2室，4或最后8瓣裂。种子4或较少，背部边缘通常具 1 狭的干膜质的翅。

本属约 120 种，大多分布于美洲，也有部分分布于亚洲和非洲。我国分布 2 种，其中 1 种在局部成为入侵植物。

苞叶小牵牛 *Jacquemontia tamnifolia* (Linnaeus) Grisebach, Fl. Brit. W. I. 474. —— *Ipomoea tamnifolia* Linnaeus 1862. Sp. Pl. 1: 162. 1753.

【别名】 头花小牵牛、长梗毛娥房藤

【特征描述】 一年生缠绕草本。茎长 1～6 m，被紧贴的绢毛。叶卵形至阔卵形，长 3～10 cm，宽 1.5～6 cm，全缘，基部心形，先端锐尖或突尖；初时多少被毛，毛棕色或白色，后无毛。聚伞花序，排列成密集的头状，有花 5～15 朵；花序梗长 5～10 cm，分枝短。花多数；苞片叶状，由外侧向内侧逐渐变小，长 1.5～2.5 cm，先端渐尖或尾尖，密被棕色或白色长硬毛，花后宿存。萼片披针形，长 10～15 cm，宽 1～3 cm，渐尖，被黄褐色长硬毛；花冠漏斗状，5 裂，蓝色或近白色，长约 1 cm；花粉粒无刺；花丝、花柱略伸出于花冠筒外，均为白色，柱头膨大，2 短裂。蒴果为宿存的苞片与萼片所包被，球形，无毛，直径 4～5 mm，浅褐色。种子橙色至褐色，长 2.5 mm，光滑。染色体：2*n*=18（Yeh & Tsai, 1995）。物候期：花、果期 7—12 月。

【原产地及分布现状】 原产于热带美洲（Miller & Miller, 2005），现广泛归化于亚洲、非洲热带地区。国内分布：广东、广西、海南、江苏、江西、山东、上海、台湾、浙江。

【生境】 生长于荒地、农田等受人类干扰的区域。

【传入与扩散】 文献记载：1984 年第一次在台湾记载（Ou, 1984）。1995 年被列为外来杂草（郭水良和李扬汉，1995）。1998 年收录于 *Flora of Taiwan* 第二版（Staples & Yang, 1998）。2002 年作为广东归化植物被报道（张宏达和丘华兴，2002）。2011 年作为入侵种被《中国外来入侵生物》收录（徐海根和强胜，2011）。**标本信息**：后选模式（Lectotype），"Volubilis Car. Tamni folio subhirsuto" in Dillenius, Hort. Eltham., 2: 428, t. 318, f. 410, 1732，1963 年由 Verdcourt 指定。中国最早的标本于 1981 年 8 月 5 日采自广东省广州市麓湖草地（丘华兴 218，IBSC 05536890）。**传入方式**：无意引入，通过种子夹带而传入扩散（胡长松 等，2016）。**传播途径**：随种植作物或花卉引种而扩散。**繁殖方式**：种子繁殖。**入侵特点**：① 繁殖性　繁殖性较强。② 传播性　容易通过缠绕在绿化植物上，借助绿化植物而扩散。③ 适应性　在适生区有较强的适应性。**可能扩散的区域**：华东、华南、中南地区。

【**危害及防控**】 **危害**：危害农作物田、苗圃等。在美国东南部平原等地区是重要的农田杂草之一（Webster & Macdonald, 2001）。可感染波多黎各麻疯树花叶病毒，继而感染多种栽培植物，成为其传播的中间宿主（李西贝阳，2016）。**防控**：禁止引种，荒地可通过施放草甘膦等防治（马金双，2014），禾本科作物地可通过施放二甲四氯、氯氟吡氧乙酸防除。在入侵早期，人工拔除仍是最经济的方法。

【**凭证标本**】 广西省贺州市钟山县望高镇，海拔 154.4 m，24.587 1°N，111.415 8°E，2014 年 9 月 11 日，韦春强、林春华 HZ003（CSH）；江西省南昌市进贤县高铁站，海拔 39.1 m，28.341 3°N，116.228 9°E，2016 年 9 月 22 日，严靖、王樟华 RQHD10015（CSH）；广东省揭阳市揭东县白塔乡望天湖，海拔 60 m，23.623 9°N，116.176 4°E，2014 年 10 月 31 日，曾宪锋 RQHN06685（CSH）。

【**相似种**】 小牵牛［*Jacquemontia paniculata* (N. L. Burm.) H. Hallier］。与苞叶小牵牛的区别为小牵牛具有幼嫩的枝叶、花序梗、苞片、花梗以及萼片外面密被星状毛；苞片钻形，长约 2 mm。产于我国华南和西南地区。

苞叶小牵牛 [*Jacquemontia tamnifolia* (Linnaeus) Grisebach]

1. 群落和生境；2. 叶；3. 果序；4. 花序；5. 花

参考文献

郭水良，李扬汉，1995. 我国东南地区外来杂草研究初报 [J] . 杂草学报，(2)：4-8.

胡长松，陈瑞辉，董贤忠，等，2016. 江苏粮食口岸外来杂草的监测调查 [J] . 植物检疫，30 (4)：63-67.

李西贝阳，2016. 广东菊科一新归化属与海南旋花科一新归化种 [J] . 热带作物学报，37 (7)：1245-1248.

马金双，2014. 中国外来入侵植物调研报告：上卷 [M] . 北京：高等教育出版社：482.

徐海根，强胜，2011. 中国外来入侵生物 [M] . 北京：科学出版社：355-356.

张宏达，丘华兴，2002. 值得注意的中国植物（续）[J] . 广西植物，22 (1)：1-3.

Miller J H, Miller K V, 2005. Forest plants of the Southeast and their wildlife uses[M]. Athens: University of Georgia Press.

Ou C H, 1984. Contributions to the dicotyledonous plants of Taiwan (Ⅷ)[J]. Taipei. Bulletin Experimental Forest National Chung-Hsing University, (5): 7.

Staples G W, Yang S Z, 1998. Convolvulaceae[M]// Editorial Committee of the Flora of Taiwan. Flora of Taiwan: vol 4. 2nd ed. Taibei: Editorial Committee: 341–384.

Webster T M, Macdonald G E, 2001. A survey of weeds in various crops in georgia[J]. Weed Technology, 15(4): 771–790.

Yeh H C, Tsai J L, 1995. Karyotype analysis of the Convolvulaceae in Taiwan[J]. Annual Taiwan Mus, 38: 58–61.

4. 鱼黄草属 *Merremia* Dennstedt ex Endlicher

草质或木质缠绕藤本，通常缠绕，或为匍匐或直立草本，或为下部直立的灌木。叶通常具柄，大小形状多变，全缘或具齿，分裂或掌状三小叶或鸟足状分裂或复出。花腋生，单生或呈腋生少花至多花的具各式分枝的聚伞花序；苞片通常小；萼片5，通常近等大或外面2片稍短，椭圆形至披针形，钝头或微缺，通常具小短尖头，有些种类结果时增大；花冠整齐，漏斗状或钟状，白色、黄色或橘红色，稀淡蓝色或淡紫色，通常有5条明显有脉的瓣中带；冠檐浅5裂；雄蕊5，内藏，花药通常旋扭，花丝丝状，通常不等，基部扩大；花粉粒无刺；子房2或4室，罕为不完全的2室，4胚珠；花柱1，丝状，柱头2头状；花盘环状。蒴果4瓣裂或多少呈不规则开裂。种子4或因败育而更少，无毛或被微柔毛以至长柔毛，尤其在边缘处。

本属约 80 种，分布于热带非洲、亚洲、大洋洲以及美洲。中国分布 19 种，其中 1 种为入侵植物。

块茎鱼黄草 Merremia tuberosa (Linnaeus) Readle, Fl. Trop. Afr. 4(2.1): 104. 1905. ——
Ipomoea tuberosa Linnaeus, Sp. Pl. 1: 160. 1753.

【别名】 木玫瑰、藤玫瑰

【特征描述】 多年生缠绕藤本，茎基部木质，无毛。叶片长 6～20 cm，通常掌状 7 裂，2 基部裂片最小，侧面较大，中部裂片最长，倒卵状渐尖，基部心形，边缘具柔毛；叶柄长 6～18 cm，无毛。花通常簇生；花梗长 15～18 mm，匙形，无毛，在果期增大。萼片椭圆形，顶端膜质，基部草质，不等大，外面 2 枚较长；花冠鲜黄色，无毛，漏斗状，长 5～6 cm；花丝不等长，长 2.5～3 cm，具腺体和短柔毛；雌蕊无毛，子房 4 室，柱头球状。蒴果球形，直径 3～3.5 cm，成熟后木质开裂。种子黑褐色，卵球形。**染色体**：2*n*=30（Yen et al., 1992）。**物候期**：花期秋季，果期冬季。

【原产地及分布现状】 原产于墨西哥和中美洲，现广泛分布于西印度群岛、北美洲、热带非洲、印度、斯里兰卡等热带地区（Austin, 1998; Pier, 2001）。**国内分布**：福建、广东、广西、海南、台湾、香港、云南。

【生境】 喜光，常生长于海拔 1 400 m 以下的疏林。

【传入与扩散】 **文献记载**：19 世纪初被引入香港（Austin, 1998）。2014 年被《深圳植物志》收载（邓云飞，2012）。2013 年《中国入侵植物名录》列为有待观察类的入侵植物（马金双，2013）。**标本信息**：后选模式（Lectotype），LINN-219.4，采自牙买加，由 Austin 指定；等模式（Isotype），P03562330，采自巴西，存放于巴黎国家自然博物馆植物标本馆（P）。中国最早的标本于 1964 年 11 月 11 日李延辉在云南省西双版纳傣族自治州勐腊县勐仑镇热带植物园采到标本（HITBC5337）。**传入方式**：可能为有意引入，观赏。**传播途径**：通过栽培引种而传播。**繁殖方式**：种子繁殖和营养繁殖。**入侵特点**：① 繁殖性 兼具种子繁殖和营养繁殖，生长迅速。② 传播性 可随水、风、人类活动而传播。③ 适应性 适应多种环境，繁殖体可保存多年仍有活性。**可能扩散的区域**：长江流域以南地区。

【**危害及防控**】 **危害**：遮挡树木的阳光，影响本地植物生长；有毒，动物和人类误食会中毒。**防控**：物理方法为拔除幼苗，化学方法为使用三氯吡氧乙酸进行防治。

【**凭证标本**】 广东省深圳市农科研究中心，1984 年 11 月 2 日，王学文 489（IBSC）；台湾台中市和平乡，海拔 835 m，1997 年 10 月 11 日，T. Y. A. Yang et al. 09674，PE01142915（PE）。

【**相似种**】 掌叶鱼黄草 [*Merremia vitifolia* (N. L. Burman) H. Hallier] 和多裂鱼黄草 [*M. dissecta* (Jacquin) H. Hallier]。两者均具有掌状裂叶，与块茎鱼黄草的主要区别在于掌状裂叶的边缘通常有齿或裂，全株被黄白色或黄色硬毛；而这两种的区别在于掌叶鱼黄草叶分裂近中部，花冠黄色，长可达 5.5 cm，分布于广东、广西、云南；而多裂鱼黄草叶分裂近达基部，花冠白色，喉部紫红色，长 3～3.5 cm，原产于美洲、非洲、印度、东南亚以及澳大利亚的昆士兰栽培或逸生（方瑞征和王素华，1979）。金钟藤 [*Merremia boisiana* (Gagnepain) van Ooststroom]，大型木质缠绕藤本，叶圆形或卵形，基部心形，全缘，花冠黄色，长 1.4～2 cm，花冠外密被锈黄色绢毛，产海南、广西西南部、云南东南部。金钟藤为热带地区著名的"植物杀手"，生长速度非常快，一个星期可以长 1～2 m，一年可以长成 40～50 m，枝一年可以长出 8～12 m，生命力极强。它生长也可不用种子，节部触地后就可以生根，很快就能覆盖大片林地，目前在我国华南地区局部已形成危害，应引起有关部门的重视（李鸣光 等，2006；练琚蕍，2007；王伯荪 等，2007；何泽 等，2011）。

块茎鱼黄草 [*Merremia tuberosa* (Linnaeus) Readle]

1. 群落和生境；2. 花枝和叶；3. 花（侧面观，示花萼）；4. 花（正面观）；5. 果实

参考文献

邓云飞, 2012. 旋花科 [M] // 李沛琼. 深圳植物志: 第 3 卷. 北京: 中国林业出版社: 198-221.

方瑞征, 王素华, 1979. 旋花科 [M] // 吴征镒. 中国植物志: 第 64 卷第 4 分册. 北京: 科学出版社: 3-153.

何泽, 陶建平, 刘晋仙, 等, 2011. 金钟藤（*Merremia boisiana*）生物学特点初探 [J]. 生态环境学报, 20（12）: 1827-1830.

李鸣光, 成秀媛, 刘斌, 等, 2006. 金钟藤的快速生长和强光合能力 [J]. 中山大学学报（自然科学版）, 45（3）: 70-72.

练琚蒻, 曹洪麟, 王志高, 等, 2007. 金钟藤入侵危害的群落学特征初探 [J]. 广西植物, 27（3）: 482-486.

马金双, 2013. 中国外来入侵植物名录 [M]. 北京: 高等教育出版社: 140.

王伯荪, 丘华兴, 廖文波, 等, 2007. 金钟藤分类考证及补充描述 [J]. 广西植物, （4）: 527-536.

Austin D F, 1998. Xixicamátic or wood rose (*Merremia tuberosa*, Convolvulaceae): origins and dispersal[J]. Economic Botany, 52(4): 412-422.

Pier, 2001. Pacific Islands Ecosystems at Risk[R]. Honolulu: University of Hawaii.

Yen D E, Gaffey P M, Coates D J, 1992. Chromosome numbers of Australian species of *Ipomoea* L. (Convolvulaceae)[J]. Austrobaileya, 3: 749-755.

5. 番薯属 *Ipomoea* Linnaeus

草本或灌木, 通常缠绕, 有时平卧或直立, 很少漂浮于水上。叶通常具柄, 全缘或分裂。花单生或组成腋生聚伞花序或伞形至头状花序; 苞片各式; 花大或中等大小或小; 萼片 5, 相等或偶有不等, 通常钝, 等长或内面 3 片（少有外面的）稍长, 无毛或被毛, 宿存, 常于结果时多少增大; 花冠整齐, 漏斗状或钟状, 具 5 角形或多少 5 裂的冠檐; 雄蕊内藏, 不等长, 着生于花冠的基部, 花丝丝状, 基部常扩大而稍被毛, 花药卵形至线形, 有时扭转; 花粉粒球形, 有刺; 子房 2～4 室, 4 胚珠, 花柱 1, 线形, 不伸出, 柱头头状, 或瘤状突起或裂成球状; 花盘环状。蒴果球形或卵形, 果皮膜质或革质, 4（少有 2）瓣裂。种子 4 或较少, 无毛或被短毛或长绢毛。

本属约 500 种, 广泛分布于热带和温带地区, 尤其是南北美洲。我国分布约 33 种,其中 13 种为入侵植物。

Miller（1754）基于子房 4 室建立茑萝属（*Quamoclit* Miller）；Choisy（1833）根据萼片顶端渐尖、子房 3 室，建立牵牛属（*Pharbitis* Choisy），根据子房 2 室，建立月光花属（*Calonyction* Choisy）；Peter（1891, 1897）按两性器官的伸出或内藏、花冠形态和大小、花冠管和冠檐的形态、萼片的质地和形态，子房室数，支持上述属的独立。《中国植物志》也采用了这种狭义的概念（方瑞征和王素华，1979）。但之后 Grisebach（1964）、Austin（1979）等大多数国内外学者支持广义的番薯属概念，将上述几个属均归于番薯属中，上述各属均被并入广义番薯属作为其中的亚属或组（Austin, 1975, 1979, 1980; Austin & Huáman, 1996; Fang & Staples, 1995）。

参考文献

方瑞征，王素华，1979. 旋花科［M］// 吴征镒 . 中国植物志：第 64 卷第 4 分册 . 北京：科学出版社，64（4）：3-153.

Austin D F, 1975. Typification of the New World subdivisions of *Ipomoea*[J]. Taxon, 24: 107–110.

Austin D F, 1979. An infrageneric classification for *Ipomoea* (Convolvulaceae)[J]. Taxon, 28: 359.

Austin D F, 1980. Additional comments on infrageneric taxa in *Ipomoea* (Convolvulaceae)[J]. Taxon, 29: 501–502.

Austin D F, Huáman Z, 1996. A Synopsis of *Ipomoea* (Convolvulaceae) in the Americas[J]. Taxon, 1(45): 3–38.

Choisy J D, 1833. Convolvulaceis orientalis[J]. Mémorires de la Societe de physigue et d'histoire naturelle de Geneve, 6: 440.

Fang R C, Staples G, 1995. Convolvulaceae[M]// Wu Z Y, Raven P H. Flora of China: vol 16. Beijing: Science Press: 271–325.

Grisebach A, 1864. Flora of the British West Indian Islands[M]. London: L. Reeve & Company: 473.

Miller P, 1754. The gardener's dictionary[M]. London: Privateley Printed.

Peter A, 1891. Convolvulaceae[M]// Engler A, Prantl K. Die Natürlichen Pflanzenfamilien. W. Engelmann, Leipzig, 4: 1–40.

Peter A, 1897. Convolvulaceae[M]// Engler A, Prantl K. Die Natürlichen Pflanzenfamilien. W. Engelmann, Leipzig, 4: 375–377.

分种检索表

1 萼片顶端芒状或具小突尖，花冠高脚碟状，雄蕊和花柱伸出花冠，蒴果4瓣裂 ………… 2

1 萼片不具芒，花冠漏斗形或钟形；雄蕊和花柱内藏 ………………………………………… 4

2 花冠白色，冠檐直径7～12 cm，子房2室，或因假隔膜而为4室 …… 1. 月光花 *I. alba* Linnaeus

2 花冠红色或橙红色，冠檐直径3～4.5 cm，子房4室 ……………………………………… 3

3 叶卵形或长圆形，羽状深裂至中脉，裂片线形至丝状，平展，叶脉羽状 ………………………
…………………………………………………………………… 2. 茑萝 *I. quamoclit* Linnaeus

3 叶心形，全缘或多角状深裂，叶脉掌状 ……………… 3. 橙红茑萝 *I. coccinea* Linnaeus

4 萼片顶端渐尖，被毛；子房3室；蒴果3瓣裂 ……………………………………………… 5

4 萼片通常钝，无毛或被毛；子房2室或4室；蒴果4瓣裂 …………………………………… 8

5 叶边缘通常全缘，萼片长椭圆形，长1.1～1.6 cm，花冠紫红色、红色或白色 …………………
………………………………………………………… 4. 圆叶牵牛 *I. purpurea* (Linnaeus) Roth

5 叶边缘常3～5裂，萼片阔披针形或披针状线形，长1.4～3 cm，花冠蓝色或紫红色，或
先蓝色后变紫红色或红色 …………………………………………………………………… 6

6 茎、叶和萼片被柔毛，花序梗比叶柄长，花数朵聚生成伞形聚伞花序，多可达十几朵 ……
………………………………………………………… 5. 变色牵牛 *I. indica* (J. Burman) Merrill

6 茎、叶和萼片被刚毛或硬毛，花序梗通常比叶柄短，单花或花序具花2～5朵 ………… 7

7 叶片3～5裂，稀苗期全缘，且叶裂处弧形内凹，萼片先端向外翻卷 ………………………………
…………………………………………………………… 6. 裂叶牵牛 *I. hederacea* Jacquin

7 叶片3裂，叶裂处不内凹，萼片直伸不翻卷 ……………… 7. 牵牛 *I.nil* (Linnaeus) Roth

8 叶掌状深裂或全裂 ………………………………………………………………………………… 9

8 叶全缘或3裂 ……………………………………………………………………………………… 11

9 叶掌状5～7深裂，裂不达基部；子房4室 ……………… 9. 七爪龙 *I. mauritiana* Jacquin

9 叶掌状5全裂；子房2室 …………………………………………………………………………… 10

10 叶柄基部有小的5裂的假托叶，花冠较大，长5～7 cm ……………………………………………

·· 8. 五爪金龙 *I. cairica* (Linnaeus) Sweet

10 无假托叶，花冠较小，长 1.5～2 cm ············· 10. 槭叶小牵牛 *I. wrightii* A. Gray

11 花冠长达 3 cm ·············11. 毛果甘薯 *I. cordatotriloba* Dennstaedt

11 花冠长约 1.5 cm ·· 12

12 花序通常（1～）3～8 朵花，花序梗通常长于叶柄，花梗有时具小疣，花淡红色或紫红色 ····················· 12. 三裂叶薯 *I. triloba* Linnaeus

12 花序通常 1～3 朵花，花序梗短于叶柄，花梗具密集瘤状突起，花通常白色，少数淡红色或淡紫红色 ····················· 13. 瘤梗甘薯 *I. lacunosa* Linnaeus

1. **月光花 *Ipomoea alba*** Linnaeus, Sp. Pl. 1: 161. 1753. ——*Calonyction aculeatum* (Linnaeus) House, in Bull. Torr. Club. 31: 590. 1904; *Convolvulus aculeatus* Linnaeus, Sp. Pl. 1: 155. 1753.

【别名】 嫦娥奔月、天茄儿、夕颜、夜牵牛

【特征描述】 一年生缠绕草本。长可达 10 m，有乳汁。茎绿色，圆柱形，近平滑或多少具软刺。叶卵形，长 10～20 cm，基部心形，全缘或稍有角或分裂。花大，夜间开，芳香，1 至多朵排列呈总状，有时序轴之字曲折；萼片卵形，绿色，有长芒，3 片外萼片长 5～12 mm（除芒），芒较长，内萼片长 7～15 mm（除芒），芒较短或无；花冠大，雪白色，瓣中带淡绿色，管长 7～12 cm，宽约 5 mm，管上部不扩张或微扩张，冠檐浅的 5 圆裂，扩展，直径 7～12 cm；花柱和雄蕊伸出花冠外；雄蕊 5，花丝圆柱形，着生于管，花药大，基部箭形，淡黄色；花盘环状，厚，肉质；子房长圆锥状；花柱圆柱形，白色；柱头 2，球状。蒴果卵形，长约 3 cm，具锐尖头，基部为增大的萼片所包围，果柄粗厚，成熟时 4 瓣裂。种子大，无毛，长约 1 cm，宽 7～8 mm。染色体：2n=28、30、38（Yen et al., 1992）。物候期：花期 4—7 月，果期 6—10 月。

【原产地及分布现状】 原产于热带美洲，现广布于全热带（Wilson, 1960）。**国内分布**：福建、广东、广西、海南、湖南、江苏、江西、陕西、上海、四川、香港、云南、浙江。河北、内蒙古、山西、天津等北方地区常借助人工培植。

【生境】 喜阳光充足和温暖，不耐寒，对土壤要求不严，在向阳湿润条件下生长良好。

【传入与扩散】 **文献记载**：成书于 1406 年的《救荒本草》就已经有记载；1965 年在云南有记载（吴征镒，1965）。2004 年台湾将其列为归化植物（Wu et al., 2004）。2014 年作为入侵植物报道（寿海洋 等，2014）。**标本信息**：后选模式（Lectotype），"Mundavalli" in Rheede, Hort. Malab., 11: 103, t. 50, (1692), 1963 年由 Verdcourt 指定。中国最早的标本于 1929 年 11 月 3 日采自广州市东山（麦学榜 7738，IBSC0526928），之后侯宽昭于 1933 年 4 月 14 日自海南三亚市采到标本（侯宽昭 70540，PE）。**传入方式**：有意引入，观赏（寿海洋 等，2014）。**传播途径**：自然或引种扩散。**繁殖方式**：种子繁殖。**入侵特点**：① 繁殖性 种子繁殖，生长迅速。② 传播性 主要通过人为引种或随绿植夹带动而传播。③ 适应性 适应性较强，在多种环境下均能生长。**可能扩散的区域**：华南、中南等热带及南亚热带地区。

【危害及防控】 **危害**：很多地方逸为野生，广东、海南、云南等地有形成入侵之势，局部地区造成比较严重的危害，2004 年有报道称其蚕食大片森林，危害程度为中度（徐海根和强胜，2018）。危害程度较轻。**防控**：加强种子管理，加强逸生控制，采用化学除草剂防治（徐海根和强胜，2018）。

【凭证标本】 广东省潮州市潮安区东凤镇，海拔 4 m，23.586 1°N，116.643 9°E，2014 年 10 月 23 日，曾宪锋 RQHN06541（CSH）；福建省漳州市永定县王寿山，海拔 208 m，2017 年 8 月 3 日，曾宪锋 ZXF30577（CZII0025996）；海南省海口市，海拔 5 m，2012 年 7 月 20 日，曾宪锋 ZXF12551（CZH0017541）；江苏省徐州市黑山，2011 年 8 月 17 日，刘启新、熊豫宁 3355（NAS00582310）。

月光花（*Ipomoea alba* Linnaeus）

1. 群落和生境；2. 叶枝；3. 花（正面观）；4. 果；5. 种子

参考文献

寿海洋，闫小玲，叶康，等，2014.江苏省外来入侵植物的初步研究 [J] . 植物分类与资源
    学报，36（6）：793-807.

吴征镒，1965.云南热带亚热带植物区系研究报告 [M] . 北京：科学出版社 .

徐海根，强胜，2018.中国外来入侵生物：上册 [M] . 修订版 . 北京：科学出版社：421-423.

Wilson K A, 1960. The genera of Convolvulaceae in the Southeastern United States[J]. Journal of the
    Arnold Arboretum, 43(3): 298–317.

Wu S H, Hsieh C F, Rejmánek M, 2004. Catalogue of the naturalized flora of Taiwan[J]. Taiwania,
    49(1): 16–31.

Yen D E, Gaffey P M, Coates D J, 1992. Chromosome numbers of Australian species of *Ipomoea* L.
    (Convolvulaceae)[J]. Austrobaileya, 3: 749–755.

2. **茑萝** *Ipomoea quamoclit* Linnaeus, Sp. Pl. 1: 159–160. 1753. ——*Quamoclit pennata* (Desrousseaux) Bojer, Hort. Maurit. 224. 1837; *Convolvulus pennatus* Desrousseaux in Lam. Encyl. 3: 567. 1791.

【别名】 茑萝松、羽叶茑萝

【特征描述】 一年生柔弱缠绕草本。无毛。叶卵形或长圆形，长 2～10 cm，宽 1～6 cm，羽状深裂至中脉，具 10～18 对线形至丝状的平展的细裂片，裂片先端锐尖；叶柄长 8～40 mm，基部常具假托叶。花序腋生，由少数花组成聚伞花序；总花梗大多超过叶，长 1.5～10 cm，花直立，花柄较花萼长，长 9～20 mm，在果时增厚呈棒状；萼片绿色，稍不等长，椭圆形至长圆状匙形，外面 1 片稍短，长约 5 mm，先端钝而具小凸尖；花冠高脚碟状，长约 2.5 cm 以上，深红色，无毛，管柔弱，上部稍膨大，冠檐开展，直径 1.7～2 cm，5 浅裂；雄蕊及花柱伸出；花丝基部具毛；子房无毛。蒴果卵形，长 7～8 mm，4 室，4 瓣裂，隔膜宿存，透明。种子 4，卵状长圆形，长 5～6 mm，黑褐色。染色体：$2n=30$（Sinha, 1992）。物候期：花期 7—9 月，果期 8—10 月。

【原产地及分布现状】 原产于热带美洲（Austin, 2013），现广布于全球温带及热带。国内分布：

安徽、澳门、北京、重庆、福建、广东、广西、贵州、河北、河南、黑龙江、湖北、湖南、江苏、江西、辽宁、青海、山东、山西、陕西、上海、四川、台湾、天津、香港、云南、浙江。全国广泛栽培，仅在北京、江苏、上海、安徽、浙江等局部有逸生（徐海根和强胜，2018）。

【生境】 路旁、荒地、垃圾场。喜光、温暖湿润环境，忌寒冷，怕霜冻，温度低时生长非常缓慢，种子发芽适宜温度 20～25℃（徐海根和强胜，2018）。

【传入与扩散】 文献记载：1629 年引入英国栽培，后引入我国（徐海根和强胜，2018）；清康熙年间（1711 年）的《花历百咏》以及清代《植物名实图考》均有记载。2006 年作为有害入侵杂草报道（曲波 等，2006）；2012 年《中国外来植物》收录（何家庆，2012）。2018 年作为入侵植物收录于《中国外来入侵生物》（修订版）（徐海根和强胜，2018）。标本信息：后选模式（Lectotype），Herb. Clifford: 66, Ipomoea 1 (BM000558077)，采自印度，由 Biju 指定（Biju, 2002）存放于英国自然历史博物馆（BM）。我国最早的标本记录于 1917 年 3 月 9 日采自广州市（C. O. Levine, s. n., PE01603783），较早的标本记录还有 Courtois 于 1919 年 9 月 22 日在江苏省采到（Courtois 19411, NAS）。传入方式：有意引入，作为观赏植物栽培。传播途径：随人工引种扩散。繁殖方式：种子繁殖。入侵特点：① 繁殖性 种子繁殖，生长迅速。② 传播性 可随人类活动而传播。③ 适应性 适应性强，能适应多种环境。可能扩散的区域：全国适生区。

【危害及防控】 危害：排挤本地植物，影响生物多样性。防控：限制引种，防止蔓延进入自然生态系统；人工清除采用营养生长期自基部割断的方式去除。

【凭证标本】 江苏省盐城市大丰市三龙镇，2015 年 8 月 17 日，严靖、闫小玲、李惠茹、王樟华 RQHD02853（CSH）；江西省九江市彭泽县，海拔 30 m，29.902 7°N，116.551 7°E，2016 年 10 月 11 日，严靖、王樟华 RQHD09994（CSH）；广西桂林市雁山镇，海拔 151.59 m，25.069 4°N，110.301 4°E，2016 年 8 月 26 日，韦春强、李象钦 RQXN08072（CSH）。

茑萝（*Ipomoea quamoclit* Linnaeus）
1. 群落和生境；2. 叶；3. 花；4. 幼果；5. 开裂的果

参考文献

何家庆, 2012. 中国外来植物 [M]. 上海: 上海科学技术出版社: 247-248.

曲波, 吕国忠, 杨红, 等, 2006. 辽宁省外来入侵有害生物——杂草调查 [J]. 沈阳农业大学学报, 37 (4): 587-592.

徐海根, 强胜, 2018. 中国外来入侵生物: 上册 [M]. 修订版. 北京: 科学出版社: 426-428.

Austin D F, 2013. The Origin of Quamoclit (*Ipomoea quamoclit*, Convolvulaceae): a review[J]. Economic botany, 67(1): 63–79.

Biju S D, 2002. Lectotypification of two Linnaean specific names in Convolvulaceae[J]. Taxon, 51(4): 755–756.

Sinha S, Sharma S N, 1992. Taxonomic significance of karyomorphology in *Ipomoea* spp[J]. Cytologia, 57: 289–293.

3. 橙红茑萝 *Ipomoea coccinea* Linnaeus, Sp. Pl. 1: 160. 1753. ——*Quamoclit coccinea* (Linnaeus) Moench, Methodus 2: 453. 1794. 中国植物志 64 (1): 112. 1979.

【别名】 圆叶茑萝

【特征描述】 一年生草本。茎缠绕,平滑,无毛。叶心形,长3～5 cm,宽2.5～4 cm,骤尖,全缘,或边缘为多角形,或有时多角状深裂,叶脉掌状;叶柄细弱,几与叶片等长。聚伞花序腋生,有花3～6朵,总花梗细弱,较叶柄长,有2苞片,花柄长约1 cm,小苞片2;萼片5,不相等,卵状长圆形,钝头,有长芒尖,芒线状,长2 mm,着生于萼片顶端稍下方;花冠高脚碟状,橙红色,喉部带黄色,长达8～25 mm,管细长,于喉部骤然展开,冠檐5深裂;雄蕊5,显露于花冠之外,稍不等长,花丝丝状,基部肿大,有小鳞毛,花药小;雌蕊稍长于雄蕊;子房4室,每室1胚珠;花柱丝状,柱头头状,2裂。蒴果小,球形,长约5 mm。种子1～4,卵圆形或球形,成熟时4瓣裂。染色体: 2*n*=28 (Sampathkumar, 1979)。物候期: 花期6—8月下旬,果熟期8—10月。

【原产地及分布现状】 原产于南、北美洲 (Wilson, 1960; Austin, 1984),现广泛归化于热带和部分温带地区。**国内分布**：安徽、北京、重庆、福建、广东、广西、河北、河南、吉林、江苏、江西、辽宁、山东、山西、陕西、上海、四川、台湾、天津、香港、云南、浙江。

【**生境**】 喜阳光充足的湿润环境，畏寒，略耐旱，宜在肥沃砂质土壤中生长。

【**传入与扩散**】 **文献记载**：20 世纪 30 年代前引入。1937 年出版的《中国植物图鉴》就有记载（贾祖璋和贾祖珊，1937）。1979 年《中国植物志》收载（方瑞征和王素华，1979）。2012 年《中国外来植物》收载（何家庆，2012）。2018 年作为入侵植物报道（季敏 等，2014）。**标本信息**：后选模式（Lectotype），Linn. No. 219.3，标本存于林奈学会植物标本馆（LINN）。中国最早的标本于 1942 年 9 月 12 日在陕西省眉县采到（K. T. Fu 3906, WUK0358931）。**传入方式**：有意引入，观赏绿化。**传播途径**：人工引种。**繁殖方式**：种子繁殖。**入侵特点**：① 繁殖性 种子繁殖，出苗率较高，生长迅速。② 传播性 主要通过人为引种或随绿植夹带而传播。③ 适应性 适应多种环境，适应性强。**可能扩散的区域**：中国各地，通过栽培逸生。

【**危害及防控**】 **危害**：攀爬性强，影响近旁作物采光。**防控**：可采用人工防除，如苗期人工拔除和化学防除，如施放除草剂 2, 4-D。

【**凭证标本**】 江西省南昌市高新花卉市场，海拔 31.5 m，28.724 4°N，115.961 0°E，2016 年 9 月 21 日，严靖、王樟华 RQHD10024（CSH）；安徽省宣城市绩溪县湖村附近，海拔 221 m，30.119 8°N，118.699 3°E，2014 年 9 月 3 日，严靖、李惠茹、王樟华、闫小玲 RQHD00738（CSH）；江苏省常州市圩塘港口，2015 年 10 月 20 日，李振宇、周明华、伏建国、胡长松、徐松芝 RQHZ13516（CSH）。

【**相似种**】 常春藤叶茑萝（*Ipomoea hederifolia* Linnaeus）。常春藤叶茑萝与橙红茑萝非常相似，模式文献中的差别为前者叶为 3 裂。Austin 在对番薯属进行修订时，指出其差别为橙红茑萝花萼长 5～8 mm，果梗反折，而常春藤叶茑萝花萼长 4.5～5 mm，果梗直立。并且认为常春藤叶茑萝为热带成分，在亚洲分布的只有该种（Austin, 1979, 1984），因而在 *Flora of China* 仅记载了这个种，但仅列了名称而未进行描述也未作相关的异名处理（Fang & Staples, 1995）。我们发现在福建采集的标本中有该种类型，叶明显 3 深裂，应该认为常春藤叶茑萝在我国确实存在。当然，也有一些学者认为两者是一个种，应该予以合并，但作者认为还需进一步研究。通过检查模式标本，在我国长江流域及其以北分布的应为橙红茑萝，叶通常为全缘或不规则浅裂，花萼长度大多稍长于 5 mm，果梗直立和反折均有，认为《中国植物志》中的处理是合适的，只不过其采用的学名为 *Quamoclit coccinea* (Linnaeus) Moench。葵叶茑萝 [*Ipomoea* × *sloteri* (House) Oostroom] 系杂交起源的园艺种（*Ipomoea coccinea* Linnaeus × *Ipomoea quamoclit* Linnaeus），与橙红茑萝的区别为葵叶茑萝叶掌状深裂，裂片披针形，先端细长而尖，下部 2 裂片各 2 裂；花冠较大，长 3～5cm，我国多地有栽培。

橙红茑萝（*Ipomoea coccinea* Linnaeus）

1. 群落和生境；2. 部分植株；3. 叶和花序；4. 花；5. 果实

参考文献

方瑞征，王素华，1979. 旋花科［M］// 吴征镒 . 中国植物志：第 64 卷第 4 分册 . 北京：科
　　学出版社：110-113.

何家庆，2012. 中国外来植物［M］. 上海：上海科学技术出版社：248.

季敏，孙国俊，储寅芳，等，2014. 江苏南部丘陵茶园外来入侵杂草发生危害研究［J］. 植
　　物保护，40（1）：157-161.

贾祖璋，贾祖珊，1937. 中国植物图鉴［M］. 上海：开明书店：231.

Austin D F, 1979. *Ipomoea hederrifolia* Linnaeus. //Flora of Pakistan. http://www.efloras.org/
　　florataxon.aspx?flora_id=5&taxon_id=230002816.

Austin D F, 1984. Studies of the Florida Convolvulaceae—IV. *Ipomoea*[J]. Florida Scientist, 47(2):
　　81-87.

Fang R C, Staples G, 1995. Convolvulaceae[M]// Wu Z Y, Raven P H. Flora of China: vol 16.
　　Beijing: Science Press: 271-325.

Sampathkumar R, 1979. Karyomorphological studies on some South Indian Convolvulaceae[J].
　　Cytologia, 44: 275-286.

Wilson K A, 1960. The genera of Convolvulaceae in the southeastern United States[J]. Journal of the
　　Arnold Arboretum, 41(3): 298-317.

4. **圆叶牵牛 *Ipomoea purpurea*** (Linnaeus) Roth, Bot. Abh. 27. 1787. —— *Convolvulus
purpureus* Linnaeus, Sp. Pl. ed. 2. 1: 219. 1762. —— *Pharbitis purpurea* (Linnaeus)
Voigt, Hort. Suburb. Calcutl. 354. 1845.

【别名】 牵牛花、喇叭花、连簪簪、打碗花、紫花牵牛

【特征描述】 一年生缠绕草本。茎上被倒向的短柔毛杂有倒向或开展的长硬毛。叶心
形，长 4～18 cm，宽 3.5～16.5 cm，基部圆，心形，顶端锐尖、骤尖或渐尖，通常全
缘，偶有 3 裂，两面疏或密被刚伏毛；叶柄长 2～12 cm，毛被与茎同。花腋生，单一或
2～5 朵着生于花序梗顶端成伞形聚伞花序，花序梗比叶柄短或近等长，长 4～12 cm，
毛被与茎相同；苞片线形，长 6～7 mm，被开展的长硬毛；花梗长 1.2～1.5 cm，被倒
向短柔毛及长硬毛；萼片近等长，长 1.1～1.6 cm，外面 3 片长椭圆形，渐尖，内面 2 片

线状披针形，外面均被开展的硬毛，基部更密；花冠漏斗状，长 4～6 cm，紫色、红色或白色，花冠管通常白色；雄蕊与花柱内藏；雄蕊不等长，花丝基部被柔毛；子房无毛，3 室，每室 2 胚珠，柱头头状；花盘环状。蒴果近球形，3 瓣裂。种子卵状三棱形，长约 5 mm，黑褐色或米黄色，被极短的糠秕状毛。**染色体**：$2n$=30、32（Roy, 1979）。**物候期**：花期 6—9 月，果期 9—10 月。

【**原产地及分布现状**】 原产于美洲（Britton & Brown, 1913），现于世界各地广泛栽培和归化。**国内分布**：全国。

【**生境**】 适应性很广，多生于田边、路旁、平原、山谷和林内（李扬汉，1998）。

【**传入与扩散**】 **文献记载**：1890 年已有栽培（徐海根和强胜，2004）。1937 年出版的《中国植物图鉴》就有记载（贾祖璋和贾祖珊，1937）。1956 年《广州植物志》记载（侯昭宽，1956），1995 年列为外来杂草（郭水良和李扬汉，1995），2002 年《中国外来入侵种》记载为入侵植物（李振宇和解焱，2002）。**标本信息**：后选模式（Lectotype），Austin, Ann. "Convolvulus folio cordato glabro, flore violaceo" in Dillenius, Hort. Eltham., 1: 100, t. 84, f. 97 (1732)，为一张插图，1975 年由 Austin 指定。中国最早的标本于 1929 年 4 月采自上海市（Musee Heude 742, NAS00130395）。**传入方式**：有意引入，作为花卉观赏（徐海根和强胜，2004）。**传播途径**：随人工引种栽培而扩散蔓延。**繁殖方式**：种子繁殖。**入侵特点**：① 繁殖性 种子繁殖，出苗率非常高，生长极其迅速。② 传播性 可通过人为引种或随绿植夹带，以及交通运输工具等携带而传播。③ 适应性 适应各种环境，适应性非常强，分布非常广泛。**可能扩散的区域**：全国。

【**危害及防控**】 **危害**：庭院常见杂草，危害草坪和灌木。危害程度较严重。2014 年被环境保护部列入第二批中国外来入侵物种名单。**防控**：可在幼苗期人工铲除，亦可在结果前将茎割断。化学防除，结合使用二甲四氯和 2, 4-D 丁酯可使种子不能萌发、幼苗致死，叶片喷洒可杀死牵牛成熟植株（万方浩 等，2012）。

【凭证标本】 重庆市黔江区白石乡龙池村，海拔 924 m，29.729 5°N，108.137 3°E，2014
年 9 月 26 日，刘正宇、张军等 RQHZ06432（CSH）；辽宁省丹东市东港市长山镇江海
大道，海拔 269 m，44.603 2°N，129.586 2°E，2015 年 8 月 5 日，齐淑艳 RQSB03708
（CSH）；浙江省嘉兴市海宁市盐仓附近，海拔 3 m，30.391 9°N，120.421 4°E，2014 年 11
月 4 日，闫小玲、王樟华、李惠茹、严靖 RQHD01290（CSH0102901）；河南省驻马店市
西平县驻马店服务区，海拔 66 m，33.275 4°N，114.092 3°E，2016 年 8 月 13 日，刘全儒、
何毅等 RQSB09577（BNU0028909）。

圆叶牵牛 [*Ipomoea purpurea* (Linnaeus) Roth]
1. 群落和生境；2. 部分植株；3. 幼苗；4. 花；5. 果实

参考文献

郭水良，李扬汉，1995.我国东南地区外来杂草研究初报［J］.杂草学报，（2）：4-8.

侯昭宽，1956.广州植物志［M］.北京：科学出版社：585.

贾祖璋，贾祖珊，1937.中国植物图鉴［M］.上海：开明书店：230.

李扬汉，1998.中国杂草志［M］.北京：中国农业出版社：413-414.

李振宇，解焱，2002.中国外来入侵种［M］.北京：中国林业出版社：137.

万方浩，刘全儒，谢明，2012.生物入侵：中国外来入侵植物图鉴［M］.北京：科学出版社：198-199.

徐海根，强胜，2004.花卉与外来物种入侵［J］.中国花卉园艺，（14）：6-7.

Britton N L, Brown A, 1913. Illustrated flora of the northern states and Canada: vol 3[M]. New York: New York Botanical Garden: 24.

Roy R, 1979. Karyotype of *Ipomoca purpurea*[J]. Proc Indian Sci Congr Assoc (III, C) , 66: 84−85.

Wilson K A, 1960. The genera of Convolvulaceae in the southeastern United States[J]. Journal of the Arnold Arboretum, 41(3): 298−317.

5. **变色牵牛 *Ipomoea indica*** (J. Burman) Merrill, Interpr. Herb. Amboin. 445. 1917. ——
Convolvulus indicus J. Burman, Index Univ. Herb. Amb. 7: 6. 1755.

【别名】 **锐叶牵牛**

【特征描述】 一年生缠绕草本。植株各部均被柔毛，或茎和花序梗被微硬毛，而无刚毛状硬毛。叶卵形或圆形，全缘或 3 裂，长 5～15 cm，基部心形，背面密被灰白色短而柔软贴伏的毛，叶面毛较少。花数朵聚生成伞形聚伞花序，花序梗长于叶柄，花梗短；苞片线形，萼片阔披针状，渐尖，长 1.4～2.2 cm，外面无毛或被贴伏的柔毛；花冠蓝紫色，以后变红紫色或红色，漏斗状，长 5～8 cm；雄蕊和雌蕊内藏，子房无毛，3 室；蒴果球形，3 瓣裂。种子卵状三棱形，黑褐色。**染色体**：$2n=30$（Yeh & Tsai, 1995）。**物候期**：花期春季到秋季，果期秋季。

【原产地及分布现状】 原产于南美洲（Austin, 1996），现广泛分布于泛热带地区。**国内**

分布：福建、广东、海南、台湾、香港、云南。北方常见栽培。

【生境】 喜高温、通风环境及给排水良好的土壤，较耐寒但不耐寒。海拔 500 m 以下的海滩、湿润的森林、杂草丛。

【传入与扩散】 **文献记载**：1979 年《中国植物志》记载。1998 年收录于《中国杂草志》（李扬汉，1998）。2004 年列入台湾归化植物名录（Wu et al., 2004）。2011 年作为入侵植物收载于《中国外来入侵生物》（徐海根和强胜，2011）。**标本信息**：后选模式（Lectotype），Fosberg 指定的一幅插图：Besler, Hort. Eyst. Aest. Ord. 8: f. 2(1613)（Fosberg, 1976）。中国最早的标本于 1932 年 5 月 17 日采自台湾（Y. Shimada 11048, IBSC0553320）。**传入方式**：有意引入，作为观赏植物而引种到华南热带地区而逸为野生。**传播途径**：随引种栽培而扩散。**繁殖方式**：种子繁殖和营养繁殖。**入侵特点**：① 繁殖性 常年开花结果。② 传播性 可通过匍匐茎迅速蔓延。③ 适应性 攀缘习性其能够成功地与树木竞争。其迅速增长的匍匐茎可形成致密的结构。且未发现有严重的病虫害干扰（Csurhes, 2018）。**可能扩散的区域**：热带、亚热带区域。

【危害及防控】 **危害**：入侵到自然生态环境中干扰生境，影响本地种的生长（徐海根和强胜，2011）。现在已成为澳大利亚、新西兰、南非、加利福尼亚和葡萄牙的有害杂草和入侵物种。**防控**：结实前人工铲除；化学防治，采用草甘膦水剂喷洒。

【凭证标本】 广东省肇庆市高要区鼎湖禄沥，海拔 60 m，1965 年 4 月 13 日，石国良、黄水帝 2303（IBSC）；福建省福州市闽江口，海拔 0 m，26.130 8°N，119.594 7°E，2015 年 4 月 15 日，陈彬 CB08960（CSH 0068490）；广东省汕尾市海丰县梅陇镇联平村，海拔 20 m，22.874 2°N，115.191 2°E，2014 年 9 月 17 日，王瑞江 RQHN00275（CSH0128488）。

变色牵牛 [*Ipomoea indica* (J. Burman) Merrill]

1. 群落和生境；2. 植物外形；3. 叶；4. 花

参考文献

陈菊艳, 刘童童, 田茂娟, 等, 2016. 贵阳市乌当区外来入侵植物调查及对策研究 [J] . 贵州林业科技, 44 (2): 32-40.

李扬汉, 1998. 中国杂草志 [M] . 北京: 中国农业出版社: 412.

徐海根, 强胜, 2011. 中国外来入侵生物 [M] . 北京: 科学出版社: 350-351.

Austin D F, Huáman Z, 1996. A Synopsis of *Ipomoea* (Convolvulaceae) in the Americas[J]. Taxon, 64(3): 3-38.

Csurhes S, 2008. Pest plan risk assessment, blue morning glory *Ipomoea indica*[J]. Retrieved October, 16: 2014.

Fosberg F R, 1976. *Ipomoea indica* taxonomy: a tangle of morning glories[J]. Botaniska notiser, 129: 35-38.

Wu S H, Hsieh C F, Rejmánek M, 2004. Catalogue of the naturalized flora of Taiwan[J]. Taiwania, 49(1): 16-31.

Yeh H C, Tsai J L, 1995. Karyotype analysis of the Convolvulaceae in Taiwan[J]. Annual Taiwan Mus, 38: 58-61.

6. **裂叶牵牛 *Ipomoea hederacea*** Jacquin, Collectanea 1: 124. 1787. ——*Ipomoea hederacea* Jacquin var. *integriuscula* A. Gray, Syn. Fl. N. Amer. (ed. 2) 2(1): 433. 1866.

【别名】 牵牛

【特征描述】 一年生缠绕草本。全株被粗硬毛。叶互生, 心状卵形, 全缘或 3～5 裂, 长 4～15 cm, 中裂片卵圆形, 侧裂三角形, 裂口弧形内凹, 叶柄长 2～15 cm。花序有花 1～3 朵, 总花梗长 2.5～5 cm; 苞片 2, 披针形; 萼片近等长, 长约 1.5～1.8 cm, 披针形, 先端向外翻卷, 内面 2 片稍狭, 外面被开展的刚毛, 基部更密; 花冠漏斗状, 长 5～8 cm, 蓝紫色或紫红色, 花冠管色淡; 雄蕊及花柱内藏; 雄蕊 5, 不等长; 花丝基部被柔毛; 子房无毛, 3 室, 柱头头状。蒴果近球形, 3 瓣裂。种子卵状三棱形, 长约 5 mm, 黑色或黑褐色, 表面粗糙。**染色体**: $2n=30$ (Sinha & Sharma, 1992)。**物候期**: 花期 6—9 月, 果期 9—10 月。

【原产地及分布现状】 原产于热带美洲（Britton & Brown, 1913），现已广植于热带和亚热带地区。**国内分布**：全国广泛栽培，安徽、北京、福建、广东、河北、河南、湖南、江西、辽宁、山东、山西、上海、新疆、浙江。

【生境】 生于田边、路旁、河谷、宅园、果园、山坡、苗圃或栽培。

【传入与扩散】 **文献记载**：1953 年出版的《华北经济植物志要》有记载（崔友文，1953）；1964 年的《北京植物志》有记载（北京师范大学生物系，1964）；1988 年《河北植物志》有记载（尹祖棠，1988）；2009 年《中国外来杂草原色图鉴》将其列为有害外来杂草（车晋滇，2009）。**标本信息**：后选模式（Lectotype），W0032941，存放于维也纳自然史博物馆（W），2014 年由 Bianchini 等指定。最早的标本为 Y. Sato 在 1925 年 9 月 25 日于辽宁旅顺口区采到（PE01143186）（Austin et al., 2014）。**传入方式**：有意引入，栽培供观赏。**传播途径**：人工引种。**繁殖方式**：种子繁殖。**入侵特点**：① 繁殖性 种子繁殖，出苗率非常高，生长极其迅速。② 传播性 可通过人为引种或随绿植夹带，以及交通运输工具等携带而传播。③ 适应性 适应各种环境，适应性非常强，分布非常广泛。**可能扩散的区域**：全国。

【危害及防控】 **危害**：城市常见杂草，主要危害草坪和灌木。**防控**：可在幼苗期人工铲除，亦可在结果前将茎割断。也可采用化学防除手段，如用二甲四氯和 2, 4-D 丁酯结合可使种子不能萌发、幼苗死亡，叶片喷洒可杀死成熟植株。

【凭证标本】 河南省平顶山市新城区湖边公园白龟湖湿地公园，海拔 106 m，33.754 2°N，113.195 2°E，2016 年 8 月 14 日，刘全儒、何毅等 RQSB09581（BNU 0025859）；福建省南平市宁化县汽车站西，海拔 26 m，26.487 8°N，119.549 9°E，2015 年 10 月 13 日，曾宪锋 RQHN07530（CSH）；辽宁省营口市老边区路南镇赵平房村，海拔 70 m，41.601 4°N，123.541 5°E，2014 年 6 月 29 日，齐淑艳 RQSB04855（CSH）。

【相似种】 牵牛 [*Ipomoea nil* (Linnaeus) Roth]。二者亲缘关系接近，在萼片和叶片形态等方面均有明显区别：裂叶牵牛叶片 3～5 裂，稀全缘，且叶裂处弧形内凹，萼片先端向外翻卷，而牵牛叶片 3 裂，叶裂处不内凹，萼片不翻卷（杨丽娟和李法曾，2008）。国内大多数的植物志和文献将上述 2 种合并在一起是错误的，也出现了很多名称的误用，如将裂叶牵牛的学名 *Ipomoea hederacea* Jacquin 写为 *Ipomoea hederacea* (Linnaeus) Jacquin，后者的基原异名 *Convolvulus hederaceus* Linnaeus 为牵牛 *Ipomoea nil* (Linnaeus) Roth 的异名，但其对应的实体与 *Ipomoea hederacea* Jacquin 并非同种。

裂叶牵牛（*Ipomoea hederacea* Jacquin）
1. 群落和生境；2. 叶；3. 花枝；4. 花（侧面观），示萼裂片先端外弯；5. 果

参考文献

北京师范大学生物系，1964. 北京植物志：中册［M］. 北京：北京出版社：774.

车晋滇，2009. 中国外来杂草原色图鉴［M］. 北京：化学工业出版社：136-137.

崔友文，1953. 华北经济植物志要［M］. 北京：科学出版社：402.

杨丽娟，李法曾，2008. 牵牛复合体（旋花科）的分类学研究［J］. 植物科学学报，26
　（6）：589-594.

尹祖棠，1988. 旋花科［M］// 贺士元 . 河北植物志：第 2 卷 . 石家庄：河北科学技术出版
　社：382-384.

Austin D F, Staples G, Bianchini R S, 2014. Typification of *Ipomoea hederacea* Jacq.[J]. Taxon,
　63(1): 167-171.

Britton N L, Brown A, 1913. Illustrated flora of the northern states and Canada: vol 3[M]. New York:
　New York Botanical Garden: 24.

Sinha S, Sharma S N, 1992. Taxonomic significance of karyomorphology in *Ipomoea* spp[J].
　Cytologia, 57(3): 289-293.

7. 牵牛 *Ipomoea nil* (Linnaeus) Roth, Catal. Bot. 1: 36. 1797. —— *Convolvulus nil* Linnaeus, Sp. Pl. ed. 2. 1: 219. 1762. —— *Pharbitis nil* (Linnaeus) Choisy, Mém. Soc. Phys. Genève 6(2): 439-440.1833. ——*Convolvulus hederaceus* Linnaeus, Sp. Pl. 1: 154. 1753. ——*Pharbitis limbata* Lindley, J. Hort. Soc. London 5: 33. 1850.

【别名】 勤娘子、喇叭花、筋角拉子、大牵牛花

【特征描述】 一年生缠绕草本。茎上被倒向的短柔毛及杂有长硬毛。叶宽卵形或近圆形，通常 3 裂，长 4～15 cm，宽 4.5～14 cm，基部圆，心形，中裂片长圆形或卵圆形，渐尖或骤尖，侧裂片较短，三角形，裂口锐或圆，叶面或疏或密被微硬的柔毛；叶柄长 2～15 cm，毛被同茎。花腋生，单一或几朵着生于花序梗顶，花序梗长短不一，长 1.5～18.5 cm，通常短于叶柄，毛被同茎；苞片线形或叶状，被开展的微硬毛；花梗长 2～7 mm；小苞片线形；萼片近等长，长 2～2.5 cm，披针状线形，内面 2 片稍狭，外面被开展的刚毛，基部更密，有时也杂有短柔毛；花冠漏斗状，长 5～8（～10）cm，

蓝紫色或紫红色，花冠管色淡；雄蕊及花柱内藏；雄蕊不等长；花丝基部被柔毛；子房无毛，3室，柱头头状。蒴果近球形，直径 0.8～1.3 cm，3 瓣裂。种子卵状三棱形，长约 6 mm，黑褐色或米黄色，被褐色短绒毛。**染色体**：2*n*=30（Federov, 1974）。**物候期**：花期 6—9 月，果期 9—10 月。

【**原产地及分布现状**】 原产于美洲（Austin et al., 2001），现已广植于热带和亚热带地区。**国内分布**：安徽、澳门、北京、重庆、福建、甘肃、广东、广西、贵州、海南、河北、河南、黑龙江、湖北、湖南、吉林、江苏、江西、辽宁、内蒙古、宁夏、山东、山西、陕西、上海、四川、台湾、天津、西藏、香港、新疆、云南、浙江。全国广泛栽培。

【**生境**】 生于田边、路旁、河谷、宅园、果园、山坡、苗圃或栽培。

【**传入与扩散**】 **文献记载**：明代引种到沿海地区种植。1591 年的著作《草花谱》记载江浙一带将其作为花卉栽培。1995 年列为外来杂草（郭水良和李扬汉，1995）。1998 年收录于《中国杂草志》（李扬汉，1998）。2012 年作为入侵植物收录于《生物入侵：中国外来入侵植物图鉴》（万方浩 等，2012）。**标本信息**：后选模式（Lectotype），"Convolvulus caeruleus, hederaceo folio, magis anguloso" in Dillenius, Hort. Eltham., 1: 96, t. 80, f. 91 (1732), 1957 年由 Verdcourt（1957）指定（Shinners, 1965）。中国最早的标本于 1916 年 9 月 21 日采自江苏省（Courtois 16064, NAS00131973）。**传入方式**：有意引入，栽培供观赏。**传播途径**：人工引种。**繁殖方式**：种子繁殖。**入侵特点**：① 繁殖性　结实率高，每株可结蒴果 15～50 个。② 传播性　种子传播速度快，通过人类活动能够很快传播到较远的地方。③ 适应性　根的深度可达 1 m，主茎攀缘缠绕高度 1.5～2 m，最高可达 2.6 m 以上，竞争阳光养分的能力强，分布广泛（王继善，2009）。**可能扩散的区域**：全国人类活动区域。

【**危害及防控**】 **危害**：为城市常见杂草，有时危害草坪和灌木。**防控**：可在幼苗期人工铲除，亦可在结果前将茎割断。也可采用化学防除手段，如结合使用二甲四氯和 2, 4-D

丁酯可使种子不能萌发、幼苗死亡，叶片喷洒可杀死成熟植株（万方浩 等，2012）。

【凭证标本】 江西省宜春市靖安县，海拔 89.66 m，28.869 0°N，115.356 1°E，2016 年 10 月 19 日，严靖、王樟华 RQHD03377（CSH）；甘肃省天水市秦安县任沟村，2015 年 8 月 3 日，张勇、李鹏 RQSB02455（CSH）；江苏省连云港市东海县 S323 阜成庄驼峰乡，海拔 31.07 m，34.543 1°N，118.833 7°E，2015 年 5 月 29 日，严靖、闫小玲、李惠茹、王樟华 RQHD02086（CSH）；河南省安阳市汤阴县韩庄乡铁路桥，海拔 82 m，35.931 8°N，114.340 8°E，2016 年 8 月 17 日，刘全儒、何毅等 RQSB09618（BNU 0028901）。

牵牛［*Ipomoea nil* (Linnaeus) Roth］
1. 群落和生境；2. 幼苗和子叶；3. 叶；4. 花；5. 幼果；6. 开裂的果

参考文献

郭水良，李扬汉，1995. 我国东南地区外来杂草研究初报 [J]. 杂草学报，（2）: 4-8.

李扬汉，1998. 中国杂草志 [M]. 北京: 中国农业出版社: 412-413.

万方浩，刘全儒，谢明，2012. 生物入侵: 中国外来入侵植物图鉴 [M]. 北京: 科学出版社: 200-201.

王继善，2009. 瓦房店市玉米田裂叶牵牛的发生及药剂防控对策 [J]. 现代农业科技，（10）: 98.

Austin D F, Kitajima K, Yoneda Y, et al., 2001. A putative tropical American plant, *Ipomoea nil* (Convolvulaceae), in pre-Columbian Japanese art[J]. Economic Botany, 55(4): 515–527.

Federov A A, 1974. Chromosome numbers of flowering plants[J]. Hereditas, 63(1): 328–332.

Shinners L H, 1965. Untypification for *Ipomoea nil* (L.) Roth[J]. Taxon, 14(7): 231.

Verdcourt B, 1957. Typification of the Subdivisions of *Ipomoea* L. (Convolvulaceae) with Particular Regard to the East African Species[J]. Taxon, 6(5): 150–152.

8. 五爪金龙 *Ipomoea cairica* (Linnaeus) Sweet, Hort. Brit. ed. 1, 287. 1827. —— *Convolvulus cairicus* Linnaeus, Syst. Nat. (ed. 10) 2: 922. 1759.

【别名】 五爪龙

【特征描述】 攀缘缠绕性藤本植物。茎可达 5 m，无毛或略粗糙，略具棱。叶互生，指状，5 裂达基部，中裂片较大，卵形、卵状披针形或椭圆形，长 4～5 cm，宽 2～2.5 cm，基部一对裂片再浅裂或深裂，先端急尖或微钝而具短尖头；叶柄长 2～8 cm，常具假托叶。花序具 1 至数花，花序梗长 2～8 cm，苞片和小苞片早落；花梗长 0.5～2 cm；萼片长 4～6.5 cm，无毛。花冠粉红色或紫红色，稀白色，漏斗状，长 5～7 cm，雄蕊内藏，不等长。雌蕊内藏，子房无毛，2 室，柱头 2 裂。蒴果球形。**染色体**: 2*n*=30、60（Chiarini, 2000）。**物候期**: 花期全年。

【原产地及分布现状】 原产地不确定，可能为热带非洲和热带亚洲；模式为欧洲（1638）古籍中根据埃及植物画的图，也有学者认为该种源于为美洲。近乎泛热带分布，现在非洲、亚洲、太平洋岛屿、南美洲均有分布。**国内分布**: 澳门、福建、广东、广西、贵州、海南、江苏、陕西、四川、台湾、香港、云南。

【生境】 常生于荒地、海岸边的矮树丛、灌丛、山地林中和溪沟边。

【传入与扩散】 **文献记载**：1912 年记载在香港已经归化（Dunn & Tutcher, 1912）。1956 年《广州植物志》有记载（侯宽昭，1956）。1965 年报道在云南河口、金平等地发现（吴征镒和李锡文，1965）。2002 年的《中国外来入侵种》记载为入侵植物（李振宇和解焱，2002）。**标本信息**：后选模式（Lectotype），"Convolvulus Aegyptius" Vesling in Alpino, De Plantis Aegypti, 73, 74(1640)，2000 年由 Bosser & Heine 指定。中国最早的标本于 1918 年 4 月 14 日采自福建福州市（钟观光 s.n., PEY0058473）。**传入方式**：有意引入，观赏。**传播途径**：种子扩散和自然扩散。**繁殖方式**：营养繁殖和种子繁殖。**入侵特点**：① 繁殖性 繁殖能力强，生长迅速。② 传播性 攀缘性和分枝能力强，能够快速缠绕于其他植物上，在群落中迅速占据生态位；侧根量多且发达，匍匐茎节间处可长出不定根，增强了其吸收营养和水分的能力，能够快速形成单优群落。③ 适应性 光合利用率高，化感作用强，克隆生长及其派生的性状使入侵植物对异质性环境具有独特的适应能力。种子具有休眠特性（黄萍 等，2015）。**可能扩散的区域**：中国南亚热带地区和亚热带地区。

【危害及防控】 **危害**：入侵果园、茶园和园林植物群落，缠绕本土植物，使其不能正常进行光合作用而死亡，对农林业生产及自然生态系统造成巨大的危害（左然玲 等，2008）。对多种植物种子的萌发和根的生长具有明显的抑制化感效应（林淳和刘国坤，2008）。2017 年被国家生态环境部列入中国自然生态系统外来入侵物种名单（第四批）。**防控**：人工割除，在其开花后未结实时砍除茎部；化学防除，用 2, 4 - D 丁酯、噁草灵、氨氯吡啶酸、麦草畏、氯氟吡氧乙酸等除草剂注入其茎基部（左然玲 等，2008）。

【凭证标本】 广东省湛江市赤坎区寸金桥公园，海拔 37 m，21.271 6°N，110.346 4°E，2015 年 7 月 5 日，王发国、李西贝阳、李仕裕 RQHN02910（CSH）；广西省贵港市桂平市大洋镇，海拔 87 m，23.020 7°N，109.999 7°E，2015 年 12 月 27 日，韦春强、李象钦 RQXN07901（CSH）；福建省泉州市石狮市海边，海拔 32 m，24.705 1°N，118.700 9°E，2014 年 10 月 16 日，曾宪锋 RQHN06434（CSH）。

五爪金龙 [*Ipomoea cairica* (Linnaeus) Sweet]
1. 群落和生境；2. 叶；3. 花（侧面观）；4. 花，示雄蕊；5. 果实

参考文献

侯宽昭，1956. 广州植物志 [M]. 北京：科学出版社：586.

黄萍，陆温，郑霞林，2015. 五爪金龙的生物学特性、入侵机制及防治技术研究进展 [J].
    广西植保，28（2）：36-39.

李振宇，解焱，2002. 中国外来入侵种 [M]. 北京：中国林业出版社：136.

林淳，刘国坤，2008. 外来入侵植物五爪金龙（*Ipomoea cairica*）的研究进展 [J]. 亚热
    带农业研究，4（3）：177-180.

吴征镒，李锡文，1965. 云南热带亚热带植物区系研究报告：第一集 [M]. 北京：科学出版
    社：120-121.

左然玲，李学防，王定国，等，2008. 外来入侵杂草——五爪金龙 [J]. 杂草学报，（4）：
    67-69.

Chiarini F E, 2000. Números cromosómicos en dos especies de *Ipomoea* (Convolvulaceae)
    argentinas[J]. Kurtziana, 28(2): 309–311.

Dunn S T, Tutcher W T, 1912. Flora of Kwangtung and Hong Kong (China)[J]. Bulletin of
    Miscellaneous Information, Additional Series, 10: 178–181.

9. **七爪龙 *Ipomoea mauritiana*** Jacquin, Collectanea 4: 216. 1790. ——*Ipomoea
digitata* auct. non **侯宽昭，广州植物志**：587. 1956；**吴征镒和李锡文，云南热带
亚热带植物区系研究报告：第一集**：121. 1965；**中国植物志，64（1）：99. 1979.**

【**特征描述**】 多年生大型缠绕草本。具粗壮而稍肉质的根。茎圆柱形，有细棱，无
毛。叶长 7～18 cm，宽 7～22 cm，掌状 5～7 裂，裂至中部以下但未达基部，裂片
披针形或椭圆形，全缘或不规则波状，顶端具小短尖头，两面无毛或叶面沿中脉疏被
短柔毛；叶柄长 3～11 cm，无毛。聚伞花序腋生，各部分无毛，花序梗通常比叶长，
具少花至多花；苞片早落；花梗长 0.9～2.2 cm；萼片不等长，外萼片长圆形，长
7～9 mm，内萼片宽卵形，长 9～10 mm，顶端钝；花冠淡红色或紫红色，漏斗状，
长 5～6 cm，花冠管圆筒状，基部变狭，冠檐开展；雄蕊花丝基部被毛；子房无毛。
蒴果卵球形，高约 1.2 cm，4 室，4 瓣裂。种子 4，黑褐色，长约 6 mm，基部被长绢
毛，毛比种子长约 1 倍，易脱落。**染色体**：$2n=30$（Yen, 1992）。**物候期**：花期夏秋，
果期秋冬。

【原产地及分布现状】 原产地可能为热带美洲（Austin, 1996），目前泛热带广泛分布。
国内分布：澳门、福建、广东、广西、海南、台湾、香港、云南。

【生境】 海拔 1 100 m 以下的海边矮林、山地疏林或溪边灌丛。

【传入与扩散】 **文献记载**：1956 年《广州植物志》有记载（侯宽昭，1956）。1965 年
在云南有记载（吴征镒 等，1965）。1979 年收录于《中国植物志》（方瑞征和黄素华，
1979）。2004 年台湾记载为归化植物（Wu et al., 2004）。**标本信息**：模式标本（Type），
B－W 03762－000，采自毛里求斯，存放于柏林植物园（B）。中国最早的标本于 1917 年
7 月 9 日采自广东省广州市（C. O. Levine s. n., PE01603784）。**传入方式**：可能经由东
南亚自然传入中国南海周围地区（马金双，2014）。**传播途径**：蔓生，也可通过种子传
播（马金双，2014）。**繁殖方式**：种子繁殖。**入侵特点**：① 繁殖性 繁殖能力较强，生
长迅速。② 传播性 攀缘性和分枝能力强，能够快速缠绕于其他植物上，在群落中迅
速占据生态位，快速形成单优群落。③ 适应性 光合利用率高，对环境的适应能力强。
可能扩散的区域：长江流域以南地区。

【危害及防控】 **危害**：可覆盖其他植物，妨碍其他植物生长（马金双，2014）。**防控**：
人工拔除。

【凭证标本】 广西省钦州市浦北县官垌镇，海拔 191 m，22.423 6°N，109.682 7°E，
2015 年 9 月 18 日，韦春强、李象钦 RQXN07718（CSH）；广东省茂名市高州市云潭镇
石屋垌村，2015 年 8 月 16 日，成夏岚 RQHN03076（CSH）；香港离岛区大屿山大澳村
附近，海拔 1 m，22.245 8°N，113.860 3°E，2016 年 8 月 30 日，王瑞江、陈雨晴、蒋奥
林 RQHN01245（CSH）。

七爪龙（*Ipomoea mauritiana* Jacquin）

1. 生境和植物外形；2. 叶；3. 花枝和花；4. 果枝；5. 果实

参考文献

方瑞征, 黄素华, 1979. 番薯属 [M] // 吴征镒. 中国植物志: 第 64 卷第 1 分册. 北京: 科学出版社: 81-102.

侯宽昭, 1956. 广州植物志 [M]. 北京: 科学出版社: 587.

马金双, 2014. 中国外来入侵植物调研报告: 下卷 [M]. 北京: 高等教育出版社: 879-880.

吴征镒, 李锡文, 1965. 云南热带亚热带植物区系研究报告: 第一集 [M]. 北京: 科学出版社: 121.

Austin D F, Huáman Z, 1996. A Synopsis of *Ipomoea* (Convolvulaceae) in the Americas[J]. Taxon, 64(3): 3–38.

Wu S H, Hsieh C F, Rejmánek M, 2004. Catalogue of the naturalized flora of Taiwan[J]. Taiwania, 49(1): 16–31.

Yen D E, Gaffey P M, Coates D J, 1992. Chromosome numbers of Australian species of *Ipomoea* L. (Convolvulaceae)[J]. Austrobaileya, 3: 749–755.

10. 槭叶小牵牛 *Ipomoea wrightii* A. Gray, Syn. Fl. N. Amer. 2(1): 213.1878.

【特征描述】 多年生缠绕草本。茎细长, 无毛。叶掌状 5 全裂, 裂片披针形或线状披针形, 长 3～6 cm, 宽 1～3 cm, 全缘, 无毛; 叶柄长 5～8 cm。聚伞花序腋生, 花序梗纤细, 具 1～3 朵, 常只有 1 朵开放; 苞片 2 枚, 较小, 三角形; 花梗长 7～10 mm; 萼片卵形, 长 5～7 mm, 顶端圆钝; 花冠淡紫色或紫色, 漏斗状, 长 1.5～2 cm, 无毛; 雄蕊白色, 不等长; 雌蕊白色, 柱头 2 裂; 花萼、柱头宿存。蒴果球形, 高 8～10 mm, 2 室, 4 瓣裂。种子褐色, 被短柔毛。染色体: n=30+0～1B, 30+3B（Yeh & Tsai, 1995）。物候期: 花期颇长, 春夏均可见。

【原产地及分布现状】 原产于热带美洲（Austin & Bianchini, 1998）, 现引入美国东南部各州和欧洲比利时, 归化于中国台湾。国内分布: 广东省湛江市, 台湾。

【生境】 路边以及其他受干扰地区。

【传入与扩散】 **文献记载**：1987 年台湾报道其归化（陈世辉，1987）；2015 年在广东湛江市发现归化（王樟华 等，2017）。台湾已将其列入台湾入侵生物数据库。**标本信息**：主模式（Holotype），Wright s. n.，采自美国得克萨斯，存放于哈佛大学标本馆（GH）。中国最早的标本（陈世辉 3634）于 1984 年采自台湾花莲市。**传入方式**：可能通过货物交易，伴随大豆、玉米等粮食作物代入。**传播途径**：种子扩散和自然扩散。**繁殖方式**：种子繁殖。**入侵特点**：① 繁殖性 繁殖能力强，种群生物量大。② 传播性 具有极强的攀缘能力，具备潜在的入侵风险（王樟华 等，2017）。③ 适应性 对环境的适应能力较强。**可能扩散的区域**：亚热带地区。

【危害及防控】 **危害**：在美国东南部地区是重要的农田杂草之一（Gealy, 1998），其侵入农田会造成粮食作物减产（Chachalis, 2001）。**防控**：对已归化的种群进行动态监测，防止其形成入侵造成危害（王樟华 等，2017）。

【凭证标本】 广东省湛江市霞山南柳村，海拔 25 m，21.178 6°N，110.410 3°E，2015 年 8 月 8 日，王樟华、汪远 RQHN02963（CSH）；台湾花莲市，1984 年 6 月 4 日，陈世辉 3634。

槭叶小牵牛（*Ipomoea wrightii* A. Gray）

1. 群落和生境；2. 叶；3. 花（正面观）；4. 花（侧面观）；5. 果实

参考文献

陈世辉，1987.记台湾三种新归化植物［J］.中华林学季刊，20（1）：109-114.

王樟华，汪远，严靖，等，2017.槭叶小牵牛——中国大陆一新归化种［J］.广西植物，37
　　（12）：1533-1536.

Austin D F, Bianchini R S, 1998. Additions and corrections in American *Ipomoea* (Convolvulaceae)
　　[J]. Taxon: 833-838.

Chachalis D, Reddy K N, Elmore C D, et al., 2001. Herbicide efficacy, leaf structure, and spray
　　droplet contact angle among Ipomoea species and smallflower morningglory[J]. Weed Science,
　　49(5): 628-634.

Gealy D, 1998. Differential response of palmleaf morningglory (*Ipomoea wrightii*) and pitted
　　morningglory (*Ipomoea lacunosa*) to flooding[J]. Weed Science, 46(2): 217-224.

Yeh H C, Tsai J L, 1995. Karyotype analysis of the Convolvulaceae in Taiwan[J]. Annual Taiwan
　　Mus, 38: 58-61.

11. 毛果甘薯 *Ipomoea cordatotriloba* Dennstaedt, Nomencl. Bot. 1: 246. 1810.

【别名】 心叶番薯

【特征描述】 一年生缠绕草本。茎具细棱，无毛或疏被开展柔毛。叶互生，宽卵形
或近圆形，长 4～12 cm，宽 3～10 cm，通常 3 中裂，稀浅裂或不裂，基部深心形，
中裂片长圆形或卵形，先端急尖，侧裂片较短，卵状三角形，两面几无毛；叶柄长
2～5cm。聚伞花序有花 3～7 朵；总花梗长 3～12 cm，被毛；花梗长 5～15 mm；
萼片 5 深裂，裂片不等长，卵形至长卵形，先端尾状渐尖至长渐尖，长 0.8～1.2 cm，
外疏被开展白色长柔毛；花冠漏斗状，淡紫色，喉部深紫色，长约 3 cm；雄蕊内
藏，不等长，贴生于冠筒内；子房 2 室，每室 2 胚珠，具白色长柔毛，花柱细长，长
约 1.8 cm，柱头 2 裂。蒴果近球形，被毛，径约 0.8 cm.种子 4，卵状三棱形，长约
4 mm，黑色，光滑无毛。染色体：$2n=30$（Jones, 1968）。物候期：花期 9 月，果期
10－11 月。

【原产地及分布现状】 南、北美洲（Villaseñor, 2016; Wood et al., 2015）。**国内分布**：浙江。

【生境】 生长于受干扰的区域，喜阳光湿润。

【传入与扩散】 **文献记载**：2011 年在浙江普陀山发现（马丹丹 等，2011）。**标本信息**：模式标本（Type），Icon. in Dillenius, Hortus Elthamensis t. 84. F. 98. 1732。2014 年 10 月 28 日严靖等在浙江省舟山市岱山县采到标本（严靖、闫小玲、王樟华、李惠茹 RQHD01124, CSH）。**传入方式**：无意引入。**传播途径**：主要通过种子夹带的方式被人为传播。**繁殖方式**：种子繁殖。**入侵特点**：① 繁殖性 繁殖能力强，生长迅速。② 传播性 具有极强的攀缘能力，种子容易被夹带。③ 适应性 适应多种土壤环境。**可能扩散的区域**：南方温暖地区。

【危害及防控】 **危害**：杂草，在城市可入侵花园，难以清除。**防控**：结实前人工拔除。

【凭证标本】 浙江省舟山市岱山县东沙汽车站附近，海拔 9 m，30.315 2°N，122.138 8°E，2014 年 10 月 28 日，严靖、闫小玲、王樟华、李惠茹 RQHD01124（CSH）。

毛果甘薯（*Ipomoea cordatotriloba* Dennstaedt）

1. 群落和生境；2. 部分植株；3. 叶；4. 花（侧面观）；5. 花（正面观）

参考文献

马丹丹，金水虎，胡军飞，等，2011. 发现于普陀山的植物区系新资料 [J]. 浙江大学学报（理学版），38（2）: 215-217.

Jones A, 1968. Chromosome numbers in *Ipomoea* and related genera[J]. Journal of Heredity, 59: 99–102.

Villaseñor J L, 2016. Checklist of the native vascular plants of Mexico[J]. Revista Mexicana de Biodiversidad, 87(3): 559–902.

Wood J R I, Carine M A, Harris D, et al., 2015. *Ipomoea* (Convolvulaceae) in Bolivia[J]. Kew Bulletin, 70(3): 31.

12. 三裂叶薯 *Ipomoea triloba* Linnaeus, Sp. Pl. 1: 161. 1753.

【别名】 小花假番薯

【特征描述】 草本。茎缠绕或有时平卧。叶宽卵形至圆形，长 2.5～7 cm，宽 2～6 cm，全缘或有粗齿或深 3 裂，基部心形，两面无毛或散生疏柔毛；叶柄长 2.5～6 cm，无毛或有时有小疣。花序腋生，花序梗长 2.5～5.5 cm，较叶柄粗壮，无毛，明显有棱角，顶端具小疣，1 朵花至数朵花呈伞形状聚伞花序；花梗多少具棱，有小瘤突，无毛，长 5～7 mm；苞片小，披针状长圆形；萼片近相等，长 5～8 mm，外萼片稍短或近等长，长圆形，具小短尖头，背部散生疏柔毛，边缘明显有缘毛，内萼片有时稍宽，椭圆状长圆形，锐尖，具小短尖头，无毛或散生毛；花冠漏斗状，长约 1.5 cm，无毛，淡红色或淡紫红色，冠檐裂片短而钝，有小短尖头；雄蕊内藏，花丝基部有毛；子房有毛。蒴果近球形，高 5～6 mm，具花柱基形成的细尖，被细刚毛，2 室，4 瓣裂。种子 4 或较少，无毛。**染色体**: 2n=30、38（Yen et al., 1992）。**物候期**: 花期 7—9 月，果期 8—10 月。

【原产地及分布现状】 原产于热带美洲（Austin, 1978），现广布于世界温暖地方。**国内分布**: 安徽、澳门、重庆、福建、广东、广西、贵州、海南、河南、湖北、湖南、江苏、江西、辽宁、山东、陕西、上海、台湾、香港、云南、浙江。

【生境】 喜光，喜温暖、湿润气候。生于海拔 900 m 以下的路旁、荒草地、田野、草地、林地。

【传入与扩散】 **文献记载**：20 世纪 70 年代左右引入台湾。2004 年在台湾记载为归化植物（Wu et al., 2004）。2006 年被浙江地区记载为入侵植物（李根有 等，2006）。2011 年被《中国外来入侵生物》作为入侵种收录（徐海根和强胜，2011）。2010 和 2016 年在辽宁和陕西有报道（吴晓姝 等，2010；栾晓睿 等，2016）。**标本信息**：后选模式（Lectotype），"Convolvulus pentaphyllos minor, flore purpureo" in Sloane, Voy. Jamaica, 1: 153, t. 97, f. 1 (1707)，1978 年由 Austin 指定。中国最早的标本于 1921 年采自澳门（Anonymous 1351，PE01142537）。1950 年 9 月 20 日陈少卿在广东省广州市石牌中大理院附近向东也采到（陈少卿 6687，IBSC0553614）。**传入方式**：有意引入，作为观赏植物。**传播途径**：人工引种，后逸为野生而扩散蔓延。也经由交通工具、旅行等传播。**繁殖方式**：种子繁殖。**入侵特点**：① 繁殖性 繁殖速度和藤蔓攀爬面积广。② 传播性 自然扩散和空间占据能力强。③ 适应性 适应性强。**可能扩散的区域**：黄河流域以南的全国各地区。

【危害及防控】 **危害**：危害灌丛、草本，易形成单优群落而危害到作物及本地种的生长。因其攀爬高度有限，对高大乔木无害。危害中度，但危害潜力很大。**防控**：禁止随意引种。发现逸生种群人工铲除，大面积爆发的荒地可通过施放草甘膦等防治。

【凭证标本】 广东省河源市紫金区紫城镇曹屋，海拔 195 m，23.280 4°N，115.329 4°E，2014 年 9 月 19 日，王瑞江 RQHN00302（CSH）；广西省北海市合浦县闸口镇，海拔 18.7 m，21.713 8°N，109.490 0°E，2015 年 12 月 11 日，韦春强、李象钦 RQXN07832（CSH）；福建省福州市福清市松下镇 201 省道旁，海拔 23 m，25.733 3°N，119.355 0°E，2014 年 11 月 29 日，曾宪锋 RQHN06812（CSH）。

三裂叶薯（*Ipomoea triloba* Linnaeus）

1. 群落和生境；2. 叶；3. 花枝；4. 花（侧面观）；5. 果

参考文献

李根有，金水虎，袁建国，2006.浙江省有害植物种类、特点及防治 [J].浙江农林大学学报，23（6）：614-624.

栾晓睿，周子程，刘晓，等，2016.陕西省外来植物初步研究 [J].生态科学，35（4）：179-191.

吴晓姝，王丽霞，曲波，2010.辽宁省主要自然保护区外来入侵植物的调查分析 [J].环境保护与循环经济，30（3）：71-75.

徐海根，强胜，2011.中国外来入侵生物 [M].北京：科学出版社：354-355.

Austin D F, 1978. The *Ipomoea batatas* complex–I. Taxonomy[J]. Bulletin of the Torrey Botanical Club, 105(2): 114–129.

Wu S H, Hsieh C F, Rejmánek M, 2004. Catalogue of the naturalized flora of Taiwan[J]. Taiwania, 49(1): 16–31.

Yen D E, Gaffey P M, Coates D J, 1992. Chromosome numbers of Australian species of *Ipomoea* L. (Convolvulaceae)[J]. Austrobaileya, 3: 749–755.

13. 瘤梗甘薯 *Ipomoea lacunosa* Linnaeus, Sp. Pl. 1: 161. 1753.

【特征描述】 一年生草本。茎缠绕，多分枝，茎被稀疏的疣基毛。叶互生，叶卵形至宽卵形，长 2～6 cm，宽 2～5 cm，全缘或 3 裂，基部心形，先端具尾状尖，上面粗糙，下面光滑，叶缘具 1～3 个拐角状齿；叶柄无毛或有时具小疣。聚伞花序腋生，具花 1～3 朵，花梗具明显棱，具瘤状突起；花冠漏斗状，无毛，通常白色，有时淡红色或淡紫红色，雄蕊内藏，花药紫红色，花丝基部有毛；子房近卵球形，被毛。蒴果近球形，中部以上被毛，具花柱形成的细尖头，4 瓣裂。种子无毛。**染色体**：2*n*=30（Probatova, 1996）。**物候期**：花期 5—10 月，果期 8—11 月。

【原产地及分布现状】 原产于北美洲（Austin, 1978）。**国内分布**：安徽、福建、河北、河南、湖南、广西、江苏、江西、山东、上海、天津、浙江。

【生境】 荒野旷地、村旁田边、山坡林缘。偏好阳光充足和较为湿润的生境，有一定的耐干旱能力。

【传入与扩散】 **文献记载**：2006 年被浙江地区记载为入侵植物（李根有 等，2006；徐正浩等，2008）。2017 年报道天津出现了归化（莫训强 等，2017）。2016 年作为入侵植物收录于《中国外来入侵植物彩色图鉴》（严靖 等，2016）。**标本信息**：后选模式（Lectotype），Staple 指定的一幅插图：Hort. Eltham.: t. 87, f. "103"［102］1732（Jarvis & Staples, 2006）。较早的标本为 1983 年 9 月 23 日在浙江省台州地区采到（丁炳扬等 3565，HTC0002316）。**传入方式**：人工引种。**传播途径**：引种扩散后逸为野生。**繁殖方式**：种子繁殖。**入侵特点**：① 繁殖性　结籽量大，繁殖容易。② 适应性　生长容易，适生性强，荒野旷地、村旁田边、山坡林缘均可生长，常形成群落，以缠绕和覆盖形式危害本地。③ 传播性　种子易混入人类粮食中进行传播和扩散。**可能扩散的区域**：全国适生区。

【危害及防控】 **危害**：可能侵入农作物田，危害农业生产。目前已经入侵农田，有可能演化为恶性杂草，值得警惕。叶片含有生物碱，可致取食的动物中毒。侵入林地可能对树木生长带来影响。**防控**：加强检疫。一般逸生可结合中耕除草防控，荒野、路边大面积爆发可采用草甘膦喷雾处理，玉米田可用除草剂二甲四氯喷雾进行防除，零星发生的区域可采用人工拔除（徐海根和强胜，2018）。

【凭证标本】 江苏省宿迁市宿豫区雪松路嶂山林场，2015 年 8 月 19 日，严靖、闫小玲、李惠茹、王樟华 RQHD02876（CSH）；河南省驻马店市泌阳县高速收费口出口，32.681 0°N，113.319 2°E，2016 年 8 月 11 日，刘全儒、何毅等 RQSB09554（BNU 0028980）；安徽省黄山市祁门县龙池坡风景区，海拔 136 m，30.073 9°N，117.582 2°E，2014 年 8 月 30 日，严靖、李惠茹等 RQHD00633（CSH）。

【相似种】 蕹菜（*Ipomea aquatica* Forsskål），为栽培水生或陆生蔬菜植物，茎缠绕、蔓生或浮于水上，节明显，节间中空，花冠长 3.5～5 cm。在野外已见到大面积逸生的群落。

瘤梗甘薯（*Ipomoea lacunosa* Linnaeus）

1. 群落和生境；2. 叶；3. 花（侧面观）；4. 花（正面观）；5. 果实和种子

参考文献

李根有，金水虎，哀建国，2006. 浙江省有害植物种类、特点及防治 [J] . 浙江农林大学学报，23（6）：614-624.

莫训强，孟伟庆，李洪远，2017. 天津 3 种外来植物新记录——长芒苋、瘤梗甘薯和钻叶紫菀 [J] . 天津师范大学学报（自然版），37（2）：36-38.

徐海根，强胜，2018. 中国外来入侵生物：上册 [M] . 修订版 . 北京：科学出版社：424-426.

徐正浩，陈为民，蔡国强，2008. 杭州地区外来入侵生物的鉴别特征及防治 [M] . 浙江：浙江大学出版社：41.

严靖，闫小玲，马金双，2016. 中国外来入侵植物彩色图鉴 [M] . 上海：上海科学技术出版社：133.

Austin D F, 1978. The *Ipomoea batatas* complex–I. Taxonomy[J]. Bulletin of the Torrey Botanical Club, 105(2): 114–129.

Jarvis C E, Staples G, 2006. Typification of Linnaean plant names in Convolvulaceae[J]. Taxon, 55(4): 1019–1024.

Probatova N S, 1996. Chromosome numbers in synanthropic plants from the Russian Far East[J]. Botaniceskij Zurnal (Moscow, Leningrad), 81: 98–101.

紫草科 | Boraginaceae

草本或灌木至乔木，偶为藤本，多被硬毛或刚毛。单叶互生，全缘或有锯齿，无托叶。蝎尾状聚伞花序；花两性，辐射或稀两侧对称；花萼具 5 枚萼片，分离或合生至中部，常宿存；花冠筒状、钟状、漏斗状，檐部具 5 裂片，裂片在蕾中呈覆瓦状、螺旋状或折扇状排列，喉部或筒部常具 5 个附属物；雄蕊与花冠裂片同数互生，花丝生于花冠筒上，轮状排列，极少螺旋状排列，通常内藏；雌蕊由 2 心皮组成，子房上位，2 室，每室 2 胚珠，或由于子房（2～）4 深裂而成假 4 室，每室 1 胚珠；花柱 1，自子房的顶端伸出或生于子房裂瓣之间的雌蕊基上，蜜腺盘常存在于子房基部。果为核果或 4 小坚果，小坚果表面常具各种突起或附属物。

本科约 156 属 2 500 种，分布于温带和热带地区，地中海区为其分布中心。中国有 47 属 296 种，其中外来入侵植物或潜在外来入侵植物 2 属 2 种。《中国外来入侵植物名录》将天芥菜属的天芥菜（*Heliotropium europaeum* Linnaeus）和椭圆叶天芥菜（*Heliotropium ellipticum* Ledebour）列为潜在入侵植物（马金双和李惠茹，2018），经考证，《中国植物志》第 64 卷第 2 分册和《新疆植物志》第 4 卷均记载椭圆叶天芥菜在新疆有野生分布（王文采和孔宪武，1989；新疆植物志编委会，2004），而 *Flora of China* 第 16 卷却未予收录（Zhu et al., 1995）。Akhani & Förther 在对伊朗该属植物的修订中，将椭圆叶天芥菜（*Heliotropium ellipticum* Ledebour）处理为天芥菜（*Heliotropium europaeum* Linnaeus）的异名（Akhani & Förther, 1994），基于此，本志天芥菜和椭圆叶天芥菜均不再收录。2014 年报道了毛束草属的 2 种植物：印度毛束草 / 印度碧果草 [*Trichodesma indicum* (Linnaeus) Lehmann] 和斯里兰卡毛束草 / 斯里兰卡碧果草 [*T. zeylanicum* (Burman f.) R. Brown] 在台湾归化（Wang & Chang, 2014），但因分布面积局限，本志未将其作为入侵植物收录。

　　紫草科传统上被划分为 4 个亚科：破布木亚科（Cordioideae）、厚壳树亚科（Ehretioideae）、天芥菜亚科（Heliotropiaceae）和紫草亚科（Borginoideae）（王文采、孔宪武，1989；Al-Shehbaz，1991）。APG 采用广义紫草科，APG Ⅲ 中，紫草科仍然是地位未确定的科之一。APG Ⅳ 将传统的紫草科提升到紫草目的分类等级，其下只包含一个科，即广义紫草科（APG，2016）。在 The Families and Genera of Vascular plants（Heywood et al.，2007）中，紫草科采用狭义紫草科（Boraginaceae s. s.）的概念，传统紫草科的亚科被提升为科，如天芥菜科（Heliotropiaceae）（Hilger & Diane，2003）、厚壳树科［Ehretiaceae，包括破布木亚科（Cordioideae）和厚壳树亚科（Ehretioideae）］，此外，还包括刺钟花科（Codonaceae）、四室果科（Wellstediaceae）、田基麻科（Hydrophyllaceae）、盖裂寄生科（Lennoaceae）4 个科，均置于紫草目中（Weigend et al.，2016）。在最近的一次修订中，紫草科仍采用狭义的概念，破布木科（Cordiaceae）也被独立出来，还增加了 3 个科：Coldeniaceae、Hoplestigmataceae、Namaceae，这样紫草目一共包含 11 个科（Chacón et al.，2016；Luebert et al.，2016）。狭义的紫草科包含 90 属 1 600～1 700 种，最近的研究将其划分为 Echiochiloideae、紫草亚科（Borginoideae）和琉璃草亚科（Cynoglossoideae）共 3 个亚科 11 个族（Chacón et al.，2016）。

参考文献

马金双，李惠茹，2018. 中国外来入侵植物名录［M］. 北京：高等教育出版社：90.

王文采，孔宪武，1989. 聚合草属［M］// 中国植物志：第 64 卷第 2 分册. 北京：科学出版社：26-27.

新疆植物志编委会，2004. 新疆植物志［M］. 乌鲁木齐：新疆科学技术出版社，4：146-147.

Akhani H, Förther H, 1994. The genus *Heliotropium* L. (Boraginaceae) in Flora Iranica area[J]. Sendtnera, 2: 187–276.

Al-Shehbaz I A, 1991. The genera of Boraginaceae in the southeastern United States[J]. Journal of the Arnold Arboretum, Suppl 1: 1–169.

Chacón J, Luebert F, Hilger H H, et al., 2016. The borage family (Boraginaceae s.str.): a revised infrafamilial classification based on new phylogenetic evidence, with emphasis on the placement of some enigmatic genera[J]. Taxon, 65(3): 523–546.

Heywood V H, Brummitt R K, Culham A, et al., 2007. Flowering plant families of the world[M].
Ontario: Firefly Books: 330−331.

Hilger H H, Diane N, 2003. A systematic analysis of Heliotropiaceae (Boraginales) based on *trnL*
and *ITS1* sequence data[J]. Botanische Jahrbücher, 125(1): 19−51.

Luebert F, Cecchi L, Frohlich M W, et al., 2016. Familial classification of the Boraginales[J]. Taxon,
65(3): 502−522.

The Angiosperm Phylogeny Group (APG), 2016. An update of the Angiosperm Phylogeny Group
classification for the orders and families of flowering plants: APG IV[J]. Botanical Journal of the
Linnean Society, 181(1): 1−20.

Wang C M, Chang K C, 2014. Two newly naturalized plants of the Boraginaceae in Taiwan:
Trichodesma indicum (L.) Lehm. and *Trichodesma zeylanicum* (Burm.f.) R. Br[J]. Taiwan Jounal
Forestry Science, 29(2): 149−156.

Weigend M, Selvi F, Thomas D C, et al., 2016. The families and genera of vascular plants: vol
14[M]. Switzerland: Springer: 41−102.

Zhu G L, Harald R, Rudolf K, 1995. Boraginaceae[M]// Wu Z Y, Raven P H. Flora of China: vol 16.
Beijing: Science Press: 329−427.

分属检索表

1 聚伞花序在茎顶二歧状排列；花冠筒状，檐部 5 浅裂，裂片直立，顶端翻卷，喉部具 5 个
　披针形附属物；花药药隔顶端不突起，无附属物 ············ 1. 聚合草属 *Symphytum* Linnaeus
1 蝎尾状聚伞花序顶生，松散；花冠辐状，喉部具 5 鳞片状附属物，花冠管短或不存在；花
　药药隔顶端突起呈直立向上长而尖的附属物 ·················· 2. 琉璃苣属 *Borago* Linnaeus

1. 聚合草属 *Symphytum* Linnaeus

　　多年生草本，有硬毛或糙伏毛。茎中部和上部叶较小，无柄，基部下延。叶片带状
披针形、卵状披针形至卵形。蝎尾状聚伞花序在茎的上部呈二歧式分枝，无苞片；花萼
5 裂至 1/2 或近基部，裂片不等长，果期稍增大；花冠筒状钟形，淡紫红色至白色，稀

为黄色，檐部 5 浅裂，裂片三角形至半圆形，先端有时外卷，喉部具 5 个披针形附属物，附属物边缘有乳头状腺体；雄蕊 5，着生于喉部，不超出花冠檐部，花药线状长圆形；子房 4 裂，花柱丝形，通常伸出花冠外，具细小的头状柱头；雌蕊基平。小坚果卵形，有时稍偏斜，通常有疣点和网状皱纹，着生面在基部，碗状，边缘常具细齿。

本属约 20 种，分布于亚洲、欧洲，世界各地广泛引种。我国引种栽培 1 种，部分地区逃逸成入侵植物。

聚合草 *Symphytum officinale* Linnaeus, Sp. Pl. 1: 136. 1753.

【别名】 友谊草、爱国草、肥羊草、革命草

【特征描述】 多年生丛生型草本。高 30～90 cm，全株被向下稍弯曲的硬毛和短伏毛。主根粗壮，淡紫褐色。茎直立或斜升，有分枝。基生叶丛生，通常有 50～80 片叶，叶片带状披针形、卵状披针形至卵形，长 30～60 cm，宽 10～20 cm，具长柄；茎生叶互生，中部和上部叶较小，无柄，基部下延。花序含多数花；花萼裂至近基部，裂片披针形；花冠淡紫色、紫红色至黄白色，花冠筒长 1 cm，裂片三角形，先端外卷，长约 4 mm，喉部附属物披针形，不伸出花冠檐；雄蕊 5，花药长约 3.5 mm，顶端有稍突出的药隔，花丝长约 3 mm，下部与花药近等宽；子房通常不育，偶尔个别花内成熟 1 个小坚果。小坚果歪卵形，长 3～4 mm，黑色，平滑，有光泽。染色体：$2n$=24、40、48、56（万方浩 等，2012）。物候期：花期 6—7 月，果期 7—10 月。

【原产地及分布现状】 原产于欧洲，引入到北美洲和亚洲，现已在世界各地广泛栽培或逸生为入侵植物（Zhu et al., 1995）。国内分布：北京、甘肃、河北、河南、黑龙江、湖北、吉林、辽宁、内蒙古、宁夏、青海、山东、陕西、山西、上海、四川、天津、新疆。

【生境】 生于田边、路旁。

【传入与扩散】**文献记载**：1963 年从日本和澳大利亚、1971—1972 年从朝鲜引进我国，在北京、辽宁、吉林、黑龙江、内蒙古、浙江、湖南、广西、云南、海南等地逐渐引种利用，以北京、吉林、辽宁、黑龙江和湖南等省栽培较多（朱格麟，1989；杨淑性和白宗仁，1979；Zhu et al., 1995）。**标本信息**：后选模式（Lectotype），LINN 185.1，标本存放于林奈学会植物标本馆（LINN）。中国较早的标本采于 1928 年 5 月 5 日，但采集地不详（Pang & M. s. n., NAS00213784）。**传入方式**：作为饲草人为引入。**传播途径**：引种栽培。**繁殖方式**：种子繁殖，分株或切根繁殖。**入侵特点**：① 繁殖性　种子繁殖或人为营养繁殖。根系发达，茎的再生能力强，有很好的耐寒性，生长蔓延速度快。② 传播性　主要随引种而传播。③ 适应性　耐寒、抗高温，对土壤无严格要求，适应性强。**可能扩散的区域**：该种在我国北方多数省份（自治区）有扩散危险。

【危害及防控】**危害**：栽培牧草或观赏植物，在部分地区逸为野生，影响当地生物多样性。植物体含吡咯里西啶一类的生物碱，可损伤肝脏、致癌（黄权民，1999）。**防控**：人工铲除，加强管理，限制引种。

【凭证标本】甘肃省临夏回族自治州临夏市郊区，海拔 1 901 m，35.567 5°N，103.205 6°E，2015 年 7 月 18 日，张勇 RQSB02609（CSH）；贵州省六盘水市盘县双龙镇四里村，海拔 1 492 m，25.793 6°N，104.640 3°E，2016 年 6 月 9 日，袁登学 520222160609097LY（GZTM0045085）；陕西省安康市旬阳县公馆乡西沟村，海拔 700 m，33.098 6°N，109.286 7°E，2012 年 5 月 6 日，李思锋、黎斌、张莹、胡洁等 16456（XBGH007482）；四川省阿坝藏族羌族自治州马尔康市城东，海拔 2 650 m，31.863 4°N，101.338 4°E，2012 年 7 月 9 日，伍凯 XMLY12020（BNU0043171）。

聚合草（*Symphytum officinale* Linnaeus）
1. 群落和生境；2. 叶；3. 花序；4. 花；5. 果

参考文献

黄权民，1999.聚合草——一种引入的致癌植物［J］.植物杂志，（1）：11.

万方浩，刘全儒，谢明，2012.生物入侵：中国外来入侵植物图鉴［M］.北京：科学出版
　　社：278.

杨淑性，白宗仁，1979.聚合草开花结实生物学特性的研究［J］.西北农学院学报，1：
　　97-101.

朱格麟，1989.聚合草属［M］// 王文采，孔宪武.中国植物志：第64卷第2分册.北京：
　　科学出版社：26-27.

Zhu G L, Harald R, Rudolf K, 1995. Boraginaceae[M]// Wu Z Y, Raven P H. Flora of China: vol 16.
　　Beijing: Science Press: 329-427.

2. 琉璃苣属 *Borago* Linnaeus

一年生或多年生草本。全株被硬刺毛。叶互生，粗糙。蝎尾状聚伞花序在枝顶排列成圆锥状；花具长柄；萼片5，裂片近等大，在结果时稍增大，边缘无齿；花冠蓝色、粉红色或白色，花瓣5，辐状，喉部具5鳞片状附属物，花冠管短或不存在；雄蕊5，着生于花冠的近基部，通过喉部鳞片伸出，花丝短而阔，花药为硬质黑色棘状，有长而尖的附属物并且直立向上；子房4裂，花柱生于子房裂片间的基部，花柱不分裂，线形，柱头头状。4个小坚果，倒卵形，平滑或有乳头状突起，基部具珠领状的环形隆起。

本属有5种，分布于地中海及西亚。我国引种栽培1种，在部分省份（自治区）逃逸成潜在外来入侵植物。

琉璃苣 *Borago officinalis* Linnaeus, Sp. Pl. 1: 137. 1753.

【别名】 **黄瓜草、紫花草**

【特征描述】 一年生草本。高60～100 cm，全株被硬刺毛和软毛。茎直立，中空。单叶互生，椭圆形或长椭圆形，淡绿色至深绿色，长5～15 cm，宽3～6 cm，表面密被白

色绒毛，叶缘锯齿状；基生叶有柄，茎生叶略抱茎，几无柄。蝎尾状聚伞花序顶生，松散；花萼5，全裂，裂片披针形，绿色或紫红色，密被柔毛；花瓣5，呈辐射状，蓝色或粉蓝色，稀白色，喉部具5鳞片状附属物；雄蕊5，花丝短而阔，花药为硬质黑色棘状；子房4裂。小坚果4，平滑或有小刺，黄褐或深褐色，有棱，长3～5 mm。**染色体**：2*n*=18（张红梅 等，2014）。**物候期**：花期6—8月，果期7—9月。

【原产地及分布现状】 原产于东地中海地区，现于欧洲和北美广泛栽培。**国内分布**：辽宁、广东、甘肃。

【生境】 中生环境，对土壤要求不严，在温暖湿润的环境下生长良好，在凉寒和干旱的条件下也能生长。

【发现时间及地点】 **文献记载**：1953年出版的《华北经济植物志要》首次记录了本种（崔友文，1953）；20世纪90年代大量引进我国，作为蔬菜、观赏植物栽培（吴敬才和沈钦霖，1999；吴晓姝 等，2010）。**标本信息**：模式标本（Type），LINN 188.1，标本存放于林奈学会植物标本馆（LINN）。中国最早标本于1936年6月23日和7月30日采自江苏经济植物园（T. Shen 4120-36，NAS00212207；T. Shen 5315-36，NAS00212206）。早期有详细记录的标本还有：江西最早标本于1951年7月25日采自庐山植物园栽培种（00022211）（LBG）；香港最早标本于1969年4月21日采自维多利亚港湾（王小平 439，PE01325724）；辽宁最早标本于2008年7月13日采自大连旅顺口（01882951，PE）。**传入方式**：人工引种。**传播途径**：随人工引种扩散。**繁殖方式**：种子繁殖。**入侵特点**：① 繁殖性 种子繁殖，种子产量大，萌发率高。② 传播性 随引种而传播。③ 适应性 适应性较强。喜冷凉温和的气候，耐寒，耐热，植株能忍受−11℃低温，也能在5～30℃温度范围内能正常生长；耐土壤瘠薄，对土壤的适应性强，在pH为4.5～8.3的土壤均能生长；抗病虫性强，很少发生病虫害（谭清阁 等，2018）。**可能扩散的区域**：该种在我国北方有可能扩散。

【危害及防控】 **危害**：2010 年以来在甘肃河西地区大面积种植，部分地区逃逸，建立种群，成为入侵种，影响当地生物多样性。**防控**：加强管理，防止逃逸；对逃逸植株，结种前拔除。

【凭证标本】 甘肃省张掖市山丹县清泉乡祁家店村，海拔 1 747 m，38.773 9°N，101.089 1°E，2014 年 9 月 13 日，张勇 RQSB02836（CSH）；陕西省西安市鄠邑区涝峪朱雀森林公园的骆驼岭至草甸营地，海拔 1 800～2 000 m，33.808 4°N，108.610 5°E，2014 年 8 月 21 日，黎斌、卢元、周亚福 18300（XBGH016769）。

琉璃苣（*Borago officinalis* Linnaeus）
1. 群落和生境；2. 苗期植株；3. 花序；4. 花；5. 萼片及花瓣

参考文献

崔友文，1953. 华北经济植物志要［M］. 北京：科学出版社：405.

谭清阁，尚文艳，周艳，等，2018. 特色多用琉璃苣的生物学特性及夏季一种二收高产栽培技术［J］. 现代农业科技，5：71，74.

吴敬才，沈钦霖，1999. 国外引进花卉新品种——琉璃苣［J］. 福建农业，99（7）：28.

吴晓姝，王丽霞，曲波，2010. 辽宁省主要自然保护区外来入侵植物的调查分析［J］. 环境保护与循环经济，3：71-75.

张红梅，吴鹏，蔡宝宏，等，2014. 琉璃苣染色体核型分析［J］. 生物学通报，49（5）：47-48.

马鞭草科 | Vebenaceae

灌木或乔木，有时为藤本，稀为草本。幼茎常四棱形。叶对生，稀轮生或互生，单叶或复叶，无托叶。花序为聚伞、总状、穗状、圆锥状或近头状，顶生或腋生；花两性或稀为杂性，左右对称，稀辐射对称；花萼4～5齿裂，很少6～8齿裂，宿存，果实成熟后增大或不增大；花冠合瓣，花冠筒圆柱形，口部裂为二唇形或略不相等的4～5裂，裂片全缘或下唇中间裂片边缘呈流苏状；雄蕊常4，着生于花冠筒上；花盘通常不显著；子房上位，由2（4～5）心皮组成，2～5室，有时因假隔膜而成4～10室，每室有胚珠2粒；花柱顶生；柱头明显分裂或不裂。果实为核果、蒴果或浆果状核果，常分裂为数个分果。**染色体**：n=5～12。

本科约91属2 000种，分布于热带和亚热带地区；我国有20属182种，其中外来入侵植物约3属8种。有学者将假连翘属的假连翘（*Duranta erecta* Linnaeus）作为入侵植物（徐海根和强胜，2018），介于该种在我国南方尤其是华南地区长期栽培用作篱笆及城市绿化，目前尚未见到区域性扩散的报道，本志暂未收录。

基于形态学和*rbcL*序列的研究，APG系统采用狭义的马鞭草科定义，将传统上界定的广义马鞭草科中那些具有聚伞状花序、花冠呈明显二唇形、柱头顶部分叉等特征的约2/3的属转移到广义的唇形科，并且还有一些属种分别转移到爵床科、木犀科、列当科、独立透骨草科（Phrymaceae）和密穗草科（Stilbaceae）（APG, 2016; Cantino et al., 1992; Atkins, 2004; Mabberley, 2017），这样，狭义的马鞭草科仅包括传统上的马鞭草亚科 Verbenoideae（不包括 Monochileae 族），包含约35属1 200种，科下划分为6个族或8个族（Atkins, 2004; Harley et al., 2004; Heywood et al., 2007; Marx et al., 2010; O'leary et al., 2012）。

参考文献

徐海根，强胜，2018. 中国外来入侵生物：上册 [M]. 修订版. 北京：科学出版社：436–437.

Atkins S, 2004. Verbenaceae[M]// Kadereit J M. The families and genera of Vascular plants: vol 7. Switzerland: Springer: 449–468.

Cantino P D, Harley R M, Wagstaff S J, 1992. Genera of Labiatae: status and classification[M]. In Harley R M, Reynolds T. Advances in Labiate Science. Ontario: Firefly Books: 511–522.

Harley R M, Atkins S, Budantsev A I, et al., 2004. Labiatae[M]// Kadereit J M. The families and genera of Vascular plants: vol 7. Switzerland: Springer: 167–275.

Heywood V H, Brummitt R K, Culham A, et al., 2007. Flowering plant families of the world. Ontario: Firefly Books: 330–331.

Mabberley D J, 2017. Mabberley's plant-book—a portable dictionary of plants, their classification and uses[M]. 4th ed. Cambridge: Cambridge University Press: 962.

Marx H E, O'leary N, Yuan Y-W, et al., 2010. A molecular phylogeny and classification of Verbenaceae[J]. American Journal of Botany, 97(10): 1647–1663.

O'leary N, Calviño C I, Martínez S, et al., 2012. Evolution of morphological traits in Verbenaceae[J]. American Journal of Botany, 99(11): 1778–1792

The Angiosperm Phylogeny Group(APG), 2016. An update of the Angiosperm Phylogeny Group classification for the orders and families of flowering plants: APG IV[J]. Botanical Journal of the Linnean Society, 181(1): 1–20.

分属检索表

1　子房4室；果实成熟后4瓣裂；叶片深裂至浅裂或具粗齿，齿常不整齐·················
　　······································· 1. 马鞭草属 *Verbena* Linnaeus

1　子房2室；果实成熟后2瓣裂；叶片边缘具近整齐的锯齿 ······························ 2

2　花序近头状或短穗状，同一花序上的花呈现多种不同颜色，发育雄蕊4；核果肉质·········
　　······································· 2. 马缨丹属 *Lantana* Linnaeus

2　花序为长鞭状的穗状花序，穗轴有凹穴，花一半嵌生于凹穴中，发育雄蕊2；果内藏于花
　　萼内 ······························· 3. 假马鞭属 *Stachytarpheta* Vahl

1. 马鞭草属 *Verbena* Linnaeus

一年生、多年生草本或亚灌木。茎四棱形，直立或匍匐。叶对生，稀轮生或互生，叶片边缘有齿至浅裂或深裂，近无柄。穗状花序顶生，稀腋生，开花前紧缩，花后因随轴延长而疏离，有苞片；花萼管状，膜质，5 齿裂；花冠白色、粉红色、蓝色或紫色，少两侧对称，花冠管直或稍弯，5 裂；雄蕊 4，着生于花冠管的中部，2 枚在上，2 枚在下，内藏；子房全缘或稍 4 裂，4 室，每室有直立胚珠 1 颗。果干燥包藏于萼内，成熟后分裂为 4 个小坚果。**染色体**：$2n=14$。

本属有 $200\sim250$ 种，主产于热带美洲。我国野生只有 1 种，引入栽培约有 6 种，有 4 种逸生为入侵植物或潜在入侵植物。

分种检索表

1 聚伞花序在枝顶聚集成紧缩的头状花序；叶基部抱茎或微抱茎 ······
   ······ 1. 柳叶马鞭草 *V. bonariensis* Linnaeus
1 花在枝顶排列成穗状花序；叶基部不抱茎 ······ 2
2 穗状花序在枝顶呈 3 叉型排列，苞片短于花萼 ······ 2. 狭叶马鞭草 *V. brasiliensis* Velloso
2 穗状花序顶生 ······ 3
3 苞片明显长于花萼 ······ 3. 长苞马鞭草 *V. bracteata* Cavanilles ex Lagasca & J. D. Rodrriguez
3 苞片与花萼近等长 ······ 4. 白毛马鞭草 *Verbena strista* Ventenat

1. 柳叶马鞭草 *Verbena bonariensis* Linnaeus, Sp. Pl. 1: 20. 1753.

【别名】 **南美马鞭草、长茎马鞭草**

【特征描述】 多年生草本植物。茎直立，高可达 $100\sim150$ cm，四棱形，密被白色粗毛。单叶交互对生，叶披针形，长 $4\sim8$ cm，宽 $1\sim2.5$ cm，叶缘粗齿状，叶尖骤尖，基部抱茎或微抱茎，叶两面被白色粗毛，叶脉在叶背面凸起，无叶柄。聚伞花序常生于茎、枝的顶部聚成紧密的头状花序状，长 2～10 cm，宽 4～10 cm；苞片线状披针形，长 3～8 mm，全缘，具粗毛；花萼长 2.5～4.0 mm，具粗毛，萼裂片披针形；花冠淡紫红色至粉红色，5 裂，花冠筒长约 6～10 mm，在其喉部内侧的上方有细的柔毛；雄蕊 4，花药卵形，花丝极短，花药几乎直接着生在花冠管上；子房 2 心皮合生，4 室，每室 1 胚珠；花柱 1，柱头 2。果实成熟时包在宿萼内，分成 4 个小坚果，小坚果线形，长 2.0～2.5 mm，黄色至红褐色。**物候期**：花期 6—9 月，果期 7—10 月。

【**原产地及分布现状**】 原产于南美洲巴西、阿根廷等地，现于非洲南部、温带亚洲、澳大利亚、新西兰、美国和西印度群岛都有引种栽培。**国内分布**：浙江、安徽、上海、甘肃。

【**传入与扩散**】 **文献记载**：最早的文献记载见于 1912 年的 *Flora of Kwangtung and Hongkong*（Dunn & Tutcher, 1912）；近年来的报道多为园艺应用方面的介绍（闫玲，2010；靳文东和刘军明，2012；靳文东和张庆，2013；陈华玲 等，2014）；2014 年首次在上海松江佘山附近的撂荒地采到标本（李惠茹 等，2016）。**标本信息**：后选模式（Lectotype），700691，Kuntze 于 1891 年 12 月 7 日采自乌拉圭；等后选模式（Isolectotype）现存于美国史密森研究院国家自然历史博物馆植物标本馆（US）。中国最早的标本于 1920 年采自香港（W. G. T. 11390, IBSC0502392），其余国内标本记录均晚于 2010 年：江西最早的标本于 2010 年 7 月 17 日采自九江（易桂花 10562, CCAU0002845）；北京最早的标本于 2011 年采自海淀（刘全儒 2011092401, BNU0022682）。**传入方式**：作为观赏植物有意引入。**传播途径**：随引种人为传播。**繁殖方式**：种子繁殖。**入侵特点**：① 繁殖性 种子产生量大，萌发率高。自然分枝能力强。可扦插繁殖，扦插生根率高于 91%（闫玲，2010；陈华玲 等，2014）。② 传播性 随观赏植物引种而广泛传播。在甘肃河西走廊各城市广泛种植，是金昌市"紫金花海"主要的观赏植物（闫雪梅和刘妤，2017）。③ 适应性 适应性较强，长日照喜温植物，种子可以快速自播繁殖（李惠茹 等，2016）。种子发芽最适温度为 20～25℃，生长适温为

20～30℃，在 5℃以上地区可安全越冬（靳文东和刘军民，2012）。柳叶马鞭草萌发耐盐性较强，适宜范围为 0～0.4%，耐盐半致死浓度为 0.7%，耐盐极限浓度为 1.2%（郭艳超 等，2014）。**可能扩散的区域**：全国多数省区适宜地可能扩散。

【**生境**】 路边、撂荒地。

【**危害及防控**】 **危害**：种子萌发率高，分枝能力强，形成了比较大的种群，具有较高的入侵潜力，大面积扩散，将影响生物多样性。目前该种已经列入华盛顿州入侵植物的监视名单（WSNWCB，2007）。**防控**：避免引入到自然生态环境中，一旦发现逸生，在结果前及早拔除；加强种子管理，防止任意引种，尤其是避免在自然生境中用该种植物布置花海，以防逃逸。

【**凭证标本**】 上海市松江区佘山镇附近撂荒地，2014 年 8 月 15 日，李惠茹等 LHR00482（CSH）；安徽省芜湖市湾沚区小河口桥附近，海拔 12 m，31.145 6°N，118.519 9°E，2014 年 8 月 27 日，李惠茹、王樟华、闫小玲、严靖 RQHD00504（CSH0093302）；江西省九江市柴桑区沙河殷家村，海拔 30 m，2011 年 8 月 10 日，易桂花 11510（CCAU0000009）。

柳叶马鞭草（*Verbena bonariensis* Linnaeus）

1. 群落和生境；2. 苗期植株；3. 节部及叶；4. 花序及花；5. 果序

参考文献

陈华玲，彭玉辅，赵华，等，2014. 柳叶马鞭草繁殖技术研究初报［J］. 江西农业学报，26
　　（12）：54-58.

郭艳超，孙昌禹，王文成，等，2014. 柳叶马鞭草耐盐性评价研究［J］. 北方园艺，2：79-81.

靳文东，刘军明，2012. 柳叶马鞭草繁殖管理［J］. 中国花卉园艺，2：39.

靳文东，张庆，2013. 柳叶马鞭草的栽培管理［J］. 花木盆景：花卉园艺，3：22-23.

李惠茹，汪远，马金双，2016. 上海外来植物新记录［J］. 华东师范大学学报（自然科学
　　版），2：153-157.

闫玲，2010. 新优宿根花卉扦插技术研究［J］. 现代农村科技，（9）：57.

闫雪梅，刘妤，2017. 柳叶马鞭草在金昌地区的适应性表现及栽培技术要点［J］. 林业科技
　　通讯，5：62-63.

Dunn S T, Tutcher W T, 1912. Flora of Kwangtung and Hongkong (China)[J]. Bulletin of
　　Miscellaneous Information, Additional Series, 10: 202.

2. 狭叶马鞭草 *Verbena brasiliensis* Velloso, Fl. Flumin. 17. 1825.

【别名】 巴西马鞭草

【特征描述】 多年生草本。具根状茎，高 1～2 m。茎具 4 棱，粗糙，被毛。叶对生，倒
披针形至长椭圆形，先端锐尖或渐尖，稀钝，基部楔形或窄楔形，边缘有大小不一的锯
齿；叶柄不明显。穗状花序在枝顶呈 3 叉型排列。苞片、花萼与花冠筒均被柔毛，苞片稍
短于花萼；花萼先端 5 裂，裂片披针形；花冠筒长为花萼的 1.5～2 倍，花冠淡紫色；雌雄
蕊均较短，藏于花冠筒内。果穗在果期伸长，呈圆柱形，长 1～5 cm；果实长椭圆形，长
2 mm，褐色，部分具白粉，表面具网状隆起的线。**物候期**：花期 6—9 月，果期 6—10 月。

【原产地及分布现状】 原产于南美洲巴西、阿根廷等地，现在已经广泛扩散成为入侵植
物，日本有逸生（Sutton, 1988; Yeo, 1990）。**国内分布**：台湾、浙江。

【生境】 海边草丛。

【传入扩散】 **文献记载**：1984 年在台湾发现逸生（Wu et al., 2004），2012 年被第 2 版的《台湾植物志》补编收录（Wang & Lu, 2012）。2010 年在浙江台州发现逸生（苗国丽等，2012）。**标本信息**：后选模式（Lectotype），Vellozo, Fl. Flumin., Icon. 1: t. 40. 1831（"1827"）Verdcourt（1992）；合模式（Syntype），BM000098801，采自南美巴拉圭，标本现存于英国伦敦自然历史博物馆（BM）。台湾本土植物资料库记载了陈传杰于 2002年在台湾台北县杨梅镇采集的标本（Chuan-Chieh Chen 400, HAST）；大陆较早的标本于2006 年采自广东省潮州市湘桥区磷溪镇（曾宪锋 ZXF01647, CZH0000635）；2010 年在浙江台州路桥区蓬街镇盐业村采到（谢文远等 LQ20100518, ZJFC）（苗国丽 等，2012）；福建最早标本于 2011 年 9 月采到（曾宪锋 ZXF11329, CZH0006651）。**传入方式**：无意引入。**传播途径**：该种在大陆最早发现于浙江台州沿海草丛（苗国丽 等，2012），后在福建和江西也有发现，在亚洲其他地方仅分布于中国台湾台北、桃园及宜兰（Wang & Lu, 2012）和日本京都和冈山（据台湾本土植物资料库），因此推测，本种在大陆的分布，有可能是从台湾或日本传入。**繁殖方式**：种子繁殖。**入侵特点**：① 繁殖性 种子繁殖，种子萌发率高。② 传播性 该种的传播性较强，在南非的山地生态系统中，入侵的巴西马鞭草每年都在不断地向高海拔地区扩散，显示出其较强的传播和适应能力（Kalwij et al., 2015）。③ 适应性 适应性较强。**可能扩散的区域**：本种有可能在浙江、江苏、安徽、河南、湖北、湖南等地扩散。

【危害及防控】 **危害**：对本地植物构成威胁，可能会取代原生植物，从而影响生物的多样性。**防控**：加强管理，防止扩散，建议不要购买、出售或种植这种植物作为装饰性使用，因为它有超出预期范围的扩散趋势。一旦在自然生境中发现逸生，应及时在结果前人工拔除。化学除草剂氨氯吡啶酸、2,4-D 对狭叶马鞭草也有较好的防治效果。

【凭证标本】 福建省龙岩市新罗区小池镇，海拔 845 m，2017 年 7 月 18 日，曾宪锋 ZXF29086（CZH0024614）；广东省河源市连平县，海拔 100 m，2012 年 9 月 8 日，曾宪锋 ZXF12663（CZH0017633）；浙江省温州市泰顺县下武羊村，海拔 469 m，27.433 3°N，119.915 6°E，2014 年 10 月 16 日，闫小玲、王樟华、李惠茹、严靖 RQHD01477（CSH01959）。

狭叶马鞭草（*Verbena brasiliensis* Velloso）
1. 群落和生境；2. 节部及叶；3. 花序；4. 花；5. 果序

参考文献

苗国丽，陈征海，谢文远，等，2012. 发现于浙江的 4 种归化植物新记录 [J] . 浙江农林大
学学报，29（3）：470-472.

Kalwij J M, Robertson M P, van Rensburg B J, 2015. Annual monitoring reveals rapid upward
movement of exotic plants in a montane ecosystem[J]. Biological Invasions, 17: 3517–3529.

Sutton D A, 1988. A revision of the Tribe Antirrhineae[M]. Oxford: Oxford University Press: 457.

Wang, J C, Lu C T, 2012. Flora of Taiwan[M]. 2nd ed. Taibei: Bor Hwa Printing Company:
187–188.

Wu S H, Hsieh C F, Rejmánek M, 2004. Catalogue of the naturalized flora of Taiwan[J]. Taiwania,
49(1):16–31.

Yeo P F, 1990. A re-definition of *Verbena brasiliensis*[J]. Kew Bulletin, 45(1): 101–120.

3. **长苞马鞭草** *Verbena bracteata* Cavanilles ex Lagasca & J. D. Rodrriguez, Anales
Ci. Nat. 4: 260. 1801.

【 特征描述 】 一年生或多年生草本。茎丛生，平卧或外倾，长 10～70 cm，具伸展的粗
毛。叶对生，披针形至卵状披针形，具糙伏毛，大多数叶柄因叶片下延具翼，叶片通常
长 1～7 cm，宽 0.3～3 cm，具不规则的齿和裂，通常下部有 1 或 2 对羽状裂片，与顶
部较大的裂片明显不同。穗状花序顶生，长 2～20 cm；花序上的苞片，线状披针形，全
缘，长 5～15 mm，具粗毛；花萼长 2.5～4.0 mm，具粗毛，萼裂片短且靠合；花冠不显
著，5 裂，几乎被苞片覆盖，浅蓝色至淡紫色，很少白色，花冠筒长约 4 mm，在其喉部
内侧的上方有细的柔毛，花冠檐宽 2～3 mm；雄蕊 4，花药卵形，花丝极短，花药几乎
直接着生在花冠上；子房 2 心皮合生，4 室，每室 1 胚珠；花柱 1，柱头 2。果实成熟时
包在宿萼内，分成 4 个小坚果，小坚果线形，长 2.0～2.5 mm，黄色至红褐色，合生面
密被白色或黄色小的乳突，外侧上半部有明显的网状突起，下半部是细条状突起。染色
体：2*n*=28。物候期：花期 5—9 月，果期 6—10 月。

【 原产地及分布现状 】 原产于北美洲的美国、加拿大南部和墨西哥（Gleason, 1974）。
国内分布：河北、辽宁。

【生境】 分布于路边、水库边、田野、牧场、过度放牧的草原、荒地、空旷的斜坡、人行道的地砖缝中以及碎石或砂质的开阔地，海拔可达 2 700 m（Gleason, 1974; Cronquist et al., 1984）。

【传入与扩散】 文献记载：2001 年在辽宁省大连市郊发现（王青 等，2005）。2018 年作为入侵种被《中国外来入侵生物》（修订版）收录（徐海根和强胜，2018）。标本信息：主模式（Holytype），P00307084，Michaux A 采集，无采集地与时间，标本现存于法国巴黎国家自然历史博物馆（P）。中国最早的标本为 2001 年在辽宁采到（王青、陈辰 2001052203，LNNU）；2013 年 6 月 4 日在河北省沧州市沧县采到标本（何毅 HL20-2，BNU）。传入方式：无意传入。传播途径：本种 2001 年在大连马栏水库库区内的贫瘠开阔地上发现，数十株形成纯种居群或与其他植物混生（王青 等，2005）；2013 年又在河北省沧州市沧县采到标本，全国其他地方未见居群报道。据此推测本种可能以偶然的机会带入，传播或许是种子自然传播。繁殖方式：种子繁殖，有无克隆繁殖尚待观察。入侵特点：① 繁殖性 种子繁殖，但其种子生物学等特性有待研究。② 传播性 推测可能是自然地种子传播。③ 适应性 根据其在国外主要分布于荒地、空旷的斜坡、人行道的地砖缝中以及路边、田野、牧场、过度放牧的草原、碎石或砂质的开阔地（Cronquist et al., 1984），在国内主要分布于水库库区内的贫瘠开阔地，主要以较纯的居群存在（王青 等，2005），推测其在被干扰的生境具有一定的适应性。但目前国内缺乏研究数据。可能扩散的区域：该种可能在我国北方适宜区扩散。

【危害及防控】 危害：本种目前仅分布于狭小范围，危害不大。防控：注意野外调查与观察，密切监测，如发现逸生可在开花结果前拔除。

【凭证标本】 辽宁省大连市马栏水库，海拔 23 m，2001 年 5 月 22 日，王青、陈辰 2001052203（LNNU）；河北省沧州市沧县，2013 年 6 月 4 日，何毅 HL20-2（BNU）。

长苞马鞭草（*Verbena bracteata* Cavanilles ex Lagasca & J. D. Rodrriguez）

1. 群落和生境；2. 植株；3. 花枝；4. 果枝；5. 小坚果

参考文献

王青，李艳，陈辰，2005. 中国马鞭草属的新记录——长苞马鞭草 [J]. 植物学通报，22（1）：32-34.

徐海根，强胜，2018. 中国外来入侵生物：上册 [M]. 修订版. 北京：科学出版社：442-443.

Cronquist A, Holemgren A H, Holemgren N H, et al., 1984. Intermountain flora[M]. New York: The New York Botanical Garden, 4: 294.

Gleason H A, 1974. The new britton and brown illustrated flora of the Northeastern United States and adjacent Canada: vol 3[M]. New York: Hafner Press: 126–133.

4. 白毛马鞭草 *Verbena strista* Ventenat, Descr. Pl. Nouv. ad. t. 53. 1801.

【特征描述】 多年生草本。高 30～120 cm。茎直立或外倾，圆柱形，有条棱，不分枝或仅上部分枝，密被硬毛。叶对生，卵形或近圆形，边缘具锯齿或重锯齿，网脉明显，表面皱，长 6～10 cm，宽 1.4～5 cm，顶端急尖，密被白色纤毛及硬毛，尤以叶背面叶脉周围最密，通常无柄或近无柄。穗状花序顶生，通常无柄，密集，果时长可达 15～40 cm，直径 3～9 mm，基部围以叶状苞片；花两性，具短梗，在花序轴上密集排列，小苞片披针状钻形，长 3～6 cm；花萼和苞片近等长，5 深裂，与花序轴及苞片、小苞片均密被白色纤毛及硬毛；花冠蓝紫色，花冠筒长 4～8 mm，檐部宽 7～9 mm。果实成熟时包在宿萼内，高 4～5 mm，成熟时 4 瓣裂；小坚果三棱形，长 2～3 mm，表面具网状隆起或细条纹。染色体：$2n=14$（Barber, 1982; O'Leary et al., 2011）。物候期：花期 6—9 月，果期 7—10 月。

【原产地及分布现状】 原产于美国的东部和中部，从宾夕法尼亚向西一直到西部山区（Britton, 1907）。国内分布：辽宁。

【生境】 分布于路边、田野、牧场等各种环境。

【传入与扩散】　**文献记载**：2017 年 9 月在辽宁省铁岭市郊发现（严靖 等，2018）。**标本信息**：模式标本信息不详。中国最早的标本为 2017 年 9 月 23 日在辽宁采到（严靖、汪远等 RQHD03697，CSH）。**传入方式**：可能为种子进口，混杂于花卉种子中随国际贸易无意带入（严靖 等，2018）。**传播途径**：种子夹带随交通运输工具扩散。**繁殖方式**：种子繁殖。**入侵特点**：① 繁殖性　种子结实量大，自播能力强。② 传播性　通过种子夹带传播，易于扩散。③ 适应性　在被干扰的生境具有较强的适应性。**可能扩散的区域**：我国北方适宜区扩散。

【危害及防控】　**危害**：本种目前仅分布于辽宁省铁岭市狭小范围，其生态学特性了解不足，对该种在中国的入侵风险尚不可知，但已知该种可以和长苞马鞭草进行杂交（Poindexter，1962）。**防控**：注意野外调查与观察，密切监测，如发现逸生可在开花结果前拔除。

【凭证标本】　辽宁省铁岭市泰山路澜沧江路路口，海拔 51.2 m，42.222 1°N，123.735 4°E，2017 年 9 月 23 日，严靖、汪远等 RQHD03697（CSH）。

白毛马鞭草
（*Verbena strista* Ventenat）

1. 群落和生境；
2. 部分植株；
3. 茎和叶，示叶上表面；
4. 叶（背面）；
5. 花序，示花正面观；
6. 花序，示花侧面观；
7. 果序

参考文献

严靖，汪远，马金双，2018. 中国 2 种归化植物新记录［J］. 热带亚热带植物学报，26（5）：541−544.

Barber S C, 1982. Taxonomic studies in the *Verbena stricta* complex (Verbenaceae)[J]. Systematic Botany, 7(4): 433−456.

Britton N L, 1907. Manual of the Northern Stataes and Canada[M]. 3rd ed. New York: Henry Holt and Company: 778.

O'Leary N, Múlgura M E, Morrone O, 2011. Revisión Taxonómica de las Especies del Género *Verbena* (Verbenaceae) II: Serie *Verbena* 1[J]. Annals of the Missouri Botanical Garden, 139(2) : 261−271.

Poindexter J D, 1962. Natural Hybridization among *Verbena stricta*, *V. hastata*, and *V. urticifolia* in Kansas[J]. Transactions of the Kansas Academy of Science, 65(4): 409−419.

2. 马缨丹属 *Lantana* Linnaeus

直立或半藤状灌木。有强烈气味。茎四棱形，有或无皮刺与短柔毛。单叶对生，边缘有圆或钝齿，表面多皱，具叶柄。花多数，密集呈头状、短穗状或成簇，顶生或腋生，红色、黄色、白色、淡紫色、粉色，常同一花序上的花呈现多种不同颜色；苞片基部宽展；小苞片极小；花萼小，膜质，顶端截平或具短齿；花冠管细，向上略宽展，上部 4～5 裂，裂片钝或微凹，几近相等而平展或略呈二唇形；雄蕊 4，着生于花冠管中部，2 枚在上，2 枚在下，内藏，花药卵形，药室平行；子房 2 室，每室有 1 胚珠；花柱短，不外露，柱头偏斜，盾形头状。肉质核果，中果皮肉质，内果皮质硬，成熟后，常为 2 骨质分核。

本属约 150 种，主产于热带美洲。我国引入栽培 2 种，皆逸生为入侵种。

分种检索表

1 茎直立或披散，通常具倒钩皮刺；叶片长 3～8.5 cm；花冠黄色或橙黄色⋯⋯⋯⋯⋯⋯⋯⋯⋯⋯⋯⋯⋯⋯⋯⋯⋯⋯⋯⋯⋯⋯⋯⋯⋯ 1. 马缨丹 *L. camara* Linnaeus

1 茎蔓生，无刺；叶片长 1.5～3.5 cm；花冠紫红色⋯⋯⋯⋯⋯⋯⋯⋯⋯⋯⋯⋯⋯⋯⋯⋯⋯⋯⋯⋯⋯⋯⋯⋯ 2. 蔓马缨丹 *L. montevidensis* (Sprengel) Briquet

1. 马缨丹 *Lantana camara* Linnaeus, Sp. Pl. 2: 627. 1753.

【别名】 五色梅、五彩花、如意草

【特征描述】 直立或蔓性灌木，高 1～2 m，有时藤状，长达 4 m。通常有短而倒钩状刺。茎枝均呈四棱形，有短柔毛及短而倒钩状皮刺。单叶对生，揉烂后有强烈的气味，叶片卵形至卵状长圆形，长 3～8.5 cm，宽 1.5～5 cm，顶端急尖或渐尖，基部心形或楔形，边缘有钝齿，表面有粗糙的皱纹和短柔毛，背面有小刚毛，侧脉约 5 对；叶柄长约 1 cm。花序直径 1.5～2.5 cm，花序梗粗壮，长于叶柄；苞片披针形，长为花萼的 1～3 倍，外部有粗毛；花萼筒管状，膜质，长约 1.5 mm，顶端有极短的齿；花冠黄色或橙黄色，开花后不久转为深红色，花冠筒长约 1 cm，面有细短毛，直径 4～6 mm；子房无毛。果圆球形，直径约 4 mm，成熟时紫黑色。染色体：$2n$=22、33、44、55、66（Sanders，1987）。物候期：全年开花结果。

【原产地及分布现状】 原产于美洲热带地区，现已成为全球泛热带广为分布的有害植物（Ghisalberti，2000）。国内分布：安徽、澳门、北京、重庆、福建、广东、广西、贵州、海南、河北、河南、湖北、湖南、江苏、江西、山东、山西、上海、四川、台湾、天津、香港、云南、浙江。

【生境】 旷野、荒地、河岸、路边、农田。

【传入与扩散】 文献记载：1645 年荷兰人引入台湾（朱小薇，2002）；清代《南越笔记》《植物名实图考》有记载（何家庆，2012）；1937 年出版的《中国树木分类学》也有记载（陈嵘，1937）。2002 年列为入侵植物（李振宇和解焱，2002）。标本信息：后选模式（Lectotype），*Herb. Linn. No. 783.4*，标本存放于林奈学会植物标本馆（LINN）。中国最早标本于 1916 年 12 月 16 日采自广东广州（2151C0001D00121302, IBSC）以及 1917 年 4 月 5 日采自广东大浦的标本（蒋英 137，IBSC0496162）；福建最早标本

1918 年 4 月 14 日采自福建省福州市仓山区仓前（钟观光 4804，N138525345；钟观光 s. n., PEY0056840）。**传入方式**：1645 年就作为一种观赏花卉由荷兰引入台湾，后逃逸为野生。人工引种到华南地区，再引到其他地区（朱小薇，2002）。**传播途径**：通过栽培引种以及鸟类、猴类及羊群摄食果实后空投或排便而迅速传播（李振宇和解焱，2002）。**繁殖方式**：种子及营养繁殖。**入侵特点**：① 繁殖性　马缨丹繁殖能力很强，具有有性及无性繁殖的能力，通过有性繁殖可以实现长距离传播，通过无性繁殖实现领域扩散。马缨丹的种子小、种子量大，一株马缨丹每年能产生 12 000 粒种子（Stephen, 1999; Morton, 1994），并且萌芽率较高，播种 7 星期后就有 75% 能发芽。马缨丹能依靠枝、茎进行无性繁殖，在高温、高湿和阳光充足的环境，保持土壤湿润，30～40 天就可萌芽，蔓生枝着地生根，进行无性繁殖，生长迅速（马金华 等，2003）。马缨丹花期长，全年都可以开花，这就增加了马缨丹总的繁殖量，从而也加大了入侵的潜力。② 传播性　传播性强，常作为先锋植物入侵受干扰生境。马樱丹种子可借助鸟类、猴类和羊群摄食果实，通过空投或排粪而得以迅速四处传播，通过鸟类的传播可达几千米之远（Morton, 1994; Lake & Leishman, 2004）。③ 适应性　适应性强，具有繁殖力强、生长快、不择土壤、耐高温、抗干旱、病虫害少、根系发达、茎枝萌发力强、冠幅覆盖面大的特点，在分布地常可形成密集的单优群落。长期干旱导致植株枯萎后，灌溉足够的水分后能迅速恢复生长，重新发出新芽或新苗（刘雄 等，2014）。马缨丹具有强烈的化感作用，其代谢产生的挥发油、酚酸类和黄酮类物质不仅能抑制部分杂草的生长，也会对周围的其他植物产生明显的生长抑制作用（Achhireddy & Singh, 1984; Singh et al., 1989; Zhang et al., 2005；王鹏 等，2004；全国明 等，2009；何俊杰 等，2009；卢向荣 等，2013），有利于提高其种间竞争能力，促进传播或入侵。马缨丹在染色体水平上有二倍体和四倍体两种生物型（Aline et al., 2007），与二倍体植物相比，多倍体植物具有更大的占据开放生境的能力（黄建辉 等，2003）。马缨丹的染色体数目极不稳定，有 2n=22、33、44、55、66 多种形式（Sanders, 1987），这种染色体数目的不稳定及多倍体的存在，进一步扩大了马缨丹的适应性，提高了入侵能力。**可能扩散的区域**：该种可能在我国华南、西南热带、亚热带地区扩散。

【危害及防控】 危害：恶性杂草，严重妨碍并排挤其他植物生存，是我国南方牧场、林场、茶园和橘园的恶性竞争者；具有强烈的化感作用，会严重破坏森林资源和生态系统；有毒植物，误食叶、花、果等可引起牛、马、羊等牲畜以及人中毒。其繁殖、适应能力强，现分布于近 50 个国家（Ghisalberti, 2000），被视为世界 10 种最有害的杂草之一（Holm et al., 1979），被环境保护部公布的《中国第二批外来入侵物种名单》收录（环境保护部自然生态保护司，2012）。防控：选用除草剂草甘膦进行化学防治。结合机械、化学和生物替代等技术措施进行综合防治。马缨丹虽然是恶性入侵植物，但其花色美丽，具有较高的观赏价值，次生代谢物具有消炎镇痛（吴萍 等，2002；莫云雁 等，2014）、抗肿瘤（马伟杰 等，2004；Mahato et al., 1994）、抗菌抗病毒（Barre et al., 1997; Saleh et al., 1999）、防虫和除虫（赵辉 等，2003；冼继东 等，2003）等作用，在防治过程中，应科学合理地对马缨丹加以综合利用，"以害治害，变害为用"（林英 等，2008；余细红 等，2012）。

【凭证标本】 广东省清远市阳山县县城，海拔 62 m，24.509 6°N，112.615 6°E，2014 年 7 月 11 日，王瑞江 RQHN00030（CSH）；海南省海口市龙华区金牛岭公园，海拔 44 m，20.013 2°N，110.314 8°E，2015 年 8 月 5 日，王发国等 RQHN03120（CSH）；广西省河池市巴马县凤凰镇，海拔 338.3 m，24.203 7°N，107.419 2°E，2016 年 1 月 20 日，唐赛春、潘玉梅 RQXN08173（CSH）。

马缨丹（*Lantana camara* Linnaeus）

1. 群落和生境；2. 枝条及叶；3. 花枝；4. 花序；5. 果枝

参考文献

陈嵘，1937. 中国树木分类学 [M] . 南京：中国图书发行公司南京公司：1102.

何家庆，2012. 中国外来植物 [M] . 上海：上海科学技术出版社：164-165.

何俊杰，郑炼付，曾和平，2009. 马缨丹化学成分及其应用研究进展 [J] . 天然产物研究与开发，21（B10）：525-528.

环境保护部自然生态保护司，2012. 中国自然环境入侵生物 [M] . 北京：中国环境科学出版社：78-84.

黄建辉，韩兴国，杨亲二，等，2003. 外来种入侵的生物学与生态学基础的若干问题 [J] . 生物多样性，11（3）：240-247.

李振宇，解焱，2002. 中国外来入侵种 [M] . 北京：中国林业出版社：138.

林英，戴志聪，司春灿，等，2008. 入侵植物马缨丹（ *Lantana camara* ）入侵状况及入侵机理研究概况与展望 [J] . 海南师范大学学报（自然科学版），21（1）：87-93.

刘雄，吴双桃，朱慧，等，2014. 几种入侵植物在粤东地区屋顶绿化中的应用研究 [J] . 黑龙江农业科学，10：83-85.

卢向荣，谭忠奇，林益明，等，2013. 入侵植物马缨丹对4种农作物的化感作用 [J] . 厦门大学学报（自然科学版），52（1）：133-138.

马金华，罗强，袁颖，2003. 马缨丹的综合利用价值及其发展前景 [J] . 西昌农业高等专科学校学报，17（1）：28-29.

马伟杰，肖定军，邓松之，2004. 马缨丹叶的三萜类化学成分研究 [J] . 广州化学，29（4）：14-19.

莫云雁，李安，黄祖良，2004. 五色梅根三萜类物质镇痛和抗炎的实验研究 [J] . 时珍国医国药，15（8）：477-478.

全国明，章家恩，徐华勤，等，2009. 入侵植物马缨丹不同部位的化感作用研究 [J] . 中国农学通报，25（12）：102-106.

王朋，梁文举，孔垂华，等，2004. 外来杂草入侵的化学机制 [J] . 应用生态学报，15（4）：707-711.

吴萍，李振中，李安，2002. 马缨丹根水煮醇提部位镇痛镇静作用的研究 [J] . 基层中药杂志，16（2）：20-21.

冼继东，庞雄飞，曾玲，2003. 异源次生化合物对美洲斑潜蝇种群控制作用的田间试验 [J] . 应用生态学报，14（1）：97-100.

余细红，向亚林，2012. 马缨丹的综合利用研究 [J] . 亚热带植物科学，41（4）：83-87.

赵辉，张茂新，凌冰，等，2003. 非寄主植物挥发油对黄曲条跳甲成虫嗅觉、取食及产卵行为的影响 [J] . 华南农业大学学报，24（2）：38-40.

朱小薇，2002. 马缨丹化学成分与生物活性 [J] . 国外医药：植物药分册，17（3）：93-96.

Achhireddy N R, Singh M, 1984. Allelopathic effects of lantana (*Lantana camara*) on milkweed vine (*Morrenia odorata*)[J]. Weed Science, 32: 757–761.

Aline D B, Lyddrson L V, Fatima R G, 2007. Cgtogenetic characfetic characterization of *Lippia* and *Lantana camara* (Verbenaceac) form Brazil[J]. Journal of Plants Research, 120: 317–321.

Barre J T, Bowden B F, Coll J C, et al., 1997. A bioactive triterpene from *Lantana camara*[J]. Phytochemistry, 45(2): 321–324.

Ghisalberti E L, 2000. *Lantana camara* L. (Verbenaceae)[J]. Fitoterapia, 71: 467–486.

Holm L, Pancho J V, Herberger J P, et al., 1979. A geographical Atlas of World Weeds[M]. New York: John Wiley & Sons, Inc.

Lake J C, Leishman M R, 2004. Invasion succcss of cxotic plants in natural ecosystems: the role of disturbance, plant attributes and freedom from herbivores[J]. Biological Conservation, 117: 215–226.

Mahato S B, Sahu N P, Roy S K, et al., 1994. Potential antitumor agents from *Lantana camara*: structures of flavonoid and phenylpropanoid glycosides[J]. Tetrahedron, 50(31): 9439–9446.

Morton J F, 1994. Lantana, or red sage (*Lantana camara* L. Vergenaceae), notorious weed and popular garden flower; some cases of poisoning in Florida[J]. Economic Botany, 48(3): 259–270.

Saleh M, Kamel A, Li X, et al., 1999. Antibacterial triterpenoids isolated from *Lantana camara*[J]. Pharmaceutical Biology, 37(1): 63–66.

Sanders R W, 1987. Taxonomic significance of chromosome observation in caribbean species of *Lantana* (Verbenaceae)[J]. American Journal of Botany, 74: 914–920.

Singh M, Tamma R V, Nigg H N, 1989. HPLC identification of allelopathic compounds from *Lantana camara*[J]. Journal of Chemical Ecology, 15(1): 81–89.

Stephen P, 1999. Environmental weeds-control methods[J]. Land for Wildlife Note, 11: 1–4.

Zhang M, Ling B, Kong C, et al., 2005. Allelopathic effects of lantana (*Lantana camara* L.) on water hyacinth [*Eichhornia crassipes* (Mart.) Solms][J]. Allelopathy Journal, 15(1): 125–130.

2. **蔓马缨丹** *Lantana montevidensis* (Sprengel) Briquet, in Ann. Cons. Jard. Bot. Genève 7–8: 301. 1904.

【别名】 紫花马缨丹

【特征描述】 常绿灌木。茎蔓生，常铺地，株长可达 1.4 m。多分枝，嫩枝略呈四棱柱形，老枝圆柱形，疏被短硬毛并有褐色腺体，无刺。叶对生，纸质，卵形至长圆形，长

1.5～3.5 cm，宽 0.7～2 cm，先端急尖或渐尖，基部楔形并收窄成 3～5 mm 长的短柄，叶缘有钝锯齿，上面粗糙，被短柔毛，下面沿脉密被硬毛及褐色腺体，侧脉每边 4～5 条。穗状花序短缩成头状，腋生，总花梗长达 9 cm；苞片宽卵形，长不超过花冠筒中部；花萼短管状，长约 1 mm；花冠管细，长 1～1.2 cm，向上略开展，花冠 4～5 浅裂，裂片阔短，先端钝或微凹，紫红色，喉部具黄色或白色环纹。核果球形，成熟时紫黑色，肉质，光滑，少见结果。**物候期**：花期 5—10 月，果期 7—10 月。在华南地区终年可开花结果。

【生境】 农田、路边。

【原产地及分布现状】 原产于南美洲热带地区（徐海根和强胜，2018）。全世界热带地区均有栽培或逸为野生。**国内分布**：澳门、福建、广东、广西、海南、江西、台湾、香港。

【传入与扩散】 **文献记载**：1928 年引入台湾（徐海根和强胜，2018）；《广州植物志》最早提出蔓马缨丹作为中文名（侯宽昭，1956）。2011 年作为入侵植物被《中国外来入侵生物》收录（徐海根和强胜，2011）。**标本信息**：模式标本（Type），137668，Schery R W 1944 年采自巴西巴伊亚，标本现存于纽约植物园标本馆（NY）。中国较早标本于 1922 年 5 月 6 日采自采自广州（2151C0001D00121319，SYS）；台湾较早的标本采于 1933 年 6 月 27 日采自台北（NAS00217735）；广西较早的标本采于 1948 年（李树刚 200161，IBK）。**传入方式**：有意引进，人工引种到海南等华南地区，再扩散到其他地区（徐海根和强胜，2011）。**传播途径**：自我扩散或随人工引种传播。**繁殖方式**：种子繁殖和营养繁殖。**入侵特点**：① 繁殖性 种子量大，萌发力强；具有营养繁殖，再生能力强。② 传播性 随人为引种传播。③ 适应性 适应能力强，喜温暖、干燥生境。常大面积逸为野生，在群落中占优势（黄彩萍和曾丽梅，2003；李沛琼，2012；吕泽丽 等，2014）；有强烈的化感作用，使其在种间竞争中占有优势。**可能扩散的区域**：该种可能在华南、西南多数省区适生地扩散。

【危害及防控】 危害：危害园林绿地景观；降低生物多样性；全株有毒，误食后引起中毒甚至死亡。防控：在逸生地区开花前拔除；加强管理，禁止随便丢弃种苗，绿化种植局限于城区范围内，避免引入到自然生态环境中。

【凭证标本】 广东省梅州市平远县大柘镇，海拔 141 m，24.568 1°N，115.882 8°E，2014 年 9 月 8 日，曾宪锋、邱贺媛 RQHN06007（CSH）；广西省南宁市青秀区，海拔 227.1 m，22.816 2°N，108.390 2°E，2014 年 11 月 14 日，韦春强 RQXN07551（CSH）；福建省三明市尤溪县西城镇，海拔 135 m，26.169 0°N，118.186 1°E，2015 年 10 月 16 日，曾宪锋 RQHN07539（CSH）。

【相似种】 蔓马缨丹与马缨丹 *Lantana camara* Linnaeus 的区别较为明显，蔓马缨丹茎蔓生，无刺，叶片长 1.5～3.5 cm。而后者茎直立或披散，通常具倒钩皮刺，叶片长 3～8.5 cm（李振宇和魏来，2012）。

蔓马缨丹 [*Lantana montevidensis* (Sprengel) Briquet]

1. 群落和生境；2. 叶（对生）；3. 花枝；4. 花序（侧面观）；5. 花序（正面观）

参考文献

侯宽昭，1956. 广州植物志［M］. 北京：科学出版社：625.

黄彩萍，曾丽梅，2003. 外来入侵杂草对广州市白云山的危害及其防治策略的探讨［J］. 热带林业，31（4）：23-29.

李振宇，魏来，2012. 马缨丹属［M］// 李沛琼. 深圳植物志：第3卷. 北京：中国林业出版社：236-237.

吕泽丽，郑泽华，曾宪锋，等，2014. 2种江西归化植物新记录［J］. 福建林业科技，41（2）：125-127.

徐海根，强胜，2011. 中国外来入侵生物［M］. 北京：科学出版社：203-204.

徐海根，强胜，2018. 中国外来入侵生物：上册［M］. 修订版. 北京：科学出版社：439-441.

3. 假马鞭属 *Stachytarpheta* Vahl

木质草本或亚灌木。茎和枝四棱柱形，常作二歧式分枝。单叶对生，有圆齿或齿。长鞭状的穗状花序顶生，长而疏散，苞片明显，花后常反折；花单生于苞片叶腋内，半藏在凹陷的总轴内；萼狭管状，4～5齿裂或截平；花冠白色、蓝色、紫红色或粉红色，花冠管细，圆柱形，顶端5齿裂，裂片近相等，向外开展；雄蕊4，着生于冠管上部，内藏，位于下方的2枚发育，上方的2枚为退化雄蕊；子房2室，每室1胚珠；花柱伸出花冠管口，柱头顶生，稍圆，头状。果藏于宿萼内，长圆形，分裂成两个具单一种子的干而硬的分果核。

本属约65种，主要分布于热带美洲，少数种引进非洲、亚洲、欧洲。我国有3种（Chen & Gilbert, 1994；刘明超 等，2011；单家林，2009），均为外来入侵植物。

参考文献

刘明超，韦春强，唐赛春，等，2011. 中国马鞭草科一新归化种——南假马鞭［J］. 植物科学学报，29（5）：649-651.

单家林，2009. 雏议我国假马鞭属植物［J］. 亚热带植物学报，38（4）：44-46.

Chen S L, Gilbert M G, 1994. Verbenaceae[M]// Wu Z Y, Raven P H. Flora of China. Beijing: Science Press, 17: 3.

分种检索表

1 叶新鲜时稍肉质，灰绿色或蓝绿色，上表面因叶脉下陷而形成的皱突不明显，干后纸质或厚纸质；穗状花序粗厚，长 15～50 cm，直径达 7 mm，光滑无毛，序轴较硬，花冠紫红色、蓝色或蓝紫色，冠檐宽 9～12 mm ·············· 3. 假马鞭 *S. jamaicensis* (Linnaeus) Vahl

1 叶新鲜时草质，深绿色，上表面因叶脉下陷而形成明显的皱突，干后膜质或纸质；穗状花序纤细，柔韧，花冠深蓝紫色或淡蓝色或白色 ······························ 2

2 叶片椭圆形至卵形或狭卵形，上表面具短糙伏毛，背面被微柔毛或短糙伏毛，边缘齿少，锯齿状或圆锯齿状，叶柄长 0.3～1 cm；穗状花序和花萼具毛，花冠淡蓝色或白色，冠檐宽 5～6 mm ·················1. 南假马鞭 *S. australis* Moldenke

2 叶片卵形至宽卵形，两面近无毛，边缘齿较多，齿尖锐，叶柄长 2～3 cm；穗状花序和花萼无毛，花冠深蓝紫色，冠檐宽 9～12 mm·················
·················· 2. 荨麻叶假马鞭 *S. cayennensis* (Richard) Vahl

1. 南假马鞭 *Stachytarpheta australis* Moldenke in Phytologia 1: 470. 1940.

【别名】 白花假马鞭

【特征描述】 一年生或多年生草本，高达 2 m。茎基部稍微木质化，二歧式分枝，幼枝多少密被短柔毛。叶对生，膜质或纸质，椭圆形至卵形或狭卵形，长 1.5～10 cm，宽 1～5 cm，背面被微柔毛或短糙伏毛，腹面或多或少具短糙伏毛，边缘锯齿状或圆锯齿状，顶端急尖或渐尖，叶柄长 0.3～1 cm。穗状花序纤细，长 15～45 cm，直径约 3 mm，通常密布短柔毛，序轴稍柔弱，凹穴几乎与轴等宽；苞片狭披针形，长约 5 mm；花萼长约 6 mm，密被短柔毛，萼齿几近等长；花冠淡蓝色或白色，花冠管细，直径 1～1.2 mm，长 4～5 mm，冠檐宽 5～6 mm；发育雄蕊 2，内藏。果藏于宿萼内，长圆形。物候期：花期 5—10 月，果期 6—11 月。

【原产地及分布现状】 原产于中南美洲的古巴、秘鲁、墨西哥南部和阿根廷，现已广泛分布于热带、亚热带地区（Munir, 1992; Wagner et al., 1999; Smith, 2002）。**国内分布**：广东、广西、海南、台湾。

【生境】 常生长于人为干扰的区域，如小溪、道路、住宅旁，也生长于季风森林、动物干扰的地方和过度放牧的牧场（Smith, 2002）。在广西主要生长于小溪、道路、耕地和村镇旁（刘明超 等，2011）。

【传入与扩散】 **文献记载**：2006 年首次以白花假马鞭［*S. dichotoma* (Ruiz & Pavón) Vahl］报道了在广东的分布（丘华兴 等，2006）；2010 年在广西上思县发现分布（刘明超 等，2011）；2015 年被《海南植物图志》收录（杨小波 等，2015）。**标本信息**：主模式（Holotype），Schreiter s.n., Herb. BA 26/1347, R. Schreiter 1925 年 9 月 28 日采自阿根廷，标本现存于纽约植物园标本馆（NY）。国内最早的标本于 1995 年 9 月 17 日采自广东大埔县（H. X. Qiu 471, IBSC0497245、0497247）。2010 年 10 月 12 日在广西上思县妙镇也采到标本（刘明超、唐赛春 SSL201005, IBK）。**传入方式**：无意传入。**传播途径**：种子通过交通工具、垃圾土壤、雨水进行扩散传播（刘明超 等，2011）。**繁殖方式**：种子繁殖。**入侵特点**：① 繁殖性 2009 年在广西首先发现，种子繁殖，种子生物学特性尚需进一步研究。② 传播性 种子通过自然或混入杂草种子人为引种进行扩散传播。在澳大利亚的昆士兰州，其种子一直流转于饲料、牧草和污染的牧场之间（Smith, 2002）。③ 适应性 已在广东大埔县、广西上思县、海南保亭等地发现零星分布，可能种群处于定植阶段，对生境适应性方面尚需作进一步观察研究。**可能扩散的区域**：该种可能在我国华南、西南地区扩散。

【危害及防控】 **危害**：目前仅在发现地的路旁、耕地旁和村旁零星分布，种群处于定居阶段，尚未形成大的危害（刘明超 等，2011）。但要严密观察，防止种群扩大，排挤本地植物，影响生物多样性。**防控**：发现逸生，在结果前及时拔除。

【凭证标本】 广东省梅州市大埔县，海拔 100 m，1995 年 9 月 17 日，丘华兴，471
（IBSC0497245）；广东省梅州市大埔县，海拔 150 m，1996 年 11 月 14 日，丘华兴 492
（IBSC0497248）；广西壮族自治区防城港市上思县妙镇，2010 年 10 月 12 日，刘明超、
唐赛春 SSL201001（IBK）；广西壮族自治区防城港市上思县七门乡，2010 年 10 月 12
日，韦春强、岑艳喜 SSW201010（IBK）。

【相似种】 本种与同属荨麻叶假马鞭 *S. cayennensis* (Richard) Vahl 外形上相似，以至于
《中国入侵植物名录》误认为两者为同一物种（马金双，2013）。本种叶片椭圆形至卵形
或狭卵形，背面被微柔毛或短糙伏毛，腹面具短糙伏毛，边缘齿少，锯齿状或圆锯齿状，
穗状花序和花萼具毛，花小，花冠淡蓝色或白色，冠檐宽 5～6 mm；而荨麻叶假马鞭叶
片卵形至宽卵形，两面近无毛，边缘齿较多，齿尖锐，穗状花序和花萼无毛，花较大，
花冠深蓝紫色，冠檐宽约 10 mm，容易区分。

南假马鞭（*Stachytarpheta australis* Moldenke）

1. 群落和生境；2. 枝条及叶；3. 花枝；4. 花序上的花；5. 花（正面观）

参考文献

刘明超，韦春强，唐赛春，等，2011. 中国马鞭草科一新归化种——南假马鞭 [J] . 植物科学学报，29（5）：649-651.

马金双，2013. 中国入侵植物名录 [M] . 北京：高等教育出版社：144.

丘华兴，陈炳辉，曾飞燕，2006. 值得注意的中国南部植物 [J] . 广西植物，26（1）：1-4.

杨小波，李东海，陈玉凯，等，2015. 海南植物图志 [M] . 北京：科学出版社，11：380-381.

Atkins S, 2005. The genus *Stachytarpheta* (Verbenaceae) in Brazil[J]. Kew Bulletin, 60(2): 161–272.

Munir A A, 1992. A taxonomic revision of the genus *Stachytarpheta* Vahl (Verbenaceae) in Australia[J]. Journal of the Adelaide Botanic Gardens, 14(2): 133–168.

Smith N M, 2002. Weeds of the wet dry tropical of Australia[J]. Bioorganic & Medicinal Chemistry, 11(7): 1493–1502.

Wagner W L, Herbst D R, Sohmer S H, 1999. Manual of the flowering plants of Hawaii[M]. Honolulu: University of Hawaii Press.

2. 荨麻叶假马鞭 *Stachytarpheta cayennensis* (Richard) Vahl, Enum. Pl. [Vahl] 1: 208. 1804. ——*Verbena cayennensis* Richard, Actes Soc. Hist. Nat. Paris 1: 105. 1792; *S. dichotoma* (Ruiz & Pavón) Vahl, Enum. Pl. [Vahl] 1: 207.1804; *Verbena dichotoma* Ruiz & Pavón, Fl. Peruv. [Ruiz & Pavón] 1: 23. T. 34, fig. b. 1798; *Stachytarpheta urticifolia* (Salisbury) Sims, Bot. Mag. 43: pl. 1848. 1816."*urticaefolia*"; *Cymburus urticaefolius* Salisbury, Parad. Lond. t. 53. 1806.

【别名】 蓝蝶猿尾木

【特征描述】 多年生直立草本植物或亚灌木。高 80～200 cm。茎枝二歧式分枝，幼枝四棱形，疏被短柔毛。叶对生，薄膜质或纸质；叶片卵形至宽卵形，长 4～8 cm，宽 3～6 cm，深绿色，光亮，近轴面具较多泡状隆起的皱突，两面近无毛，侧脉 3～5，背面明显突出，叶尖急尖，基部楔形，叶缘齿尖锐，朝外而略呈牙齿状，齿较多；叶柄长 2～3 cm，具翅。穗状花序顶生，长 20～40 cm，圆形，纤细、柔韧，直径约 3 mm；花无柄，单生于苞腋内，约一半嵌生于花序轴的凹穴中；苞片披针形，长

4 ~ 5.5 mm，宽约 2.0 mm，顶端有一芒尖，苞片下半部边缘干膜质；花萼管状、侧扁，长 5 ~ 6 mm，宽约 2 mm，膜质、透明、无毛、具 4 肋；花冠高脚碟状，长 8 ~ 9 mm，檐片宽约 10 mm，常为深蓝紫色，内面上部有毛，花冠不等 5 裂，平展，上檐裂片 2，裂片略大，圆形，宽约 5.5 mm，下檐裂片 3，略小，裂片宽椭圆形或圆形，侧裂片宽约 4 mm，中裂片宽约 3 mm，花冠管圆筒形，略弯曲；发育雄蕊 2 枚，着生于花冠管中部，花丝长约 1.2 mm，宽约 0.3 mm，花药 2 室，纵裂；退化雄蕊 2 枚，全部雄蕊内藏；花柱伸出花冠口，子房淡黄色，无毛；果压扁，藏于宿存花萼中，长约 4 mm，宽 0.5 mm，宿存花柱约长 1.2 mm，成熟时 2 瓣裂。种子为薄果皮包被。物候期：花、果期几全年。

【原产地及分布现状】 原产于热带亚洲，现已广泛分布于美洲和非洲热带、亚热带地区（Munir, 1992; Walker, 1976; Moldenke & Moldenke, 1983）。国内分布：福建、广东、海南、台湾、香港、云南。

【生境】 路边、低地、海边、林缘。在海南橡胶林缘、东海岸已形成优势灌丛。

【传入与扩散】 文献记载：荨麻叶假马鞭在我国长期被错误鉴定成假马鞭（Chen & Wu, 2003；单家林，2009a）。2003 年基于野外考察与标本考证对台湾假马鞭属植物进行了修订，Chen 和 Wu 认为荨麻叶假马鞭在台湾被长期鉴定为假马鞭，在 1925 年就在台湾采到标本，Sasaki（1928）和 Mori（1936）分别记载了荨麻叶假马鞭在台湾的分布，并且当时在台湾已形成稳定的定居群（Chen & Wu, 2003）。2009 年单家林报道荨麻叶假马鞭在海南广泛分布（单家林，2009b）。2015 年收录于《海南植物图志》（杨小波等，2015）。标本信息：后选模式（Lectotype），M. Leblond 356，1792 年采自圭亚那卡宴（Cayenne, French Guyana），标本存放于瑞士日内瓦植物园标本馆（G）；等后选模式（Isolectotype），存于英国皇家植物园邱园（K）和法国国家自然历史博物馆（P）。中国最早的标本采集记录为台湾台南地区，1925 年 4 月 14 日，Yasukawa s. n.（TAIF）；台北，1928 年 8 月 18 日，Umetani s. n.（TAI）；1928 年 4 月 16 日在香港采到标本（Tsiang

Ying 0181, PE01277186）；福建最早的标本采于 1934 年 11 月 16 日（C. K. Tseng 476, AU019698）。**传入方式**：本种原产于亚洲热带，现广泛分布于热带地区，在热带美洲、亚热带及非洲广泛分布（Moldenke & Moldenke, 1983），后引进中国南方（Chen & Gilbert, 1994）、琉球群岛（Walker, 1976）和夏威夷群岛（Haselwood & Motter, 1983）。台湾最早的标本采自 1925 年的栽培植物，据此推断，荨麻叶假马鞭有可能在 1925 年前有意引入台湾。后又经台湾传播到大陆。**传播途径**：开始为有意引种栽培，然后逸生，并通过种子扩散。**繁殖方式**：种子繁殖。**入侵特点**：① 繁殖性　种子数量细小量多。② 传播性　种子小，容易随风传播入侵新的地域。③ 适应性　本种为多年生直立草本或亚灌木，在台湾、海南都已形成稳定的居群，都有成熟的种子，在我国台湾、海南、广东具有较强的适应性。**可能扩散区域**：从现有分布看，该种可扩散到我国热带、亚热带部分地区，包括台湾、海南、广东、广西、云南、福建等省份（自治区）。

【危害及防控】 **危害**：尚未有严重危害的报道，但作为一种外来物种，会影响当地生物多样性。**防控**：加强对入侵生境的监控，在果实成熟前拔除，控制结实和种子的传播。

【凭证标本】 台湾省台南市：1925 年 4 月 14 日，Yasukawa, s. n.（TAIF）；台湾省台北市：1928 年 8 月 18 日，Umetani, s. n.（TAI）。海南：1997 年 11 月 9 日，单家林 2898（SCUTA）。

【相似种】 本种与同属假马鞭［*S. jamaicensis* (Linnaeus) Vahl］外形上相似，两者花的冠檐宽均为 9～12 mm，区别在于后者叶新鲜时稍肉质，灰绿色或蓝绿色，上表面因叶脉下陷而形成的皱突不明显，干后纸质或厚纸质；穗状花序粗厚，长 15～50 cm，直径达 7 mm，光滑无毛，序轴较硬，花冠紫红色、蓝色或紫色，雄蕊与花柱均内藏。《海南植物志》《中国植物志》《云南植物志》《中国高等植物》《深圳野生植物》等记载的假马鞭即为荨麻叶假马鞭（单家林，2009）。本种叶新鲜时草质，深绿色，上表面因叶脉下陷而形成明显的皱突，干后膜质或纸质；穗状花序纤细，柔韧，花冠深蓝紫色，雄蕊内藏而花柱伸出花冠口。

荨麻叶假马鞭 [*Stachytarpheta cayennesis* (Richard) Vahl]

1. 群落和生境；2. 枝条及叶；3. 花枝；4. 花

参考文献

单家林，2009a. 雏议我国假马鞭属植物［J］. 亚热带植物学报，38（4）：44-46.

单家林，2009b. 海南岛种子植物分布新记录［J］. 福建林业科技，（3）：263-266.

杨小波，李东海，陈玉凯，等，2015. 海南植物图志［M］. 北京：科学出版社，11：380-381.

Chen S H, Wu M J, 2003. Remarks on the species of *Starchytarpheta* (Verbenaceae) of Taiwan[J]. Botonical Bulletin, Academia Sinica Taipei, 44: 167–174.

Chen S L, Gilbert M G, 1994. Verbenaceae[M]// Wu Z Y, Raven P H. Flora of China: vol 17. Beijing: Science Press: 3.

Haselwood E L, Motter G G, 1983. Handbook of Hawaiian Weeds. 2nd ed. Honolulu: University of Hawaii Press: 330–335.

Moldenke H N, Moldenke A L, 1983. Verbenaceae[M]// Dassanayake M D, Fosberg E R. A Revised Handbook to the Flora of Ceylon: vol. 4. Rotterdam: A A Balkma: 196–487.

Mori K, 1936. Verbenaceae[M]// Masamune G. Short Flora of "Formosa" [1]. Taipei: The Editorial Department of "Kudo": 179–182.

Munir A A, 1992. A taxonomic revision of the genus *Stachytarpheta* Vahl (Verbenaceae) in Australia[J]. Journal of the Adelaide Botanic Gardens, 14(2): 133–168.

Sasaki S, 1928. List of plants of "Formosa"[M]. Taipei: The National History Society of "Formosa": 353.

Walker E H, 1976. Flora of Okinawa and the southern Ryukyu Islands[M]. Washington DC: Simithsonian Institution Press: 886.

3. 假马鞭 *Stachytarpheta jamaicensis* (Linnaeus) Vahl, Enum. Pl. 1: 206. 1805.

【别名】 四棱草、假败酱、铁马鞭、玉龙鞭、大种马鞭

【特征描述】 多年生粗壮草本或亚灌木。高 80～200 cm。幼枝近四棱形，疏生短毛。叶对生，灰绿色或蓝绿色，肉质，叶片常椭圆形至卵状椭圆状，长 2.4～9 cm，宽 3～5 cm，叶基楔状，叶尖骤尖，叶缘有粗锯齿；叶柄具翅，长 2～3 cm。穗状花序顶生，花序轴粗壮，直立，长 10～50 cm；花无柄，单生于苞腋内，一半嵌生于花序轴的凹穴中，螺旋状着生；苞片卵状披针形，长 5～6 mm，宽约 2.5 mm，顶端渐尖呈芒状，边缘干膜质，具显著缘毛；花萼管状，膜质，长 5～6 mm，具 4 肋 4 齿；花冠高脚碟

---

① "Formosa"，即中国台湾。

状，常为蓝色、蓝紫色或紫红色，长 8～12 mm，花冠管圆筒状，略弯曲，花冠喉部白色，冠檐宽 9～12 mm，里面上部有腺毛，顶端 5 裂，裂片宽椭圆形，平展；雄蕊 2，着生于花冠管中部，花丝长约 1.2 mm，花药 2 室，纵裂；子房卵球状，花柱伸出，柱头头状。果内藏于宿存花萼，长约 4 mm，成熟时 2 瓣裂，每瓣具 1 种子，种子紧贴果皮。**物候期**：花期 8—11 月，果期 9—12 月。

【原产地及分布现状】 原产于热带美洲，现于东南亚广泛分布（Chen & Wu, 2003）。**国内分布**：澳门、福建、广东、广西、海南、湖南、江西、台湾、云南。

【生境】 生于山谷溪旁、石灰岩上、河边林下、疏林中、路边、草丛、村旁。

【传入与扩散】 **文献记载**：19 世纪末于香港发现，20 世纪初在香港岛和九龙半岛已成为路边常见杂草（李振宇和解焱，2002，注意该书所用的插图为荨麻叶假马鞭）。荨麻叶假马鞭在我国长期被错误鉴定成假马鞭（Chen & Wu, 2003；单家林，2009）。基于野外考察与标本考证，2003 年 Chen 和 Wu 对台湾假马鞭属植物进行了修订，记载了假马鞭在台湾的分布。海南各地极常见，路边或林缘杂草（单家林，2009；杨小波 等，2015）。**标本信息**：模式标本（Type），采自 Jamaica；后选模式（Lectotype），Herb. Linn. N. 7. 13，标木存于瑞典自然历史博物馆（S）。中国最早的标本是钟观光先生于 1918 年 8 月 13 日采自香港九龙的标本（钟观光 s. n., PEY0056615）；其他较早的标本还有 1933 年 6 月 25 日采自海南三亚（侯宽昭 70900, IBK00058403、IBSC0497278、IBSC0497279）。**传入方式**：人工无意引进。**传播途径**：自然扩散。**繁殖方式**：种子繁殖。**入侵特点**：① **繁殖性** 花、果期几乎全年，种子为相继成熟型，散落地上的种子遇适宜条件当年即可萌发，并能较快形成植株，进入下一轮生育期（于飞 等，2012）。② **传播性** 靠种子传播，一年四季皆有成熟种子产生。③ **适应性** 假马鞭抗性较强，病虫害较少，在分布区仅发现有少量植株受霜霉病危害，但只是影响植株的生长发育，没有发现受病虫危害死亡的植株（于飞 等，2012）。**可能扩散的区域**：该种可能在我国长江以南广大地区扩散。

【危害及防控】 危害：入侵后常形成单一优势种群，排挤本地植物，影响生物多样性。该种还是粉虱传双生病毒的寄主（范三薇和周雪平，2003）。防控：在结果前拔除，假马鞭为多年生双子叶杂草，可用除草剂苯磺隆等进行化学防除。

【凭证标本】 广东省湛江市霞山区森林公园，海拔 26 m，21.178 9°N，110.349 6°E，2015 年 7 月 7 日，王发国、李西贝阳、李仕裕 RQHN02984（CSH）；福建省莆田市，海拔 26 m，25.422 2°N，119.081 4°E，2015 年 1 月 4 日，曾宪锋 RQHN06897（CSH）；香港薄扶林大道，海拔 175 m，22.265 6°N，114.136 9°E，2015 年 7 月 26 日，王瑞江、薛彬娥、朱双双 RQHN00959（CSH）。

假马鞭［*Stachytarpheta jamaicensis* (Linnaeus) Vahl］
1. 群落和生境；2. 植株；3. 枝条及叶；4. 花枝及花

参考文献

范三薇，周雪平，2003. 从海南省杂草胜红蓟和假马鞭上检测到粉虱传双生病毒［J］. 植物病理学报，33（6）：513–516.

李振宇，解焱，2002. 中国外来入侵种［M］. 北京：中国林业出版社：139.

单家林，2009. 雏议我国假马鞭属植物［J］. 亚热带植物科学，38（3）：44–46.

杨小波，李东海，陈玉凯，等，2015. 海南植物图志［M］. 北京：科学出版社，11：380–381.

于飞，吴海荣，鲁勇干，等，2012. 外来假马鞭草的特征特性及控制［J］. 杂草科学，30（3）：14–15.

Chen S H, Wu M J, 2003. Remarks on the species of *Starchytarpheta* (Verbenaceae) of Taiwan[J]. Botonical Bulletin, Academia Sinica Taipei, 44: 167–174.

唇形科 | Lamiaceae

草本或亚灌木，通常含芳香油。茎通常四棱形。叶对生或轮生。花两性，两侧对称，单生或成对，或于叶腋内丛生，或为轮伞花序或聚伞花序，再排成穗状、总状、圆锥或头状花序；花萼合生，5（～4）裂，常二唇形，宿存；花冠合瓣，冠檐5（～4），常二唇形；雄蕊通常4枚，二强，有时退化为2枚，花丝分离或两两成对，花药2室，纵裂，有时前对或后对药室退化为1室，形成半药；花盘发达，通常2～4浅裂或全缘，心皮2枚，4裂；子房上位，假4室，每室有胚珠1枚，花柱着生于子房基部，顶端相等或不相等2浅裂。果通常裂成4枚小坚果，稀核果状；每坚果有1种子，无胚乳或有少量胚乳，胚具与果轴平行或横生的子叶。

本科约220属3 500余种，全球分布，但主要分布在地中海沿岸和亚洲西南部，是干旱地区的主要植被。本科是北温带分布的一个大科，传统上被划分为10个亚科。我国约96属807种（Li & Hedge, 1994），其中有4属7种被列为外来入侵植物。

国内一些文献当作入侵植物报道的薄荷属植物留兰香（*Mentha spicata* Linnaues），经考证在我国新疆阿勒泰、塔城地区有野生分布，同属植物皱叶留兰香（*M. crispata* Schrad. ex Willd.）原产欧洲，我国北京、南京、上海、杭州以及华南、西南等地作为香料植物栽培，仅见在栽培范围处逸生，也未见产生危害的报道；同样国内一些文献当作入侵植物报道的还有罗勒属的罗勒（*Ocimum basilicum* Linnaeus）和丁香罗勒（*O. gratissimum* Linnaeus），这两种植物和薄荷属的植物一样，均为香料植物，在我国长期栽培，偶见逸生也属正常，本志暂不收录。

传统的唇形科局限于花柱着生于子房基部的那些种，这样界定的唇形科是一个多系的集合群。基于胚珠侧生和分子系统学研究，APG系统已将马鞭草科中约2/3的属如紫珠属（*Callicarpa*）、莸属（*Caryopteris*）、大青属（*Clerodendrum*）、石梓属（*Gmelina*）、冬红属（*Holmskioldia*）、豆腐柴属（*Premna*）、楔翅藤属（*Sphenodesma*）、柚木属（*Tectona*）、假紫珠属（*Tsoongia*）、牡荆属（*Vitex*）以及 Chloanthaceae（特产于澳大利亚的 10 个灌木属）放入唇形科（Cantino et al., 1992; Wagstaff et al., 1998; APG, 2016）。这样唇形科成为唇形目中最大的科，包含 236～240 属 6 900～7 200 种，科下划分为 7 个亚科（Harley et al., 2004）或 6 个亚科（Heywood et al., 2007）。

参考文献

Cantino P D, Harley R M, Wagstaff S J, 1992. Genera of Labiatae: status and classification[M]// Harley R M, Reynolds T. Advances in Labiate Science. Ontario: Firefly Books: 511–522.

Harley R M, Atkins S, Budantsev A L, et al., 2004. Labiatae[M] // Kadereit J W. The families and genera of vascular plants. Berlin: Springer-Verlag, 7: 167–275.

Heywood V H, Brummitt R K, Culham A, et al., 2007. Flowering plant families of the world[M]. Ontario: Firefly Books: 179–181.

Li X W, Hedge I C, 1994. Lamiaceae[M]// Wu Z Y, Raven P H. Flora of China: vol 17. Beijing: Science Press: 197–234.

The Angiosperm Phylogeny Group(APG), 2016. An update of the Angiosperm Phylogeny Group classification for the Ordors and families of flowering plants: APG IV[J]. Botanical Journal of the Linnaen Society, 181(1): 1–20.

Wagstaff S J, Hickerson L, Spangler R, 1998. Phylogeny in Labiatae s. l., inferred from cpDNA sequences[J]. Plant Systematics and Evolution, 209(3–4): 265–274.

分属检索表

1 能育雄蕊 2，前对雄蕊可育，后对雄蕊退化 ⋯⋯⋯⋯⋯⋯⋯⋯ 1. 鼠尾草属 *Salvia* Linnaeus

1 能育雄蕊 4 ⋯⋯⋯⋯⋯⋯⋯⋯⋯⋯⋯⋯⋯⋯⋯⋯⋯⋯⋯⋯⋯⋯⋯⋯⋯⋯⋯⋯⋯⋯⋯ 2

2 花萼有锥状的齿，齿相等；花冠上唇 2 裂，下唇 3 裂；花药汇合成 1 室；花序为头状腋生或稠密的穗状花序或为疏花的圆锥花序 ⋯⋯⋯⋯⋯⋯⋯ 2. 山香属 *Hyptis* Jacquin

2 花萼有披针形的尖锐的萼齿或针刺状萼齿，齿通常有 1 枚或 3 枚略大；花冠上唇多少成盔状，全缘或微缺，下唇 3 裂，中裂片大；花药 2 室；花序为 2 至多数的轮伞花序组成顶生

1. 鼠尾草属 *Salvia* Linnaeus

一年生、多年生草本，半灌木或灌木。叶为单叶或羽状复叶。轮伞花序 2 至多花，组成总状或总状圆锥花序或穗状花序，稀全部花为腋生；具苞片及小苞片；花萼二唇形，上唇全缘或具 3 齿或具 3 短尖头，下唇 2 齿；花冠藏于筒内、外伸、平伸、向上弯或腹部增大，冠檐二唇形，上唇全缘或顶端微缺，下唇平展，3 裂，中裂片通常最宽大，侧裂片长圆形或圆形，展开或反折；能育雄蕊 2，为前对，花丝短，药隔延长，线形，横架于花丝顶端，以关节相联结，呈"丁"字形，其上臂顶端着生可育的药室，下臂顶端的药室常不育或无药室；退化雄蕊 2，为后对，呈棍棒状或退化不存在；花柱先端 2 浅裂；花盘前方略膨大或近等大。小坚果卵状三棱形或长圆状三棱形，无毛，光滑。

本属有 900～1 100 种，分布于热带和温带地区。我国有 84 种，产自全国各地，尤以西南地区为多，其中 10 余种作为观赏植物从国外引入，有 2 种成为外来入侵植物。

本属观赏植物一串红（*Salvia splendens* Ker-Gawler）为巴西引进的常见花卉，我国南北方都有较多种植，在部分地方偶有逸生，虽然国内有文献将其列入入侵物种，但未见形成单优势种群落，也未见形成入侵危害，本志暂不列入。2015 年和 2016 年分别报道了腺萼鼠尾草（*S. occidentalis* Swartz）和琴叶鼠尾草（*S. lyrata* Linnaeus）在台湾归化（周小春和谢宗新，2015；钟明哲和谢宗欣，2016）。腺萼鼠尾草全株密被毛，叶片阔卵形至菱状卵形，叶缘具锐锯齿，基部宽楔形，偶有截形；花 2～6 朵，组成轮伞花序，再呈顶生疏松总状排列；花冠蓝色，冠筒长约 2～4 mm，喉部内面白色具蓝色条纹；原产于加勒比海地区、佛罗里达、墨西哥、中美洲和南美洲，归化于夏威夷、纽埃、新喀里多尼亚、南库克群岛等太平洋诸岛屿和印度。而琴叶鼠尾草全株被粗毛，基生叶呈莲座状排列，倒卵状披针形，边缘具羽状缺刻或分裂；花茎每节 4～8 朵呈轮伞花序，再排列成疏松穗状；花冠长管状，淡蓝色或白色，二唇形，冠筒约长 2.5 cm。原产于美国东部，我国云南有栽培。由于资料有限，本志暂不收录。目前我国从国外引种了大量的鼠尾草属植物用于观赏，但该属的不少植物适应性较强，化感作用明显，应密切关注其逸生情况。

参考文献

钟明哲，谢宗欣，2016. 台湾新归化唇形科植物——琴叶鼠尾草 [J]. 台湾生物多样性研究，18（2）：131-136.

周小春，谢宗欣，2015. 台湾新归化唇形科植物——腺萼鼠尾草 [J]. 台湾生物多样性研究，17（1）：75-79.

$$\boxed{\text{分种检索表}}$$

1 花冠深红色或绯红色，长 2 cm 以上 ·················· 1. 朱唇 *S. coccinea* Buc'hoz ex Etlinger

1 花冠深蓝色，花冠长不超过 1 cm ·················· 2. 椴叶鼠尾草 *S. tiliifolia* Vahl

1. 朱唇 *Salvia coccinea* Buc'hoz ex Etlinger, De Salvia. 23. 1777.

【别名】 红花鼠尾草、一串红唇、红唇

【特征描述】 一年生或多年生草本。高达 70 cm。根呈纤维状。茎直立，四棱形，被灰白色疏柔毛。单叶对生，叶柄长 0.5～2 cm，叶片卵圆形或三角状卵圆形，长 3～6 cm，宽 2～5 cm，基部平截并渐狭成柄，边缘有锯齿，两面有毛。轮伞花序，每轮 4 至多花，疏离，组成顶生假总状花序；苞片卵圆形，较花梗长；花萼长钟状，长 8～9 mm，外被

微柔毛，其间混生浅黄色腺点；花冠深红色或绯红色，冠檐二唇形，长 2～2.2 cm，上
唇比下唇短，下唇 3 裂，中裂片最大，倒心形；发育雄蕊 2，伸出，花丝长 4 mm；花
柱伸出，先端稍膨大，2 裂。小坚果倒卵圆形，黄褐色，具棕色斑纹。**染色体**：2*n*=22
（Onayade et al., 2003）。**物候期**：花期 4—9 月。

【原产地及分布现状】 原产于南美洲，现广泛分布于世界各地。**国内分布**：安徽、广
东、广西、河北、江西、陕西、山东、上海、四川、台湾、天津、香港、云南、浙江等
地有栽培，在云南南部、东南部逃逸成入侵植物。

【生境】 喜温暖向阳环境，宜在肥沃沙壤土中生长。生于海拔 1 250～1 500 m 的路边阳
处或湖边疏林潮湿处。

【传入与扩散】 **文献记载**：1937 年出版的《中国植物图鉴》最早记载该种的栽培信息
（贾祖璋和贾祖珊，1937）；《广州植物志》（侯宽昭，1956）对该种有记录，最迟在 20 世
纪初引进。**标本信息**：后选模式（Lectotype），Plate2. Cent. 2, dec. 3. in Buc'hoz，现存于
德国慕尼黑国家植物标本馆（M）（1772）；P00657974 (MNHN-Paris)，Michaux A. 1797
年 5 月 9 日采自美国，标本现存法国巴黎国家自然历史博物馆植物标本馆（P）。1917
年 8 月 3 日在中国广州采到标本（C. O. Levine s. n.，PE01604118、PE01604121）。较早
的标本记录还有：1929 年在浙江杭州采到标本（Anonymous 2596, PE00830455）；1939
年在云南蒙自采到标本（王启无 81708, PE00830466）；台湾较早标本于 1935 年采自台
北（Noriaki Fukayama 3217, NAS00226539）；陕西较早标本于 1939 年采自武功（王宗
训 305，WUK 0025984）。**传入方式**：作为观赏植物有意引入。**传播途径**：随人工引种
传播。**繁殖方式**：种子繁殖、扦插繁殖。**入侵特点**：① 繁殖性 以种子繁殖为主，也
可扦插繁殖。朱唇种子具黏液，千粒重（1.611±0.008 4）g，为速萌型种子，种皮外的
黏液质在种子吸水过程中起到重要作用，能保证短时间内吸收充足水分供种子萌发，种
子萌发率高，可达 90% 左右（王涛 等，2016）。种子萌发需光，种子繁殖的植株当年或
次年夏季开花，但收获不到种子，只有种植 2～3 年以上的植株开花方才结实（吴国超

等，2016）。② 传播性 具观赏价值及药用价值（Onayade et al., 2003；罗泽萍和潘立卫，2016），随引种传播。③ 适应性 抗性强，耐热和耐干旱性好，抗病性也强。**可扩散的区域**：中国西南、华北、华东、华南等引种地。

【危害及防控】 **危害**：影响生物多样性。**防控**：本种具有很高的观赏性和药用价值，在引种过程中，要加强栽培管理，禁止乱丢弃种苗。

【凭证标本】 广西省壮族自治区防城港扶隆乡十万山保护区平龙山保护站，海拔 180 m，21.186 3°N，107.924 7°E，2012 年 12 月 13 日，韦松基、戴忠华 450603121213164LY（GXMG）；江西省赣州市寻乌县青龙岩，海拔 325 m，2013 年 4 月 14 日，曾宪锋 ZXF13892（CZH）；贵州省黔南布依族苗族自治州罗甸县，海拔 410 m，1986 年 10 月，龙滩考察队 00245（IBK）。

【相似种】 本种与同属植物一串红（*Salvia splendens* Ker-Gawler）在形态上较为相似，且都为南美洲外来种，但本种叶两面被灰色柔毛；花萼绿色，外具 15 条脉；花冠钟状管形，长 2～2.2 cm；而一串红叶两面无毛；花萼红色，外具 8 条脉；花冠筒状，长 4～4.5 cm。南欧丹参（*Salvia sclarea* Linnaeus），原产于地中海地区，我国各地引进栽培（中国科学院西北植物研究所，1983），陕西北部偶见逸生。与前两者的区别在于全株被白色具节长柔毛和腺毛；苞片大，抱茎，通常粉红色或白色，花冠长约 2.5 cm，紫色、淡红色或白色。

朱唇（*Salvia coccinea* Buc'hoz ex Etlinger）

1. 群落；2. 植株；3. 苗；4. 花

参考文献

侯宽昭，1956. 广州植物志 [M]. 北京：科学出版社：636.

贾祖璋，贾祖珊，1937. 中国植物图鉴 [M]. 上海：开明书店：201.

罗泽萍，潘立卫，2016. 朱唇的抑菌作用研究 [J]. 广东化工，43（8）：24-25.

王涛，李文爽，刘世勇，等，2016. 朱唇种子吸水特性及其在干旱胁迫下萌发特性 [J]. 广西植物，36（4）：430-434.

吴国超，雷兴，廖帆，等，2016. 朱唇栽培管理技术 [J]. 现代园艺，12：28.

中国科学院西北植物研究所，1983. 秦岭植物志 [M]. 北京：科学出版社，1（4）：264.

Onayade O A，Scheffer J J C，Svendsen A B, 2003. Polynuclear aromatic compounds and other constituents of the herb essential oil of *Salvia coccinea* Juss. ex Murr[J]. Botanical Journal of the Linnean Society, 141: 483–490.

2. 椴叶鼠尾草 *Salvia tiliifolia* Vahl, Symb. Bot. iii. 7. 1794.

【别名】 宾鼠尾草、杜氏鼠尾草

【特征描述】 一年生草本。茎直立，不分枝或少分枝，高 20～120 cm，钝四棱形，具沟，沿棱被疏长柔毛或近无毛。叶片卵圆形，先端锐尖，基部平截至心形，边缘具不整齐的圆齿或浅而钝的锯齿，草质，表面皱；叶脉网状，下陷，主脉明显；基出叶叶柄长，茎生叶叶柄较短，向茎顶渐短，至近无柄。轮伞花序 4～6 花，组成顶生的总状花序；苞片下部者叶状，具齿，向上变小，全缘，近圆形或宽卵圆形，先端渐尖，基部楔形，无柄，上面近无毛；花梗长 6～8 mm；花萼筒形，不明显的二唇形，齿三角形；花冠深蓝色，长 5～10 mm，花冠筒筒状，花冠二唇形，上唇直伸，近圆形，先端微缺，下唇轮廓近半圆形，超过上唇，3 裂，中裂片宽大，近倒心形，先端微缺，边缘浅波状，侧裂片长椭圆形。雄蕊内藏。花柱不伸出。**物候期**：花期 7—10 月。

【原产地及分布现状】 原产于中美洲，现已入侵南美洲、墨西哥、美国、埃塞俄比亚、南非和澳大利亚等地（Wood, 2007; Hu et al., 2013）。**国内分布**：云南、四川。

【生境】 路边、农田、林缘。

【传入与扩散】 文献记载：Hu et al.（2013）和刘刚（2013）发表文章，报道了本种在中国云南及四川的入侵，并考证本种是 20 世纪 90 年代初伴随着花卉引种首先进入云南昆明而后扩散至四川（Hu et al., 2013）。标本信息：模式标本（Type），Vahl herb，采集地不详，标本存于丹麦哥本哈根大学标本馆（C）。中国最早标本于 2009 年 7 月采自云南漾濞（尹志坚等 0625，KUN1264387）。传入方式：无意引入，伴随花卉引种传入我国云南昆明，并以较快的速度向四周扩散，现已分布到四川省米易县。传播途径：随花卉引种传入我国云南昆明，随引种及自然繁殖而传播至四川。繁殖方式：种子繁殖。入侵特点：① 繁殖性 具有较高的结实率。② 传播性 该种可能于 20 世纪 90 年代初伴随着花卉引种首先进入昆明，然后迅速向昆明周边地区扩散，目前最远已分布到四川省米易县，传播较快。③ 适应性 分布于路边、农田、林缘，有较强的适应性。可能扩散的区域：云南、四川、广西、广东等西南、华南省份（自治区）。

【危害及防控】 危害：Hu et al.（2013）采用"澳大利亚杂草评估系统"（Australian Weed Risk Assessment）（Nesom & Guy, 2009）对椴叶鼠尾草在中国的入侵风险进行了评估，发现该种是一个具有高入侵风险的物种。虽然该种目前在我国的分布尚局限在云南和四川，还未对当地的生态环境造成严重影响，然而，鉴于其较高的结实率和高效的传播方式，应引起重视并采取有效措施，阻止该物种继续蔓延，影响生物多样性。防控：首先对侵入区进行人工灭除行动，可集中在苗期进行，另外加强花卉引种管理，必要时可采取化学措施防止其继续扩大分布区或在可能的情况下予以根除。

【凭证标本】 云南省昆明市嵩明县柯渡镇，海拔 2 365 m，25.223 7°N，102.741 4°E，2012 年 9 月 8 日，王琦、黄艳波、孙建军 SAYN0002（CSH）；云南省金平县铜厂乡勐谢麻子寨，海拔 1 955 m，25.141 4°N，102.738 3°E，2015 年 7 月 7 日，陈文红、陈润征等 RQXN00114（CSH）。云南省大理白族自治州漾濞彝族自治县，海拔 1 500 m，2009 年 7 月 7 日，尹志坚、董洪进、向春雷 0625（KUN）。

椴叶鼠尾草（*Salvia tiliifolia* Vahl）

1. 群落和生境；2. 叶；3. 花枝；4. 花序及花；5. 果枝

参考文献

刘刚，2013. 我国科学家新发现一种外来入侵植物椴叶鼠尾草［J］. 农药市场信息，（29）：47.

Hu G X, Xiang L, Li E D, 2013. Invasion status and risk assessment for *Salvia tiliifolia*, a recently recognised introduction to China[J]. Weed Research, 53(5): 355 – 361.

Nesom, Guy L, 2009. Assessment of invasiveness and ecological impact in non-native plants of Texas[J]. Journal of the Botanical Research Institute of Texas, 3: 971 – 991.

Wood J R I, 2007. The Salvias (Lamiaceae) of Bolivia[J]. Kew Bulletin, 62(2): 177 – 207.

2. 山香属 *Hyptis* Jacquin

直立草本或半灌木、灌木。叶对生，具锯齿或缺。花序为头状腋生或稠密的穗状花序或为疏花的圆锥花序；苞片钻形或刺状；花萼管状钟形或管形，直立或斜生，具 10脉，萼口内面有柔毛簇或无，萼齿 5，近相等，短尖或锥尖，直立，果时花萼增大；花冠筒圆筒形或一边稍膨胀，至喉部近等大或略扩展，花冠檐部二唇形，上唇 2 裂，下唇 3 裂，中裂片囊状；雄蕊 4，前对较长，下倾，花药汇合成 1 室；花柱先端 2 浅裂或近全缘；花盘环状或前方微膨大。小坚果卵形或长圆形，光滑或粗糙。

本属有 350～400 种，均产于美洲热带至亚热带及西印度群岛地区，数种逸生于全世界热带成为杂草。我国 5 种，其中 3 种为外来入侵植物，均见于南部沿海地区。

分种检索表

1 叶揉之有香气；聚伞花序腋生或单花 ················· 1. 山香 *H. suaveolens* (Linnaeus) Poiteau.

1 叶揉之无香气；轮伞花序多花，聚集成球形或近球形的头状花序 ···························· 2

2 头状花序直径约 1.5 cm，总梗长 5～10 cm ······ 2. 吊球草 *H. rhomboidea* Martius & Galeotti

2 头状花序直径约 1 cm，总梗长 0.5～1.6 cm ···················3. 短柄吊球草 *H. brevipes* Poiteau

1. 山香 *Hyptis suaveolens* (Linnaeus) Poiteau, Ann. Mus. Natl. Hist. Nat. 7: 472. 1806.

【别名】 山薄荷、假藿香、臭草、香苦草

【特征描述】 一年生直立草本，揉之有香味。茎高 60～160 cm，钝四棱形，具 4 槽，被平展刚毛。单叶对生，卵形至宽卵形，长 1.4～11 cm，宽 1.2～9 cm，生于花枝上的较小，先端近锐尖至钝形，基部圆形或浅心形，边缘为不规则的波状，具小锯齿，薄纸质，上面橄榄绿色，下面较淡，两面均被疏柔毛；叶柄柔弱，长 0.5～6 cm，腹凹背凸，毛被同茎。聚伞花序 2～5 花，有些为单花，着生于渐小叶腋内，排列成总状花序或圆锥花序。花萼花时长约 5 mm，宽约 3 mm，不久长大至长达 12 mm，宽至 6.5 mm，10 条脉极凸出，外被长柔毛及淡黄色腺点，内部有柔毛簇，萼齿 5，短三角形，先端长锥尖，长 1.5～2 mm，直伸；花冠蓝色，长 6～8 mm，花冠筒基部宽约 1 mm，至喉部宽约 2 mm，花冠二唇形，上唇先端 2 圆裂，裂片外反，下唇 3 裂，侧裂片与上唇裂片相似，中裂片囊状，略短；雄蕊 4，下倾，着生于花冠喉部，花药汇合成 1 室；花柱先端 2 浅裂；花盘阔环状，边缘微有起伏；子房裂片长圆形。小坚果常 2 枚成熟，扁平，暗褐色，具细点。染色体：2*n*=32（万方浩 等，2012）。物候期：全年开花结果。

【原产地及分布现状】 原产于热带美洲，现为世界性热带杂草，在世界的分布超过 50 个国家，横跨 7 大洲（Li & Hedge, 1994; Epling, 1949）。国内分布：澳门、福建、广东、广西、海南、台湾、香港、云南。

【生境】 生于开阔地、草坡、林缘、路旁、耕地、果园、茶园（Li & Hedge, 1994），是火烧地、废弃荒地的先锋植物（徐海根和强胜，2018）。

【传入与扩散】 文献记载：19 世纪末在台湾采到标本（李振宇和解焱，2002）；1912 年出版的 *Flora of Kwangtung and Hongkong* 记载了在香港的分布（Dunn &

Tutcher, 1912）；1956 年出版的《广州植物志》记载了在广州的分布（侯宽昭，1956）；1977 年出版的《中国植物志》、1994 出版的 *Flora of China* 记载了在中国的分布（宣淑洁，1977；Li & Hedge, 1994）。2002 年被列入中国外来入侵种（李振宇和解焱，2002）。单家林等（2006）、安峰等（2007）、范志伟等（2008）记载了该种在海南的分布；欧健和卢昌义（2004）、陈恒彬（2005）记载了在福建厦门的分布；严岳鸿等（2004，2007）记载了在广东的分布；申时才等（2012）记载了在云南的分布。**标本信息**：后选模式（Lectotype），*Browne, Herb. Linn. No. 737.6*，标本采自牙买加（Jamaica），存于瑞典林奈学会标本馆（LINN）。中国较早标本于 1911 年 11 月 24 日采自广西北海（PEY0047148）；1922 年在福建厦门采到标本（H. H. Chung 477, AU019876）；海南于 1927 年在儋州采到标本（Tsang Wai-Tak 915, IBSC0588062）；广东较早标本采于 1929 年（陈焕镛 7812, IBK00059425）。**传入方式**：作为花卉首先在台湾引种栽培，后引进华南，进一步到其他省区（徐海根和强胜，2018）。**传播途径**：随引种而扩散。**繁殖方式**：种子繁殖。**入侵特点**：① 繁殖性 种子繁殖。短日照植物，在温室条件下，每日光照超过 8 小时，将抑制开花（Zaidan et al., 1991）。② 传播性 种子全年成熟，可随引种传播。③ 适应性 适应性较强，可入侵果园、茶园、田园等地（李扬汉，1998；蒋明康 等，2007）。**可能扩散的区域**：华南及西南部分省区。

【**危害及防控**】 **危害**：已成为世界热带地区主要杂草。在我国为果园、茶园、田园中的杂草，危害较轻。若成片生长，影响作物生长和产量。可沿道路入侵到林缘，释放化学物质，抑制其他物种生长，占据本地植物生态位，排挤本地植物。**防控**：在种子成熟前拔除，也可用敌稗、灭草松等除草剂防治。本种全草供药用，因此在防治上可以结合其药用价值，对其生长区进行合理规划，防止种子进入田园。

【**凭证标本**】 广西省贵港市桂平市大洋镇，海拔 88.78 m，23.020 4°N，109.999 5°E，2015 年 12 月 27 日，韦春强、李象钦 RQXN07903（CSH）；福建省漳州市漳浦县湿地（六鳌镇），海拔 35 m，24.068 6°N，117.805 7°E，2014 年 9 月 30 日，曾宪锋

RQHN03539（CSH）；广东省潮州市饶平县柘林沿海湿地，2015 年 11 月 21 日，曾宪锋 ZXF19765（CZH）。

【相似种】 栉穗山香（新拟）［*Hyptis pectinata* (Linnaeus) Poiteau］。*Flora of Taiwan* 称 栉穗香苦草，与山香的区别在于，轮伞花序腋生而具 1～4 cm 的花序梗或顶生成长 达 15 cm 的圆锥花序。原产于美洲热带，通常分布于墨西哥、南佛罗里达至委内瑞拉 （Harley, 1999），也入侵夏威夷（Wagner et al., 1999）和爪哇（Baker & Bakhuizen, 1965）。 国内目前仅见于台湾东部地区有归化报道（Chen & Wu, 2005），并被 *Flora of Taiwan*（第 二版）补编收载（Chen, 2012）。

山香 [*Hyptis suaveolens* (Linnaeus) Poiteau]

1. 群落和生境；2. 叶；3. 花；4. 果枝；5. 小坚果

参考文献

安锋，阚丽艳，谢贵水，等，2007. 海南外来植物入侵的现状与对策 [J]. 西北林业学院学报，22（5）：193-197.

陈恒彬，2005. 厦门地区的有害外来植物 [J]. 亚热带植物科学，34（1）：50-55.

范志伟，沈奕德，刘丽珍，2008. 海南外来入侵杂草名录 [J]. 热带作物学报，29（6）：781-792.

侯宽昭，1956. 广州植物志 [M]. 北京：科学出版社：645.

蒋明康，秦卫华，王智，等，2007. 我国沿海典型自然保护区外来物种入侵调查 [J]. 环境保护，7：37-43.

李扬汉，1998. 中国杂草志 [M]. 北京：中国农业出版社：551-552.

李振宇，解焱，2002. 中国外来入侵种 [M]. 北京：中国林业出版社：141.

欧健，卢昌义，2006. 厦门市外来植物入侵风险评价指标体系的研究 [J]. 厦门大学学报（自然科学版），45（6）：883-888.

单家林，杨逢春，郑学勤，2006. 海南岛的外来植物 [J]. 亚热带植物科学，35（3）：39-44.

申时才，张付斗，徐高峰，等，2012. 云南外来入侵农田杂草发生与危害特点 [J]. 西南农业学报，25（2）：554-561.

万方浩，刘全儒，谢明，2012. 生物入侵：中国外来入侵植物图鉴 [M]. 北京：科学出版社：236-237.

徐海根，强胜，2018. 中国外来入侵植物：上册 [M]. 修订版. 北京：科学出版社：446-447.

宣淑洁，1977. 山香属（唇形科）[M] // 吴征镒，李锡文. 中国植物志：第 66 卷. 北京：科学出版社：404-410.

严岳鸿，何祖霞，龚琴，等，2007. 广州的外来植物 [J]. 广西植物，27（4）：570-575.

严岳鸿，邢福武，黄向旭，等，2004. 深圳外来植物 [J]. 广西植物，24（3）：232-238.

Backer C A, Bakhuizen V D B, 1965. Flora of Java[M]. Groningen: Noordhoff, 2: 491.

Chen S H, 2012. Hyptis[M]// Wang J C, Lu C T. Flora of Taiwan. 2nd ed supplement. Taibei: Bor Hwa Printing Company: 191-193.

Chen S H, Wu M J, 2005. Notes on three newly naturalized plants in Taiwan[J]. Taiwania, 50(1): 29-39.

Dunn, S T, Tutcher W T, 1912. Flora of Kwangtung and Hongkong (China)[J]. Bulletin of Miscellaneous Information, Additional Series, 10: 208.

Epling C, 1949. Revisión del género Hyptis (Labiatae)[J]. Revista Del Musceo de la Plata (Botanica), 7(30): 261-262.

Harley R M, 1999. Lamiaceae[M]// Berry P E, et al. Flora of Venezuela Guayana. St. Louis: Missouri Botanical Garden Press, 5: 688.

Li X W, Hedge I C, 1994. Lamiaceae[M]// Wu Z Y, Raven P H. Flora of China: vol 17. Beijing: Science Press: 269–270.

Wagner W L, Herbst D R, Sohmer S H, 1999. Manual of the flowering plants of Hawaii[M]. Rev. ed. Honolulu: Bishop Museum, 1: 802, 978.

Zaidan L B, Dietrich S M C, Schwabe W W, 1991. Effect of temperature and photoperiod on flowering in *Hyptis brevipes*[J]. Physiologia Plantarum, 81: 221–226.

2. 吊球草 *Hyptis rhomboidea* Martius & Galeotti, Bull. Acad. Roy. Sci. Bruxelles 11(2): 188. 1844.

【别名】 四方骨、假走马风、头花香苦草

【特征描述】 一年生直立草本，无香味。茎高 0.5～1.5 m，四棱形，具浅槽及细条纹，沿棱上被短柔毛，绿色或紫色。叶对生，披针形，长 8～18 cm，宽 1.5～4 cm，两端渐狭，边缘具钝齿，纸质，上面榄绿色，被疏短硬毛，下面较淡，沿脉上被疏柔毛，密具腺点；叶柄长 1～3.5 cm，被疏柔毛。花多数，密集，呈一具长梗的球形小头状花序，单生叶腋，直径约 1.5 cm，具苞片；总梗长 5～10 cm；苞片多数，披针形或线形，长度超过花序，全缘，密被疏柔毛；花萼绿色，长约 4 mm，宽约 2 mm，果时管状增大，长达 1 cm，宽约 3.2 mm，基部被长柔毛，其余部分被短硬毛，萼齿锥尖，长约 2.2 mm，直伸；花冠乳白色，长约 6 mm，外面被微柔毛，冠筒基部宽约 1 mm，至喉部略宽，冠檐二唇形，上唇短，长 1～1.2 mm，先端 2 圆裂，裂片卵形，外反，下唇长约为上唇的 2.5 倍，3 裂，中裂片较大，凹陷，具柄，侧裂片较小，三角形；雄蕊 4，下倾，着生于花冠喉部；花柱先端宽大，2 浅裂；花盘阔环状；子房裂片球形，无毛。小坚果长圆形，腹面具棱，栗褐色，长约 1.2 mm，宽约 0.6 mm，基部具 2 白色着生点。物候期：花期 4—10 月。

【原产地及分布现状】 原产于热带美洲，现广布于全球热带地区（Li & Hedge, 1994）。

国内分布：澳门、广东、广西、海南、湖南、台湾、香港。

【生境】 常生于山谷阴湿处、沟旁、果园、茶园、林缘、旷野、村旁等地。

【传入与扩散】 **文献记载**：1956 年出版的《广州植物志》记载了在广州的分布（侯宽昭，1956）；1977 年出版的《中国植物志》66 卷及 1994 年出版的 *Flora of China* 记载了其在中国的分布（宣淑洁，1977；Li & Hedge, 1994）。1998 年出版的《台湾植物志》（第 2 版）记载了台湾的分布（Huang et al., 1998）。2002 年被列入中国外来入侵种（李振宇和解焱，2002）。单家林等（2006）、范志伟等（2007）报道了该种在海南的分布；林杨和王德明（2007）报道了在湖南的分布。**标本信息**：模式标本（Type），*Galeotti 679*，标本采自墨西哥（Maxico, Vera Cruz），存于比利时国家植物园标本馆（BR）。中国最早标本于 1921 年 10 月 26 日采自海南澄迈金江（F. A. McClure 7830, IBSC0587976）；较早标本还有：台湾于 1929 年 10 月在嘉义采到（Noriaki Fukayama s. n., PE00784779）。**传入方式**：有意引入，作为观赏植物引入台湾和华南地区，再分别引种到其他地方（徐海根和强胜，2018）。**传播途径**：自然扩散。**繁殖方式**：种子繁殖。**入侵特点**：① 繁殖性 种子繁殖，萌发率高。② 传播性 种子小，随引种传播。③ 适应性 适应性较强，在果园、茶园、路埂都有分布（李扬汉，1998）。含有抑菌成分，具有较强化感作用（唐露等，2014）。**可能扩散的区域**：华南、中南和西南地区。

【危害及防控】 **危害**：为果园、茶园及路埂一般性杂草，危害轻，但若疏于管理会大肆蔓延，对我国本土植物具有较强的化感作用，影响生物多样性。**防控**：可利用耕翻等措施在播种前、出苗前及各生育期等不同时期除草，还要消灭渠道上的杂草，清洁灌溉水，以减少田间草籽来源。有机肥料腐熟后再用。必要时可利用草甘膦等除草剂防治。

【凭证标本】 广东省梅州市丰顺县，海拔 77 m，23.731 7°N，116.184 2°E，2014 年 12 月 4 日，曾宪锋 RQHN06709（CSH）；广西省防城港市那良镇高林村，海拔 302 m，21.640 6°N，

107.688 1°E，2014 年 10 月 12 日，韦松基、戴忠华 450603012914LY（GXMG0200829）；海南省五指山市五指山，2012 年 4 月 28 日，曾宪锋 ZXF12093（CZH007106）；云南省西双版纳傣族自治州勐腊县胶林，海拔 729 m，21.444 8°N，101.426 2°E，2015 年 11 月 29 日，勐腊普查队 5328231282（IMDY0033683）。

【相似种】 穗序山香（新拟）（*Hyptis spicigera* Lamarck），*Flora of Taiwan* 称穗序香苦草，与吊球草的区别在于穗序山香的轮伞花序密集，呈顶生的长 1.8～6.5 cm、宽 1～1.3 cm 的不间断的圆筒状穗状花序，产于台湾。

吊球草（*Hyptis rhomboidea* Martius & Galeotti）

1. 群落；2. 花枝；3～4. 花序；5. 果枝

参考文献

范志伟，沈奕德，刘丽珍，2008.海南外来入侵杂草名录［J］.热带作物学报，29（6）：781-792.

侯宽昭，1956.广州植物志［M］.北京：科学出版社：644-645.

李扬汉，1998.中国杂草志［M］.北京：中国农业出版社：550-551.

李振宇，解焱，2002.中国外来入侵种［M］.北京：中国林业出版社：140.

林杨，王德明，2007.湖南长沙生态入侵植物群落重要值研究［J］.安徽农业科学，35（4）：1103-1104.

单家林，杨逢春，郑学勤，2006.海南岛的外来植物［J］.亚热带植物科学：35（3）：39-44.

唐露，李喜凤，杨胜祥，等，2014.吊球草的化学成分及抑菌活性研究［J］.中国中药杂志，39（12）：2284-2288.

徐海根，强胜，2011.中国外来入侵生物：上册［M］.修订版.北京：科学出版社：445-446.

宣淑洁，1977.山香属［M］// 吴征镒，李锡文.中国植物志：第66卷.北京：科学出版社：404-410.

Huang T C, Hsien T H, Cheng W T, 1998. Labiatae[M]// Huang T-C. Flora of Taiwan. 2nd ed. Taibei: Bor Hwa Printing Company: 465-470.

Li X W, Hedge I C, 1994. Lamiaceae[M]// Wu Z Y, Raven P H. Flora of China: vol 17. Beijing: Science Press: 269-270.

3. **短柄吊球草 *Hyptis brevipes*** Poiteau, Ann. Mus. Natl. Hist. Nat. (Paris) 7: 465. 1806.

【别名】 **短柄香苦草**

【特征描述】 一年生直立草本。茎高 50～100 cm。四棱形，具槽，沿棱贴生上向疏柔毛。叶对生，卵状长圆形或披针形，长 5～7 cm，宽 1.5～2 cm，上部的较小，先端渐尖，基部狭楔形，边缘锯齿状，叶两面被具节疏柔毛；叶柄长约 0.5 cm。花密集，呈腋生的球形头状花序，直径约 1 cm，总梗长 0.5～1.6 cm，密被贴生疏柔毛；苞片披针形或钻形，全缘，具缘毛；花萼近钟形，外面被短硬毛，萼齿 5，长约占花萼长之半，锥尖，直伸，具疏生缘毛，果时增大；花冠白色，二唇形，上唇短，长约 0.5 mm，2 裂，裂片圆形，外反，下唇 3 裂，中裂片较大，凹陷，圆形，长约 1 mm，基部收缩，下弯，侧裂片较小，三角形，外反；雄蕊 4，下倾，着生于花冠喉部，略伸出；花柱先端 2 浅裂；花盘阔环形；子房裂片球形。小坚果卵球形，长约 1 mm，宽不及 0.5 mm，腹面具棱，深褐色，基部具 2 白色着生点。**染色体**：2*n*=30（万方浩 等，2012）。**物候期**：花期 4—10 月，果期 6—11 月。

【**原产地及分布现状**】 原产于美洲热带，现成为世界性热带杂草（Li & Hedge,1994; Epling, 1949; Holm et al., 1979）。**国内分布**：澳门、广东、广西、海南、台湾。

【**生境**】 生于低海拔开旷荒地、草地、路旁。

【**传入与扩散**】 **文献记载**：1977 年出版的《中国植物志》第 66 卷及 1994 年出版的 *Flora of China* 第 17 卷记载了其在中国的分布（宣淑洁，1977；Li & Hedge, 1994）；范志伟等（2008）、安锋等（2007）、单家林等（2006）记载了在海南的分布。2012 年作为入侵种收录（万方浩 等，2012）。**标本信息**：等模式（Isotype），*Bonpland A.*, P00136212, 1801 年 5 月 14 日采自哥伦比亚（Colombia, Rio Magdalena），存放于法国巴黎国家自然历史博物馆植物标本馆（P）。佐佐木舜一（S. Sasaki）1925 年 12 月 30 日在台湾南投县采到标本（徐海根和强胜，2018），之后 1929 年 10 月 30 日在台湾埔里采到标本（S. Saito 8613, KUN92992）。海南较早标本于 1957 年 10 月采自保亭（张海道 2193, IBSC0587924）；广东标本较早于 1961 年 12 月采自广州（邓良 9925, IBSC0587923）。**传入方式**：无意引入。**传播途径**：人工引种传播及自然扩散。作为观赏植物引进台湾、广东，再扩散到海南等地（徐海根和强胜，2018）。**繁殖方式**：种子繁殖。**入侵特点**：① 繁殖性 种子繁殖。② 传播性 具有化感作用，排斥本土植物，传播性较强。③ 适应性 在路埂、果园、茶园都有分布，适应性较强。

【**危害及防控**】 **危害**：为一般性果园、茶园、胶园及路埂杂草（李扬汉，1998）。对其他植物有一定的感化作用。**防控**：在结实前人工拔除，也可利用除草剂进行化学防除。

【凭证标本】 广东省阳江市阳东区大沟镇，海拔 18 m，21.825 5°N，112.145 1°E，2014 年 4 月 18 日，王发国、李西贝阳 RQHN02728（CSH）；广东省东莞市沙田镇，海拔 3 m，22.971 8°N，113.620 9°E，2015 年 1 月 29 日，刘全儒 2015012920（BNU0022815）；海南省三亚市凤凰镇水蛟村，海拔 20 m，18.323 7°N，109.441 1°E，2015 年 8 月 9 日，王发国、李仕裕、李西贝阳、王永淇 RQHN03183（CSH）。

短柄吊球草（*Hyptis brevipes* Poiteau）

1. 群落；2. 花枝；3. 苗；4. 果枝

参考文献

安锋，阚丽艳，谢贵水，等，2007. 海南外来植物入侵的现状与对策 [J] . 西北林学院学报，22（5）：193-197.

范志伟，沈奕德，刘丽珍，2008. 海南外来入侵杂草名录 [J] . 热带作物学报，29（6）：781-792.

李扬汉，1998. 中国杂草志 [M] . 北京：中国农业出版社：549-550.

单家林，杨逢春，郑学勤，2006. 海南岛的外来植物 [J] . 亚热带植物科学，35（3）：39-44.

万方浩，刘全儒，谢明，2012. 生物入侵：中国外来入侵植物图鉴 [M] . 北京：科学出版社：234-235.

徐海根，强胜，2018. 中国外来入侵植物：上册 [M] . 修订版 . 北京：科学出版社：444-445.

宣淑洁，1977. 山香属 [M] // 吴征镒，李锡文 . 中国植物志：第 66 卷 . 北京：科学出版社：404-410.

Epling C, 1949. Revisión del género *Hyptis* (Labiatae)[J]. Revista del Musceo de la Plata (Botanica), 7(30): 468-469.

Holm L G, Pancho J V, Herberger J P, 1979. A geographical atlas of world weeds[M]. New York: John Wiley and Sons: 391.

Huang T C, Hsien T H, Cheng W T, 1998. Labiatae[M]// Huang T-C. Flora of Taiwan, 2nd ed. Taibei: Bor Hwa Printing Company: 465-470.

Li X W, Hedge I C, 1994. Lamiaceae[M]// Wu Z Y, Raven P H. Flora of China: vol 17. Beijing: Science Press: 270.

Zaidan L B P, Dietrich S M C, Schwabe W W, 2006. Effects of temperature and photoperiod on flowering in *Hyptis brevcpes*[J]. Physiologia Plantarum, 81: 221-226.

3. 水苏属 *Stachys* Linnaeus

多年生或一年生草本，稀为亚灌木或灌木。茎生叶具锯齿或全缘，苞叶与茎生叶同形或上部蜕化为苞片。轮伞花序 2 至多花，常多数组成顶生穗状花序，花梗短或近无；花萼管状钟形、倒圆锥形或管形，5 或 10 脉，萼齿 5，等大，或后 3 齿较大，先端尖、刚毛状或刺尖；花冠红色、紫色、淡红色、黄色或白色；花冠筒圆柱形，内面具毛环，稀无，前方呈浅囊状膨大或否，筒上部内弯，喉部不增大，冠檐二唇形，上唇直立或近开展，微盔状，全缘或微缺，下唇较上唇长，3 裂，中裂片全缘或微缺；雄蕊 4，上升至上唇片之下，前对较长，常在喉部向二侧方弯曲，药室 2，平行或稍叉开；柱头近相等 2 浅裂，裂片钻形。小坚果卵球形或长圆形，平滑或被瘤。

本属约 300 种，为唇形科最大的属，广布于非洲、亚洲、欧洲、美洲（Harley et al., 2004; Li & Hedge, 1994）。我国约 18 种，其中 1 种为外来入侵植物。

参考文献

Harley R M, Atkins S, Budantsev A L, et al., 2004. Labiatae[M]// Kubitzki K. The Families and Genera of Vascular Plants. Berlin: Springer-Verlag, 12: 223.

Li X W, Hedge I C, 1994. Lamiaceae[M]// Wu Z Y, Raven P H. Flora of China: vol 17. Beijing: Science Press: 185.

田野水苏 *Stachys arvensis* Linnaeus, Sp. Pl., ed. 2. 2: 814. 1762.

【特征描述】 一年生草本。高达 50 cm。茎纤弱，近直立至外倾，四棱形，疏被微柔毛。叶卵形，长约 2 cm，宽约 1 cm，先端钝，基部心形，边缘具圆齿，下面密被短柔毛。苞叶细小，卵圆形或卵圆状披针形，边缘具数齿或近全缘，具短柄或近无柄，最上部苞叶无柄，基部楔形，比花萼短；轮伞花序 2（～4）花，疏离，组成顶生穗状花序；小苞片长约 1 mm；花梗长约 1 mm，被柔毛；花萼管状钟形，长约 3 mm，密被柔毛，内面上部被柔毛，10 脉，明显，萼齿披针状三角形，长约 1 mm，果时膨大呈壶状；花冠红色，长约 3 mm，花冠筒内藏，冠檐被微柔毛，上唇卵形，长约 1 mm，下唇中裂片圆形，侧裂片卵形；雄蕊 4，前对较长，花丝中部以下被微柔毛，花药卵圆形，2 室，药室极叉开；花柱略超出雄蕊，先端不等 2 浅裂；花盘平顶；子房褐色，无毛。小坚果卵圆状，长约 1.5 mm，棕褐色。物候期：花、果期全年。

【原产地及分布现状】 原产于欧洲、非洲北部及美洲（Li & Hedge, 1994）。国内分布：福建、广东、广西、贵州、江西、上海、台湾、浙江。

【生境】 路边荒地及田间。

【传入与扩散】 文献记载：1864 年英国邱园采集员 Oldham R 在台湾马铃薯田中采到标本（徐海根和强胜，2018）；1977 年出版的《中国植物志》第 66 卷及 1994 年出版的 *Flora of China* 第 17 卷记载了其在中国的分布（吴征镒，1977；Li & Hedge, 1994），1979 年在浙江省乐清县南雁荡山发现分布（王希华和钱士心，1998）；2018 年报道了在江西的分布（孔令普 等，2018）；2015 年报道在上海的分布（李慧茹 等，2018）。标本信息：等模式（Isotype），V0061272f, C. F. Millspaugh 1898 年 12 月 31 日采自巴哈马，标本现存于美国菲尔德自然历史博物馆标本馆（F）。中国大陆较早标本于 1923 年 3 月 28 日采自福建漳州（H. H. Chung 1194, AU020082）。传入方式：有意引入。传播途径：作为观赏植物引进华南等地，再传到其他省份（自治区）（徐海根和强胜，2018）。人工引种栽培。繁殖方式：种子繁殖、营养繁殖。入侵特点：① 繁殖性 种子繁殖，萌发率较高；植株分枝多，匍匐状的茎节处长有须根，繁殖能力极强（孔令普 等，2018）。② 传播性 随带土苗木传播。③ 适应性 适应性强，匍匐茎生根能力极强，分布于农田、荒地，喜湿润、肥沃土壤。可能扩散的区域：我国华南、华中、华东、西南亚热带地区。

【危害及防控】 危害：田间杂草，繁殖能力极强，成片生长，在部分地区已成为田间地头优势杂草，对农作物生产产生影响（孔令普 等，2018）。防控：利用耕翻等措施在播种前、出苗前等各生育期等不同时期除草，也可利用草甘膦等除草剂化学防治，但一般不建议采用化学防治。

【凭证标本】 广西省百色市乐业县甘田镇，海拔 981 m，24.798 7°N，106.560 8°E，2014 年 10 月 15 日，唐赛春、潘玉梅 RQXN08216（CSH）；浙江省乐清市南雁荡山，1979 年 5 月 12 日，钱士心 02478（HSNU）；江西省南昌市南昌县黄马乡江西省蚕桑茶叶研究所，海拔 50 m，2017 年 11 月 27 日，孔令普 FHG2053（JXUA）。

【相似种】 与水苏属国内其余种的主要区别在于田野水苏为一年生草本，花冠筒极短藏于花萼内；而国内同属的其他种均为多年生草本，花冠筒一般超出花萼筒。与形态最为接近的西南水苏［*S. kouyangensis* (Vaniot) Dunn］的区别在于西南水苏叶为三角状心形或戟状三角形，长约 3 cm；花冠浅红色至紫红色，长约 1.5 cm。

田野水苏（*Stachys arvensis* Linnaeus）

1. 群落和生境；2. 植株；3. 花枝；4. 花序和花

参考文献

陈征海，李根有，魏以界，等，1993.浙南植物区系新资料［J］.浙江林学院学报，10（3）：346-350.

孔令普，李程伟，彭火辉，等，2018.江西唇形科一新记录种——田野水苏［J］.江西科学，36（2）：248-249.

李惠茹，汪远，马金双，2016.上海外来植物新记录［J］.华东师范大学学报（自然科学版），（2）：153-159.

王希华，钱士心，1998.浙皖种子植物补遗［J］.华东师范大学学报（自然科学版），1：112.

吴征镒，1977.水苏属［M］// 吴征镒，李锡文.中国植物志：第66卷.北京：科学出版社：27-28.

徐海根，强胜，2018.中国外来入侵生物：上册［M］.修订版.北京：科学出版社：448-449.

Li X W, Hedge I C, 1994. Lamiaceae[M]// Wu Z Y, Raven P H. Flora of China: vol 17. Beijing: Science Press: 185.

4. 狮耳草属 *Leonotis* Linnaeus

高大草本或灌木，被单毛。单叶对生，通常具齿。轮伞花序疏离，多花，生于叶腋；苞片密集，细长，针刺状。花大，长 1.7～5 cm，橘红色或黄色；花萼管具 10 脉，通常弯曲且管口倾斜；萼齿 8～10，坚硬，针刺状，上部的一个较大；花冠密被柔毛，花冠筒伸出萼筒之外，冠檐二唇形，上唇盔状，较大，凹面向下，下唇较小；雄蕊 4，不伸出或略伸出；花药纵裂，药室极叉开；花柱先端不相等分裂，钻形，前裂片短。小坚果三棱形、椭圆形、卵圆形或长圆形，顶端钝状或截形，表面光滑。染色体：$2n=24$、26、28。

本属约 10 种，分布于热带非洲，其中狮耳草［*L. leonurus* (Linnaeus) Robert Brown］和荆芥叶狮耳草［*L. nepetifolia* (Linnaeus) Robert Brown］在全世界广泛栽培，荆芥叶狮耳草在云南已逸生成为入侵植物。

荆芥叶狮耳草 *Leonotis nepetifolia* (Linnaeus) Robert Brown in Aiton, Hort. Kew. ed. 23: 409. 1811. ——*Phlomis nepetifolia* Linnaeus, Sp. Pl. 2: 586. 1753.

【特征描述】 一年生草本。株高 60～200 cm。茎四棱形,有沟槽,被微柔毛。叶对生,卵圆形或心形,长 3～7.5 cm,宽 2.5～6.5 cm,边缘具圆锯齿,膜质,密被短柔毛;叶脉网状,侧脉 4～6 对;叶柄长 1～3 cm。轮伞花序疏离,生于叶腋,球形,径 2～6 cm,多花密集,其下承以多数密集苞片;苞片细长,线形,向下微弯曲,先端针刺状;花萼管状,长约 1.5 cm,先端膨大而略折曲,外面被短柔毛,萼齿针刺状,最上面一枚较大,长约 0.5 cm;花冠橘红色,长约 2 cm,密被橘红色绒毛;花冠筒细长,伸出萼筒之外;冠檐二唇形,上唇盔状,较大,长约 1 cm,半包雄蕊和柱头,下唇较小,长度约为上唇的 1/3,3 裂,先端卷曲。雄蕊 4,花药纵裂;花柱 1,先端 2 分裂。小坚果长圆形,向上逐渐增大,顶端截形。**物候期**:花、果期 7 月—9 月。

【原产地及分布现状】 原产于非洲热带地区以及印度南部,现已归化至巴西、斯里兰卡、马来西亚、新加坡、老挝等地区 (Ayanwuyi et al., 2009; Iwasson & Harvey, 2003; Harley et al., 2004; Hooker, 1885)。**国内分布**:云南。

【生境】 路边荒地及河边。

【传入与扩散】 **文献记载**:1984 年出版的《西双版纳植物名录》有引种栽培记载 (中国科学院云南热带植物研究所, 1984);该植物有一定的药用价值 (Imran et al., 2012);2017 年根据云南景洪采到逃逸标本正式予以报道 (马兴达 等, 2017)。**标本信息**:后选模式 (Lectotype),为一段描述:"*Cardiaca Americana annua Nepetae folio, floribus brevibus phoeniceis villosis*" in Hermann, Hort. Lugd.-Bat. Cat., 115, 117, 1687。中国最早标本于 1990 年 4 月 26 日采自云南景洪澜沧江边 (黄 900065, IMDY0022031)。**传入方式**:有意引入。**传播途径**:作为观赏植物引进云南西双版纳热带植物园,后逃逸传到周边地区,或者通过老挝传入 (马兴达 等, 2017)。**繁殖方式**:种子繁殖。**入侵特点**:① 繁殖

性 种子繁殖，繁殖能力强，每株个体均能产生大量的种子，并且萌发率较高（马兴达等，2017）。② 传播性 种子小，有利于种群的扩张蔓延。③ 适应性 适应性强，可侵入农田、荒地，喜湿润、肥沃土壤。**可能扩散的区域**：我国华南、西南等南部热带或亚热带地区。

【危害及防控】 **危害**：可侵入农田，其花序有大量针刺状坚硬附属物，易扎伤人，且不易清除，会对农业生产产生危害，并与当地物种竞争，排挤当地物种，对区域的生物多样性产生影响（马兴达 等，2017）。**防控**：利用耕翻等措施在播种前、出苗前等各生育期等不同时期除草。

【凭证标本】 云南省景洪市澜沧江边，海拔 609 m，2015 年 7 月 19 日，王焕冲等 JH697（HYU）；云南省景洪市南药园，海拔 570 m，2015 年 7 月 25 日，王焕冲等 JH788（HYU）。

【相似种】 与狮耳草［*L. leonurus* (Linnaeus) Robert Brown］的主要区别在于本种叶卵圆形或心形，而狮耳草叶为披针形。

荆芥叶狮耳草 [*Leonotis nepetifolia* (Linnaeus) Robert Brown]

1. 群落和生境；2. 植株；3. 小枝，示叶；4. 轮伞花序；5. 花序（放大）；6. 花萼；7. 果序

参考文献

马兴达，王焕冲，张荣桢，等，2017. 狮耳草属——中国唇形科植物一新归化属［J］. 广西
　　植物，37（7）：921-925.

中国科学院云南热带植物研究所，1984. 西双版纳植物名录［M］. 昆明：云南民族出版社：
　　380-381.

Ayanwuyi L O, Yaro A H, Adamu H Y S, 2009. Studies on anticonvulsant activity of methanol
　　capitulum extract of *Leonotis nepetifolia* Linn[J]. Nig J Pharm Sci, 8(1): 73–79.

Harley R M, Atkins S, Budantsev A L, et al., 2004. Labiatae[M]// Kubitzki K. The families and
　　genera of vascular plants: vol 7. Berlin: Springer-Verlag: 223.

Hooker J D, 1885. The flora of British India[M]. London: L Reeve, 4: 691.

Imran S, Suradkar S S, Koche D K, 2012. Phytochemical analysis of *Leonotis nepetifolia* (L.) R. Br.
　　A wild medicinal plant of Lamiaceae[J]. Bioscience Discovery, 3(2): 196–197.

Iwasson M, Harvey Y, 2003. Monograph of the Genus *Leonotis* (Pers.) R. Br. (Lamiaceae)[J]. Kew
　　Bulletin, 58(3): 597–645.

茄科 | Solanaceae

　　一年生至多年生草本、半灌木、灌木或小乔木。有时具皮刺，稀具棘刺。单叶，有时为羽状复叶，互生或在开花枝段上大小不等的 2 叶双生；无托叶。花单生，簇生或为聚伞花序，稀为总状花序；通常 5 基数、稀 4 基数。花萼通常具 5 牙齿、5 中裂或 5 深裂，果时宿存；花冠具筒，辐状、漏斗状、高脚碟状、钟状或坛状，檐部 5 裂，在花蕾中呈覆瓦状、镊合状排列或折合而旋转；雄蕊与花冠裂片同数而互生，药室 2，纵缝开裂或顶孔开裂；子房通常由 2 枚心皮合生，2 室、有时 1 室或有不完全的假隔膜而在下部分隔成 4 室，花柱细瘦，具头状或 2 浅裂的柱头；中轴胎座；胚珠通常多数，倒生、弯生或横生。果实为多汁浆果或干浆果，或者为蒴果。种子圆盘形或肾脏形。

　　本科约 88 属 2 650 种，广泛分布于全世界温带及热带地区，热带美洲种类最为丰富。我国分布约 21 属 108 种，其中入侵植物 4 属 25 种。原先列为入侵植物的木本曼陀罗属的大花曼陀罗 [*Brugmansia suaveolens* (Humboldt & Bonpland ex Willdenow) Sweet] 和颠茄属的颠茄（*Atropa belladonna* Linnaeus），经野外调查和核实标本均为植物园或药用栽培，未发现野外逸生种群。另有树番茄属的树番茄 [*Cyphomandra betacea* (Cavanilles) Sendtner] 在我国有栽培引种，但也仅在台湾报道有野外逸生，获得的资料甚少，因此这些种类暂未列入。

　　基于形态学和叶绿体 DNA 的性状，茄科为一单系类群（Olmstead & Palmer, 1992; Martins & Barkman, 2005; Dressano 2008; Olmstead et al., 2008），但科下的次级划分似乎并不清晰。传统上茄科通常划分为夜香树亚科（Cestroideae）和茄亚科（Solanoideae）两个类群。Hunziker 在最近的分类中进一步划分了 19 个族（Hunziker, 2001）。而基于分子系统学等方面的资料，Olmstead 等将茄科划分为 7 个亚科和 20 个族级水平的类群。此外，广义茄科还包括一些以前曾经被作为独立的科如 Nolanceae、Duckeodendronaceae 和 Goetzeaceae（Olmstead et al., 2000, 2008）。

参考文献

Dressano K, 2008. Phylogenetic relationships in Solanaceae and related species based on cpDNA sequence from plastid trnE-trnT region[J]. Crop Breeding & Applied Biotechnology, 8(1): 85–95.

Hunziker A T. The Genera of Solanaceae[M]. Ruggel: A. R. G. Gantner Verlag K.G.

Martins T R , Barkman T J, 2005. Reconstruction of Solanaceae phylogeny using the nuclear gene SAMT[J]. Systematic Botany, 30(2): 435–447.

Olmstead R G, Bohs L, Migid H A, et al., 2008. A molecular phylogeny of the Solanaceae[J]. Taxon, 57(4): 1159–1181.

Olmstead R G, Palmer J D, 1992. A chloroplast DNA phylogeny of the Solanaceae: subfamilial relationships and character evolution[J]. Ann missouri bot gard, 79(2): 346–360.

Olmstead R G, Sweere J A, Spangler R E, et al., 2000. Phylogeny and provisional classification of the Solanaceae based on chloroplast DNA[M]// Nee M, Symon D E, Lester R N, et al. Solanaceae IV: advances in biology and utilization. Ontario: Firefly Books.

分属检索表

1 子房 3～5 室；花单独腋生；浆果全部为花后增大成 5 棱形的膀胱状宿萼所包围；花萼及果萼分裂至花萼的近基部，基部深心形，具 2 尖锐的耳片 ··· 1. 假酸浆属 *Nicandra* Adanson

1 子房 2 室；浆果或蒴果，花萼在花后不显著增大或极度增大包围果实，裂片不分裂至花萼基部，无耳片 ··· 2

2 花冠漏斗状；蒴果瓣裂 ·························· 2. 曼陀罗属 *Datura* Linnaeus

2 花冠辐状或筒状钟形，浆果 ··· 3

3 果萼完全包围浆果呈膀胱状，具 10 条纵肋 ·········· 3. 酸浆属 *Physalis* Linnaeus

3 果萼不膨大，不包围浆果而仅宿存于果实基部 ·········· 4. 茄属 *Solanum* Linnaeus

1. 假酸浆属 *Nicandra* Adanson

一年生直立草本。多分枝。叶互生，具叶柄，叶片边缘有具圆缺的大齿或浅裂。花单独腋生，因花梗下弯而成俯垂状；花萼球状，5 深裂至近基部，裂片基部心脏状箭形，具 2 尖锐的耳片，在花蕾中外向镊合状排列，果时极度增大成 5 棱状，干膜质，有明显网脉；花冠钟状，檐部有折襞，不明显 5 浅裂，裂片阔而短，在花蕾中成不明显的覆瓦状排列；雄蕊 5，不伸出于花冠，着生在花冠筒近基部，花丝丝状，基部扩张，花药椭圆形，药室平行，纵缝裂开；子房 3～5 室，具极多数胚珠，花柱略粗，丝状，柱头近头状，3～5 浅裂。浆果球状，较宿存花萼为小。种子扁压，肾脏状圆盘形，具多数小凹穴；胚极弯曲，近周边生，子叶半圆棒形。

本属有 1 种，广泛分布于热带和温带地区。我国入侵 1 种。

假酸浆 *Nicandra physalodes* (Linnaeus) Gaertner, Fruct. Sem. Pl. 2: 237, t. 131. f. 2. 1791. ——*Atropa physaloides* Linnaeus, Sp. Pl. 181. 1753.

【别名】 冰粉、水晶凉粉、蓝花天仙子、鞭打绣球、大千生

【特征描述】 一年生草本。茎直立，有棱条，无毛，高 0.4～1.5 m，上部交互不等的二歧分枝。叶卵形或椭圆形，草质，长 4～12 cm，宽 2～8 cm，顶端急尖或短渐尖，基部楔形，边缘有具圆缺的粗齿或浅裂，两面有稀疏毛；叶柄长约为叶片长的 1/4～1/3。花单生于枝腋而与叶对生，通常具较叶柄长的花梗，俯垂；花萼 5 深裂，裂片顶端尖锐，基部心脏状箭形，有 2 尖锐的耳片，果时包围果实，直径 2.5～4 cm；花冠钟状，浅蓝色，直径达 4 cm，檐部有折襞，5 浅裂。浆果球状，直径 1.5～2 cm，黄色。种子淡褐色。**染色体**：$2n=20$（张渝华，1990）。**物候期**：花、果期 7—9 月。

【原产地及分布现状】 原产于秘鲁，现广泛分布于全世界。**国内分布**：安徽、北京、重庆、福建、甘肃、广东、广西、贵州、河北、河南、黑龙江、湖北、湖南、吉林、江苏、江西、辽宁、内蒙古、宁夏、青海、山西、陕西、山东、上海、四川、台湾、天津、西

藏、香港、新疆、云南、浙江。

【生境】 田埂、农田、荒地、沟渠边、道路边、村落旁。

【传入与扩散】 文献记载：1978 年出版的《中国植物志》（匡可任和路安民，1978）以及之后的《中国杂草志》中记载（李扬汉，1998）。2005 年有报道在山东逸生（衣艳君等，2005）。2010 年首次作为入侵植物报道（张云霞 等，2010）。2011 年和 2012 年分别被《中国外来入侵生物》和《生物入侵：中国外来入侵植物图鉴》收录（徐海根和强胜，2011；王方浩 等，2012）。2012 年在广东归化（曾宪锋，2012）。2015 年陕西有入侵报道（黎文武 等，2015）。标本信息：后选模式（Lectotype）：Linn. no. 246-3，采自瑞典乌普萨拉，1972 年由 Schönbeck-Temesy 指定，存放于林奈植物标本馆（LINN）。中国最早的标本于 1919 年 11 月 3 日采自云南昆明市（钟观光，s. n., PEY0039502）。传入方式：有意引入，药用，食用（邹蓉 等，2009）。传播途径：随栽培扩散逸生、货物和交通工具携带传播。繁殖方式：种子繁殖。入侵特点：① 繁殖性 不同温度对假酸浆种子萌发的影响差异极显著，在 15/25℃变温条件下种子发芽率最高，为 84.3%，发芽快且整齐；种子采收后立即播种其发芽率非常低，室温下贮藏 6—9 个月时在 25℃恒温或 15/25℃变温条件下均有较高发芽率，说明假酸浆种子有休眠性，通过延长贮藏时间能打破休眠，促进种子发芽；但室温贮藏 15 个月后，种子活力下降非常明显。低温冷藏在一定条件下能提高假酸浆种子萌发能力，能延长种子寿命（谢月英 等，2009）。② 传播性 易混入农作物种子进行传播。③ 适应性 适应力较强，但主要喜欢温暖湿润的环境。可能扩散的区域：全国。

【危害及防控】 危害：本种为杂草，常成片生长，排挤当地植物，对生物多样性有一定影响。防控：加强引种管理，逸生后人工拔除，化学防治，如在荒地或路边可利用草甘膦等防除，在禾本科作物田则可用二甲四氯或氯氟吡氧乙酸等防除（徐海根和强胜，2018）。

【凭证标本】 贵州省黔西南布依族苗族自治州兴仁县县城周边，海拔1 335 m，25.445 6°N，105.218 6°E，2014年7月31日，马海英、秦磊、敖鸿舜83（CSH）；江苏省淮安市金湖县人民医院附近，海拔7.6 m，33.019 3°N，119.015 7°E，2015年6月4日，严靖、闫小玲、李惠茹、王樟华RQHD02254（CSH）；四川省阿坝藏族羌族自治州九寨沟县九寨沟金寨沟镇，海拔2 126 m，33.310 3°N，103.836 4°E，2015年10月15日，刘正宇、张军等RQHZ05748（CSH）。

假酸浆 [*Nicandra physalodes* (Linnaeus) Gaertner]

1. 群落和生境；2. 叶；3. 花；4. 果枝；5. 种子

参考文献

匡可任, 路安民, 1978. 假酸浆属 [M] // 匡可任, 路安民. 中国植物志: 第 67 卷第 1 分册. 北京: 科学出版社: 6-8.

黎斌, 卢元, 王宇超, 等, 2015. 陕西省汉丹江流域外来入侵植物新记录 [J]. 陕西农业科学, (7): 71-72.

李扬汉, 1998. 中国杂草志 [M]. 北京: 中国农业出版社: 945.

万方浩, 刘全儒, 谢明, 2012. 生物入侵: 中国外来入侵植物图鉴 [M]. 北京: 科学出版社: 162-163.

谢月英, 吕惠珍, 余丽莹, 等, 2009. 假酸浆种子发芽特性研究 [J]. 广西植物, 29 (6): 839-841.

徐海根, 强胜, 2011. 中国外来入侵植物 [M]. 北京: 科学出版社: 338-339.

徐海根, 强胜, 2018. 中国外来入侵植物: 上册 [M]. 修订版. 北京: 科学出版社: 453-454.

衣艳君, 李修善, 强胜, 2005. 对山东省外来杂草的初步研究 [J]. 国土与自然资源研究, (3): 87-89.

曾宪锋, 2012. 广东省归化植物一新记录属——假酸浆属 [J]. 广东农业科学, 39 (4): 122.

张渝华, 管启良, 张毓芳, 等, 1990. 几种药用植物染色体数目报告 [J]. 中国中药杂志, 15 (11): 166-170.

张云霞, 刘兆云, 陈付合, 等, 2010. 河南外来入侵植物新报 [J]. 河南农业大学学报, 44 (6): 695-697.

邹蓉, 韦春强, 唐赛春, 等, 2009. 广西茄科外来植物研究 [J]. 亚热带植物科学, 38 (2): 60-63.

Donovan S C, 1967. Flora of Peru Ⅷ: Solanaceae[M]. Chicago: Field Museum of Natural History: 10.

2. 曼陀罗属 *Datura* Linnaeus

草本、半灌木、灌木或小乔木。茎直立, 二歧式分枝。单叶互生, 有叶柄。花大型, 常单生于枝分叉间或叶腋, 直立、斜升或俯垂。花萼长管状, 筒部 5 棱形或圆筒状, 贴近于花冠筒或膨胀而不贴于花冠筒, 5 浅裂或稀同时在一侧深裂, 花后自基部稍上处环状断裂而仅基部宿存部分扩大或者自基部全部脱落; 花冠长漏斗状或高脚碟状, 白色、黄色或淡紫色, 筒部长, 檐部具折襞, 5 浅裂, 裂片顶端常渐尖; 雄蕊 5, 花丝下部贴于花冠筒内而上部分离, 不伸出或稍伸出花冠筒, 花药纵缝裂开; 子房 2 室, 每个室由于从背缝线伸出的假隔膜而再分成 2 室而呈不完全 4 室, 花柱丝状, 柱头膨大, 2 浅裂。

蒴果，规则或不规则 4 瓣裂，或者浆果状，表面生硬针刺或无针刺而光滑。种子多数，扁肾形或近圆形；胚极弯曲。

本属约 11 种，产于南北美洲，广泛归化。我国分布 3 种，均为入侵植物。

分种检索表

1　果实直立生，规则 4 瓣裂；花萼筒部呈 5 棱角，花冠短于 11 cm··················

··················　1. 曼陀罗 *D. stramonium* Linnaeus

1　果实横向或俯垂生，不规则 4 瓣裂；花萼筒部呈圆筒状，不具 5 棱角；花冠长于 11 cm

··················　2

2　全体密被细腺毛及短柔毛；蒴果俯垂生，表面密生细针刺，针刺有韧曲性，全果亦密被白色柔毛　··················　2. 毛曼陀罗 *D. innoxia* Miller

2　全体无毛或仅幼嫩部分有稀疏短柔毛；蒴果斜生至横向生，表面针刺短而粗壮··········

··················　3. 洋金花 *D. metel* Linnaeus

1. 曼陀罗 *Datura stramonium* Linnaeus, Sp. Pl. 179. 1753.

【别名】 紫花曼陀罗、欧曼陀罗

【特征描述】 一年生草本或半灌木状。高 0.5～1.5 m。茎粗壮，圆柱状，淡绿色或带紫色，下部木质化。叶广卵形，顶端渐尖，基部不对称楔形，边缘有不规则波状浅裂，侧脉直达裂片顶端。花单生于枝叉间或叶腋，直立，有短梗；花萼筒状，筒部有 5 棱角；花冠漏斗状，下半部带绿色，上部白色或淡紫色，檐部 5 浅裂，裂片有短尖头；雄蕊不伸出花冠；子房密生柔针毛。蒴果直立生，卵状，表面生有坚硬针刺或有时无刺而近平滑，成熟后淡黄色，规则 4 瓣裂。种子卵圆形，稍扁，黑色。染色体：$2n=24$（Badr et al., 1997）。物候期：3 月出苗，花期 6—10 月，果期 7—11 月。

【原产地及分布现状】 原产于墨西哥（Villaseñor, 2016），现广布于全世界温带至热带地区（李扬汉，1998）。**国内分布**：安徽、澳门、北京、重庆、福建、甘肃、广东、广西、贵州、海南、河北、河南、黑龙江、湖北、湖南、吉林、江苏、江西、辽宁、内蒙古、宁夏、青海、山西、陕西、山东、上海、四川、台湾、天津、西藏、香港、新疆、云南、浙江。

【生境】 路边、宅旁等土壤肥沃、疏松处。

【传入与扩散】 **文献记载**：明末作为药用植物引入，1578 年《本草纲目》已有记载。李振宇和解焱于 2002 年将其列为中国外来入侵种（李振宇和解焱，2002）。**标本信息**：后选模式（Lectotype），George Clifford, s. n., 采自荷兰（BM000557989），1972 年由 D'Arcy 指定，存放于自然历史博物馆（BM）。中国最早的标本于 1916 年 9 月 7 日采自山东泰山采到标本（Anonymous 2034, PE00632435）。**传入方式**：有意引入，药用（邹蓉等，2009），首先在沿海地区种植，再传播到内地。**传播途径**：随栽培扩散逸生、货物和交通工具携带传播。**繁殖方式**：种子繁殖。**入侵特点**：① 繁殖性 繁殖力强，独立的植株可产生 30 000 颗甚至更多的种子（Weaver & Warwick）。② 传播性 蒴果开裂可将成熟的种子分散到 1～3 m 的距离之外（Conklin, 1976）。③ 适应性 种子有显著休眠特性（慕小倩 等，2011）。**可能扩散的区域**：全国。

【危害及防控】 **危害**：为旱地、宅旁主要杂草之一，影响景观，对牲畜有毒。**防控**：预防为主，若发现逸生，一般可采用人工拔除的方法，人工拔除应选择在苗期，最晚也不能到果期；可使用草甘膦等进行化学防除。严禁作为观赏植物进行引种栽培，检验检疫部门应加强对货物、运输工具等携带曼陀罗子实的监控（徐海根和强胜，2011）。

【凭证标本】 广西省百色市西林县古障镇，海拔 788 m，24.500 4°N，104.707 6°E，2014 年 12 月 23 日，唐赛春、潘玉梅 RQXN07638（CSH）；贵州省黔西南布依族苗族自治州安龙县城郊荒地，海拔 1 340 m，25.094 7°N，105.438 1°E，2014 年 7 月 30 日，马海英、秦磊、敖鸿舜 37（CSH）；江苏省盐城市大丰市三龙镇，2015 年 8 月 17 日，严靖、闫小玲、李惠茹、王樟华 RQHD02854（CSH）。

曼陀罗（*Datura stramonium* Linnaeus）
1. 群落和生境；2. 苗；3. 花枝；4. 果；5. 开裂的果

参考文献

李扬汉，1998. 中国杂草志 [M]. 北京：中国农业出版社：941-942.

李振宇，解焱，2002. 中国外来入侵种 [M]. 北京：中国林业出版社：142.

慕小倩，史雷，赵云青，等，2011. 曼陀罗种子休眠机理与破眠方法研究 [J]. 西北植物学报，（4）：683-689.

徐海根，强胜，2011. 中国外来入侵生物 [J]. 北京：科学出版社：337-338.

邹蓉，韦春强，唐赛春，等，2009. 广西茄科外来植物研究 [J]. 亚热带植物科学，38（2）：60-63.

Badr A, Khalifa S F, Aboel-Atta A I, et al., 1997. Chromosomal criteria and taxonomic relationships in the Solanaceae[J]. Cytologia, 62(2): 103–113.

Conklin M E, 1976. Genetic and biochemical aspects of the development of *Datura*[J]. Monographs in Developmental Biology, (12): 1–170.

Villaseñor J L, 2016. Checklist of the native vascular plants of Mexico[J]. Revista Mexicana de Biodiversidad, 87(3): 559–902.

Weaver S E , Warwick S I, 1984. The biology of canadian weeds. *Datura stramonium* L.[J]. Canadian Journal of Plant Science, 64(4): 979–991.

2. 毛曼陀罗 *Datura innoxia* Miller, Gard. Dict. ed. 8. *Datura* no. 5. 1768.

【别名】 软刺曼陀罗、毛花曼陀罗

【特征描述】 一年生草本或半灌木状。高 1～2 m，全体密被细腺毛和短柔毛。茎粗壮，下部灰白色。叶片广卵形，长 10～18 cm，宽 4～15 cm，顶端急尖，基部不对称近圆形，全缘而微波状或有不规则的疏齿。花单生于枝叉间或叶腋，直立或斜升；花梗初直立，花萎谢后渐转向下弓曲；花萼圆筒状而不具棱角，向下渐稍膨大，5 裂；花冠长漏斗状，下半部带淡绿色，上部白色，花开放后呈喇叭状，长 15～20 cm，檐部直径 7～10 cm，边缘有 10 尖头；子房密生白色柔针毛。蒴果俯垂，近球状或卵球状，密生细针刺，针刺有韧曲性，全果亦密生白色柔毛，成熟后淡褐色，由近顶端不规则开裂。种子扁肾形，褐色。染色体：$2n=24$（Badr et al., 1997）。物候期：花期 6—10 月，果期 7—11 月。

【原产地及分布现状】 原产于美国西南部至墨西哥（Villaseñor, 2016），现广布于全世界。**国内分布**：安徽、北京、重庆、福建、甘肃、广西、河北、河南、黑龙江、湖北、湖南、吉林、江苏、江西、辽宁、山东、陕西、上海、四川、天津、新疆、云南、浙江。

【生境】 荒地、旱地、宅旁、向阳山坡、林缘、草地。

【传入与扩散】 **文献记载**：1955 年在《药学学报》记载（周太炎 等，1955），1995 年列为外来杂草（郭水良和李扬汉，1995），2009 年记载为广西外来入侵植物（邹蓉 等，2009）。2011 年《中国外来入侵生物》作为入侵种收载（徐海根和强胜，2011）。**标本记录**：新模式（Neotype），Anonymous，1843，采自英国，存放于英国自然历史博物馆（BM）。中国最早的标本于 1905 年采自北京海淀区玉泉山（Y. Yabe, s.n., PE00632201）。**传入方式**：有意引入，作为观赏植物或药用植物引入栽培，首先在华北地区种植，再传播到内地。**传播途径**：随栽培扩散逸生或通过货物和交通工具携带传播。**繁殖方式**：种子繁殖。**入侵特点**：① 繁殖性 有很强的繁殖潜力。② 传播性 蒴果及种子均能通过水流扩散，蒴果可黏附到动物身上而扩散。③ 适应性 适应热带及温带的多种环境及各种土壤。**可能扩散的区域**：全国。

【危害及防控】 **危害**：本种为杂草，主要危害旱作物田、果园、苗圃等。叶、花、种子含生物碱，对人畜、鱼类、家禽鸟类有强烈的毒性，其中果实和种子毒性较大。危害程度较严重。**防控**：严禁作为观赏植物进行引种栽培，检验检疫部门应加强货物、运输工具等携带曼陀罗子实的监控；结果前人工拔除；化学防除，利用草甘膦等进行化学防除（徐海根和强胜，2018）。

【凭证标本】 江苏省镇江市扬中堤顶公路万安村附近，海拔 9 m，32.113 3°N，119.834 1°E，2015 年 6 月 18 日，严靖、闫小玲、李惠茹、王樟华 RQHD02437（CSH）；安徽省蚌埠市怀远县安乡前嘴渡口，海拔 21 m，32.926 6°N，117.143 8°E，2014 年 7 月 2 日，严靖、李惠茹、王樟华、闫小玲 RQHD00034（CSH）；广西省防城港市东兴市江平镇，海拔 2 m，21.528 5°N，108.170 1°E，2015 年 11 月 22 日，韦春强、李象钦 RQXN07685（CSH）。

毛曼陀罗（*Datura innoxia* Miller）

1. 群落；2. 花，示花萼无棱角；3. 花；4. 雌雄蕊；5. 枝，示被毛；6. 幼果实；7. 开裂的果实

参考文献

郭水良，李扬汉，1995. 我国东南地区外来杂草研究初报 [J]. 杂草科学，（2）：4-8.

徐海根，强胜，2011. 中国外来入侵生物 [M]. 北京：科学出版社：335-336.

徐海根，强胜，2018. 中国外来入侵生物：上册 [M]. 修订版. 北京：科学出版社：
 449-450.

周太炎，徐国钧，裴鉴，等，1955. 五种曼陀罗的植物分类及生药鉴定研究 [J]. 药学学
 报，3（2）：149-177.

邹蓉，韦春强，唐赛春，等，2009. 广西茄科外来植物研究 [J]. 亚热带植物科学，38
 （2）：60-63.

Badr A, Khalifa S F, Aboel-Atta A I, et al., 1997. Chromosomal criteria and taxonomic relationships
 in the Solanaceae[J]. Cytologia, 62(2): 103–113.

Villaseñor J L, 2016. Checklist of the native vascular plants of Mexico[J]. Revista Mexicana de
 Biodiversidad, 87(3): 559–902.

3. 洋金花 *Datura metel* Linnaeus, Sp. Pl. 1: 179. 1753.

【别名】 白花曼陀罗

【特征描述】 一年生草本或半灌木状。高 0.5～1.5 m。全株无毛或仅幼嫩部分有稀疏短柔毛。茎基部稍木质化。叶卵形或广卵形，顶端渐尖，基部不对称圆、截形或楔形，长5～20 cm，宽4～15 cm，边缘有不规则的短齿或浅裂或全缘而波状，侧脉每边4～6条。花单生于枝叉间或叶腋，花萼筒状，果时宿存部分增大成浅盘状；花冠长漏斗状，长14～17 cm，裂片顶端有小尖头，白色、黄色或浅紫色，单瓣，在栽培类型中有2重瓣或3重瓣；雄蕊5，在重瓣类型中常变态成15枚左右，子房疏生短刺毛。蒴果斜生至横向生，近球状或扁球状，疏生粗短刺，直径约3 cm，不规则4瓣裂。种子淡褐色。染色体：$2n$=24（Badr et al., 1997）。物候期：花、果期3—12月。

【原产地及分布现状】 原产于印度（Britton & Brown, 1913），现广布于世界温暖地区（李扬汉，1998）。国内分布：安徽、澳门、北京、重庆、福建、甘肃、广东、广西、贵

州、海南、河北、河南、黑龙江、湖北、湖南、吉林、江苏、江西、辽宁、青海、山东、山西、陕西、上海、四川、台湾、天津、西藏、香港、新疆、云南、浙江。

【生境】 常生于向阳山坡草地或住宅旁（邹蓉 等，2009）。

【传入与扩散】 **文献记载**：台湾的最早记录为1896年（Henry，1896）。1955年的《药学学报》第3卷第2期有记载（诚静容和樊菊芬，1955）。2005年在山东列为外来杂草（衣艳君 等，2005），2009年记载为广西外来入侵植物（邹蓉 等，2009），2010年《中国外来杂草原色图鉴》将其列为中国入侵生物（车晋滇，2010）。2012年收录于《生物入侵：中国外来入侵植物图鉴》（万方浩 等，2012）。**标本记录**：后选模式（Lectotype），George Clifford, s.n.，采自荷兰（BM000557992），1972年由Timmerman指定，存放于自然历史博物馆（BM）。中国最早的标本（R. C. Ching 6346）于1928年采自广西，存放于中国科学院植物研究所标本馆（PE）。**传入方式**：有意引入，药用。**传播途径**：随人工引种扩散。**繁殖方式**：种子繁殖。**入侵特点**：① 繁殖性 种子小且多。② 传播性 可通过水及土壤运输而传播，蒴果可黏附在动物身上扩散。③ 适应性 耐干旱，适应多种土壤类型，包括沙质和壤质，pH范围从中性到极碱性。**可能扩散的区域**：华东、华中、华南地区。

【危害及防控】 **危害**：本种为常见杂草，已形成优势群落，排挤本地植物，影响生物多样性。危害程度轻。**防控**：结果前人工拔除，控制引种。

【凭证标本】 海南省海口市美兰区白沙门公园，海拔16 m，20.075 6°N，110.329 3°E，2015年8月6日，王发国、李仕裕、李西贝阳、王永淇 RQHN03160（CSH）；四川省甘孜藏族自治州稻城香格里拉，海拔3 626 m，28.560 9°N，100.353 1°E，2016年10月28日，刘正宇、张军等 RQHZ05372（CSH）；福建省漳州市东山县东山岛，海拔31 m，23.735 0°N，117.530 1°E，2014年9月14日，曾宪锋 RQHN06080（CSH）。

洋金花（*Datura metel* Linnaeus）

1. 群落和生境；2. 植物外形；3. 花（侧面观），示花萼无棱角；4. 花；5. 果

参考文献

车晋滇, 2010. 中国外来杂草原色图鉴 [M]. 北京: 化学工业出版社: 146.

诚静容, 樊菊芬, 1955. 中药洋金花原植物的鉴定 [J]. 药学学报, (1): 90-94.

李扬汉, 1998. 中国杂草志 [M]. 北京: 中国农业出版社: 940-941.

万方浩, 刘全儒, 谢明, 2012. 生物入侵: 中国外来入侵植物图鉴 [M]. 北京: 科学出版社: 160-161.

衣艳君, 李修善, 强胜, 2005. 对山东省外来杂草的初步研究 [J]. 国土与自然资源研究, (3): 87-89.

邹蓉, 韦春强, 唐赛春, 等, 2009. 广西茄科外来植物研究 [J]. 亚热带植物科学, 38 (2): 60-63.

Badr A, Khalifa S F, Aboel-Atta A I, et al., 1997. Chromosomal criteria and taxonomic relationships in the Solanaceae[J]. Cytologia, 62(2): 103–113.

Britton N L, Brown A, 1913. Illustrated flora of the northern states and Canada: vol 3[M]. Ontario: Firefly Books: 140.

Henry A, 1896. A list of plants from "Formosa": with some preliminary remarks on the geography, nature of the flora, and economic botany of the island. Asiatic Society of Japan: 66.

3. 酸浆属 *Physalis* Linnaeus

一年生或多年生草本,基部略木质。叶不分裂或有不规则的深波状牙齿,稀为羽状深裂,互生或在枝上端大小不等 2 叶双生。花单独生于叶腋或枝腋。花萼钟状,5 浅裂或中裂,裂片在花蕾中镊合状排列,果时增大为膀胱状,完全包围浆果,有 10 纵肋,5 棱或 10 棱形,膜质或革质,顶端闭合基部常凹陷;花冠白色或黄色,辐状或辐状钟形,有褶襞,5 浅裂或仅 5 角形,裂片在花蕾中内向镊合状,后来折合而旋转;雄蕊 5,较花冠短,插生于花冠近基部,花丝丝状,基部扩大,花药椭圆形,纵缝裂开;花盘不显著或不存在;子房 2 室,花柱丝状,柱头不显著 2 浅裂;胚珠多数。浆果球状,多汁。种子多数,扁平,盘形或肾脏形,有网纹状凹穴;胚极弯曲,位于近周边处;子叶半圆棒形。

本属有 75～120 种,大部分原产于美洲(匡可任和路安民,1978;Zhang et al., 2018)。我国分布 8 种 1 变种,其中 5 种成为入侵植物。

《中国外来入侵植物》（马金双和李惠茹，2018）记载为入侵植物的小酸浆（*Physalis minima* Linnaeus），经核实是一个原产亚洲的种，正确的名称应为 *Ph. divaricata* D. Don，而名称 *Physalis minima* Linnaeus 系误用并且被广泛使用，因其名称对应的物种不止一种而不再被使用。而美洲地区之前鉴定为 *Ph. minima* Linnaeus 的种现在为北美小酸浆（*Ph. lagascae* Roemer & Schultes），我们也曾见到在我国江苏地区采集的标本，说明该种在我国已经归化，但分布较为局限，本志暂不收录。

参考文献

匡可任，路安民，1978. 酸浆属［M］// 匡可任，路安民. 中国植物志：第 67 卷第 1 分册. 北京：科学出版社：53-59.

马金双，李惠茹，2018. 中国外来入侵植物名录［M］. 北京：高等教育出版社：98-99.

Zhang Z Y, Lu A M, D'Arcy W G, 1994. *Physalis*[M]// Wu Z Y, Raven P H. Flora of China: vol 17. Beijing: Science Press: 311-312.

分种检索表

1 多年生草本，全株密被柔毛，叶基对称心脏形 ⋯⋯⋯⋯⋯ 1. 灯笼果 *Ph. peruviana* Linnaeus

1 一年生草本，无毛或被毛，叶基偏斜 ⋯⋯⋯⋯⋯⋯⋯⋯⋯⋯⋯⋯⋯⋯⋯⋯⋯⋯⋯ 2

2 叶狭卵状椭圆形至卵状披针形；浆果直径 2.5～3.5 cm，成熟后胀满果萼，并会胀破果萼；果萼常带紫色，具 10 棱，基部几不凹陷⋯⋯⋯⋯⋯⋯⋯⋯⋯⋯⋯⋯⋯⋯⋯⋯⋯⋯⋯⋯⋯⋯⋯⋯⋯ 2. 黏果酸浆 *Ph. ixocarpa* Brotero ex Hornemann

2 叶卵形，卵状椭圆形或广卵形、卵状心形；浆果直径小于 2 cm，成熟后不充满果萼，果萼基部凹陷 ⋯⋯⋯⋯⋯⋯⋯⋯⋯⋯⋯⋯⋯⋯⋯⋯⋯⋯⋯⋯⋯⋯⋯⋯⋯⋯⋯⋯ 3

3 叶基部歪斜心形，两面密被短柔毛；花较大，直径 1～2 cm，果萼明显 5 棱 ⋯⋯⋯⋯⋯ 4

3 叶基部歪斜楔形，两面近无毛或脉上被毛；花较小，直径小于 8 mm；果萼明显 10 棱⋯⋯⋯⋯⋯⋯⋯⋯⋯⋯⋯⋯⋯⋯⋯⋯⋯⋯ 5. 苦蘵 *Ph. angulata* Linnaeus

4 叶不为灰绿色，叶全缘或具少数粗锯齿，不具无柄的腺毛⋯⋯⋯⋯⋯⋯⋯⋯⋯⋯⋯⋯⋯

·· 3. 毛酸浆 *Ph. pubescens* Linnaeus

4 叶呈灰绿色，锯齿常至叶基部，常具无柄的腺毛···························

···················· 4. 灰绿酸浆 *Ph. grisea* (Waterfall) M. Martínez

1. 灯笼果 *Physalis peruviana* Linnaeus, Sp. Pl. ed. 2. 2: 1670. 1763.

【别名】 小果酸浆、秘鲁酸浆

【特征描述】 多年生草本。高 45～90 cm，具匍匐的根状茎。茎直立，密生短柔毛。叶较厚，阔卵形或心脏形，基部呈对称心脏形，全缘或有少数不明显的尖牙齿，两面密生柔毛。花单独腋生，梗长约 1.5 cm。花萼阔钟状，同花梗一样密生柔毛，裂片披针形，与筒部近等长；花冠阔钟状，长 1.2～1.5 cm，直径 1.5～2 cm，黄色而喉部有紫色斑纹，5 浅裂；花丝及花药蓝紫色。果萼卵球状，薄纸质，淡绿色或淡黄色，被柔毛；浆果直径 1～1.5 cm，成熟时黄色。**染色体**：$2n=48$（Badr et al., 1997）。**物候期**：花期夏季，果期秋季。

【原产地及分布现状】 原产于南美洲（Rydberg, 1896）。1774 年首次在英格兰报道，在 1807 年前被引入南非，并从那里传播到印度和澳大利亚（Morton, 1987）。在 18 世纪末澳大利亚新南威尔士出现，以及 1802 年在悉尼首次记录。于 1825 年前被带到夏威夷，在 1913 年之前在牙买加出现记录，并于 1933 年在以色列首次种植。现广泛分布于全世界（Morton, 1987）。**国内分布**：安徽、重庆、福建、广东、河南、湖北、吉林、江苏、四川、台湾、云南。

【生境】 生于海拔 1 200～2 100 m 的路旁或河谷。喜欢生长在腐殖质较多、疏松的土壤中。

【传入与扩散】 **文献记载**：最早的记载为 1953 年出版的《经济植物学》（胡先骕，1953）；1956 年出版的《广州植物志》有记载（侯宽昭，1956）；1977 年在台湾记载（Lu, 1977），2004 年被列为台湾归化植物（Wu et al., 2004）。2012 年作为入侵种被《生物入侵：中国外来入侵植物图鉴》收录（万方浩 等，2012）。**标本记录**：后选模式（Lectotype）：LINN. NO. 247-7，采自瑞典乌普萨拉，1975 年由 Heine 指定，存放于林奈植物标本馆（LINN）。中国最早的标本于 1924 年采自云南（George Forrest 25127，PE00673577）。**传入方式**：有意引进。**传播途径**：引种传播或果实、农作物种子、秸秆及饲料等裹挟扩散。**繁殖方式**：种子繁殖。**入侵特点**：① 繁殖性 生长迅速，繁殖能力强，繁殖体可存活一年以上。② 传播性 可随人的引种和自然扩散而传播。③ 适应性 对环境适应范围广泛，有很高的基因多样性。**可能扩散的区域**：全国。

【危害及防控】 **危害**：环境杂草，影响当地其他植物生长，在夏威夷威胁两种濒危植物的生长。除果实外全株有毒性。**防控**：控制栽培范围，在秋熟旱作物田间，不同作物可以采用相应的除草剂进行化学防治，玉米田间可以用除草剂 2,4-D、百草敌、二甲四氯、烟嘧磺隆等进行茎叶处理。大豆田间可用三氟羧草醚、氟磺胺草醚以及乙羧氟草醚进行茎叶处理。路边等可用草甘膦进行化学防除（徐海根和强胜，2018）。

【凭证标本】 云南省大理市苍山东坡大理镇周边苍山山脚，海拔 2 100 m，2009 年 7 月 12 日，尹志坚、董洪进、向春雷 1050（KUN）；广东省广州市岭南大学校园，1943 年 2 月 26 日，陈焕镛 11853（IBSC）；四川省凉山彝族自治州会理县附近，1958 年 9 月 22 日，何铸、唐世贵、李伯清 11491（NAS00229026）。

灯笼果（*Physalis peruviana* Linnaeus）

1. 群落和生境；2. 花枝；3. 叶；4. 花；5. 花（侧面观）及果萼；6. 果

参考文献

侯宽昭，1956. 广州植物志［M］. 北京：科学出版社：575.

胡先骕，1953. 经济植物学［M］. 北京：中华书局：515-517.

万方浩，刘全儒，谢明，2012. 生物入侵：中国外来入侵植物图鉴［M］. 北京：科学出版社：82-83.

徐海根，强胜，2018. 中国外来入侵生物：上册［M］. 修订版. 北京：科学出版社：458.

Badr A, Khalifa S F, Aboel-Atta A I, et al., 1997. Chromosomal criteria and taxonomic relationships in the Solanaceae[J]. Cytologia, 62(2): 103–113.

Lu F Y, 1977. Contributions to the dicotyledonous plants of Taiwan[J]. Quarterly Journal of Chinese Forestry, 10: 85–102.

Morton J F, 1987. Fruits of warm climates[M]. New York: Echo Point Books & Media: 577.

Rydberg P A, 1896. The North American species of *Physalis* and related genera[J]. Memoirs of the Torrey Botanical Club, 4(5): 297–374.

Wu S H, Hsieh C F, Rejmánek M, 2004. Catalogue of the naturalized flora of Taiwan[J]. Taiwania, 49(1): 16–31.

2. **黏果酸浆 Physalis ixocarpa** Brotero ex Hornemann, Hort. Bot. Hafn. 26. 1819. ——*Ph. macrophysa* auct. non Rydberg: 辽宁植物志（下册）: 263. 1988. ——*Ph. philadelphica* auct. non Lamark: *Flora of China* (17): 312. 1994. p. p..

【别名】 大果酸浆、毛酸浆、食用酸浆

【特征描述】 一年生直立草本。高 60～80 cm。叶互生，或 2 叶双生，具柄；叶片狭卵状椭圆形、狭菱状卵形或卵状披针形，长 4～7 cm，宽 1.5～2.5 cm，基部不对称楔形，全缘或具波状小齿，或有时具 1～2 不规则大牙齿，疏被缘毛，两面无毛。花腋生，花梗长约 5 mm，无毛；花萼钟状，萼片三角形或三角状披针形。花冠辐状，黄色，直径 1.5～2 cm，喉部带紫色斑纹，裂片开展，广卵形，顶端三角形凸尖。花药带青紫色，长约 2 mm，柱头 2 浅裂。果萼卵状，黄绿色或紫色，具 10 条纵肋，基部不凹陷或稍凹陷；浆果球形，直径 2.5～3.5 cm，成熟时暗紫色，胀满果萼。染色体：$2n$=24（Badr et al., 1997）。物候期：花期 6—9 月，果期 8—9 月。

【原产地及分布现状】 原产于墨西哥（Rydberg, 1896），现于欧洲、美洲及大洋洲均逸为野生。国内分布：北京、辽宁、内蒙古。

【生境】 生于田间或路边喜黏土质土壤，不耐涝及盐碱环境。

【传入与扩散】 文献记载：1953 年出版的《经济植物学》记载的食用酸浆即为该种（胡先骕，1953）；1988 年《辽宁植物志》记载的大果酸浆（*Ph. macrophysa* Rydberg）实为黏果酸浆的错误鉴定（刘淑珍，1988）。标本记录：模式标本，模式文献记载为 Brotero s. n., 1815 年采自引种材料其他不详。中国最早的标本于 1959 年（内蒙林学院 222）采自内蒙古自治区兴安盟扎赉特旗（HIMC0031214），但被错误鉴定为毛酸浆。传入方式：有意引入，食用。传播途径：随引种栽培而扩散。繁殖方式：种子繁殖。入侵特点：① 繁殖性 种子产量高，容易出苗成活。② 传播性 其果实可食，可被人类或动物传播种子。③ 适应性 耐干旱，能适应气候变化以及各种土壤环境。可能扩散的区域：我国大部分地区。

【危害及防控】 危害：逸生后成为杂草，目前扩散区域局限在东北和华北等主要栽培区域，危害不大。防控：精选种子，控制引种。如果出现在自然生态系统中可及时拔除。

【凭证标本】 内蒙古自治区兴安盟扎赉特旗，1983 年 7 月 25 日，药调队 1460（HIMC）。

【相似种】 费城酸浆（*Ph. philadelphica* Lamarck），主要区别在于费城酸浆的花梗长于花冠，花萼裂片卵状披针形，果萼绿色，果较小，不超过 2 cm；而黏果酸浆花梗与花冠等长，花萼裂片阔三角形，果萼在成熟时紫色或纵肋通常带紫色，果成熟后胀破果萼（Rydberg, 1896）。两者在叶形、花冠形态等方面几乎无差别，也有学者主张将二者合并（Watertall, 1967）。世界范围广泛栽培引种的为可食用的黏果酸浆，费城酸浆果较小，也有人判断可能为黏果酸浆的野生型。费城酸浆原产于墨西哥和中美洲，在我国北京、内蒙古和黑龙江有标本记录，目前分布面积相对局限。

黏果酸浆（*Physalis ixocarpa* Brotero ex Hornemann）
1. 生境和植物外形；2. 茎；3. 花（侧面观）；4. 花（正面观）；5. 果

参考文献

胡先骕，1953. 经济植物学［M］. 北京：中华书局：515–517.

刘淑珍，1988. 酸浆属［M］// 李书心 . 辽宁植物志：下册 . 沈阳：辽宁科学技术出版社：263.

Badr A, Khalifa S F, Aboel-Atta A I, et al., 1997. Chromosomal criteria and taxonomic relationships in the Solanaceae[J]. Cytologia, 62(2): 103–113.

Rydberg P A, 1896. The North American species of *Physalis* and related genera[J]. Memoirs of the Torrey Botanical Club, 4(5): 297–374.

Waterfall U T, 1967. *Physalis* in Mexico, Central America and the West Indies[J]. Rhodora, 69(777): 1–122.

3. **毛酸浆 *Physalis pubescens*** Linnaeus, Sp. Pl. 183. 1753. ——*Ph. philadelphica* auct. non Lamark: *Flora of China* (17): 312. 1994. p. p..

【别名】 洋姑娘

【特征描述】 草本。高 30～60 cm，全体密生短柔毛。茎铺散状分枝。叶质薄，卵形或卵状心形，基部偏斜，缘有不等大的齿。花单生于叶腋，花梗长 5～10 mm；花萼钟状，外面密生短柔毛，5 中裂；花冠钟状，直径 6～10 mm，淡黄色，5 浅裂，裂片基部有紫色斑纹，有缘毛；花药黄色。浆果球形，被膨大的宿萼所包围；宿萼卵形或阔卵形，5 棱，基部稍凹入。染色体：2n=24（Ganapathi et al., 1991）。物候期：花、果期 5—11 月。

【原产地及分布现状】 原产于美洲（Rydberg, 1896; Sullivan, 2004; Waterfall, 1956, 1967），现于亚洲、欧洲、非洲均有分布。国内分布：福建、广东、广西、贵州、湖北、湖南、江苏。

【生境】 山坡林下、田边、路旁等。

【传入与扩散】 文献记载：最早记载于《中国高等植物图鉴（第三册）》（中国科学院植物研究所，1983）。2004 年的《中国外来入侵物种编目》将其列为中国外来入侵植物（徐海根和强胜，2004）。标本记录：后选模式（Lectotype），Linn. no. 247.11，采自瑞典乌普萨拉，

1958 年由 Waterfall 指定，存放于林奈植物标本馆（LINN）。中国最早的标本于 1958 年 10
月 12 日采自广西壮族自治区（李荫昆 402252，WUK0181925）。**传入方式：**随进口农产品
输入。**传播途径：**种子携带。**繁殖方式：**种子繁殖。**入侵特点：**① 繁殖性　种子多，萌发
率高，常密集成丛。② 传播性　其果实可被动物所食而传播种子。③ 适应性　能耐受较干
旱或贫瘠的土壤，易成为杂草中的优势种（Xu & Chang, 2017）。**可能扩散的区域：**全国。

【危害及防控】　**危害：**为一般杂草，进入农田危害作物。**防控：**精选种子，避免在保护
区栽植，一旦发现在自然生态系统中逸生，及时人工拔除。化学防治：可采用除草剂 2,
4-D、百草敌、苯达松和二甲四氯可灭杀该种。

【凭证标本】　江西省南昌市江西农业大学及南昌大学，海拔 59.9 m，28.762 6°N，
115.833 8°E，2016 年 9 月 19 日，严靖、王樟华 RQHD10034（CSH）；浙江省丽水市莲
都区灵山风景区，海拔 60.2 m，28.482 3°N，119.965 5°E，2016 年 7 月 23 日，严靖、
王樟华 RQHD02914（CSH）；重庆市合川区草街乡江边村，海拔 227 m，29.990 0°N，
106.712 5°E，2014 年 7 月 30 日，刘正宇、张军等 RQHZ06756（CSH）。

【相似种】　灰绿酸浆［*Physalis grisea* (Waterfall) M. Martínez］。原产地为北美洲，通常具
无柄的腺毛，叶片灰绿色，干后成橙色或具橙色斑点，叶缘锯齿常下延至叶片基部；而
毛酸浆叶常全缘或具少数粗锯齿。我国的馆藏标本中鉴定为毛酸浆的标本，常混有部分
灰绿酸浆，在利用馆藏标本时要注意。毛酸浆的分布往往在我国南方地区，北方尤其
是东北地区的标本大多为灰绿酸浆。目前标本馆中鉴定为毛酸浆的标本实际上包含了
3 个物种：毛酸浆、灰绿酸浆和费城酸浆（*Ph. philadelphica* Lamarck）。*Flora of China* 将
毛酸浆的名称由 *Ph. pubescens* Linnaeus 修订为 *Ph. philadelphica* Lamarck，导致又将这一群
标本的名称全部给了费城酸浆（Zhang et al., 1994）。经核实 *Ph. philadelphica* Lamarck 的模
式标本，发现与我国所鉴定为 *Ph. pubescens* Linnaeus 的标本有明显差异，*Ph. philadelphica*
Lamarck 全株近无毛；萼片卵圆状披针形或三角形；花冠直径达 1.5～2 cm；果萼椭球形，
具 10 条浅纵肋，果成熟时充满果萼，这些特征均与我国的毛酸浆不同。

毛酸浆（*Physalis pubescens* Linnaeus）

1. 群落和生境；2. 花枝；3. 花；4. 果萼；5. 果

参考文献

徐海根，强胜，2004. 中国外来入侵物种编目［M］. 北京：中国环境科学出版社：218-219.

中国科学院植物研究所，1983. 中国高等植物图鉴：第三册［M］. 北京：科学出版社：717.

Ganapathi A, Sudhakaran S, Kulothungan S, 1991. The diploid taxon in Indian natural populations of *Physalis* L. and its taxonomic significance[J]. Cytologia, 56(2): 283–288.

Rydberg P A, 1896. The North American species of *Physalis* and related genera[J]. Memoirs of the Torrey Botanical Club, 4(5): 297–374.

Sullivan J R, 2004. The genus *Physalis* (Solanaceae) in the southeastern United States[J]. Rhodora, 106(928): 305–326.

Waterfall U T, 1956. A taxonomic study of the genus *physalis* in north america north of mexico[J]. Rhodora, 60(712): 107–114.

Waterfall U T, 1967. *Physalis* in Mexico, Central America and the West Indies[J]. Rhodora, 69(777): 82–120.

Xu Z, Chang L, 2017. Identification and control of common weeds: vol 3[M]. Hangzhou: Zhejiang University Press: 271–275.

Zhang Z Y, Lu A M, D'Arcy W G, 1994. *Physalis*[M]// Wu Z Y, Raven P H. Flora of China: vol 17. Beijing: Science Press: 311–312.

4. **灰绿酸浆** *Physalis grisea* (Waterfall) M. Martínez, Taxon 42: 104. 1993. —— *Ph. pubescens* var. *grisea* Waterfall, Rhodora 60: 167. 1958. —— *Ph. pruinosa* auct. non Linnaeus, sensu Rydberg in Mem. Torrey Bot. Club 6: 324. 1896.

【别名】 **灰绿毛酸浆**

【特征描述】 一年生直立草本。高 30～60 cm。茎粗壮，有明显的紫色条棱，被 0.5～1 mm 长的柔毛。叶宽卵形，长 3～11 cm，灰绿色，干后呈橙色或具橙色斑点，被短的、简单的柔毛以及短的无柄腺毛。叶顶端渐尖，边缘具粗锯齿，基部阔圆形至心形。花单生于叶腋，花萼长 3～5 mm，被短柔毛；花梗长 4～6 mm；花冠黄色，喉部具 5 个大的深紫色的斑纹；花药蓝色。果萼明显 5 棱，基部深陷，直径 1.5～2.5 cm。**物候期：**花、果期 6—10 月。

【原产地及分布现状】 原产于北美洲（Rydberg, 1896; Waterfall, 1958; Sulliran, 2004），现于印度、日本及欧洲国家也有分布或归化。**国内分布**：北京、重庆、福建、广西、黑龙江、湖北、湖南、吉林、江苏、江西、辽宁、内蒙古、山东、上海、四川、天津、新疆、云南。

【生境】 农田、路边。

【传入与扩散】 **文献记载**：目前国内尚未有文献记载。**标本记录**：主模式（Holotype），W. Deane s.n.，采自英国剑桥（GH00003293），存放于哈佛大学标本馆（GH）。在我国虽没有标本记录，但在鉴定为毛酸浆的标本中有大量该种的错误鉴定，最早于1926年8月13日在吉林省四平市梅河口采到（Y. Sato 9970, PE00673585）。**传入方式**：引种栽培，在东北作为食用植物进行栽培。**传播途径**：人类和动物食用果实而传播。**繁殖方式**：种子繁殖。**入侵特点**：① 繁殖性　种子产量大，发芽率高，幼苗容易成活。② 传播性　伴随大规模引种而传播。③ 适应性　适应性强，果实遗落在路边即能生长繁殖。**可能扩散的区域**：全国。

【危害及防控】 **危害**：多为路边逸生，危害较轻。**防控**：精选种子，人工拔除，化学防治。

【凭证标本】 辽宁省沈阳市辽宁水利职业学院院外，2014年10月4日，刘全儒、何毅、许东先 RQSB09973（BNU）；北京市北京师范大学校园，海拔60 m，39.958 2°N，116.359 3°E，2018年7月16日，蒋媛媛 2018071601（BNU）。

【相似种】 印加酸浆（*Physalis pruinosa* Linnaeus）：原产于热带美洲，叶片具有更粗大的锯齿，花梗长，可达4 cm，花药黄色。灰绿酸浆在其原产地美洲长期被错误鉴定为印加酸浆，直到1993年，Martínez 发表的文章才更正了这一错误（Martinez, 1993）。我国引种时可能也误用了印加酸浆（*Ph. pruinosa* Linnaeus）这一名称，因此有些资料记载的印加酸浆实际上为灰绿酸浆（如中国植物图像库）。

灰绿酸浆 [*Physalis grisea* (Waterfall) M. Martínez]

1. 群落和生境；2. 果期植株；3. 苗期植株；4. 花（侧面观）；
5. 花（正面观）；6. 花（展开），示花药蓝色；7. 果实

参考文献

Martínez M, 1993. The Correct Application of *Physalis pruinosa* L. (Solanaceae)[J]. Taxon, 42(1): 103–104.

Rydberg P A, 1896. The North American species of *Physalis* and related genera[J]. Memoirs of the Torrey Botanical Club, 4(5): 297–374.

Sullivan J R, 2004. The genus *Physalis* (Solanaceae) in the southeastern United States[J]. Rhodora, 106(928): 305–326.

Waterfall U T, 1956. A taxonomic study of the genus *physalis* in North America north of Mexico[J]. Rhodora, 60(712): 107–114.

5. 苦蘵 *Physalis angulata* Linnaeus, Sp. Pl. 183. 1753.

【别名】 灯笼泡、灯笼草

【特征描述】 一年生草本。被疏短柔毛或近无毛，高常 30～50 cm。茎多分枝。叶片卵形至卵状椭圆形，基部阔楔形或楔形，全缘或有不等大的牙齿，两面近无毛。花梗长 5～12 mm，纤细和花萼一样生短柔毛，花萼裂片披针形；花冠淡黄色，喉部常有紫色斑纹，长 4～6 mm，直径 6～8 mm；花药蓝紫色或有时黄色。果萼卵球状，直径 1.5～2.5 cm，薄纸质，10 棱，浆果直径约 1.2 cm。**染色体**：$2n=24$（Ganapathi et al., 1991）。**物候期**：4—5 月出苗，花、果期 5—12 月。

【原产地及分布现状】 原产于南美洲（Waterfall, 1967），现于全世界广泛分布。**国内分布**：安徽、澳门、北京、重庆、福建、甘肃、广东、广西、贵州、海南、河北、河南、湖北、湖南、吉林、江苏、江西、辽宁、内蒙古、宁夏、山西、陕西、山东、上海、四川、台湾、天津、西藏、香港、云南、浙江。

【生境】 常生于山坡林下或田边路旁的土壤肥沃、疏松处（李扬汉，1998）。

【传入与扩散】 **文献记载**：1578 年《本草纲目》已有记载。1896 年在台湾归化（Wu et al., 2004）。1978 年收录于《中国植物志》（匡可任和路安民，1978）。2010 年《中国外来杂草原色图鉴》将其列为中国入侵生物（车晋滇，2010）。**标本记录**：后选模式（Lectotype），Linn. no. 247-9，采自瑞典乌普萨拉，存放于林奈学会植物标本馆（LINN）。我国最早的标本于 19 世纪中叶采自香港（徐海根和强胜，2011）。**传入方式**：人为无意引入，通过混在粮食中传入。**传播途径**：通过作物种子、货物和交通工具携带传播。**繁殖方式**：种子繁殖。**入侵特点**：① 繁殖性 种子产量大，发芽率高，幼苗容易成活。② 传播性 伴随大规模引种以及园林绿化而传播。③ 适应性 适应性强，果实遗落在路边即能生长繁殖，耐干旱，能适应气候变化以及各种土壤环境（Ozaslan et al., 2016）。**可能扩散的区域**：全国。

【危害及防控】 **危害**：为旱地、宅旁的主要杂草之一。棉花、玉米、大豆、甘蔗、甘薯、蔬菜田和路埂常见杂草，发生量较大，危害严重（李扬汉，1998）。**防控**：加强检验检疫；发现逸生及时人工拔除。化学防除，如在玉米田可用莠去津、烟嘧磺隆，大豆田可用乙羧氟草醚、氟磺胺草醚，棉花田可用乙氧氟草醚防除（徐海根和强胜，2011）。

【凭证标本】 澳门氹仔机场北安海边，海拔 12 m，22.168 6°N，113.568 6°E，2015 年 5 月 21 日，王发国 RQHN02773（CSH）；江苏省宿迁市沭阳县林业有限公司附近，海拔 15 m，34.032 7°N，118.701 1°E，2015 年 6 月 2 日，严靖、闫小玲、李惠茹、王樟华 RQHD02188（CSH）；江西省鹰潭市贵溪市江铜生活区，海拔 44 m，28.294 5°N，117.239 9°E，2016 年 5 月 25 日，严靖、王樟华 RQHD03457（CSH）。

【相似种】 棱果酸浆（*Ph. cordata* Miller）。原产于南、北美洲，我国海南有逸生。与苦蘵的主要区别在于果萼具明显的 5 棱，无毛，萼裂片花期后线状披针形。

小酸浆（*Ph. divaricata* D. Don）。原产于亚洲，为本土种，在我国分布于安徽、北京、福建、广东、广西、贵州、海南、河南、河南、湖南、江西、山东、上海、香港、云南、浙江。与苦蘵的区别在于小酸浆植株矮小，分枝横卧于地上或稍斜生；茎被柔毛；

花冠及花药通常黄色，花冠喉部无紫褐色斑；果萼纵肋疏被长柔毛。

北美小酸浆（*Ph. lagascae* Roemer & Schultes，即狭义的 *P. minima* Linnaeus）。原产于北美洲，我国个别省份（自治区）偶见逸生。与小酸浆的主要区别在于北美小酸浆花冠喉部有淡褐色色斑，花梗长于叶柄；而小酸浆和苦蘵花梗短于叶柄。

毛苦蘵（*Ph. angulata* Linnaeus var. *villosa* Bonati）。与苦蘵的区别在于全体密被长柔毛，果时不脱落，分布于我国湖北、江西向西南到云南，越南也有，近年来在山西、北京也采到标本。*Flora of China* 将该变种并入广义的小酸浆（*Ph. minima* Linnaeus），似为不妥（Zhang et al., 1994）。

苦蘵（*Physalis angulata* Linnaeus）

1. 群落和生境；2. 植株；3. 叶；4. 花（正面观）；5. 果萼

小酸浆（*Physalis divaricata* D. Don）

1. 群落和生境；2. 植株；3. 花（侧面观）；4. 花（正面观）；5. 果萼

参考文献

车晋滇，2010. 中国外来杂草原色图鉴［M］. 北京：化学工业出版社：156.

匡可任，路安民，1978. 酸浆属［M］// 匡可任，路安民. 中国植物志：第 67 卷第 1 分册. 北京：科学出版社：56-58.

李扬汉，1998. 中国杂草志［M］. 北京：中国农业出版社：947-948.

徐海根，强胜，2011. 中国外来入侵生物［M］. 北京：科学出版社：340-341.

Ganapathi A, Sudhakaran S, Kulothungan S, 1991. The diploid taxon in Indian natural populations of *Physalis* L. and its taxonomic significance[J]. Cytologia, 56(2): 283–288.

Ozaslan C, Farooq S, Onen H, et al., 2016. Invasion potential of two tropical *Physalis* species in arid and semi-arid climates: effect of water-salinity stress and soil types on growth and fecundity[J]. Plos One, 11(10): 1–23.

Waterfall U T, 1967. *Physalis* in Mexico, Central America and the West Indies[J]. Rhodora, 69(777): 82–120.

Wu S H, Hsieh C F, Rejmánek M, 2004. Catalogue of the naturalized flora of Taiwan[J]. Taiwania, 49(1): 16–31.

Zhang Z Y, Lu A M, D'Arcy W G, 1994. *Physalis*[M]// Wu Z Y, Raven P H. Flora of China: vol 17. Beijing: Science Press: 311–312.

4. 茄属 *Solanum* Linnaeus

草本、亚灌木、灌木至小乔木，有时为藤本。叶互生，稀双生，全缘，波状或作各种分裂，稀为复叶。花组成顶生、侧生、腋生、假腋生、腋外生或对叶生的聚伞花序，或蝎尾状、伞状聚伞花序，或聚伞式圆锥花序；少数为单生；花两性；萼通常 4～5 裂，稀在果时增大，但不包被果实；花冠星状辐形，星形或漏斗状辐形，多半白色，有时为青紫色，稀红紫色或黄色，开放前常折叠，（4）～5 浅裂，半裂，深裂或几不裂；花冠筒短；雄蕊（4）～5 枚，着生于花冠筒喉部，花丝短，间或其中一枚较长，常较花药短至数倍，无毛或在内侧具尖的多细胞的长毛，花药内向，顶孔开裂，孔向外或向上稀向内；子房 2 室，胚珠多数，花柱单一，直或微弯，柱头钝圆，极少数为 2 浅裂。浆果多半为近球状，椭圆状，稀扁圆状至倒梨状，黑色，黄色，橙色至朱红色。种子近卵形至肾形，通常两侧压扁，外面具网纹状凹穴。

本属约 1 400 种，全世界热带及亚热带，少数达到温带地区，主要产于美洲。我国分布约 47 种，其中 15 种为入侵植物。

分种检索表

1 植株不具刺 ·· 2

1 植株具刺 ·· 9

2 草本或灌木状草本 ··· 3

2 直立灌木或乔木 ·· 6

3 叶具浅或深的羽状裂，浆果成熟后深绿色 ············· 1. 羽裂叶龙葵 *S. triflorum* Nuttall

3 叶全缘或具波状齿 ··· 4

4 无毛或疏被柔毛，花冠裂片卵状披针形，浆果成熟后黑色，有光泽 ·················· 5

4 具黏性长柔毛，花冠裂片三角形，浆果成熟后黄绿色··· 2. 腺龙葵 *S. sarrachoides* Sendtner

5 草本，茎通常光滑，花药长 1～1.5 mm ·············· 3. 少花龙葵 *S. americanum* Miller

5 灌木状，茎通常具棱，花药长 2～4 mm ··············· 4. 木龙葵 *S. scabrum* Miller

6 小乔木，密被白色头状簇绒毛 ··· 7

6 灌木，无毛或幼枝被树枝状簇绒毛 ·· 8

7 嫩枝具沟槽；萼片被绒毛，花蕾陀螺状，花冠白色 ········· 5. 假烟叶树 *S. erianthum* D. Don

7 嫩枝圆柱状；萼片仅在上部 1/4 到一半处被绒毛；花冠蓝紫色 ··
··· 6. 野烟树 *S. mauritianum* Scopoli

8 花通常单生；果橙红色，直径大于 1.2 cm ·············· 7. 珊瑚樱 *S. pseudocapsicum* Linnaeus

8 花序为短的蝎尾状，常近伞形；果黄色，直径小于 1.2 cm ··
·· 8. 黄果龙葵 *S. diphyllum* Linnaeus

9 一年生草本，叶羽状分裂或二回羽状分裂；浆果成熟后被密被皮刺的膨大果萼包裹 ······ 10

9 多年生草本至小灌木，叶不为羽状分裂；浆果露出于果萼 ·································· 11

10 叶羽状裂，裂片锐尖；花冠亮紫色或白色，浆果成熟后朱红色 ··
·· 9. 蒜芥茄 *S. sisymbriifolium* Lamarck

10　叶不规则二回羽状分裂，裂片圆钝；花冠黄色，浆果绿色……………………………

…………………………………………………… 10. 黄花刺茄 *S. rostratum* Dunal

11　植株通常被简单毛，星状毛不存在或稀疏；花冠裂片披针形；浆果初时绿白色，具绿色花

纹，成熟时黄色或橙红色………………………………………………… 12

11　植株被星状毛；花冠星形；浆果未成熟时不具花纹，成熟时黄色………………… 14

12　茎枝近无毛，仅具细而直的皮刺；果实成熟后橙红色，种子具翅…………………

………………………………………………… 11. 牛茄子 *S. capsicoides* Allioni

12　茎枝上混生硬毛、腺毛及细而直或基部宽扁、显著后弯的钩状皮刺；果实成熟后淡黄色，

种子不具翅 ………………………………………… 12. 毛果茄 *S. viarum* Dunal

13　灌木，高 1～3 m；密被土黄色星状毛；伞房花序 2～3 歧 …… 13. 水茄 *S.torvum* Swartz

13　草本，高通常不及 1.2 m；不密被土黄色星状毛，花序不分枝 ………………… 14

14　茎叶被淡黄色星状毛；叶长椭圆形，长 3.5～15 cm，宽 2～7 cm；花白色至淡紫色；果熟

时有皱纹 ………………………………… 14. 北美刺龙葵 *S. carolinense* Linnaeus

14　茎叶被银白色星状毛；叶椭圆状披针形至长圆形，长 2～10 cm，宽 1～2 cm；花紫色，稀

白色；果熟时光滑 …………………… 15. 银毛龙葵 *S. elaeagnifolium* Cavanilles

1. 羽裂叶龙葵（新拟）*Solanum triflorum* Nuttall, Gen. N. Amer. Pl. I: 128. 1818.

【别名】 裂叶茄、三花茄

【特征描述】 一年生草本。高达 40 cm。茎平卧、外倾到上升，基部多分枝，圆柱状，绿色，在节上形成不定根，新生枝无毛或疏生短柔毛，偶具腺毛，老时脱落。单叶，羽状浅裂到半裂，长 1～5 cm，宽 0.2～3 cm，狭椭圆形、长圆形至卵形椭圆形，稍肉质；无毛或疏生短柔毛，沿叶缘和叶脉以及叶背面稍密；主脉 3～6 对，背面不明显；先端锐尖；基部楔形；叶柄长 1～2 cm，毛被类似于茎。花序单生于叶腋，伞形至近伞形，具花 1～6 朵，无毛或疏生短柔毛；花序梗长 0.8～3.5 cm；花梗长 3～12 mm；花

萼筒长 1～1.5 mm，上部 5 裂，裂片长 2.5～4 mm，顶端锐尖，密被短柔毛。花冠直径 10～14 mm，白色或淡紫色，基部中央具黄绿色斑，5 裂呈星状，裂片长 4～5 mm，花期反折，密被短柔毛；雄蕊等长，花丝具毛。子房球状，无毛。浆果球形，直径 8～10 mm，成熟时深绿色。种子近球形，黄色，表面具微小凹陷。**染色体**：$2n=2x=24$（Moyetta et al., 2013; Särkinen et al., 2018）。**物候期**：花、果期 5—10 月。

【**原产地及分布状况**】 原产于美洲，分布于南美洲和北美洲温带地区。入侵至欧洲、南非和澳大利亚（Särkinen et al., 2018）。**国内分布**：甘肃、内蒙。

【**生境**】 广泛生长于路边、沙质土壤的耕地和盐碱地。原产地海拔在 2 300～2 900 m 之间，入侵地海拔在 1 800 m 左右。

【**传入与扩散**】 **文献记载**：目前国内尚未见有文献报道。**标本信息**：后选模式（Lectotype），采自美国，North Dakota: Nr Fort Mandan, Anon. [Lewis & Clark] s. n.（PH00030496），由 Barboza 等于 2013 指定，标本存于美国费城自然科学院标本馆（PH）。最早的标本于 2013 年 9 月 18 日采自内蒙古乌兰察布市四子王旗白乃庙东，采集人不详 123（HIMC）。**传入方式**：无意引入。**传播途径**：可能伴随农业种子或羊毛废料夹带传播。**繁殖方式**：种子繁殖，苗期可通过匍匐茎进行有限的营养繁殖。**入侵特点**：① **繁殖性** 种子繁殖，每浆果可产生种子 40～60 颗，种子数量多。种子一般在 4 月上旬萌发，4 月中旬至 5 月中旬出现高峰（Jr & Dawson, 1984）。② **传播性** 种子可以随其他植物引种或国际贸易和人员流动扩散。③ **适应性** 对环境要求不高，喜沙质土壤。**可能扩散的区域**：华北北部和西北等干旱地区。

【**危害及防控**】 **危害**：农田杂草，影响农作物产量；具有较强的入侵性（Knapp, 2018）；马和牛误食导致中毒（Stegelmeier et al., 2007）。**防控**：加强入侵监测和种子管理工作，一旦发现羽裂叶龙葵分布区建立，要迅速采取措施，可在结实前人工拔除。

【凭证标本】 内蒙古自治区乌兰察布市四子王旗白乃庙东，2013 年 9 月 18 日，采集人不详 123（HIMC）。

【相似种】 羽裂叶龙葵很容易与旧大陆的其他物种区别开来，因为它通常有羽裂的叶，且通常羽状半裂，但有时也只有浅裂，通常在花序中有叶状苞片，以及成熟时绿色的浆果。青杞（*S. septemlobum* Bunge）也具有羽裂的叶，但叶通常 7 裂，叶长 3~7 cm，宽 2~5 cm；二歧聚伞花序，花冠青紫色；浆果成熟时红色；植物体为直立草本或灌木状。与羽裂叶龙葵明显不同。

羽裂叶龙葵（*Solanum triflorum* Nuttall）
1. 植株（标本）；2. 花果枝；3. 种子

参考文献

Jr O A, Dawson J H, 1984. Time of emergence of eight weed species[J]. Weed Science, 32(3): 327−335.

Knapp S, 2018. *Solanum pimpinellifolium*—new for the alien flora of Austria, with comments on Austrian records of S. triflorum and S. nitidibaccatum[J]. Neilreichia, 9: 49−53.

Moyetta N R, Stiefkens L B, Bernardello G, 2013. Karyotypes of South American species of the Morelloid and Dulcamaroid clades (*Solanum*, Solanaceae)[J]. Caryologia, 66(4): 333−345.

Särkinen T, Poczai P, Barboza G E, et al., 2018. A revision of the Old World Black Nightshades (Morelloid clade of *Solanum* L., Solanaceae)[J]. PhytoKeys, (106): 1−223.

Stegelmeier B L, Lee S T, James L F, et al., 2007. Cutleaf nightshade (*Solanum triflorum* Nutt.) toxicity in horses and hamsters[M]//Panter K E, Wierenga T L, Pfister J A. Poisonous plants: global research & solutions. Utah: USDA-ARS Poisonous Plant Research Loboratory: 296−300.

2. 腺龙葵 *Solanum sarrachoides* Sendtner, Fl. Bras. (Martius) 10: 18. 1846.

【别名】 毛龙葵

【特征描述】 一年生草本。高可达 60 cm。具黏性的腺毛，腺毛长达 2 mm。叶卵形，长 39～76 cm，宽 30～50 cm，基部截形或圆形，下延至叶柄，顶端锐尖，叶缘具 3～9 向前的波状锯齿。伞形聚伞花序，3～4 花。花萼裂片矩圆状三角形，顶端稍锐尖；花冠宽五角星形，白色，基部黄色或半透明，直径 5～7.5 mm，裂片阔三角形；花丝长 1～1.5 cm，花药黄色；花柱长 3～3.5 mm，柱头头状。浆果球形，黄绿色，直径 5～9 mm。种子黄色，多。染色体：2n=24（Edmonds & Jennifer, 1972; Särkinen et al., 2018）。物候期：花期 7—8 月，果期 9 月。

【原产地及分布现状】 原产于南美洲（Scoggan, 1979），现广泛分布于美洲、欧洲、澳大利亚（Symon, 1981; Lepschi, 1996）。国内分布：北京、河南、辽宁、山东、新疆。

【生境】 路边、沟边、荒地、农田等。

【传入与扩散】 **文献记载**：1982 年之前记录为外来杂草（关广清和高东昌，1982）；1992 年的《辽宁植物志》记载辽宁朝阳归化（刘淑珍，1992）；1997 年的《河南植物志》记载河南郑州出现归化（丁宝章和王遂义，1997）；2005 年在河南地区列为入侵植物（田朝阳 等，2005）；2014 年在北京发现逸生（刘全儒和张劲林，2014）。**标本记录**：后选模式（Lectotype），Sellow 281，采自乌拉圭（F002757），存放于菲尔德自然历史博物馆（Edmonds，1972）。中国最早的标本于 1981 年 1 月 8 日采自辽宁省朝阳县（关广清 2563, IFP12713003x0001）。**传入方式**：无意引入，可能随同粮食作物带入。**传播途径**：混杂在其他植物的种子里扩散；或随园林植物引种、移植的土壤传播；也可借助鸟类取食传播。**繁殖方式**：种子繁殖。**入侵特点**：① 繁殖性　种子产量大。② 传播性　有较强的传播性，可通过人类活动或鸟类食用其果实进行扩散。③ 适应性　腺毛在一定程度上阻止昆虫和动物的食用，对环境要求不严格。**可能扩散的区域**：华北、华东、华中、西南地区。

【危害及防控】 **危害**：腺龙葵是一种严重的马铃薯田间杂草，侵入菜园，且对牲畜有毒。**防控**：加强检疫，精选种子。苗期用莠去津或 2,4-D 防除效果更好。

【凭证标本】 北京市北京师范大学四合院，海拔 60 m，39.958 1°N，116.359 4°E，2013 年 10 月 20 日，刘全儒 s.n.（BNU）；河南省郑州市黄河滩毛庄，2014 年 10 月 26 日，李家美 14102675（HEAC）；北京市昌平区沙河高教园，海拔 100 m，116.266 4°E，40.167 2°N，2017 年 10 月 11 日，刘全儒、蒋媛媛 20171011（BNU0039571）；北京市北京师范大学校园，海拔 60 m，39.961 4°N，116.358 0°E，2016 年 9 月 25 日，刘全儒 RQSB10033（BNU0029168）。

【相似种】 绿果龙葵（新拟）（*S. nitidibaccatum* Bitter）。叶基部渐狭到楔形；花序多为腋外生，具 4～8（～10）花；花梗间隔 0.3～1.0 mm；花萼裂片长 1.7～2.5 mm；花冠在黄绿色中心眼周围具黑紫色 V 形边缘；花药长 1.0～1.4 mm；浆果深绿色至绿色棕色，具大理石花纹白线，通常变得半透明和发亮，覆盖浆果的下半部分；花萼增大但常仅包于基部 1/3；种子棕色。而腺龙葵叶基部截形或圆形；花序多数与叶对生，具 2～5（～7）花；花梗间隔 0（～1）mm；花萼裂片长 1.5～2.0 mm；花冠有黄绿色或半透明的基部中心眼，但没有黑紫色边缘；花药长 1.2～2.0 mm；浆果黄绿色，发亮变暗，不透明，通常被扩大的花萼包围 2/3 以上；种子黄色（Särkinen et al., 2018）。目前尚未发现绿果龙葵在中国的归化记录。

腺龙葵（*Solanum sarrachoides* Sendtner）
1.群落和生境；2.叶；3.茎枝；4.花（正面观）；5.果

参考文献

丁宝章，王遂义，1997. 河南植物志［M］. 郑州：河南科学技术出版社，3：406-407.

关广清，高东昌，1982. 又有五种杂草传入我国［J］. 植物检疫，6（2）：2.

刘全儒，张劲林，2014. 北京植物区系新资料［J］. 北京师范大学学报（自然科学版），（2）：166-168.

刘淑珍，1992. 茄属［M］// 李书心. 辽宁植物志：下册. 沈阳：辽宁科学技术出版社：269.

田朝阳，李景照，徐景文，等，2005. 河南外来入侵植物及防除研究［J］. 河南农业科学，34（1）：31-34.

Edmonds, Jennifer M, 1972. A Synopsis of the Taxonomy of *Solanum* Sect. *Solanum* (Maurella) in South America[J]. Kew Bulletin, 27(1): 95.

Lepschi B J, 1996. *Solanum sarrachoides* Sendtn. —a new alien *solanum* in australia[J]. Journal of the Adelaide Botanic Garden, 17: 157-159.

Särkinen T, Poczai P, Barboza G E, et al., 2018. A revision of the Old World Black Nightshades (Morelloid clade of *Solanum* L., Solanaceae)[J]. PhytoKeys, (106): 1-223.

Scoggan H J, 1979. The flora of Canada, Part 4 Dicotyledoneae (Loasaceae to Compositae)[M]. Ottawa: National Museum of Natural Sciences & National Museums of Canada: 1331.

Symon D E, 1981. A revision of the genus *Solanum* in Australia[J]. Journal of the Adelaide Botanic Gardens, 4: 1-367.

3. **少花龙葵 Solanum americanum** Miller, Gard. Dict. ed. 8, no. 5. 1768. ——*S. nigrum* var. *pauciflorum* Liou, Contr. Inst. Bot. Natl. Acad. Peiping 3: 454. 1935. ——*S. photeinocarpum* Nakamura & Odashima, J. Soc. Trop. Agric. 8: 54, f. 2.1936. 中国植物志 67(1): 77, 1978.

【别名】 光果龙葵、白花菜、古钮菜、扣子草、打卜子、古钮子、衣扣草、痣草

【特征描述】 一年生或弱多年生草本。高 1～1.5 m，基部近木质，有分枝。茎圆柱状或稍有棱，老茎常具微刺。叶卵形到椭圆形，长 3.5～10.5 cm，宽 1.0～4.5 cm，膜质，基部楔形下延至叶柄而成翅，叶缘近全缘，波状或有不规则的粗齿，两面均具疏柔毛。花序近伞形，腋外生，具微柔毛，常着生 1～6 朵花，花小，直径约 7 mm；萼

5 裂达中部，裂片卵形，花萼裂片长 0.3 ～ 0.5 mm，宽 0.5 ～ 0.6 mm，具缘毛；花冠白色，直径 3 ～ 6 mm，筒部隐于萼内，5 裂；花丝极短，花药黄色，长 1.5 mm，子房近圆形，直径不及 1 mm，花柱纤细，中部以下具白色绒毛，柱头头状。浆果球状，直径 5 ～ 8 mm，幼时绿色，成熟后黑色，具光泽；果萼反折，萼裂片长达 1 ～ 2 mm。种子近卵形，两侧压扁。**染色体**：$2n=24$（Sengupta, 1999; Särkinen et al., 2018）。**物候期**：几全年均开花结果。

【**原产地及分布现状**】 原产于南美洲（Edmonds & Jennifer, 1972），现广泛分布于热带和温带地区。**国内分布**：澳门、重庆、福建、广东、广西、贵州、海南、湖北、湖南、江西、四川、上海、台湾、西藏、香港、云南、浙江。

【**生境**】 溪边、密林阴湿处或林边荒地。

【**传入与扩散**】 **文献记载**：1935 年作为新变种 *S. nigrum* var. *pauciflorum* Liou 发表；1956 年出版的《广州植物志》（侯宽昭，1956）、1974 年的《海南植物志》（广东省植物研究所，1974）和 1978 年的《中国植物志》第 67 卷第 1 分册均有记载（吴征镒和黄蜀琼，1978）。2004 年在台湾记载为归化植物（Wu et al., 2004）。**标本记录**：后选模式（Lectotype），Miller s. n，采自美国弗吉尼亚，1972 年由 Edmonds 指定，存放于自然历史博物馆（BM）。中国最早的标本于 1932 年 7 月 5 日采自海南三亚市羊令山（Lau S. K. 209，PE00709423）。**传入方式**：随农作物无意引入。**传播途径**：自然扩散，鸟类食用果实而传播种子。**繁殖方式**：种子繁殖。**入侵特点**：① 繁殖性 生长迅速，单果含种子 50 余颗。② 传播性 种子可随动物的食用而传播。③ 适应性 耐热、耐寒，又耐旱、耐湿，四季均可生长、开花结果，对土壤要求不严，微酸性或微碱性均宜，但中性土壤最优。对光照条件要求也不严，阴湿环境下生长仍较好（徐淑元 等，2002）。**可能扩散的区域**：全国。

【**危害及防控**】 **危害**：一般杂草。**防控**：开花结果前拔除（马金双，2014）。在广西该植物和龙葵（*Solanum nigrum* Linnaeus）的叶常被作为野菜食用，也可以有效控制其蔓延。

【凭证标本】 广东省深圳市龙岗区龙城镇嶂背村，海拔 41 m，22.690 1°N，114.231 1°E，2014 年 10 月 23 日，王瑞江 RQHN00753（CSH）；广东省河源市黄田镇，海拔 49 m，2010 年 1 月 25 日，刘全儒、孟世勇 201001142（BNU）；海南省海口市龙华区侨中路隧道旁，海拔 19 m，20.023 5°N，110.317 3°E，2015 年 8 月 5 日，王发国、李仕裕等 RQHN03093（CSH）。

【相似种】 龙葵（*Solanum nigrum* Linnaeus）。主要区别在于龙葵植株粗壮，花序为短的蝎尾状聚伞花序，具花（3~）4~10 朵，花和浆果较大，花萼裂片长 0.5~0.8 mm，花冠直径（8~）10~12 mm，果直径 6~10 mm，果萼紧贴浆果。在我国南北各地广泛分布。少花龙葵的部分材料在《中国植物志》中被记载为 *S. suffruticosum* Schousboe，但后者具有纤细、略伸长的花序，叶具有稀疏的齿。*Flora of China* 将 *S. suffruticosum* Schousboe 作为光枝木龙葵（*S. merillianum* Liou）的异名（Zhang et al., 1994）。Särkinen et al.（2018）则将 *S. suffruticosum* Schousboe 作为红果龙葵（*S. villosum* Miller）的异名，似为不妥。

少花龙葵（*Solanum americanum* Miller）

1. 群落和生境；2. 植株；3. 花序与花；4. 果实

参考文献

广东省植物研究所，1974.海南植物志［M］.北京：科学出版社，3：459-466.

侯宽昭，1956.广州植物志［M］.北京：科学出版社：572.

马金双，2014.中国外来入侵植物调研报告：下卷［M］.北京：高等教育出版社：760-761.

吴征镒，黄蜀琼，1978.茄属［M］//匡可任，路安民.中国植物志：第67卷第1分册.北京：科学出版社：76-79.

徐淑元，孙怀志，谭雪，2002.保健野生蔬菜——少花龙葵的栽培技术［J］.南方园艺，（4）：30-31.

Edmonds, Jennifer M, 1972. A Synopsis of the Taxonomy of *Solanum* Sect. *Solanum* (Maurella) in South America[J]. Kew Bulletin, 27(1): 95.

Särkinen T, Poczai P, Barboza G E, et al., 2018. A revision of the Old World Black Nightshades (Morelloid clade of *Solanum* L., Solanaceae)[J]. PhytoKeys, (106): 1-223.

Sengupta K, 1999. Environmental stress induced desynapsis in *Capsicum annuum* L. and in *Solanum americanum*[J]. Journal of the National Botanical Society, 53: 39-43.

Wu S H, Hsieh C F, Rejmánek M, 2004. Catalogue of the naturalized flora of Taiwan[J]. Taiwania, 49(1): 16-31.

Zhang Z Y, Lu A M, D'Arcy W G, 1994. Solanaceae[M]// Wu Z Y, Raven P H. Flora of China: vol 17. Beijing: Science Press: 300-332.

4. 木龙葵 *Solanum scabrum* Miller, Gard. Dict. ed. 8, no. 6. 1768.

【别名】 白花仔草

【特征描述】 一年生或短暂的多年生木质草本。无毛或被少量短柔毛。茎直立，圆柱状，通常有棱角或具翅，老茎有时具突出的假刺。小枝具短柔毛，后脱落。叶片广卵形、菱形或圆形，通常宽，长2～10（～12）cm，宽2～6（～7）cm，无毛或被短柔毛，基部楔形，基部楔形下延到叶柄，边缘通常全缘或浅波状，先端锐尖。花序外腋生，花序梗不分枝，长1～2.5 cm；花梗长5～10 mm，被短柔毛，具花4～10（或更多）朵；花萼杯形，萼管长0.9～1.1 mm，背面被微柔毛，萼裂片稍不等大，长0.9～1.5 mm，宽

0.8 ~ 1.4 mm；花冠白色，直径 7 ~ 12mm，裂片卵形，长 2.5 ~ 5 mm，背面具短柔毛；花丝短；花药长圆形，长 2 ~ 4 mm。果期花萼反折。浆果紫黑色，有光泽，球状，直径 5 ~ 10 mm。种子盘状，直径 0.8 ~ 1 mm。**染色体**：2*n*=72（Henderson, 1974; Manoko et al., 2008; Särkinen et al., 2018）。**物候期**：几全年均开花结果。

【原产地及分布现状】 原产于非洲，现广泛分布于热带和温带地区（Särkinen et al., 2018）。**国内分布**：福建、广东、广西、贵州、湖南、江西、四川、台湾、西藏、云南、浙江。

【生境】 分布于路边，峡谷和山谷中潮湿的地方，海拔 200 ~ 2 700 m。

【传入与扩散】 **文献记载**：1994 年 *Flora of China* 有记载。**标本记录**：后选模式（Lectotype），Miller, s.n.，1974 年由 Henderson 指定，采自英国（BM000847083），存放于大英自然历史博物馆（BM）。中国最早的标本于 1939 年 12 月 14 日采自云南大木噶一箐（王启无 83084, KUN184687）；之后于 1948 年 7 月在湖南长沙市岳麓山采到标本（Y. Liu 00504, PE00709644）。**传入方式**：无意引入。**传播途径**：自然扩散，鸟类食用果实而传播种子。**繁殖方式**：种子繁殖。**入侵特点**：① 繁殖性　生长迅速，种子多。② 传播性　种子可随动物的食用而传播。③ 适应性　耐热、耐寒，又耐旱、耐湿，适应多种环境。**可能扩散的区域**：南方地区。

【危害及防控】 **危害**：一般杂草，我国境内少见。**防控**：开花结果前拔除。

【凭证标本】 湖南省长沙市岳麓山，海拔 800 m，1948 年 7 月，Liu Y 00504（PE）；江西省井冈山市茨坪，海拔 730 m，1963 年 10 月 18 日，岳俊山等 4772（PE00709643）；四川省泸州市叙永县水尾镇官斗村扁担厂到大沙溪，28.165 3°N，105.394 7°E，2013 年 9 月 18 日，鞠文彬、邓亨宁 HGX13726（CDBI 0231187）。

【相似种】 龙葵（*Solanum nigrum* Linnaeus）和木龙葵均为 6 倍体，在形态上有相似之处。主要区别在于龙葵的植株具明显的短柔毛以及直立和平展的柔毛，叶片卵形至披针形，常具齿或裂，叶柄不明显；花在花序轴上以一定的间隔着生，花萼裂片稍尖，贴伏于浆果，具花（3～）4～10 朵，花和浆果较大，浆果暗黑色。而木龙葵植株光滑，具不明显的贴伏毛，叶片卵形、菱形或圆形，常近全缘，具明显的叶柄；花在花序轴的顶端呈紧密拥挤状态，花萼裂片圆形，果期强烈反折，浆果黑色或紫色，具光泽。后者在标本鉴定中常常被混入龙葵中，鉴定时应特别注意。《中国植物志》记载的木龙葵（*S. suffruticosum* Schousboe）（吴征镒和黄蜀琼，1978）和本志记载的木龙葵（*S. scabrum* Miller）并非一个实体，前者在 *Flora of China* 中被作为光枝木龙葵（*S. merrillianum* Liou）的异名（Zhang et al., 1994）。

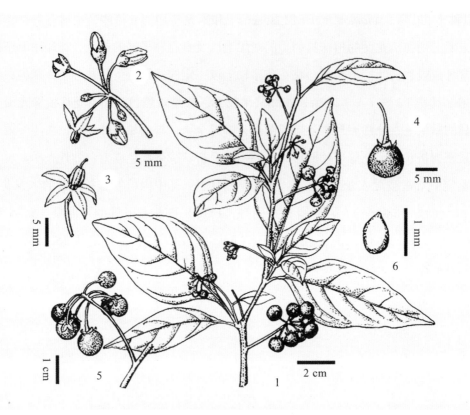

木龙葵（*Solanum scabrum* Miller）

1. 部分植株；2. 花序；3. 花；4. 果；5. 果序；6. 种子（仿 T. Smith　绘）；7–8. 群落和生境

参考文献

吴征镒，黄蜀琼，1978.茄属［M］// 匡可任，路安民.中国植物志：第 67 卷第 1 分册.北京：科学出版社：76-79.

Henderson R J F, 1974. *Solanum nigrum* L. (Solanaceae) and related species in Australia[J]. Contributions from the Queensland Herbarium, (16): 1–78.

Manoko M L K, van den Berg R G, Feron R M C, et al., 2008. Genetic diversity of the African hexaploid species *Solanum scabrum* Mill. and *Solanum nigrum* L.(Solanaceae)[J]. Genetic Resources and Crop Evolution, 55(3): 409–418.

Särkinen T, Poczai P, Barboza G E, et al., 2018. A revision of the Old World Black Nightshades (Morelloid clade of *Solanum* L., Solanaceae)[J]. PhytoKeys, (106): 1–223.

Zhang ZY, Lu AM, D'Arcy W G, 1994. Solanaceae[M]// Wu Z Y, Raven P H. Flora of China: vol 17. Beijing Science Press: 300–332.

5. **假烟叶树 *Solanum erianthum*** D. Don, Prodr. Fl. Nepal. 96. 1825. ——*S. verbascifolium* auct. non Linnaeus, 中国植物志 . 67(1): 72. pl. 18: 1–8. 1978.

【别名】 山烟草、野烟叶、土烟叶、臭屎花、袖钮果、大黄叶、酱杈树、三杈树、大毛叶、臭枇杷、天蓬草、洗碗叶、毛叶、大发散、戈吗嘿

【特征描述】 小乔木。高 1.5～10 m，几乎全株密被白色具簇绒毛。叶大而厚，卵状长圆形，长 10～29 cm，全缘或略呈波状。聚伞花序多花，形成近顶生圆锥状平顶花序；萼钟形，直径约 1 cm，5 半裂，萼齿卵形，中脉明显；花冠筒隐于萼内，花冠白色，直径约 1.5 cm，冠檐深 5 裂，裂片长圆形，中脉明显，雄蕊 5 枚，花药长约为花丝长度的 2 倍；子房卵形，花柱光滑，柱头头状。浆果球状，具宿存萼，直径约 1.2 cm，黄褐色，初被星状簇绒毛，后渐脱落。种子扁平。**染色体**：2*n*=24（Olatunji, 2005）。**物候期**：花、果期几全年。

【原产地及分布现状】 原产于北美洲和热带美洲（Roe, 1972）；在 16 世纪经由西班牙的帆船通过菲律宾在整个热带地区蔓延，包括东南亚、亚洲大陆和澳大利亚（Hanelt et al., 2001）。可能在奴隶贸易时被引入西非。现广布于热带亚洲、非洲、大洋洲和南美洲。国

内分布：澳门、重庆、福建、广东、广西、贵州、海南、湖北、湖南、江苏、江西、上海、四川、台湾、西藏、香港、云南、浙江。

【**生境**】 荒地、路旁、山坡灌木丛中。

【**传入与扩散**】 **文献记载**：1711 年《生草药性备要》有记载。1912 年的 *Flora of Kwangtung and Hongkong (China)* 记载（Dunn & Tutcher, 1912）；1953 年的《中国树木分类学》增补版（陈嵘，1953）和 1958 年的《广州植物志》（侯宽昭，1956）也均已收载；并且在《中国植物志》收录（吴征镒和黄蜀琼，1978）。但他们都错误地使用了和一个和实体不符的名称 *S. verbascifolium* Linnaeus（后者的实体目前对应的正确名称为 *S. donianum* Walpers）（Zhang et al., 1994）。2002 年《中国外来入侵种》记载为入侵植物（李振宇和解焱，2002）。**标本记录**：后选模式（Lectotype），"in Valle Nepalia propa Kalmanda, 1821," Wallich Herb. 2616c, photo K, neg. no. 7872. 1967 年由 Roe 指定（Roe, 1967）。1857 年在厦门采到标本（李振宇和解焱，2002）。其他较早的标本记录为秦仁昌于 1929 年 4 月 19 日采自江西（秦仁昌 22260，KUN184046）和 1929 年 9 月 8 日采自中国白崖（可能为云南弥渡）（秦仁昌 24491，KUN184048）。**传入方式**：无意引入。**传播途径**：种子随交通工具、农作物、苗木等传播。**繁殖方式**：种子繁殖。**入侵特点**：① 繁殖性 种子众多。② 传播性 靠种子和不定根扩散。③ 适应性 能适应各种不同环境，既可以在干旱沙漠中生存，也可在湿润的森林中生长。**可能扩散的区域**：南方地区。

【**危害及防控**】 **危害**：侵占本地资源，影响当地植物生物多样性（马金双，2014）。全株有毒，果实毒性较大，误食会中毒。**防控**：在结果前人工清除，防止种子散落（马金双，2014）。

【**凭证标本**】 广西省梧州市岑溪市岑城镇，海拔 139.5 m，22.934 2°N，111.006 8°E，2014 年 10 月 15 日，韦春强 WZ60（CSH）；贵州省黔西南布依族苗族自治州望谟县，海拔 540 m，24.992 2°N，105.823 6°E，2014 年 7 月 30 日，马海英、秦磊、敖鸿舜 69（CSH）；贵州省黔西南布依族苗族自治州册亨县岩架镇，海拔 450 m，2004 年 7 月 23 日，王封才 0278（PE 01542713）。

假烟叶树（*Solanum erianthum* D. Don）

1. 群落和生境；2. 花序；3. 花；4. 果序；5. 果实和种子

参考文献

陈嵘，1953. 中国树木分类学［M］. 增补版. 北京：中央林业部科学研究所：1103.

侯宽昭，1956. 广州植物志［M］. 北京：科学出版社：571.

李振宇，解焱，2002. 中国外来入侵种［M］. 北京：中国林业出版社：145.

马金双，2014. 中国外来入侵植物调研报告：下卷［M］. 北京：高等教育出版社：888.

吴征镒，黄蜀琼，1978. 茄属［M］// 匡可任，路安民. 中国植物志：第 67 卷第 1 分册. 北京：科学出版社：72-73.

Dunn S T, Tutcher W T, 1912. Flora of Kwangtung and Hongkong (China)[J]. Bulletin of Miscellaneous Information, Additional Series, 10: 182-183.

Hanelt P , Büttner, R, Mansfeld R, 2001. Mansfeld's encyclopedia of agricultural and horticultural crops (except ornamentals)[M]. Berlin: Springer.

Olatunji O A, 2005. Karyotypic analysis and meiotic chromosome in eight taxa of *Solanum* species (Solanaceae)[J]. Acta Satech, 2: 24-29.

Roe K E, 1967. A revision of *Solanum* sect. *Brevantherum* (Solanaceae) in North and Central America[J]. Brittonia, 19(4): 353-373.

Roe K E, 1972. A revision of *Solanum* section *Brevantherum* (Solanaceae)[J]. Brittonia, 24(3): 239-278.

Zhang Z Y, Lu A M, D'Arcy W G, 1994. Solanaceae[M]// Wu Z Y, Raven P H. Flora of China: vol 17. Beijing: Science Press: 300-332.

6. 野烟树 *Solanum mauritianum* Scopoli, Delic. Fl. Faun. Insubr. 3: 16. 1788.

【别名】 毛茄、耳叶茄、法兰绒杂草、臭虫草、烟木、烟树、野烟草、煤油树、巨星土豆树

【特征描述】 灌木或小乔木。高 2～4（～12）m。全株密生短柔毛，具长柄星状毛。单叶互生，椭圆形，下表面毛被更密集，因此成白色。叶片长达 30 cm，宽约 12 cm；叶缘全缘，先端渐尖，基部楔形，通常偏斜；叶柄长 30～90 mm，每个叶腋中有 1～2 个较小的小耳叶。花梗长 2～3 mm。萼筒短，长 2～3 mm，裂片狭三角形，长 2～3 mm；花冠蓝色至紫色，喉部黄色，直径 15～25 mm；雄蕊 5，长约 1 mm，花药长圆形，长 2～3.5 mm；子房密被短柔毛，下部具 5～7 mm 长的短柔毛，柱头绿色，顶生。浆果绿

色，成熟后为暗黄色，果肉多汁，球状，直径 10～15 mm，至少在早期阶段有短柔毛。种子数量很多，扁平，长 1.5～2 mm。**染色体**：2*n*=24（Badr et al., 1997）。**物候期**：花期全年，果期春末至初夏。

【**原产地及分布现状**】　原产于南美洲（Olckersa & Zimmermann, 1991），目前为澳大利亚、新西兰、印度、斯里兰卡、非洲、大西洋群岛和太平洋群岛等地广泛的入侵性杂草，也分布于亚洲的印度、日本等几个国家。**国内分布**：台湾。

【**生境**】　喜雨水丰富的环境，常分布于种植园，森林边缘，灌木丛和开阔的土地。

【**传入与扩散**】　**文献记载**：2003 在台湾首次文献记载（Wang, 2003）。2012 年出版的 *Flora of Taiwan*（第二版）增补版予以收录（Hsu et al., 2012）。**标本记录**：模式标本未见，Roe 认为一幅插图 tab. 8 in Scopoli's Deliciae Florae & Faunae Insubricae 可以选作为模式（Roe, 1972）。中国最早的标本于 2001 年采自台湾南投县（C. M. Wang & C. Y. Li W05285, PE 01913896）。**传入方式**：无意引入。**传播途径**：种子随交通工具、农作物、苗木等传播。**繁殖方式**：种子繁殖。**入侵特点**：① 繁殖性　全年开花，结实量大，有很强的繁殖潜力，繁殖体一年后仍保持活性。② 传播性　种子通过鸟类食用其果实而远距离传播。③ 适应性　寿命长达 30 年，高度适应各种温度下的环境。**可能扩散的区域**：华南和西南地区。

【**危害及防控**】　**危害**：全株有毒，特别是未成熟果实，成熟果实毒性较小。含多种有毒物质，其中的大洋洲茄胺成分主要影响神经系统和胃肠道，中毒症状包括口腔灼烧感、胃肠刺激、腹泻、蹒跚、瘫痪和体重丢失等，重者可死于器官衰竭。可能会致畸。如接触，叶毛可刺激皮肤、眼鼻和咽喉。取代原生植被，阻碍商业林业活动，窝藏农业有害生物，毒害牲畜并为人类提供健康风险。在几个国家被宣布为有毒杂草，在库克群岛被认为是中等侵入性的，但在澳大利亚、新西兰和汤加则更为如此，是南非的一种已宣布的杂草（第 1 类），在新西兰是 B 类有毒杂草。**防控**：① 机械防治　结果前砍倒、拔除。

② 化学防治　可用一些除草剂，如用于叶面施用的草甘膦、氨氯吡啶酸和氟草烟，用于基部茎处理的氨氯吡啶酸和氟草烟，用于切根残渣应用的氨氯吡啶酸和咪草烟。③ 生物防治　仅在南非试图进行生物防治，1999 年施放的 *Gargaphia decoris* 是迄今为止唯一使用的昆虫。但是，这种昆虫被证明是无效的，目前南非正在寻找或可获得释放许可的第二种生物，即花蕾象鼻虫 *Anthonomus santacruzi*（Olckers, 2003; Olckers et al., 1999; Olckers & Zimmermann, 1991）。除南非以外，只有新西兰考虑过生物防治。④ 综合防治　目前仅限于使用除草剂和机械清理。

【凭证标本】　台湾南投市仁爱乡仁爱中学，海拔 1 370 m，2001 年 10 月 5 日，C. M. Wang C. Y. LiW05285（PE）。

野烟树（*Solanum mauritianum* Scopoli）
1. 群落和生境；2. 幼枝，示腺毛；3. 花；4. 花枝；5. 果实

参考文献

Badr A, Khalifa S F, Aboel-Atta A I, et al., 1997. Chromosomal criteria and taxonomic relationships in the Solanaceae[J]. Cytologia, 62(2): 103–113.

Hsu T W, Wang C M, Kuoh C S, 2012. *Solanum*[M]// Wang J Z, Lu C T. Flora of Taiwan. 2nd ed. Suplement. Taibei: National Taiwan Normal University: 207.

Olckers T, 2003. Assessing the risks associated with the release of a flowerbud weevil, *Anthonomus santacruzi*, against the invasive tree *Solanum mauritianum* in South Africa[J]. Biological Control, 28(3): 302–312.

Olckers T, Olckers T, Hill M P, 1999. Biological control of *Solanum mauritianum* Scopoli (Solanaceae) in South Africa: a review of candidate agents, progress and future prospects[J]. African Entomology, 1(3): 65–73.

Olckers T, Zimmermann H G, 1991. Biological control of silverleaf nightshade, *Solanum elaeagnifolium*, and bugweed, *Solanum mauritanum*, (Solanaeae) in South Africa[J]. Agriculture Ecosystems & Environment, 37(1–3): 137–155.

Roe K E, 1972. A revision of *Solanum* section *Brevantherum* (Solanaceae)[J]. Brittonia, 24(3): 239–278.

Wang C M, 2003. *Solanum mauritianum* Scop.(Solanaceae), a newly naturalized plant in Taiwan. Collection and Research, 16: 67–70.

7. 珊瑚樱 *Solanum pseudocapsicum* Linnaeus, Sp. Pl. ed. 1. 184. 1753, & ed. 2: 263. 1762. ——*Solanum pseudocapsicum* var. *diflorum* (Vellozo) Bitter, Bot. Jahrb. Syst. 54: 498. 1917; *Solanum diflorum* Vellozo, Fl. Flumin. 2: t. 102. 1827.

【别名】 安徽全椒、珊瑚豆、玉珊瑚、刺石榴、洋海椒、冬珊瑚

【特征描述】 直立分枝小灌木。高达 2 m，全株光滑无毛或幼枝及叶下面沿叶脉常生有星状簇绒毛，后渐脱落。叶互生，常成大小不相等的双生状，叶片狭长圆形至披针形，长 1~6 cm，宽 0.5~2 cm，顶端钝或尖，基部狭楔形下延成叶柄，全缘或波状。花多单生，稀 2~3 朵，无总花梗或近于无总花梗，腋外生或近对叶生，花梗长 3~5 mm；花小，白色，直径 0.8~1 cm；萼绿色，5 深裂，裂片长 1.5~5 mm；花冠筒隐于萼内，

长 1～1.5 mm，冠檐长 5～8.5 mm，裂片 5，卵形，长 3.5～4 mm；花丝长不及 1 mm，花药黄色，长约 2 mm；子房近圆形，直径 1～2 mm，花柱短，柱头截形。浆果橙红色，直径 1～1.5（～2）cm，萼宿存，果柄长约 1 cm，顶端膨大。种子盘状，扁平。**染色体**：2n=24（Acosta et al., 2005）。**物候期**：花期 4—7 月，果期 9—12 月。

【**原产地及分布现状**】 原产于南美洲（D'Arcy, 1974），现于南非、北美、夏威夷、新西兰和澳大利亚归化。**国内分布**：安徽、澳门、重庆、福建、甘肃、广东、广西、贵州、海南、河北、河南、湖北、湖南、江苏、江西、辽宁、陕西、上海、四川、台湾、天津、西藏、香港、云南、浙江。

【**生境**】 喜阴暗潮湿环境，常分布于林缘、荒地、宅旁。

【**传入与扩散**】 **文献记载**：据《台湾外来观赏植物名录》记载，1910 年由日本人藤根吉春从新加坡引入。1917 年有云南的栽培记录（Léveillé, 1917）。1937 年收录于《中国植物图鉴》（贾祖璋和贾祖珊, 1937）。1956 年的《广州植物志》收载（侯宽昭, 1956）。1965年《贵州民间药物》有记载（马金双, 2014）。1978 年收录于《中国植物志》（吴征镒和黄蜀琼, 1978）。1982 年在台湾归化（Wu et al., 2004）。1995 年列为外来杂草（郭水良和李扬汉, 1995），2009 年在广西记载为入侵植物（邹蓉 等, 2009）。**标本记录**：后选模式（Lectotype），Linn. no. 248-4，采自瑞典乌普萨拉，1972 年由 Schönbeck-Temesy 指定，存放于林奈学会植物标本馆（LINN）。中国最早的标本于 1917 年 9 月 27 日在上海市采到标本（Anonymous 19471, NAS00229648）。**传入方式**：有意引入，作为观赏植物引入。**传播途径**：种子随农作物、带土苗木、鸟类和水流传播。**繁殖方式**：种子繁殖和营养繁殖。**入侵特点**：① 繁殖性 种子产量大。② 传播性 种子可以随鸟类的活动而远距离传播。③ 适应性 十分耐阴。**可能扩散的区域**：华东、华南、华中、西南、西北。

【**危害及防控**】 **危害**：全株有毒，叶比果毒性更大，人畜误食会引起头晕、恶心、嗜睡、剧烈腹痛、瞳孔散大等中毒症状（马金双, 2014）。**防控**：开花结果前修剪或拔除。

化学防除：幼株可用 2, 4-D 丁酯（70 mL/10 L），超过 30 cm 高的植株可喷洒草甘膦（10 mL/L）或 Tordon Gold（600 mL/100 L）。

【凭证标本】 广东省梅州市丰顺县小胜镇，海拔 1 012 m，24.190 8°N，116.354 2°E，2014 年 11 月 4 日，曾宪锋 RQHN06834（CSH）；江西省赣州市章贡区章江边，海拔 93 m，25.827 5°N，114.952 1°E，2015 年 10 月 22 日，曾宪锋 RQHN07594（CSH）；河南省信阳市商城县高速公路出口 1 km 处，海拔 85 m，31.956 7°N，115.434 9°E，2016 年 8 月 12 日，刘全儒、何毅等 RQSB09572（BNU）。

【相似种】 传统上珊瑚樱［*Solanum pseudocapsicum* Linnaeus var. *pseudocapsicum*］在种下区分出了变种珊瑚豆［*Solanum pseudocapsicum* Linnaeus var. *diflorum* (Vellozo) Bitter］。后者与原变种的主要区别在其幼枝及叶下面沿叶脉常生有星状簇绒毛，子房直径约 1.5 mm，浆果较大，直径达 2 cm（吴征镒和黄蜀琼，1978；Zhang et al.，1994）。最新的研究已经将后者归并（Knapp，2002）。

珊瑚樱（*Solanum pseudocapsicum* Linnaeus）
1. 植株；2. 生境；3. 花枝；4. 果枝；5. 果实和种子

参考文献

郭水良，李扬汉，1995. 我国东南地区外来杂草研究初报 [J] . 杂草学报，（2）：4-8.

侯宽昭，1956. 广州植物志 [M] . 北京：科学出版社：571-572.

贾祖璋，贾祖珊，1937. 中国植物图鉴 [M] . 上海：开明书店：180.

马金双，2014. 中国外来入侵植物调研报告：下卷 [M] . 北京：高等教育出版社：634.

吴征镒，黄蜀琼，1978. 茄属 [M] // 匡可任，路安民 . 中国植物志：第 67 卷第 1 分册 . 北京：科学出版社：80-81.

邹蓉，韦春强，唐赛春，等，2009. 广西茄科外来植物研究 [J] . 亚热带植物科学，38（2）：60-63.

Acosta M C, Bernardello G, Guerra M, et al., 2005. Karyotype analysis in several South American species of *Solanum* and *Lycianthes rantonnei* (Solanaceae)[J]. Taxon, 54(3): 713–723.

D'Arcy W G, 1974. *Solanum* and its close relatives in Florida[J]. Annals of the Missouri Botanical Garden, 61(3): 819–867.

Knapp S, 2002. *Solanum* Section *Geminata* (Solanaceae)[M]// Luteyn J L, Gradstein S R. Flora Neotropica Monograph: vol 84. New York: Organization for Flora Neotropica: 62–69.

Léveillé H, 1917. Catalogue des plantes du Yun-Nan, avec renvoi aux diagnoses originales, observations et descriptions d'espèces nouvelles, par H[J]. Léveillé: 267.

Wu S H, Hsieh C F, Rejmánek M, 2004. Catalogue of the naturalized flora of Taiwan[J]. Taiwania, 49(1)：16–31.

Zhang Z Y, Lu A M, D'Arcy W G, 1994. Solanaceae[M]// Wu Z Y, Raven P H. Flora of China: vol 17. Beijing: Science Press: 300–332.

8. **黄果龙葵 *Solanum diphyllum*** Linnaeus, Sp. Pl. 1: 184. 1753.

【别名】 **玛瑙珠**

【特征描述】 亚灌木或灌木无毛。茎直立，无毛，高 0.5～2 m。叶互生，常呈大小不相等的双生状，叶片椭圆形到长圆形，有时宽而近圆形，长 3～14 cm，宽 1.5～4.5 cm，基部渐狭，全缘，侧脉 4～8；叶柄长 1～4 mm。花序呈短的蝎尾状，常近伞形总状，与叶呈对生状，具花 3～11；花梗在花期直立，长 5～10 mm；花萼杯状，直径 2～3 mm，5 裂，裂片卵形，长 0.5～1.2 mm，锐尖；花冠白色，直径 5～9 mm，5 浅

裂，裂片长 4～7 mm；花丝短，长 0.7～1 mm，花药长 1.3～2 mm；子房无毛。果梗直立，长 0.8～1.4 cm。浆果成熟时橙色，球状，中部稍缢缩，无毛，直径 7～14 mm。种子黄色或棕褐色，肾形盘状，边缘加厚。染色体：$2n=48$（蓝伟侦 等，2009）。物候期：花期 5—7 月，果期 6—9 月。

【原产地及分布现状】 原产于墨西哥和中美洲国家，现世界各地作为观赏植物栽培，在世界亚热带和热带地区如法国南部、意大利、印度和中国台湾已经归化或逸为入侵植物（Singh et al., 2014; Singh & Garg, 2015）。国内分布：广西、贵州、台湾、云南。

【生境】 森林边缘、植物园、荒地。

【传入与扩散】 文献记载：1979 年的《台湾植物志》有记载，但当时是依据错误鉴定的植物名称 *S. capsicastrum* Link ex Schauer 记载的（D'Arcy & Peng, 1998）。1994 年 *Flora of China* 收载（Zhang et al., 1994）。2004 年记载为台湾归化植物（Wu et al., 2004）。标本记录：后选模式（Lectotype）：Linn. no. 248. 5，采集地可能为美洲，1990 年由 Knapp 和 Jarvis 指定，存放于林奈学会植物标本馆（LINN）。中国最早的标本于 1929 年 8 月 7 日采自贵州兴义市岩富（钟补勤 1651，PE00708105），存放于中国科学院植物研究所标本馆（PE）。传入方式：可能为有意引入，栽培。传播途径：随引种栽培或者动物食用果实而传播。繁殖方式：种子繁殖。入侵特点：① 繁殖性 种子特别耐寒，能够在一英寸厚的土壤中生存长达两年。种子的 75% 到 85% 会发芽。有吸引力的绿色和黄色浆果集群而种植。② 传播性 鲜艳的果实容易被鸟类和蝙蝠食用而传播。③ 适应性 适应性较强，能在较为温暖的环境下生长在各中生境中。可能扩散的区域：长江流域以南地区。

【危害及防控】 危害：严重杂草，对人类有毒。防控：开花结果前拔除。

【凭证标本】 云南省西双版纳傣族自治州勐腊县尚勇林场，海拔 800 m，1985 年 7 月 4

日，吉吕和、宋书银、王忠涛 136（PE）；贵州省黔西南州安龙县册亨公社，海拔 500 m，1959 年 7 月 17 日，安顺队 186（PE00708104）；广西壮族自治区百色市那坡县百合乡平坛村谷干屯，海拔 715 m，23.181 7°N，105.824 6°E，2013 年 11 月 26 日，农东新、李金花、阳海鹏、潘春柳 451026131126021LY（GXMG0103461、0103462、0103464）；台湾屏东县鹅銮鼻，1982 年 11 月 5 日，H. Ohashi、Y. Tateishi、J. Murata et al. 14637（PE 01621641）。

黄果龙葵（*Solanum diphyllum* Linnaeus）

1. 生境和植物外形；2. 花枝；3. 花；4. 果枝；5. 成熟果实

参考文献

蓝伟侦，张海洋，徐秀芳，2009. 少花龙葵与黄果龙葵染色体核型分析［J］. 广西植物，29（5）：599–602.

D'Arcy W G, Peng C I, 1998. Solanaceae[M]// Huang T C. Flora of Taiwan. 2nd ed. Taibei: Department of Botany, National Taiwan University: 566.

Singh R K, Garg A, 2015. *Solanum diphyllum* L. (Solanaceae) —a new record for northern India[J]. Geophytology, 45(2): 253–256.

Singh R K, Jalal J S, Jadhav C R, 2014. *Solanum diphyllum* (Solanaceae) in India[J]. Taprobanica Private Limited, 6(2): 140.

Wu S H, Hsieh C F, Rejmánek M, 2004. Catalogue of the naturalized flora of Taiwan[J]. Taiwania, 49(1): 16–31.

Zhang Z Y, Lu A M, D'Arcy W G, 1994. Solanaceae[M]// Wu Z Y, Raven P H. Flora of China: vol 17. Beijing: Science Press: 300–332.

9. 蒜芥茄 *Solanum sisymbriifolium* Lamarck, Tabl. Encycl. 2: 25. 1794.

【别名】 拟刺茄

【特征描述】 一年生草本。茎叶花序及萼外面均被长柔毛状腺毛及黄色或橘黄色皮刺，刺长 2～10 mm，直而尖，小枝粗壮，枝沿棱角明显。叶具柄，长圆形或卵形，长 4.5～14 cm，宽 2.5～8 cm，羽状深裂或半裂，裂片又作羽状半裂或齿裂，两面均具长柔毛状腺毛以及沿叶脉着生的皮刺，叶柄长 1.5～4 cm，其上的皮刺较叶片上的粗壮。蝎尾状花序顶生或侧生，近对叶生或腋外生，总花梗长约 3 cm，花梗长约 1.5 cm；萼杯状，5 裂，裂片卵状披针形，长约 5 mm，少或无皮刺，萼筒密具针状皮刺；花冠星形，亮紫色或白色，直径约 3.5 cm，5 裂，花冠筒隐于萼内，裂片卵形；子房近卵形，绿白色，被微柔毛，柱头绿色，头状，端 2 裂或裂不明显。浆果近圆形，成熟后朱红色，直径约 2 cm，几为密被皮刺的膨大的宿萼所包被。种子淡黄色，肾形。染色体：2n=24（Coleman, 1982）。物候期：除冬季外，几全年开花结果。

【原产地及分布现状】 原产于热带美洲（Scoggan, 1979），现归化于非洲、大洋洲（Zhang et al., 1994）和印度（Saha & Datta, 2013）。**国内分布**：广东、广西、湖北、江苏、江西、上海、台湾、云南。

【生境】 农田、村落附近、路旁、荒地。能适应温暖气候、沙质土壤，但在干硬的土地上和非常潮湿的耕地上也能生长。

【传入与扩散】 **文献记载**：20世纪80年代在云南发现逃逸（徐海根和强胜，2011）；1978年《中国植物志》第67卷第1分册有记载（吴征镒和黄蜀琼，1978）。**标本记录**：模式标本（Type），Commerson s.n. 采自阿根廷，存放于蒙彼利埃第二大学标本馆（MPU），法国国家自然历史博物馆（P-Lam）（D'Arcy, 1974）。中国最早的标本于1930年8月19日采自广东省广州市植物园（陈焕镛 7948，IBSC0531729）。**传入方式**：引种栽培（胡长松 等，2016）。**传播途径**：随进口农产品输入并扩散，少数因栽培而扩散。**繁殖方式**：种子繁殖。**入侵特点**：① 繁殖性 种子量大，容易被保存，种子萌发率较高。② 传播性 鲜艳的果实容易被动物尤其是鸟类携带而传播。③ 适应性 能适应温暖气候、砂质土壤，但在干硬的土地上和在非常潮湿的耕地上也能生长。**可能扩散的区域**：华南、西南地区。

【危害及防控】 **危害**：主要为港口和农产品加工厂附近的杂草，偶入草地，危害蔬菜以及影响景观。具刺杂草，趋避牲畜。植株及果含龙葵碱，误食后可导致人畜中毒。**防控**：化学防除，如可利用草甘膦及2,4-D、二甲四氯等防除，检验检疫部门应加强对货物、运输工具等携带子实的监控（徐海根和强胜，2011）。

【凭证标本】 江西省南昌市江西农业大学及南昌大学，海拔46.31 m，28.667 9°N，115.796 1°E，2016年9月19日，严靖、王樟华 RQHD10032（CSH）；广西壮族自治区南宁市马山县古零镇，1978年5月16日，李焕新 2-468（GXMI）；广东省东莞市麻涌镇麻二村，2009年4月16日，李振宇、傅连中、范晓虹等 11657（PE02064900）。

蒜芥茄（*Solanum sisymbriifolium* Lamarck）

1. 生境和植物外形；2. 叶；3. 叶柄上的刺；4. 花；5. 果序

参考文献

胡长松，陈瑞辉，董贤忠，等，2016. 江苏粮食口岸外来杂草的监测调查［J］. 植物检疫，
　　30（4）: 63-67.

吴征镒，黄蜀琼，1978. 茄属［M］// 匡可任，路安民. 中国植物志: 第 67 卷第 1 分册. 北
　　京: 科学出版社: 113.

徐海根，强胜，2011. 中国外来入侵生物［M］. 北京: 科学出版社: 346-347.

Coleman J R, 1982. Chromosome numbers of Angiosperms collected in the state of São Paulo[J].
　　Revista Brasileira de Genetica, 5: 533–549.

Saha M, Datta B K, 2013. New distributional record of *Solanum sisymbriifolium* Lamarck
　　(Solanaceae) from Tripura, India[J]. Pleione, 7(2): 579–582.

Scoggan H J, 1979. The flora of Canada, Part 4 Dicotyledoneae (Loasaceae to Compositae)[M].
　　Ottawa: National Museum of Natural Sciences & National Museums of Canada: 1331.

Zhang Z Y, Lu A M, D'Arcy W G, 1994. Solanaceae[M]// Wu Z Y, Raven P H. Flora of China: vol
　　17. Beijing: Science Press: 300–332.

10. 黄花刺茄 *Solanum rostratum* Dunal, Hist. Nat. Solanum 234, pl. 24. 1813.

【别名】 刺萼龙葵、壶萼刺茄

【特征描述】 一年生草本。株高可达 80 cm 以上，基部近木质。全株生有密集粗而硬的黄色锥形刺。茎直立，多分枝。叶互生，叶片卵形或椭圆形，长 5～18 cm，宽 4～9 cm，羽状分裂，裂片很不规则，部分裂片又羽状半裂，着生 5～8 条放射形的星状毛；叶脉和叶柄上均生有黄色刺；叶柄长 0.5～5 cm。蝎尾状聚伞花序腋外生，花期花序轴延伸变成疏散形的总状花序，每个花序具花 10～20（～）余朵；花萼密生长刺及星状毛；花冠黄色，直径 2～3.5 cm，5 裂，外面密生星状毛；雄蕊 5，下面 1 枚较大，花药靠合；雌蕊 1，子房球形，2 室，内含多数胚珠。浆果，球形，绿色，直径约 1 cm，外面为多刺的萼片所包裹，果实内含种子多数。种子黑褐色，直径 2.5～3 mm，表面具蜂窝状凹坑。（车晋滇 等，2006）。**染色体**: $2n=24$。**物候期**: 花期 6—9 月，果期 7—10 月。

【原产地及分布现状】 原产于墨西哥及美国西部（Scoggan, 1979; Villaseñor, 2016），目前除佛罗里达州外遍布整个美国境内，并入侵到加拿大、俄罗斯、韩国、孟加拉国、澳大利亚、奥地利、保加利亚、捷克、斯洛伐克、德国、丹麦、南非、新西兰（车晋滇 等，2006）。**国内分布**：北京、河北、河南、黑龙江、吉林、江苏、辽宁、内蒙古、山西、四川、台湾、香港、新疆。

【生境】 主要生长在开阔的、受干扰的生境，如荒地、河岸、庭院、谷仓前、畜栏、过度放牧的草地、路边、垃圾场等，极耐干旱（张延菊，2009）。特别适合温暖气候下的砂质土壤。在光照充足的条件下长势繁茂、果大籽多、植株健壮，光照不足时长势相对减弱，产籽量减少（贺俊英 等，2011）。

【传入与扩散】 **文献记载**：1981年沈阳农业大学关广清教授在辽宁省朝阳县半拉山子面粉厂周边首次发现（张延菊 等，2009）。1992年《辽宁植物志》首次记载（刘淑珍，1992）。随后相继入侵吉林、河北、山西、北京和新疆等地（贺俊英 等，2011）。2009年作为有害外来入侵杂草被报道（车晋滇 等，2006）。2012年作为入侵植物收录于《生物入侵：中国外来入侵植物图鉴》（万方浩 等，2012）。**标本记录**：主模式（Holotype），Dunal s. n，采自法国蒙彼利埃，存放于法国蒙彼利埃植物研究所（MPU）。中国最早的标本于1980年8月采自北京海淀区西郊厢红旗（Anonymous s. n., PE 00709639）。**传入方式**：无意引入。**传播途径**：种子通过风、水流或刺萼扎入动物皮毛及人的衣服等方式传播，具有很强的扩散能力。**繁殖方式**：种子繁殖。每年从4月上旬至5月上旬气温达到10℃以上，经过一场雨水后，种子即开始萌发，5月下旬初现花蕾，6月中旬进入始花期，7月初果实膨大，8月中下旬浆果由绿色变为黄褐色，果实开始成熟，一直持续到9月末10月初降霜后萎蔫，生长期150余天。**入侵特点**：① 繁殖性 繁殖能力强，单棵植株结实量达1万～2万粒，种子翌年即形成大片单优种群；种子萌发具有不同时萌发和隔年萌发的特点。② 传播性 扩散蔓延速度很快，传播方式多样，秋后，黄花刺茄的地上部分自茎基部折断，整株随风滚动传播种子，或其刺萼扎入动物皮毛、人的衣服、农机具及包装物进行传播，或种子自身随刮风、水流传播，也极易混入其他植物的种子进行远距离传播。③ 适应性　适应性强，耐旱又耐湿，在干旱的田间地边、荒地、草原、牧场均能生长（贺俊英 等，2011）。**可能扩散的区域**：全国大部分地区。尤其以华北、华东、华中以及东北和西南地区为高危潜在分布区。

【危害及防控】　**危害**：是一种有毒植物，所产生的茄碱是一种神经毒素，毒性高，牲畜误食后会导致中毒甚至死亡（车晋滇 等，2006）。其竞争力强，生长速度快，与当地物种争夺水分、养料、光照和生长空间，很容易在新的生态环境中占据领地，威胁入侵地的生物多样性及生态平衡（高芳和徐驰，2005）。黄花刺茄也可危害小麦、玉米、棉花和大豆等农作物，严重抑制作物生长（高芳 等，2005），入侵牧场后会降低草场质量，伤害牲畜，影响放牧及人类活动，对羊毛产量及质量具有破坏性。黄花刺茄是中国一类检疫对象马铃薯甲虫和马铃薯金线虫的重要寄主，其传播和扩散会对马铃薯甲虫的防治工作带来新的影响（贺俊英 等，2011）。2017 年被生态环境部列入《中国自然生态系统外来入侵物种名单（第四批）》。**防控**：加强检疫，对进出口和国内调运的种子进行抽样检查。化学防治可用 2, 4–D 钠盐。机械防治：通过不断地、严密地除草或在开花前用锄头分散刺萼龙葵的植株，以防止其种子的产生（王维升 等，2005）。

【凭证标本】　北京市密云县太师屯镇小漕村，海拔 80 m，2008 年 9 月 7 日，刘全儒 200809006（BNU）；黑龙江省双鸭山市集贤县福双路福利镇福兴屯，海拔 166 m，41.570 0°N，120.477 3°E，2014 年 8 月 3 日，齐淑艳 RQSB03372（CSH）；新疆维吾尔自治区昌吉回族自治州昌吉市三工南头村东渠，海拔 737 m，43.894 1°N，87.259 3°E，2015 年 8 月 23 日，张勇 RQSB01873（CSH）。

黄花刺茄（*Solanum rostratum* Dunal）

1. 生境和植物外形；2. 叶；3. 花；4. 结实的种群；5. 成熟的果

参考文献

车晋滇，刘全儒，胡彬，2006. 外来入侵杂草刺萼龙葵［J］. 杂草科学，（3）：58-60.

高芳，徐驰，2005. 潜在危险性外来物种——刺萼龙葵［J］. 生物学通报，40（9）：11-12.

高芳，徐驰，周云龙，2005. 外来植物刺萼龙葵潜在危险性评估及其防治对策［J］. 北京师范大学学报（自然科学版），41（4）：420-424.

贺俊英，哈斯巴根，孟根其其格，等，2011. 内蒙古新外来入侵植物——黄花刺茄（*Solanum rostratum* Dunal）［J］. 内蒙古师大学报（自然汉文版），40（3）：288-290.

刘淑珍，1992. 茄属［M］// 李书心. 辽宁植物志：下册. 沈阳：辽宁科学技术出版社，273-276.

万方浩，刘全儒，谢明，等，2012. 生物入侵：中国外来入侵植物图鉴［M］. 北京：科学出版社：148-149.

王维升，郑红旗，朱殿敏，等，2005. 有害杂草刺萼龙葵的调查［J］. 植物检疫，19（4）：247-248.

张延菊，曲波，董淑萍，等，2009. 警惕外来入侵植物——刺萼龙葵在辽宁省进一步蔓延［J］. 辽宁林业科技，（6）：22-24.

Scoggan H J, 1979. The Flora of Canada, Part 4 Dicotyledoneae (Loasaceae to Compositae)[M]. Ottawa: National Museum of Natural Sciences & National Museums of Canada: 1331.

Villaseñor J L, 2016. Checklist of the native vascular plants of Mexico[J]. Revista Mexicana de Biodiversidad, 87(3): 559–902.

11. **牛茄子 Solanum capsicoides** Allioni, Mélanges Philos. Math. Soc. Roy. Turin 5: 64. 1773. ——*S. aculeatissimum* auct. non Jacquin: Fl. Capensis: 97. 1904. ——*S. surattense* auct. non Burman f.: 中国植物志 67(1): 105. 1978; 海南植物志 3: 464. 1974; 秦岭植物志 1(4): 306. 1983; 北京植物志（下册）: 856. 1984; 贵州植物志 1: 348. 1982; 辽宁植物志（下）: 278. 1992.

【别名】 颠茄、番鬼茄、大颠茄、癫茄、颠茄子、油辣果

【特征描述】 直立草本至亚灌木状。高 30～60 cm，有时可达 1 m。植物体除茎、枝

外各部均被具节的糙柔毛，茎及小枝、叶柄、叶脉具淡黄色细直刺。叶阔卵形，长 5～13 cm，宽 4～12 cm，基部心形，5～7 浅裂或半裂，裂片三角形或卵形，边缘浅波状；侧脉与裂片数相等，脉上均具直刺，中脉上面中部至叶柄一侧带紫色；叶柄长 2～7 cm，具较长大的直刺。聚伞花序腋外生，短而少花，长不超过 2 cm，单生或多至 4 朵，花梗纤细被直刺及纤毛；萼杯状，直径约 8 mm，外面具细直刺及柔毛；花冠白色，筒部隐于萼内，长约 2.5 mm，冠檐 5 裂，裂片披针形，长约 1.1 cm。浆果扁球状，直径约 3.5 cm，初绿白色，具绿色花纹，成熟后橙红色，果柄具细直刺；种子干后扁而薄，边缘翅状。**染色体**：2*n*=24（Acosta et al., 2005）。**物候期**：花、果期 5—10 月。

【**原产地及分布现状**】 原产于巴西（Welman, 2003），现广泛分布于热带地区。**国内分布**：安徽、重庆、福建、广东、广西、贵州、海南、河南、湖北、湖南、江苏、江西、辽宁、陕西、山东、上海、四川、台湾、香港、云南、浙江。

【**生境**】 喜生长在低地，潮湿的热带到亚热带地区，在无霜区域或霜冻不常见的地方表现最佳。生于路旁荒地、疏林或灌木丛中，海拔 350～1 180 m。

【**传入与扩散**】 **文献记载**：1895 年在香港发现（李振宇和解焱，2002）；1899 年进入台湾（Wu et al., 2004）。之后，《海南植物志》（广东省植物研究所，1974）、《贵州植物志》（叶能干和李淑久，1982）、《秦岭植物志》（中国科学院西北植物研究所，1983）、《北京植物志》（贺士元 等，1987）、《中国植物志》（吴征镒和黄蜀琼，1978）、《辽宁植物志》（刘淑珍，1992）均有记载，但使用的名称均为 *S. surattense* Burman f.。1994 年将植物名称改为 *S. capsicoides* Allion:（Zhang et al., 1994）。2002 年的《中国外来入侵种》记载为入侵植物（李振宇和解焱，2002）。**标本记录**：主模式（Holotype），Allioni, s.n.，采自意大利图灵，存放于（TO）（Dandy, 1970）。中国最早的标本（Levine & Groff, s.n.）于 1916 年 11 月 18 日采自广东省（IBSC0531865），存放于中国科学院华南植物园标本馆（IBSC）。**传入方式**：无意引入，通过混在粮食中传入。**传**

播途径：通过作物种子、货物和交通工具携带传播。**繁殖方式**：种子繁殖。**入侵特点**：
① 繁殖性　种子多，生长迅速。② 传播性　极有可能意外地被国际运输，难以识别或
检测为商品污染物。③ 适应性　高度适应不同的环境，能忍受种植、切割、火灾等不
利因素甚至从中受益。**可能扩散的区域**：除青藏高原、新疆以及黄土高原以外的大部
分地区。

【危害及防控】　**危害**：路旁和荒野杂草，有时会入侵草地和农田，影响景观和危害农业
生产。在库克群岛，已被报道威胁种植业。具刺杂草，易刺伤人，全株含龙葵碱，未成
熟果实毒性较大，误食后可导致人畜中毒。**防控**：化学防除，加强子实监控。

【凭证标本】　重庆市南川区三泉镇三泉村小汉堡，海拔 605 m，29.132 8°N，107.202 8°E，
2014 年 9 月 10 日，刘正宇、张军等 RQHZ06543（CSH）；福建省平潭县国家森林公园
至流水镇，海拔 117 m，2014 年 8 月 27 日，葛斌杰、陈彬、沈彬、顾钰峰 GBJ00152
（CSH）；广西省河池市环江县下南乡中南村，海拔 557 m，108.023 1°E，24.925 6°N，
2013 年 7 月 24 日，环江县普查队 451226130724013LY（IBK00361200）。

【相似种】　喀西茄（*S. aculeatissimum* Jacquin）和毛果茄（*S. viarum* Dunal）在外形上与
牛茄子非常相似，两者与牛茄子的区别在于果成熟后黄色而不为红色；在苗期牛茄子靠
近叶柄一侧的中脉带紫色，容易区别。《中国植物志》等曾将 *S. aculeatissimum* Jacquin
作为牛茄子（*Solanum capsicoides* Allioni）的异名，后经研究证实为不同的实体，现将
其作为喀西茄的正确名称（Babu & Hepper, 1979）。我国各地栽培的乳茄（*S. mammosum*
Linnaeus）在苗期与牛茄子接近，但植株上的刺扁，基部淡紫色；花紫色；果实倒梨形，
基部具 5 个显著突起。原产于南美洲，现于我国各地栽培。

牛茄子（*Solanum capsicoides* Allioni）
1. 群落和生境；2. 幼苗；3. 花枝；4. 未成熟的果；5. 成熟的果

参考文献

广东省植物研究所，1974. 海南植物志［M］. 北京：科学出版社，3：464.

贺士元，邢其华，尹祖棠，1987. 北京植物志［M］.1984 年修订版 . 北京：北京出版社，2：856−857.

李振宇，解焱，2002. 中国外来入侵种［M］. 北京：中国林业出版社：144.

刘淑珍，1992. 茄属［M］// 李书心 . 辽宁植物志：下册 . 沈阳：辽宁科学技术出版社：278.

吴征镒，黄蜀琼，1978. 茄属［M］// 匡可任，路安民 . 中国植物志：第 67 卷第 1 分册 . 北京：科学出版社：105−106.

叶能干，李淑久，1982. 茄科［M］// 李永康 . 贵州植物志：第 1 卷 . 贵阳：贵州人民出版社：348.

中国科学院西北植物研究所，1983. 秦岭植物志：第 1 卷第 4 分册［M］. 北京：科学出版社：306.

Acosta M C, Bernardello G, Guerra M, et al., 2005. Karyotype analysis in several South American species of *Solanum* and *Lycianthes rantonnei* (Solanaceae)[J]. Taxon, 54(3): 713−723.

Babu C R, Hepper F N, 1979. Taxonomy and nomenclature of *Solanum khasianum* and some of its relatives[J]. Kew Bulletin, 34(2): 407−411.

Dandy J E, 1970. Annotated list of the new names published in Allioni's "Auctarium ad Synopsim Stirpium Horti Reg. Taurinensis"[J]. Taxon, 19(4): 617−626.

Welman W G, 2003. The genus *Solanum* (Solanaceae) in southern Africa: subgenus Leptostemonum, the introduced sections *Acanthophora* and *Torva*[J]. Bothalia, 33(1): 1−18.

Wu S H, Hsieh C F, Rejmánek M, 2004. Catalogue of the naturalized flora of Taiwan[J]. Taiwania, 49(1): 16−31.

Zhang Z Y, Lu A M, D'Arcy W G, 1994. Solanaceae[M]// Wu Z Y, Raven P H. Flora of China: vol 17. Beijing: Science Press: 300−332.

12. **毛果茄 *Solanum viarum*** Dunal in A. de Candolle, Prodr. 13(1): 240. 1852. —— *S. khasianum* C. B. Clarke var. *chatterjeeanum* Sen Gupta in Bull. Bot. Surv. India 3: 413(1961). ——*S. khasianum* auct. non C. B. Clarke: 中国植物志 67(1): 108. 1978. p. p..

【别名】 黄果茄、喀西茄

【特征描述】 草本或亚灌木，直立。高 0.5～1（～2）m，具刺，通常被简单的腺毛。茎具有向后弯曲的刺，长 2～5 mm，有时具针状刺，长 1～4 mm。叶柄粗壮，长 3～7 cm，具有长 0.3～1.8 cm 的直刺；叶片宽卵形，长 6～13 cm，宽 6～12 cm，具有刺和粗糙的多细胞腺毛和稀疏、无梗的星状毛；叶基部截形，边缘 3～5 浅裂，裂片顶端钝。总状花序 1～5 花；花序梗短。花梗长 4～6 mm；花萼钟状，长约 10 mm，裂片长圆状披针形，背面有时具毛或刺；花冠白色或绿色，裂片披针形；花丝长 1～1.5 mm，花药披针形，渐尖，长 6～7 mm；子房被微柔毛；花柱长 8 mm，无毛。浆果淡黄色，球状，直径 2～3 cm。种子棕色，直径 2～2.8 mm。**染色体**：2n=24（Chiarini et al., 2014; Chiarini & Bernardello, 2006）。**物候期**：花期春夏，果熟期冬季。

【原产地及分布现状】 原产于巴西南部、巴拉圭、乌拉圭和阿根廷北部（Welman, 2003），现广布于美洲、亚洲及非洲热带地区（Jaeger, 1986）。**国内分布**：重庆、福建、广东、广西、贵州、海南、湖北、湖南、江苏、江西、四川、台湾、香港、西藏、云南、浙江。

【生境】 生于荒地、草地、灌木丛、开阔的森林、沟渠、路旁。

【传入与扩散】 **文献记载**：毛果茄大约在 19 世纪末进入我国（税玉民，2002），当时采用的名称是喀西茄（*S. khasianum* Clarke）。1978 年收录于《中国植物志》（吴征镒和黄蜀琼，1978），虽仍使用喀西茄的名称，但指的主要还是毛果茄。1994 年 *Flora of China* 首次记载，并将喀西茄的名称改为 *S. aculeatissimum* Jacquin（Zhang et al., 1994）；2012 年台湾报道其归化（Hsu, 2012）。**标本记录**：主模式（Holotype），Lund 799，采自巴西圣保罗，存放于（G-DC）。中国最早的标本（李延辉 2034）于 1960 年 2 月 12 日采自耿马县孟定镇土锅寨（HITBC043613），定名为喀西茄，实际应为毛果茄。**传入方式**：无意引入，通过混在粮食中传入，可能先在华南地区定殖，后传播到内地其他省份（自治区）。**传播途径**：通过作物种子、货物和交通工具携带传播，也通过动物食用果实而传播。**繁殖方式**：种子繁殖。**入侵特点**：① 繁殖性 种子产量大。② 传播性 通过牲畜和鸟类食用成熟果实而远距离传播种子。③ 适应性　植株高大，具刺。**可能扩散的区域**：长江流域以南的大部分地区。

【危害及防控】　**危害**：路旁和荒野杂草，影响景观。具刺杂草，易刺伤人，果实有毒，误食后可导致人畜中毒。是几种病毒的宿主，危害茄子、辣椒等蔬菜生长。在美国佛罗里达、得克萨斯等多地入侵严重（Coile, 1993; Mullahey et al., 1998）。目前中国作为严重外来入侵植物报道的喀西茄实际上就是本种。**防控**：未开花之前割除，结果后焚烧，或埋藏至 0.9 m 以下土壤中。化学防除可用 2, 4-D 丙酸、2, 4-D 和草甘膦进行防除（Mullahey, 1993）。

【凭证标本】　湖北省宜昌市长阳土家族自治县王子石村二组（G353 国道），海拔 154 m，30.556 9°N，111.158 9°E，2012 年 10 月 31 日；云南省昆明市黑龙潭，1978 年 10 月 26 日，李安仁 7946（PE）；四川省甘孜州康定市九龙县三岩龙乡柏林村，海拔 2 243 m，28.673 9°N，101.614 3°E，2019 年 8 月 9 日，刘全儒 2019080901（BNU）。

【相似种】　喀西茄（*Solanum aculeatissimum* Jacquin —*S. khasianum* C. B. Clarke）。为直立草本至亚灌木状，高 1～3 m，茎、枝、叶及花柄多混生硬毛、腺毛及淡黄色基部宽扁的直刺，刺长 2～15 mm。叶互生，有时成对而不等大；叶片阔卵形，长 6～15 cm，宽 4～15 cm，基部戟形，5～7 深裂，裂片边缘又作不规则的齿裂及浅裂；蝎尾状花序腋外生，短而少花，单生或 2～4 朵，花序梗短或到 1 cm；花梗 5～10 mm；萼钟状，5 裂，直径约 5.5 mm，外面具细小的直刺及柔毛；花冠筒淡黄色，隐于萼内；冠檐白色，5 裂，裂片披针形，长约 14 mm，开放时先端反折；子房无毛。浆果球状，初时绿白色，具绿色花纹，成熟时淡黄色。种子淡黄色。一般认为原产于巴西，也有学者认为是非洲（Welman, 2003）；分布于亚洲及非洲热带地区。在我国，喀西茄长期以来采用的名称为 *S. khasianum* C. B. Clarke，直到 1994 年 *Flora of China* 将 *S. khasianum* C. B. Clarke 作为 *S. aculeatissimum* Jacquin 的异名。因此事实上最初广义的喀西茄（*S. khasianum* C. B. Clarke）这个名称下包含了 2 个实体，即狭义的喀西茄（*S. aculeatissimum* Jacquin）和毛果茄（*S. viarum* Dunal），狭义的喀西茄于 19 世纪末进入我国，在 20 世纪 60 年代之后很少见到标本，而标本馆中定名为喀西茄（*S. khasianum* C. B. Clarke）的标本多为毛果茄（*Solanum viarum* Dunal）。也就是说我国目前被作为严重外来入侵植物的喀西茄实际上是毛果茄（税玉民，2002；吴征镒和黄蜀琼，1978），2017 年环境保护部自然生态保护司公布的《中国自然生态系统外来入侵物种名单（第四批）》中的喀西茄应该是毛果茄（*S. viarum* Dunal）。而真正的作为名称 *S. aculeatissimum* Jacquin 所代表的喀西茄在我国少见，其原因尚需进一步调查，本志暂不收录。毛果茄与喀西茄的区分特征在于毛果茄叶裂较浅，茎具独特的向后弯的刺，子房及幼果被毛，而喀西茄叶深裂，茎通常为细直刺，有时具基部宽扁稍弯的刺，幼果无毛。有关毛果茄的名实考证以及分子系统学研究都有大量工作可供参考（Babu, 1971, 1979; Levin et al., 2005, 2006; Mullahey et al., 1998; Mullahey et al., 1993; Mullahey et al., 1993; Nee, 1991）

毛果茄（*Solanum viarum* Dunal）

1. 群落和生境；2. 叶；3. 果枝；4. 花；5. 未成熟的果；6. 成熟的果

参考文献

税玉民，2002 喀西茄 [M] // 李振宇，解焱 . 中国外来入侵种 . 北京：中国林业出版社：143.

吴征镒，黄蜀琼，1978. 茄属 [M] // 匡可任，路安民 . 中国植物志：第 67 卷第 1 分册 . 北京：科学出版社：105-106.

Babu C R, 1971. The identity of *Solanum khasianum* Cl. var. *chatterjeeanum* Sen Gupta (Solanaceae)[J]. The journal of the Bombay Natural History Society, 67: 610.

Babu C R, Hepper F N, 1979. Taxonomy and nomenclature of *Solanum khasianum* and some of its relatives[J]. Kew Bulletin, 34(2): 407-411.

Chiarini F, Bernardello G, 2006. Karyotype studies in South American species of *Solanum* subgen. *Leptostemonum* (Solanaceae)[J]. Plant Biology, 8(04): 486-493.

Chiarini F E, Santiñaque F F, Urdampilleta J D, et al., 2014. Genome size and karyotype diversity in *Solanum* sect. *Acanthophora* (Solanaceae)[J]. Plant systematics and evolution, 300(1): 113-125.

Coile N C, 1993. Tropical soda apple, Solanum viarum Dunal: the plant from hell[J]. Botany Circular, (27): 1-4.

Hsu T W, Li C Y, Wang C M, 2012. *Solanum viarum* Dunal (Solanaceae) a newly naturalized plant to Taiwan[J]. 台湾生物多样性研究 , 14(3-4): 91-97.

Jaeger P M L, 1986. Systematic studies in the genus *Solanum* in Africa[D]. Birmingham: University of Birmingham: 1-552.

Levin R A, Myers N R, Bohs L, 2006. Phylogenetic relationships among the "spiny solanums"(*Solanum* subgenus *Leptostemonum*, Solanaceae)[J]. American Journal of Botany, 93(1): 157-169.

Levin R A , Watson K , Bohs L, 2005. A four-gene study of evolutionary relationships in *Solanum* section *Acanthophora*[J]. American Journal of Botany, 92(4): 603-612.

Mullahey J J, Cornell J A, Colvin D L, 1993. Tropical soda apple (*Solanum viarum*) control[J]. Weed Technology, 7(3): 723-727.

Mullahey J J, Nee M, Wunderlin R P, et al., 1993. Tropical soda apple (*Solanum viarum*): a new weed threat in subtropical regions[J]. Weed Technology, 7(3): 783-786.

Mullahey J J, Shilling D G, Mislevy P, et al., 1998. Invasion of tropical soda apple (*Solanum viarum*) into the US: lessons learned[J]. Weed Technology, 12(4): 733-736.

Nee M, 1991. Synopsis of *Solanum* section *Acanthophora*: a group of interest for Glycoalkaloids[M]// Hawkes J G, Lester R N, M Nee, et al. Solanaceae III: Taxonomy, Chemistry, Evolution. London: Kew and Linnean Society of London: 257-266.

Patterson D T, Mcgowan M, Mullahey J J, et al., 1997. Effects of temperature and photoperiod on tropical soda apple (*Solanum viarum* Dunal) and its potential range in the US[J]. Weed Science,

45(3): 404 – 408.

Welman W G, 2003. The genus *Solanum* (Solanaceae) in southern Africa: subgenus *Leptostemonum*, the introduced sections *Acanthophora* and *Torva*[J]. Bothalia, 33(1): 1 – 18.

Zhang Z Y, Lu A M, D'Arcy W G, 1994. Solanaceae[M]// Wu Z Y, Raven P H. Flora of China: vol 17. Beijing: Science Press: 300 – 332.

13. 水茄 *Solanum torvum* Swartz, Prodr. 47. 1788.

【别名】 **万桃花（台湾植物志）、山颠茄、金衫扣、野茄子、刺茄、西好、青茄、乌凉、木哈蒿、天茄子、刺番茄**

【特征描述】 灌木，高1～2～（3）m，小枝、叶下面、叶柄及花序柄均被土色星状毛。小枝疏具淡黄色基部宽扁的皮刺，皮次尖端略弯曲。叶单生或双生，卵形至椭圆形，长6～19 cm，宽4～13 cm，先端尖，基部心脏形或楔形，两边不相等，边缘半裂或作波状，裂片通常5～7；中脉在下面少刺或无刺；叶柄长2～4 cm。伞房花序腋外生，2～3歧，毛被厚，总花梗长1～1.5 cm，具1细直刺或无；萼杯状，外面被星状毛及腺毛，5裂；花冠白色，辐形，直径约1.5 cm，筒部隐于萼内，外面被星状毛，端5裂，裂片卵状披针形，长0.8～1 cm；子房卵形，光滑，不孕花的花柱短于花药，能孕花的花柱较长于花药；柱头截形。浆果幼时绿色，成熟时黄色，光滑无毛，圆球形，直径1～1.5 cm，宿萼外面被稀疏的星状毛，果柄上部膨大；种子盘状。**染色体**：2*n*=24，48（Symon, 1981）。**物候期**：花、果期全年。

【原产地及分布现状】 原产于美洲加勒比海地区，现广布全球热带地区（D'Arcy，1973）。**国内分布**：澳门、福建、广东、广西、贵州、海南、湖南、山东、四川、台湾、西藏、香港、云南、浙江。

【生境】 喜生长于热带地方的路旁、荒地、灌木丛中、沟谷及村庄附近等潮湿地方，海拔200～1 650 m。

【传入与扩散】 **文献记载**：1912 年的 *Flora of Kwangtung and Hongkong (China)* 有记载
（Dunn & Tutcher, 1912）；1978 年收录于《中国植物志》（吴征镒和黄蜀琼，1978）；2002 年
的《中国外来入侵种》记载为入侵植物（李振宇和解焱，2002）。2006 年已有入侵山东的报
道（吴彤 等，2006）。**标本记录**：主模式（Holotype），Olof Swartz, s.n., S08-14103, 采自牙
买加，存放于瑞典自然历史博物馆（S）。中国最早的标本于 1917 年 4 月 20 日采自香港黄
泥涌坳（蒋英 293，IBSC0532074）。**传入方式**：人为无意引入。**传播途径**：引种栽培或经动
物传播果实或种子而传播扩散。**繁殖方式**：种子繁殖。**入侵特点**：① 繁殖性　花果期全年，
种子多。② 传播性　种子由鸟类和蝙蝠传播，或经水流传播。③ 适应性　发展迅速，易形
成优势群落，排挤本地植物。**可能扩散的区域**：向北蔓延至中国长江流域以南其他地区。

【危害及防控】 **危害**：具刺杂草，易刺伤人，成片大面积生长，严重影响物种多样性，
植株及果实含龙葵碱，误食后可导致人畜中毒。**防控**：① 人工铲除　需借助工具、机
械，也可采用火烧的办法，结果前清除。② 化学防除　利用草甘膦、2, 4-D 及二甲四氯
等防除。③ 加强检疫　水茄的嫩果煮熟可供食用；此外还有药用价值，果实可明目，叶
可治疮毒（吴征镒和黄蜀琼，1978；Lim, 2013）；对细菌和真菌引起的植物病害有一定
的抗性（Gousset et al., 2005），可以开展综合利用。

【凭证标本】 广东省清远市阳山县县城附近，海拔 78 m，24.494 6°N，112.619 4°E，
2014 年 7 月 11 日，王瑞江 RQHN00027（CSH）；福建省南平市尤溪县高铁站附近，海拔
167 m，26.168 4°N，118.136 0°E，2015 年 10 月 13 日，曾宪锋 RQHN07543（CSH）；广
西省南宁市隆安县，海拔 92 m，2009 年 2 月 5 日，刘全儒、孟世勇 GXGS129（BNU）。

【相似种】 水茄的叶形变异较大，从全缘到波状，直至深裂到叶中部以下。叶深裂的形
态有时被错误鉴定为多裂水茄（*Solanum chrysotrichum* Schlechtendal），《中国植物志》曾
将其作为水茄的变种（*Solanum torvum* Swartz var. *pleiotomum* C. Y. Wu & S. C. Huang），
实际上后者更显著的差异为植株密被锈色长柄星状毛。多裂水茄原产于中美洲，我国福
建和台湾有分布记录（Zhang et al., 1994）。

水茄（*Solanum torvum* Swartz）

1. 群落和生境；2. 具刺的茎；3. 花枝；4. 花；5. 果

参考文献

税玉民，2002. 喀西茄 [M] // 李振宇，解焱 . 中国外来入侵种 . 北京：中国林业出版社：146.

吴彤，孟陈，戴洁，等，2006. 山东外来植物的危害及生态特征 [J]. 山东师范大学学报（自然科学版），21（4）：105-109.

吴征镒，黄蜀琼，1978. 茄属 [M] // 匡可任，路安民 . 中国植物志：第 67 卷第 1 分册 . 北京：科学出版社：95-96.

D'Arcy W G, 1973. Solanaceae, flora of Panama: Part 9[J]. Annals of Missouri Botanical Garden, 60: 573-780.

Dunn S T, Tutcher W T, 1912. Flora of Kwangtung and Hongkong (China)[J]. Bulletin of Miscellaneous Information, Additional Series, 10: 182-183.

Gousset C, Collonnier C, Mulya K, et al., 2005. *Solanum torvum*, as a useful source of resistance against bacterial and fungal diseases for improvement of eggplant (*S. melongena* L.)[J]. Plant Science, 168(2): 319-327.

Lim T K, 2013. *Solanum torvum*[M]// Lim T K. Edible medicinal and non-medicinal plants: vol 6. Berlin: Springer Science: 429-441.

Nurit-Silva K, Costa-Silva R, Coelho V P M, et al., 2011. A pharmacobotanical study of vegetative organs of *Solanum torvum*[J]. Revista Brasileira de Farmacognosia, 21(4): 568-574.

Symon D E, 1981. A revision of the Genus *Solanum* in Australia[J]. Journal of the Adelaide Botanic Gardens, 4: 115-116.

Zhang Z Y, Lu A M, D'Arcy W G, 1994. Solanaceae[M]// Wu Z Y, Raven P H. Flora of China: vol 17. Beijing: Science Press: 300-332.

14. 北美刺龙葵 *Solanum carolinense* Linnaeus, Sp. Pl. 1: 187. 1753.

【别名】 北美水茄

【特征描述】 多年生草本植物。高 30～120 cm，直立。茎在近顶端分支，并有分散、坚硬、尖锐的刺，被淡黄色星状毛。叶长椭圆形，边缘呈波浪形或深裂，长 3.5～15 cm，宽 2～7 cm，表面有毛和刺。蝎尾状聚伞花序，具花 6～10 朵；萼片表面常具有小刺；花冠白色到浅紫，5 裂，直径 2～3.5 cm；花药直立。果实为浆果，球形，直径

9～20 mm，夏末和秋季成熟，光滑，成熟时为黄色到橘色，表面有皱纹。含有大量种子。**染色体**：2n=24（Bassett，1986）、48（Zutshi，1974）。**物候期**：花、果期 5—9 月。

【原产地及分布现状】 原产于美国东南部（D'Arcy，1973）；现广泛分布于美国全境以及大洋洲、欧洲、中南美洲、亚洲、非洲的 36 个国家和地区（王瑞 等，2016）。**国内分布**：江苏、上海、山东、浙江。

【生境】 农田、园林绿地、花园、废弃地，尤其是具有沙质土壤的地方。

【传入与扩散】 **文献记载**：最早于 2006 年在浙江被发现（李根有 等，2006），此后相继在台州市椒江区上大陈镇和温州市海岛等地区发现（王瑞 等，2016）。**标本记录**：后选模式（Lectotype），Linn. no. 248. 37，1990 年由 Knapp 和 Jarvis 指定，存放于林奈学会植物标本馆（LINN）。中国最早的标本为 2011 年采自江苏省连云港市（李振宇、范晓虹、傅连中等 12191，PE02064903）。**传入方式**：无意引入，通过混在粮食中传入。**传播途径**：种子可随风力、水流、动物、交通工具等途径进行自然和人为因素主导的扩散蔓延（王瑞 等，2016）。**繁殖方式**：种子繁殖和营养繁殖（Kiltz，1930）。**入侵特点**：① **繁殖性** 具有极强的繁殖能力，每株每年可产生 1 500～7 200 粒种子，且兼具种子繁殖和营养繁殖。② **传播性** 种子多，扩散方式多样，蔓延快。③ **适应性** 种子扩散到新地区后，其休眠特性（休眠期可达 10 年）能极大地提高定植能力。根系发达，根可达地底 2.4 m 深（Kiltz，1930）。入侵定植后极易通过分泌化感物质等途径形成单优势群落（王瑞 等，2016）。**可能扩散的区域**：除黑龙江、吉林、内蒙古、青海、甘肃、西藏、四川西北部以外的区域都是其在我国的适生区，其中高风险区主要集中在东部和南部沿海、西南边境和新疆的部分地区（王瑞 等，2016）。

【危害及防控】 **危害**：对当地农业生产和生物多样性保护构成极大威胁，如入侵农田后可造成农作物减产 35%～60%。北美刺龙葵还是农作物病、虫害的寄主，全植株有毒，含有草酸盐结晶，对牲畜和人类有毒。已被许多国家列为重点防控的检疫性有害生物（王瑞 等，2016）。**防控**：可用 2, 4-D 进行化学防治，也可在开花前人工铲除，以防止其种子的产生和传播（马金双，2014）。

【**凭证标本**】 江苏省连云港市粮食码头东润公司，2011 年 8 月 31 日，李振宇、范晓虹、傅连中等 12191（PE02064903）；山东省青岛市黄岛区琅琊镇海滩，2016 年 7 月 21 日，钟鑫、韩阳、黄杰 ZX03919（CSH）。

北美刺龙葵（*Solanum carolinense* Linnaeus）

1. 群落和生境；2. 叶；3. 花枝；4. 花序；5. 花；6. 果

参考文献

李根有, 金水虎, 哀建国, 2006. 浙江省有害植物种类、特点及防治 [J] . 浙江农林大学学报, 23（6）: 614-624.

马金双, 2014. 中国外来入侵植物调研报告: 下卷 [M] . 北京: 高等教育出版社: 489.

王瑞, 冼晓青, 万方浩, 2016. 北美刺龙葵在中国的适生区预测 [J] . 生物安全学报, 25（2）: 106-113.

Bassett I J, Munro D B, 1986. The biology of Canadian weeds. 78. *Solanum carolinense* L. and *Solanum rostratum* Dunal[J]. Canadian Journal of Plant Science, 66(4): 977–991.

D'Arcy W G, 1973. Solanaceae, flora of Panama: Part 9[J]. Annals of Missouri Botanical Garden, 60: 573–780.

Kiltz B F, 1930. Perennial weeds which spread vegetatively[J]. Journal of the American Society of Agronomy, 22: 216–234.

Zutshi U, 1974. Meiotic studies in some exotic non-tuberous species of *Solanum*[J]. Cytologia, 39(2): 225–232.

15. 银毛龙葵 *Solanum elaeagnifolium* Cavanilles, Icon. 3: 22, pl. 243. 1795.

【别名】 银叶茄

【特征描述】 多年生草本。高达 50～100 cm。地上部分直立, 上部多分枝, 冬季干枯; 地下根系发达。通体密被银白色星状柔毛。茎圆柱形, 疏被直刺。单叶, 互生, 椭圆状披针形, 长 2～10 cm, 宽 1～2 cm, 下部叶边缘波状或浅裂; 上部叶较小, 长圆形, 全缘。总状聚伞花序, 具 1～7 花, 花序梗长达 1 cm, 小花梗花期长约 1 cm, 果期延长; 花萼 5 裂, 裂片钻形; 花冠蓝色至蓝紫色, 稀白色, 直径 2.5～3.5 cm, 裂片长为花冠的 1/2, 雄蕊在花冠基部贴生; 子房被绒毛。浆果圆球形, 基部被萼片覆盖, 绿色具白色条纹, 成熟后黄色至橘红色。种子灰褐色, 两侧压扁, 光滑。种子繁殖和营养繁殖（张伟 等, 2013）。染色体: 2n=24、48、72（Moscone, 1992）。物候期: 花期 5—6 月, 果期 6—7 月。

【原产地及分布现状】 原产于美国西南部和墨西哥北部（D'Arcy, 1974）, 现广泛分布于北美洲、中南美洲、欧洲及地中海地区、非洲、亚洲、大洋洲等各国家和地区（张伟等，2013）。**国内分布**：山东、台湾。

【**生境**】 喜沙砾质土地，常出现在草地、荒野、路边尤其是人工干扰较强的农田、牧场（张伟 等，2013）。

【**传入与扩散**】 **文献记载**：2002 年在台湾出现，2004 年台湾将其列为归化植物（Wu et al., 2004），2012 年被收录到第 2 版的 *Flora of Taiwan* 补编中（Hsu et al., 2012）；2012 年在山东省济南市大桥镇 104 国道边发现逸生（王瑞和万方浩，2016）。2013 年作为入侵植物报道（张伟 等，2013）。**标本记录**：等后选模式（Isolectotype），MA476348-2，采自西班牙，存放于皇家植物园标本馆（MA）。中国最早的标本于 2017 年 6 月 30 日采自济南市大桥镇太平庄 104 国道边（蒋媛媛、侯盈盈 RQSB06495，BNU0039575）。**传入方式**：无意引入，104 国道两侧分布有农业基地、石料加工厂、垃圾站、加油站等，交通运输频繁。据分析，该草应为附近有关单位引种，或混杂在饲料中或在运输过程中通过包装材料、运输工具等途径传播而来。国内虽未见发生报道，但也不能排除是由外省市种（苗）调运传入而来（赵克思 等，2012）。**传播途径**：种子可通过风力、水流或黏附于动物皮毛进行自然扩散，动物取食果实后种子可排泄出来帮助其传播。种子易混入谷物、干草饲料随交通工具进行传播（张伟 等，2013）。**繁殖方式**：种子繁殖和营养繁殖（张伟 等，2013）。**入侵特点**：① **繁殖性** 有性繁殖产生大量种子，每一结果枝可结果实 2～10 个，每株可结果 20～198 个，每一果实可产种子 27～198 粒（赵克思 等，2012）。侧根可向外扩展，在其 2～3 m 处形成克隆株，克隆株又产生新的侧根形成克隆种群。② **传播性** 传播方式多样，可由种子经风、水、机械、农事操作、鸟类、动物（内部或外部）携带进行远距离传播或由其多年生的根进行营养繁殖进行传播。带有成熟果实的死亡植株的种子从母体脱落后，常由风、雨水、灌溉及农事操作等传播。③ **适应性** 根系极其发达，主根粗壮，侧根多，可以储存大量的营养物质，因此在春季很早就能萌发，保证它能抢先竞争吸收营养物质，迅速占领生境。种子可休眠，外有黏液类物质保护，在土壤中 10 年后仍有活力。**可能**

扩散的区域: 山东、山西、河北、河南的大部分地区，以及华南西南地区的广东、广西、福建、贵州、云南、四川等。

【危害及防控】 危害: 和众多农作物竞争水分和营养，并有化感作用，严重侵害棉花、苜蓿、高粱、小麦和玉米等农作物生产。植物体所有部分，特别是成熟后的果实对动物有毒害作用。是很多植物病原体的寄主和有害昆虫的宿主（张伟 等，2013）。防控: ① 检疫措施 在该草生长地区，严禁繁育的种（苗）外运及出口，防止其传播蔓延。对进口和外省市调运而来的种子进行抽样检疫检验，检验是否带有该杂草的种子。② 物理防治 在其生长期、成株期、开花结果期皆可组织人力进行人工拔除，集中深埋或焚毁；机械防治，用机械工具进行彻底清除。一旦发现银毛龙葵出现立即对其进行处理，避免让牲畜啃食银毛龙葵的果实，以减少种子传播的机会。牲畜离开银毛龙葵发生地后须隔离 6～7 天，以防止种子通过牲畜消化道排泄后传播扩散。另外，深翻土壤可以防止花和种子的形成。③ 农业防治 某些生命力、竞争力强的牧草可对银毛龙葵的生长产生影响，如紫花苜蓿等。④ 生物防治 据资料记载，1980 年维多利亚发现了一种叶片线虫，对该草有抑制作用。⑤ 化学防治 在杂草幼苗期和成株期可使用下列除草剂喷雾防除银毛龙葵: 幼苗期可选用选择性阔叶除草剂，如 2, 4-D-三异丙醇胺盐配合毒莠定、2, 4-D-乙醇酯、2, 4-D-异丁基酯、2, 4-D-异辛基酯、草甘膦异丙胺盐等；成株期可选用灭生性除草剂，如草甘膦等（赵克思 等，2012）。

【凭证标本】 山东省济南市大桥镇太平庄 104 国道边，海拔 3 m, 36.794 0°N, 117.022 0°E, 2017 年 6 月 30 日，蒋媛媛、侯盈盈 RQSB06495（BNU0039575、BNU0039576、BNU0039577、BNU0039578、BNU0039579、BNU0039591、BNU0039592）。

银毛龙葵（*Solanum elaeagnifolium* Cavanilles）

1. 群落和生境；2. 茎；3. 植株；4. 花；5. 花和果

参考文献

王瑞，万方浩，2016. 入侵植物银毛龙葵在中国的适生区预测与早期监测预警 [J] . 生态学杂志，35（7）: 1697-1703.

张伟，范晓虹，赵宏，2013. 外来入侵杂草 —— 银毛龙葵 [J] . 植物检疫，27（4）: 72-76.

赵克思，姜宝安，李光宗，2012. 禁止进境杂草——银毛龙葵的发生及综合防除 [J] . 新农村: 黑龙江，（13）: 28.

D'Arcy W G, 1974. *Solanum* and its close relatives in Florida[J]. Annals of the Missouri Botanical Garden, 61(3): 819–867.

Hsu T W, Wang C M, Kuoh C S, 2012. *Solanum*[M]// Wang J C, Lu C T. Flora of Taiwan, 2nd ed. Supplement. Taibei: Taiwan University: 205–207.

Moscone E A, 1992. Estudios de cromosomas meióticos en Solanaceae de Argentina[J]. Darwiniana, 31: 261–297.

Wu S H, Hsieh C F, Rejmánek M, 2004. Catalogue of the naturalized flora of Taiwan[J]. Taiwania, 49(1): 16–31.

玄参科 | Scrophulariaceae

　　草本或灌木，少有乔木。叶对生、互生或轮生，无托叶。花两性，常两侧对称，排成总状、穗状或轮伞花序，常进一步合生成圆锥花序；花萼常 4～5 裂，少 6～8 裂，常宿存；花冠合瓣，常二唇形，上唇 2 裂或具鼻状或钩状延长成兜状，下唇 3 裂，稍平坦或呈囊状，或裂片多少不等而不为二唇形，裂片 4～5；雄蕊 4 枚，常 2 长 2 短，有 1 枚退化，少数 2 或 5 枚，生于花冠筒上，花药 1～2 室，药室分离或多少汇合；花盘常存在，环状、杯状或小而似腺体；子房上位，无柄，2 室，每室胚珠多数，少数仅 2 胚珠；花柱单一，柱头 2 裂或头状。蒴果室间开裂或室背开裂，或顶端孔裂；种子细小，有时具翅或有网状种皮，脐点侧生或在腹面，具肉质胚乳或缺，胚平直或稍弯曲。

　　本科约 220 属 4 500 种，广布于全球，以在温带地区为主。我国有 61 属 681 种（Hong et al., 1998；钟补求和洪德元，1979），其中有 7 属 9 种为入侵种。

　　《深圳植物志》第 3 卷曾记载原产南亚的蝴蝶草属植物蓝猪耳（*Torenia fournieri* Linden ex Fournier）在我国南方有逸生（李振宇，2012），但野外观察发现该种逸生面小，不形成单优势种群落，也未见产生危害，本志暂不收载，但注意作为观赏花卉栽培时避免引入至自然生态环境。该志的第 3 卷还收载了微花草属的微花草［*Micranthemum umbrosum* (J. F. Gmelin) S. F. Blake］在深圳仙湖植物园逸生（李振宇，2012），但目前仅见到 1 份标本（陈巧玲 090801，SZG），为观赏水草的逃逸，数量很少，也未见产生危害，本志暂不收载。

　　2000 年和 2003 年分别报道了蔓柳穿鱼属的蔓柳穿鱼（*Cymbalaria muralis* P. Gartner）在河南鸡公山逸生（曲红和路端正，2000；朱长山 等，2003），经调查和考证，该植物于 1948 年从法国引入庐山植物园温室栽培（黄蓓莉和雷荣海，2006），1995 年 7 月在庐山植物园办公区附近采到逃逸的标本（邬文祥 9926，NAS00584321）；1989 年 7 月在河南鸡公山采到逃逸的标本（路端正 8907043，BJFC00018709、00018710、00018711、00018712），目前仅发现逃逸至居住区周围的自然环境中，本志未作为入侵植物收录，但也应引起关注，注意其扩散趋势。

2012 年报道了柳蓝花属植物加拿大柳蓝花 [*Nuttallanthus canadensis* (Linnaeus) D. A. Sutton] 在浙江省奉化和永康等地逸生（苗国丽 等，2012），凭证标本为陈征海等 FH20100507（ZJFC），可能为花木引种时带入，数量很少，本志暂不收录。

2016 年报道了白籽草属植物白籽草 [*Leucospora multifida* (Michaux) Nuttall] 在我国广东深圳出现归化（康林 等，2016），据报道，该植物 2014 年 7 月发现，2015 年 5 月其生长范围就已扩散到 0.3 km^2。该植物适应性强，无论在侵入地区的水泥地面还是砖块铺就的地面，均能生长良好。如继续扩散下去，势必对当地生物多样性造成危害。鉴于资料有限，本志暂不收载，建议密切关注，加强管理，一旦发现逸生应及时人工拔除，防止蔓延。

传统的玄参科是一个多系类群，仅以具二唇形花冠、4 枚雄蕊、多少为球形的蒴果、种子小等为共祖征相联合。分子系统发育学研究表明：毛麝香属（*Adenosma*）、水八角属（*Gratiola*）、石龙尾属（*Limnophila*）、毛地黄属（*Digitalis*）、虻眼属（*Dopatricum*）、黄花假马齿属（*Mecardonia*）、婆婆纳属（*Veronica*）等许多属应从玄参科分出，归入车前科（Plantaginaceae）；而马先蒿属（*Pedicularis*）、松蒿属（*Phtheirospermum*）、阴行草属（*Siphonostegia*）、短冠草属（*Sopubia*）、独角金属（*Striga*）、鹿茸草属（*Monochasma*）、山罗花属（*Melampyrum*）、钟萼草属（*Lindenbergia*）、胡麻草属（*Centranthera*）、黑草属（*Buchnera*）、黑蒴属（*Alectra*）等许多属应从玄参科分出，归入列当科（Orobanchaceae）；小果草属（*Microcarpaea*）、虾子花属（*Mimulicalyx*）等应从玄参科分出，归入透骨草科（Phrymaceae）；泡桐属（*Paulownia*）、来江藤属（*Brandisia*）等应从玄参科分出，成立泡桐科（Paolowniaceae）；母草属（*Lindernia*）、蝴蝶草属（*Torenia*）等应从玄参科中分出，成立母草科（Linderniaceae）；通泉草属（*Mazus*）、肉果草属（*Lancea*）等应从玄参科中分出，成立通泉草科（Mazuaceae）；蒲包花属（*Calceolaria*）等应从玄参科中分出，成立蒲包花科（Calceolariaceae）；而传统分类系统中马钱科中的醉鱼草属（*Buddleja*）、苦槛蓝科中苦槛蓝属（*Myoporum*）等应归入玄参科（Scrophulariaceae）（Albach et al., 2004; APG, 2016; Fischer, 2004; Mabberley, 2017; Olmstead et al., 2001;Oxelman et al., 2005; Tank et al., 2006）。由此，狭义的玄参科只有 62 属 1 830 余种（Christenhusz et al., 2016），我国只有 7 属 66 种。

参考文献

黄蓓莉，雷荣海，2006. 庐山植物园 1934—1958 年引种的国外植物现状调查［C］. 中国植物学会植物园分会 2006 年学术论文集，66-72.

康林，陈冬美，汪莹，等，2016. 我国发现一新记录种——白籽草［J］. 植物检疫，30（3）：87-89.

李振宇，2012. 玄参科［M］// 李沛琼 . 深圳植物志：第 3 卷 . 北京：中国林业出版社：329-367.

苗国丽，陈征海，谢文远，等，2012. 发现于浙江的 4 种归化植物新记录［J］. 浙江农业大学学报，29（3）：470-472.

曲红，路端正，2000. 中国玄参科植物新资料［J］. 北京林业大学学报，22（6）：67-38.

钟补求，洪德元，1979. 婆婆纳属［M］// 钟补求，杨汉碧 . 中国植物志：第 67 卷第 2 分册 . 北京：科学出版社：282.

朱长山，田朝阳，杨新杰，等，2003. 河南植物志玄参科补遗［J］. 河南师范大学学报，31（3）：116-118.

Albach D C, Martínez-Ortega M M, Fischer M A, et al., 2004. A new classification of the Tribe Veroniceae: problems and a possible solution[J]. Taxon, 53(2): 429–452.

Christenhusz M J M, Byng J W, 2016. The number of known plants species in the world and its annual increase[J]. Phytotaxa, 261(3): 201–217.

Fischer E, 2004. Scrophulariaceae[M]// Kubitzki K. The Families and Genera of Vascular Plants: vol 7. Berlin: Springer-Verlag: 233–432.

Hong D Y, Yang H B, Jin C L, et al., 1998. Scrophulariaceae[M]// Wu Z Y, Raven P H. Flora of China: vol 18. Beijing: Science Press: 75.

Mabberley D J, 2017. Mabberley's plant-book—a portable dictionary of plants, their classification and uses. 4th ed. Cambridge: Cambridge University Press: 843.

Olmstead R G, de Pamphilis C W, Wolfe A D, et al., 2001. Disintegration of the Scrophulariaceae[J]. American Journal of Botany, 88(2): 348–361.

Oxelman B, Kornhall P, Olmstead R G, et al., 2005. Further disintegration of the Scrophulariaceae[J]. Taxon, 54(2): 411–425.

Tank D C, Beardsley P M, Kelchner S A, et al., 2006. Review of the systematics of Scrophulariaceae

s. l. and their current disposition[J]. Australian Systematic Botany, 19: 289–307.

The Angiosperm Phylogeny Group(APG), 2016. An update of the Angiosperm Phylogeny Group classification for the orders and families of flowering plants: APG IV[J]. Botanical Journal of the Linnean Society, 161(2): 1–20.

分属检索表

1 雄蕊 2；花萼 4 裂；花冠 4 深裂，后方一枚最宽，前方一枚最窄；蒴果压扁 ·········· ··· 1. 婆婆纳属 *Veronica* Linnaeus

1 雄蕊 4，或其中 2 枚不育，如为 2 枚，则基部具附属物；花萼常 5 裂，稀 4 裂；花冠常 5 裂，二唇形，稀 4 裂而呈辐状；蒴果球形、卵球形至圆柱形 ························· 2

2 雄蕊 4，近等长；花冠 4 裂而呈辐状，喉部具长毛 ·········· 2. 野甘草属 *Scoparia* Linnaeus

2 雄蕊二强，或其中 2 枚不育；花冠二唇形 ······································· 3

3 花冠基部有距，叶片基部戟形或箭形 ·················· 3. 凯氏草属 *Kickxia* Dumort

3 花冠基部无距 ·· 4

4 能育雄蕊 4；花萼裂片 5，不等大；叶无柄 ································ 5

4 能育雄蕊 4 或 2 枚不育，花萼裂片 5，近等大 ······························ 6

5 叶片边缘全缘或稀有不明显疏齿；花冠蓝色、紫色或白色；2 药室平行·········· ··· 4. 假马齿苋属 *Bacopa* Aublet

5 叶片边缘有锯齿；花冠黄色；2 药室极叉开，形成 2 个分开的囊 ·················· ·· 5. 伏胁花属 *Mecardonia* Ruiz & Pavón

6 花萼长于花冠；具轮生叶 ························ 6. 离药草属 *Stemodia* Linnaeus

6 花萼短于花冠，叶对生 ························ 7. 母草属 *Lindernia* Allioni

1. 婆婆纳属 *Veronica* Linnaeus

一或二年生草本或多年生草本。茎直立、平卧或匍匐，圆柱形。叶对生，稀轮生或生于茎上部的互生，叶柄极短或无叶柄，全缘或具锯齿，具羽状脉。花排成顶生或腋生的总状花序或穗状花序，或有时单生叶腋；有苞片；花萼常 4 裂至基部；花冠近辐状，花冠管极短，或管占总长的 1/2 ～ 2/3，裂片开展，不等宽，后方一枚最宽，前方一枚最窄，有时略呈二唇形；雄蕊 2，突出，药室顶部贴连；子房上位，2 室，每室有胚珠多数，很少 2 枚；蒴果倒心形、倒卵形至卵圆形等多样形状，压扁或肿胀，两面各有 1 条沟槽，室背开裂，有种子数至多颗。

本属约 250 种，分布于温带和寒带，少数产热带地区；我国约 53 种（Hong et al., 1998；钟补求和洪德元，1979）；4 种为入侵种或潜在入侵种。国内文献一直以来当作入侵植物报道的蚊母草（*V. peregrina* Linnaeus），经考证为国产种，本志不予收录（马金双，2013）。

在传统的分类系统中，婆婆纳属隶属玄参科，但根据分子系统学研究，婆婆纳属应从玄参科中分出，归入车前科（Plantaginaceae）（APG, 2016; Mabberley, 2017）或置于独立的婆婆纳科（Veronicaceae）（Fischer, 2004）。本属最新的修订划分为 13 个亚属（Albach et al., 2004）。

参考文献

马金双，2014. 中国外来入侵植物调查报告：上卷［M］. 北京：高等教育出版社：490.

钟补求，洪德元，1979. 婆婆纳属［M］// 钟补求，杨汉碧 . 中国植物志：第 67 卷第 2 分册 . 北京：科学出版社：282.

Albach D C, Martínez-Ortega M M, Fischer M A, et al., 2004. A new classification of the Tribe Veroniceae: problems and a possible solution[J]. Taxon, 53(2): 429–452.

Fischer E, 2004. Scrophulariaceae[M]// Kubitzki K, Kadereit J W. The families and genera of vascular plants. Berlin: Springer-Verlag, 7: 233–432.

Hong D Y, Yang H B, Jin C L, et al., 1998. Scrophulariaceae[M]// Wu Z Y, Raven P H. Flora of China: vol 18. Beijing: Science Press: 75.

Mabberley D J, 2017. Mabberley's plant-book—a portable dictionary of plants, their classification and uses. 4th ed. Cambridge: Cambridge University Press: 963.

The Angiosperm Phylogeny Group(APG), 2016. An update of the Angiosperm Phylogeny Group classification for the orders and families of flowering plants: APG IV[J]. Botanical Journal of the Linnean Society, 181(1): 1–20.

分种检索表

1 花梗短，比苞片短许多倍 ·············· 1. 直立婆婆纳 *V. arvensi* Linnaeus

1 花梗长，比苞片长或近相等 ································· 2

2 花梗明显长于苞片；蒴果网脉明显，两裂片叉开90°以上，宿存花柱超出凹口很多·········· ································· 2. 阿拉伯婆婆纳 *V. persica* Poiret

2 花梗与苞叶近相等 ································· 3

3 蒴果近肾形或倒心形；叶每边有2～4个深刻的钝齿 ············· 3. 婆婆纳 *V. polita* Fries

3 蒴果扁球形；叶每边有1～2个深刻的钝齿 ······· 4. 常春藤婆婆纳 *V. hederifolia* Linnaeus

1. 直立婆婆纳 *Veronica arvensis* Linnaeus, Sp. Pl. 1: 13. 1753.

【特征描述】 小草本。茎直立，高5～30 cm，有两列多细胞白色长柔毛。叶常3～5对，下部的有短柄，中上部的无柄，卵形至卵圆形，长5～15 mm，宽4～10 mm，具3～5脉，边缘具圆或钝齿，两面被硬毛。总状花序长而多花，长可达20 cm，各部分被多细胞白色腺毛；下部的苞片长卵形，具疏圆齿，上部的长椭圆形，全缘；花梗极短；花萼长3～4 mm，裂片条状椭圆形，前方2枚长于后方2枚；花冠蓝紫色或蓝色，长约2 mm，裂片圆形至长矩圆形；雄蕊短于花冠。蒴果倒心形，强烈侧扁，长2.5～3.5 mm，宽略过之，边缘有腺毛，凹口很深，几乎为果半长，裂片圆钝，宿存的花柱不伸出凹口。种子矩圆形，长近1 mm。**染色体**：2*n*=16（Hong et al., 1998）。**物候期**：花期4—5月，果期6—8月。

【原产地及分布现状】 原产于欧洲，现于其他地方归化，北温带广布（Hong et al., 1998）。**国内分布**：安徽、北京、重庆、福建、广东、广西、贵州、河南、湖北、江苏、上海、四川。

【生境】 常生于路边、草地、果园、田边、荒地等。

【传入与扩散】 **文献记载**：1937 年出版的《中国植物图鉴》就已经记载（贾祖璋和贾祖珊，1937）；1979 年出版的《中国植物志》第 67 卷第 2 分册及 1998 年出版的 *Flora of China* 收录（钟补求和洪德元，1979；Hong et al., 1998）。2004 年作为入侵种被《中国外来入侵植物编目》收录（徐海根和强胜，2004）；2011 年报道在广西入侵（韦春强等，2013）。**标本信息**：后选模式（Lectotype），Herb. Linn. No. 26.58，标本存放于瑞典林奈学会标本馆（LINN）。我国最早标本于 1921 年 5 月 10 日在江西庐山采到（K. K. Chung 3477, PE01443974、PEY0057613），较早的标本采集还有 1927 年在上海采到的标本（Musee D'Histoihe Natorelle 451, NAS00135972）。**传入方式**：无意引进，人或动物活动裹挟带入。**传播途径**：种子主要通过掺杂在作物种子、其他器物或土壤中，通过各种交通工具传播。**繁殖方式**：种子繁殖。**入侵特点**：① 繁殖性　主要以种子繁殖。② 传播性　种子较小，光滑，可借助风、水、人、畜等传播（韦春强等，2013）。通过园林植物引种等途径入侵草坪、麦田等生态系统，已发展成为我国主要的外来入侵植物之一。③ 适应性　适应性较强。喜光，耐半阴，宜沙质土壤，适应酸性到偏碱性环境（徐海根和强胜，2011）。直立婆婆纳具有较强的化感作用。其整株水浸提液、根水浸提液、茎水浸提液、叶水浸提液对豇豆、蕹菜、玉米、菜豆、南瓜、辣椒等农作物种子的发芽率、根长、叶长、根干质量、叶干质量均具有显著的化感抑制作用。其化感抑制作用严重影响受体植物对资源的竞争能力。对种子发芽率的抑制，将会降低受体植物在群落中的多度；对根生长的抑制，将会导致受体植物根系变小，对水、肥的吸收能力降低；对叶生长的抑制，将会导致植物光合效率降低，影响受体植物对光的竞争，这也许是直立婆婆纳能实现成功入侵和迅速蔓延的原因之一（王云等，2013）。**可能扩散的区域**：该种可能在全国各省份（自治区）适生地扩散。

【危害及防控】 **危害**：入侵到农田或牧场中，竞争养分，危害农田作物（徐志康和黄颂禹，1985）。**防控**：精选种子，避免混入农田；一旦混入，可结合中耕除草；亦可视情况进行化学防除。

【凭证标本】 江苏省镇江市市区京口区外头湾，海拔 14.41 m，32.196 8°N，119.697 7°E，

2015 年 6 月 18 日，严靖、闫小玲、李惠茹、王樟华 RQHD02445（CSH）；贵州省毕节市市郊徐花屯附近，海拔 1 605 m，27.337 8°N，105.251 4°E，2016 年 4 月 27 日，马海英、王曌、杨金磊 RQXN05023 日，严靖、李惠茹、王樟华、闫小玲 LHR00738（CSH）。

【相似种】 本种与同属植物蚊母草（*Veronica peregrina* Linnaeus）较为相似。但本种茎直立；叶卵形至卵圆形，边缘具明显钝齿；苞片长卵形或长椭圆形；而蚊母草的茎多分枝而披散；苞片线状倒披针形；叶倒披针形，全缘或有不明显的齿，可以区别。

直立婆婆纳（*Veronica arvensis* Linnaeus）

1. 群落和生境；2. 植株；3. 花；4. 果；5. 开裂的果

参考文献

贾祖璋，贾祖珊，1937. 中国植物图鉴［M］. 上海：开明书店：165.

王云，符亮，龙凤玲，等，2013. 2 种婆婆纳属植株水浸提液对 6 种受体植物的化感作用［J］. 西北农林科技大学学报（自然科学版），41（4）：179-190.

韦春强，赵志国，丁莉，等，2013. 广西新记录入侵植物［J］. 广西植物，33（2）：275-278.

徐海根，强胜，2004. 中国外来入侵物种编目［M］. 北京：中国环境科学出版社：213-215.

徐海根，强胜，2011. 中国外来入侵生物［M］. 北京：科学出版社：358-359.

徐志康，黄颂禹，1985. 麦田恶性杂草婆婆纳的生物学特性与化学防除试验初报［J］. 江苏杂草科学，2：19-21.

钟补求，洪德元，1979. 婆婆纳属［M］// 钟补求，杨汉碧. 中国植物志：第 67 卷第 2 分册. 北京：科学出版社：282.

Hong D Y, Yang H B, Jin C L, et al., 1998. Scrophulariaceae[M]// Wu Z Y, Raven P H. Flora of China: vol 18. Beijing: Science Press: 75.

2. 阿拉伯婆婆纳 *Veronica persica* Poiret, Encycl. 8: 542. 1808.

【别名】 波斯婆婆纳

【特征描述】 一年至二年生草本。全株有柔毛。茎自基部分枝，下部伏生地面，斜上，高 10～30 cm。叶在茎基部对生，2～4 对，上部互生，卵圆形、卵状长圆形，长 6～20 mm，宽 5～18 mm，边缘有钝锯齿，基部浅心形、平截或浑圆，两面疏生柔毛，无柄或上部叶有柄。花单生于苞片叶腋，苞片呈叶状，花梗明显长于苞片；花萼 4 深裂，长 6～8 mm，裂片狭卵形；花冠淡蓝色，有放射状深蓝色条纹；花柄长 1.5～2.5 cm，长于苞片。蒴果 2 深裂，倒扁心形，宽大于长，有网纹，两裂片叉开 90° 以上，裂片顶端钝尖，宿存花柱超出凹口很多。种子舟形或长圆形，腹面凹入，有皱纹，倒扁心形，宽大于长，有网纹，两裂片叉开 90° 以上。**染色体**：$2n=28$（Hong et al., 1998）。**物候期**：花期 2—5 月。

【原产地及分布现状】 原产于西亚和欧洲（Hong et al., 1998）。**国内分布**：安徽、北京、重庆、福建、甘肃、广东、广西、贵州、河北、河南、湖北、湖南、江苏、江西、青海、陕西、山东、山西、上海、四川、台湾、西藏、香港、新疆、云南、浙江。

【传入与扩散】 **文献记载**：1923 年出版的《江苏植物名录》对其有记载（祁天锡，1923）；1937 年出版的《中国植物图鉴》也有记载（贾祖璋和贾祖珊，1937）；1994 年报道在河南的发现（朱长山和杨好伟，1994）；2010 年报道在河北发现（左万里，2010）；1998 年被 *Flora of China* 收录（Hong et al., 1998）、2002 年被收录到《中国外来入侵种》（李振宇和解焱，2002）。**标本信息**：主模式（Holotype），产自伊朗，法国栽培的植物，无采集日期（Herb. Hort. Paris s. n.），存于法国巴黎自然历史博物馆（P）。中国最早标本于 1906 年采自江苏（Courtois 206, NAS00136294），但无具体地点；其他较早的标本还有：福建于 1907 年 4 月在方广岩采到标本（Anonymous 254, PE01465508）；上海于 1908 年 12 月 29 日采到标本（Courtois 297, IBSC0592394）；江苏于 1908 年 12 月 10 日采到标本（Courtois 231, NAS00136318），但无具体地点。**传入方式**：无意引入。**传播途径**：由种子传播向各地扩散。**繁殖方式**：有性生殖及营养繁殖。**入侵特点**：① 繁殖性　以种子进行有性繁殖，繁殖能力强，繁殖速度快。种子千粒重 0.616 g，种子小，产生量大，其 1 个成熟的果实内约有 19 颗种子，而 1 株阿拉伯婆婆纳的果实少则几十，多则上千（钟林光和工朝晖，2010）。果实成熟后炸裂，种子随即掉落土壤中。在 0～1 cm 土层间萌发率为 35%～100%，在 3 cm 以下不出苗，故中耕后会促使其种子萌发（吴海荣和强胜，2004）。萌发对土壤水分的要求比较宽，含水量在 20%～40% 时具有较高的萌发率，但在含水量低于 10% 和高于 50% 时，种子萌发率极低（唐洪元，1991）。依赖于昆虫传粉，自交亲和；在自然环境、人工自花授粉和补充授粉 3 种方式下均有较高的坐果率和结实率；种子萌发迅速，萌发实验表明，在合适条件下，种子 2 天即开始萌发，4～5 天进入高峰期，7 天左右萌发结束，种子萌发率达 70%（谢翠容 等，2016）。具有较强的无性繁殖和生长能力，营养生长密度大，匍匐茎发达，平均每个植株能产生 8 条左右的直立茎（谢翠容 等，2016）。阿拉伯婆婆纳移栽实验的存活率可达 83%，且茎长在 40 天平均增长 6.5 cm，其茎着土易生出不定根，新鲜的离体无叶茎段、带叶茎段埋土后均能存活，重新形成植株，并能开花结实（吴高等，1992）。② 传播性　种子较小，可借助风、水、人、畜等传播，特别是种子千粒重小，使其适合于风力扩散和远距离传播，容易入侵到新生境中繁殖扩张。能依靠其强大的种子繁殖能力占据新领地，在新生境中的快速萌发保证了其成功入侵。利用不定根和匍匐茎扩大生长范围，增加植株构建数量，迅速扩张，形成优势居群，提高自身与其他植物的竞争力（淮虎银 等，2004；高红明 等，2006）。有性繁殖水平随着营养生长的增强而不断提高，这使得其在旧领地的巩固扩张和新领地的入侵达到互相促进的效果（谢翠荣 等，2016）。③ 适应性　繁殖能力强，环境限制因子少，具有较强的适应性和耐受力，喜光，耐半阴，忌冬季湿涝（刘光明和李倩，2011）。**可能扩散的区域**：该种可能在全国多数省份（自治区）扩散。

【生境】　生于路边、荒地、宅旁、苗圃、果园、菜地、林地、风景旅游区、农田等处，特别喜生于旱地夏熟作物田地，如麦田、油菜田（吴海荣和强胜，2004）。

【危害及防控】　危害：繁殖能力强，生长速度快，生长期长，耐药性强，人工、机械和化学防除比较困难（周恒昌，1991）。阿拉伯婆婆纳地上部分的水浸提液对高羊茅、早熟禾、小麦、油菜等植物种子萌发、根长和幼苗干重均有显著的抑制作用，浓度越高，抑制作用越强，通过化感作用，阿拉伯婆婆纳抑制其他植物种子萌发和幼苗生长，使其在竞争中处于优势地位，影响农作物生长（吴海荣和强胜，2008；王云 等，2013；伍贻美和张洁夫，1992；袁美丽 等，2016）；多生于旱地夏熟作物田中，严重影响作物产量；该种还是黄瓜花叶病毒、李痘病毒、蚜虫等多种病虫的中间寄主，也是菠菜、甜菜、大麦等作物根部病原菌（*Aphanomyces cladogamus*）的寄主。防控：由于该种处于作物的下层，通过作物的适当密植，可在一定程度上控制这种草害（李振宇和解焱，2002）；将旱旱轮作改为旱水轮作，可有效控制这种杂草的发生；绿麦隆、二甲四氯、氯氟吡氧酸等除草剂是防除波斯婆婆纳的有效药剂（郭水良和耿贺利，1998）。

【凭证标本】　新疆维吾尔自治区阿克苏地区库车市体育馆，海拔 1 066 m，41.716 3°N，

82.963 8°E，2015 年 8 月 16 日，张勇 RQSB02086（CSH）；青海省海南藏族自治州共和县
青年公园，海拔 2 794 m，36.251 8°N，100.615 8°E，2015 年 7 月 15 日，张勇 RQSB02087
（CSH）；甘肃省庆阳市西峰区陇东学院校园，海拔 1 386 m，35.731 0°N，107.681 7°E，
2015 年 7 月 28 日，张勇、张永 RQSB03033（CSH）。

【相似种】 本种与常春藤婆婆纳（*Veronica hederifolia* Linnaeus）相似，但本种叶边缘有
钝锯齿，花梗明显长于苞叶；而常春藤婆婆纳叶边缘仅具 1～2 个粗锯齿，花梗与苞叶
近等长，可以区别。

阿拉伯婆婆纳（*Veronica persica* Poiret）
1. 群落；2. 植株；3. 花；4. 果；5. 果（纵剖）

参考文献

高红明，陈静，淮虎银，2006. 两种密度条件下阿拉伯婆婆纳营养生长对其有性繁殖的影响 [J].扬州大学学报（农业与生命科学版），27（1）：81-84.

郭水良，耿贺利，1998. 麦田波斯婆婆纳化除及其方案评价 [J].农药，37（6）：27-30.

淮虎银，张彪，张桂玉，等，2004. 波斯婆婆纳营养生长特点及其对有性繁殖贡献 [J].扬州大学学报（农业与生命科学版），25（3）：70-73.

贾祖璋，贾祖珊，1937. 中国植物图鉴 [M].上海：开明书店：165.

李振宇，解焱，2002. 中国外来入侵种 [M].北京：中国林业出版社：149.

刘光明，李倩，2011. 婆婆纳的形态特征及营养器官解剖结构 [J].贵州农业科学，39（4）：55-56.

祁天锡，1923. 江苏植物名录 [M].钱雨家，译.中国科学社刊行，上海大同学院科学社发行所：129-130.

唐洪元，1991. 中国农田杂草 [M].上海：上海科技教育出版社：285-413.

王云，符亮，龙凤玲，刘叶，等，2013.2 种婆婆纳属植株水浸提液对 6 种受体植物的化感作用 [J].西北农林科技大学学报（自然科学版），41（4）：178-190.

吴高，周群喜，吴和生，等，1992. 波斯婆婆纳的无性繁殖 [J].杂草科学，4：42.

吴海荣，强胜，2004. 波斯婆婆纳 [J].杂草科学，4：46-49.

吴海荣，强胜，2008. 外来杂草波斯婆婆纳的化感作用研究 [J].种子，27（9）：67-69.

伍贻美，张洁夫，1992. 油菜田不同栽培方式下杂草发生规律研究 [J].杂草科学，（2）：34-36.

谢翠容，汤林彬，刘茗枫，等，2016. 波斯婆婆纳的繁殖能力及其入侵原因探析 [J].生态环境学报，25（5）：795-800.

袁美丽，李韶霞，王宁，2016.5 种外来入侵植物对小麦的化感作用 [J].贵州农业科学，44（12）：58-62.

钟林光，王朝晖，2010. 外来物种婆婆纳生物学特性及危害的研究 [J].安徽农业科学，38（19）：10113-10115.

周恒昌，1991. 我国越冬杂草的开花习性及与防除的关系 [J].杂草科学，（3）：1-3.

朱长山，杨好伟，1994. 河南省种子植物新分布 [J].植物研究，14（4）：361-368.

左万里，2010. 河北种子植物新记录 [J].河北林果研究，25（3）：263.

Hong D Y, Yang H B, Jin C L, et al., 1998. Scrophulariaceae[M]// Wu Z Y, Raven P H. Flora of China: vol 18. Beijing: Science Press: 76.

3. 婆婆纳 *Veronica polita* Fries, Novit. Fl. Suec. 5. 63. 1817.

【别名】 **双肾草**

【特征描述】 铺散多分枝草本植物，多少被长柔毛，高 10～25 cm。叶 2～4 对，叶柄长 3～6 mm，叶片心形至卵形，长 5～10 mm，宽 6～7 mm，每边有 2～4 个深刻的钝齿，两面被白色长柔毛。总状花序很长；苞片叶状，下部的对生或全部互生；花梗比苞片略短；花萼裂片卵形，顶端急尖，果期稍增大，三出脉，疏被短硬毛；花冠淡紫色、蓝色、粉色或白色，直径 4～5 mm，裂片圆形至卵形；雄蕊比花冠短。蒴果近于肾形，密被腺毛，略短于花萼，宽 4～5 mm，凹口约为 90° 角，裂片顶端圆，脉不明显，宿存的花柱与凹口齐或略过之。种子背面具横纹，长约 1.5 mm。**染色体**：$2n=14$（Hong et al., 1998）。**物候期**：花、果期 3—10 月。

【原产地及分布现状】 原产于西亚，现广布于欧亚大陆北部和世界温带和亚热带地区（Hong et al., 1998）。**国内分布**：安徽、北京、重庆、福建、甘肃、广东、广西、贵州、河北、河南、湖北、湖南、江苏、江西、内蒙古、青海、陕西、山东、山西、上海、四川、台湾、西藏、新疆、云南、浙江。

【生境】 荒地、林缘、路旁。

【传入与扩散】 **文献记载**：1406 年明朝永乐元年成书的《救荒本草》就有本种的记载；1937 年出版的《中国植物图鉴》也已经记载（贾祖璋和贾祖珊，1937）；1979 年出版的《中国植物志》第 67 卷第 2 分册及 1998 年出版的 *Flora of China* 收录了本种（钟补求和洪德元，1979; Hong et al., 1998）；岳建英等 1998 年记载了本种在山西的分布（岳建英等，1998）；李惠林 1951 年对中国婆婆纳属进行研究时收录了该种（Li, 1951）；1987 年分别报道了本种在甘肃和四川的分布（沈剑明和张国樑，1987；梁广贞，1987）。2002 年作为入侵种收录（李振宇和解焱，2002）。**标本信息**：模式标本（Type），*V–103156*，

Elias Fries 采自瑞典，标本现存于乌普萨拉大学植物标本馆（UPS）。中国最早婆婆纳标本于 1907 年 4 月 7 日采自江苏南京（Courtois 18008, NAS00136082）；其他较早的标本还有：云南于 1913 年采到标本（E. E. Maire 193, IBSC0577034），但采集地不详；湖南于 1918 年采到标本（Handd-Mazzettii 11565, IBSC0577004），但采集地不详。**传入方式**：无意引入。**传播途径**：人和动物的活动带入。**繁殖方式**：种子繁殖、营养繁殖。**入侵特点**：① 繁殖性　婆婆纳种子萌发始温为 7℃，最适宜温度为 15℃，低于 7℃ 或高于 25℃ 则不能萌发，在适温范围内温度越，种子萌发率越高，萌发速度越快。土壤含水量是决定婆婆纳发生与否的关键因子。婆婆纳种子在含水量为 20%～30% 的土壤中萌发率为 33.3%～46.7%，含水量在 40%～60% 的萌发率为 52.2%～64.4%，含水量达 70% 以上时，种子萌发率逐渐降低（高九思 等，2002）。种子量大，萌发率较高；茎铺散多分枝，自基部分枝成丛，下部伏地，生有不定根，进行营养繁殖（刘光明和李倩，2011）。② 传播性　有性生殖产生量大、较小的种子，可借助风、水、人、畜等传播，无性繁殖可较快的扩大克隆居群，扩大分布地（钟林光和王朝辉，2010）。③ 适应性　喜光，耐半阴，适应性强，在我国小麦产区形成优势种群，是主要麦田杂草（张朝贤 等，1998；陈志明，1999）。**可能扩散的区域**：该种可能在全国各省份（自治区）适生地扩散。

【危害及防控】 **危害**：田间常见杂草，影响农作物生长。婆婆纳植株有较强烈的化感作用，其水提液对小麦生长有明显的抑制作用，对小麦根长的抑制作用比对苗高的抑制作用强，且抑制强度随浸提液浓度升高而加强，从而严重影响小麦生长（张军林 等，2006）。**防控**：由于该种处于作物的下层，通过作物的适当密植，可在一定程度上控制这种草害（李振宇和解焱，2002）；将旱旱轮用改为旱水轮作，可有效控制这种杂草的生长（李建波，2003）；绿麦隆和苯磺隆等除草剂能够有效地杀灭该种（徐志康和黄颂禹，1985；黄颂禹和徐志康，1988；高九思 等，2002；罗红炼 等，2002）。

【凭证标本】 新疆维吾尔自治区伊犁哈萨克族自治州伊宁市人民公园，海拔 651 m，

43.917 9°N，81.302 0°E，2015 年 8 月 15 日，张勇 RQSB02117（CSH）；广西壮族自治区桂林市雁山镇，2018 年 3 月 24 日，刘全儒 RQSB10062（BNU0040274）；浙江省台州市天台百鹤镇，海拔 168 m，29.234 2°N，120.933 1°E，2015 年 3 月 16 日，闫小玲、李惠茹、严靖 RQHD01546（CSH0103305）。

【相似种】 和同属植物阿拉伯婆婆纳（*Veronica persica* Poiret）较为相似。但本种的花梗比苞片略短；蒴果表面网纹不明显，凹口约为 90° 角，裂片顶端圆滑。而阿拉伯婆婆纳的花梗明显长于苞片；蒴果表面网纹明显，凹口大于 90° 角，裂片顶端钝而不圆滑。

婆婆纳（*Veronica polita* Fries）

1. 群落；2. 植株；3. 花；4. 果；5. 果（横切）

参考文献

陈志明, 1999. 南京地区草坪主要杂草初步调查 [J]. 草业科学, 16 (1): 68-69.

高九思, 苗线芹, 万素香, 等, 2002. 豫西春玉米田婆婆纳生物学特性及防除技术研究 [J]. 河南农业科学, (8): 22-23.

黄颂禹, 徐志康, 1988. 麦田婆婆纳生物学特性与化学防除的研究 [J]. 植物保护学报, 15: 260.

贾祖璋, 贾祖珊, 1937. 中国植物图鉴 [M]. 上海: 开明书店: 164.

李建波, 2003. 麦田婆婆纳生态经济阈值的研究 [J]. 安徽农业科学, 31 (6): 1062-1064.

李振宇, 解焱, 2002. 中国外来入侵种 [M]. 北京: 中国林业出版社: 149.

梁广贞, 1987. 四川省玄参科六属植物的初步研究 [J]. 重庆师范学师学报 (自然科学报), (1): 110-120.

刘光明, 李倩, 2011. 婆婆纳的形态特征及营养器官解剖结构 [J]. 贵州农业科学, 39 (4): 55-56.

罗红炼, 何振才, 赵鹏涛, 等, 2002. 几种麦田除草剂对婆婆纳的防治效果比较 [J]. 陕西农业科学, (11): 3-4.

沈剑明, 张国樑, 1987. 甘肃婆婆纳属植物初步研究 [J]. 兰州大学学报, 23 (1): 101-108.

徐志康, 黄颂禹, 1985. 麦田恶性杂草婆婆纳的生物学特性与化学防除试验初报 [J]. 江苏杂草科学, (2): 19-21.

岳建英, 刘天慰, 关芳玲, 1998. 山西植物一新纪录属和四个新纪录种 [J]. 山西大学学报 (自然科学版), 21 (1): 86-89.

张朝贤, 胡祥恩, 钱益新, 等, 1998. 江汉平原麦田杂草调查 [J], 植物保护, 24 (3): 14-16.

张军林, 张蓉, 慕小倩, 等, 2006. 婆婆纳化感机理研究初报 [J]. 中国农学通报, 22 (11): 151-153.

钟补求, 洪德元, 1979. 婆婆纳属 [M] // 钟补求, 杨汉碧. 中国植物志: 第 67 卷第 2 分册. 北京: 科学出版社: 284-285.

钟林光, 王朝晖, 2010. 外来物种婆婆纳生物学特性及危害的研究 [J]. 安徽农业科学, 38 (19): 10113-10115.

Hong D Y, Yang H B, Jin C L, et al., 1998. Scrophulariaceae[M]// Wu Z Y, Raven P H. Flora of China: vol 18. Beijing: Science Press: 76.

Li H L, 1952. The genus *Veronica* (Scrophulariaceae) in China[J]. Proceedings of the Academy of Natural Sciences of Philadelphia, 106: 197–218.

4. 常春藤婆婆纳 *Veronica hederifolia* Linnaeus, Sp. Pl. 13. 1753.

【别名】 睫毛婆婆纳

【特征描述】 一年生或越年生草本植物。全株有毛，茎高 10～20 cm，自基部分枝成丛，下部伏生地面，上部斜向上生长，全株被多节长柔毛。茎基部或下部叶对生，上部叶互生；叶片宽心形或扁卵形，长 7～10 mm，宽 8～12 mm，先端钝圆而微凸，基部宽楔形、浅心形或截形，边缘有粗钝锯齿 1～2 对，两面疏生柔毛，基部叶有柄，上部叶无柄。花单生于叶状苞片的叶腋间，苞片互生，与叶同形；花梗长约 1 cm，长于或等长于苞叶；花萼 4 深裂，长 4～5 mm，裂片膜质，卵形或卵状三角形，具多节长睫毛；花冠青紫色，直径 2～4 mm，4 深裂，裂片比花冠筒短；雄蕊 2，短于花冠。蒴果扁球形，无毛，宿存花柱长约 1 mm，内含种子 1～4 枚。种子长圆形，长 2.5～3 mm，黄褐色，背面圆，表面有横皱纹，腹面凹入。**染色体**：2*n*=18、22、32、36、54（郭水良和刘雪珠，2001）。**物候期**：花、果期 2—5 月。

【原产地及分布现状】 原产于欧洲、西亚和北非等地中海沿岸国家，是当地重要的麦田杂草，现散见于世界各地（郭水良和李扬汉，1996）。**国内分布**：湖南、江苏、江西、四川、台湾、浙江。

【生境】 路旁、荒地、水沟旁、房舍周围、苗圃、果园、林地、荒坡、山地、墓地等处。

【传入与扩散】 **文献记载**：20 世纪 20 年代传入中国。在中国，最初的记载见于 1986 年出版的《江苏维管植物检索》（陈守良和刘守炉，1986），1993 年出版的《浙江植物志》收录（郑朝宗，1993）；1996 年对常春藤叶婆婆纳做了入侵报道（郭水良和李扬汉，1996）；2002 年作为入侵种收录（李振宇和解焱，2002）；2009 年报道了在台湾的发现（沈明雅 等，2009）。**标本信息**：后选模式（Lectotype），LINN 26.20，标本现存放于林奈学会植物标本馆（LINN）。中国最早标本于 1928 年 4 月 15 日采自江苏（Pang & M. s. n., NAS00238474），但无具体采集地。**传入方式**：无意引进。**传播途径**：随种子自然扩散。**繁殖方式**：种子繁殖。**入**

侵特点：① 繁殖性　种子繁殖。在南京市郊，10 月开始有种子发芽，11 月是发芽盛期，发芽期可以持续到翌年 1 月中旬，长达 3 个多月。2 月中旬开始开花，3 月是开花盛期。种子从 3 月底开始成熟，4 月中旬进入成熟盛期，同时叶变黄枯萎。从现蕾到种子成熟大约 40 天，5 月植株死亡。种子落在植株四周，进入休眠。常春藤婆婆纳通过种子休眠度过不良生长季节，到适合萌发的季节才萌发生长，种子的生命力较强（吴海荣 等，2005）。4℃ 以下的处理能有效打破休眠（Harain & Lovell, 1980），黑暗条件能促进种子萌发，但长期储存的种子，这种特性则会消失（Lonchamp & Gora, 1981）。土壤 2～12℃ 的温度有利于种子萌发，温度越高，种子萌发率越低，当温度超过 20 ℃ 时，种子失去萌发能力（Roberts & Lockett, 1978）。种子萌发对 pH 值要求不严格，但更适生于偏碱性的环境中（郭水良和李扬汉，1998）。与其他杂草相比，常春藤婆婆纳在田间的种子萌发率较高，达 10% 以上，而农田杂草种子的平均发芽率一般仅为 3.32%（Zemanek & Sterba, 1977; Pulcher & Hurle, 1984）。② 传播性　种子较小，可借助风、水、人、畜等传播。③ 适应性　喜低温性的早春杂草（郭水良和李扬汉，1996），适生于低温的地区（方芳和郭水良，2000），喜生于土壤干燥、通气性良好的地段。南京市郊区常春藤叶婆婆纳种群染色体存在着明显的非整倍性现象，以 2n=32 为主，同时又有一定比例的二倍体（2n=18）个体和六倍体（2n=54）个体，还有 2n=22、36 等个体，这表明，常春藤婆婆纳具有较强的适应性及杂草性（郭水良和刘雪珠，2001）。**可能扩散的区域**：该种可能在华中、华南、中南、西南地区扩散。

【危害及防控】　危害：危害夏熟作物及草坪；影响生物多样性；常春藤婆婆纳有强烈的化感作用，其地上部分的水浸提液对小麦、油菜等作物种子的萌发、幼苗的生长有强烈的抑制作用，且浓度越高，抑制作用越强（吴海荣和强胜，2009；王云 等，2013）。**防控**：加强田间管理，人工拔除；水旱轮作，可有效防治（郭水良，1997）；去草净、新喹啉羧酸类除草剂、噻磺隆可防除。

【凭证标本】　江苏省南京市南京林业大学校园，32.081 2°N，118.820 2°E，2016 年 3 月 25 日，严靖 RQHD03042（CSH）；浙江省杭州市杭州植物园，2016 年 3 月 24 日，严靖 RQHD03046（CSH）；台湾台中市梨山，2008 年 9 月，Shen 4762（TAIE）。

常春藤婆婆纳（*Veronica hederifolia* Linnaeus）

1. 群落；2. 植株；3. 花；4. 果；5. 果（纵切）

参考文献

陈守良，刘守炉，1986.江苏维管植物检索表［M］.南京：江苏科学技术出版社：498-499.

方芳，郭水良，2000.不同环境条件下 *Veronica* 两种外来杂草叶片游离脯氨酸含量变化及其生物学意义［J］.浙江师大学报（自然科学版），23（2）：190-192.

郭水良，1997.长江下游地区婆婆纳属（*Veronica* L.）杂草及其综合治理的研究［D］.南京：南京农业大学：77-79.

郭水良，李扬汉，1996.新外来杂草——常春藤叶婆婆纳［J］.杂草科学，3：6-7.

郭水良，李扬汉，1998.我国境内睫毛婆婆纳生态特征研究［J］.应用生态学报，9（2）：133-138.

郭水良，刘雪珠，2001.我国境内常春藤叶婆婆纳染色体计数及其生态学意义［J］.广西植物，21（2）：111-112.

李振宇，解焱，2002.中国外来入侵种［M］.北京：中国林业出版社.

沈明雅，彭镜毅，许再文，2009.台湾玄参科的新归化植物——睫毛婆婆纳［J］.特有生物研究，11（1）：47-50.

王云，符亮，龙凤玲，等，2013.2 种婆婆纳属植株水浸提液对 6 种受体植物的化感作用［J］.西北农林科技大学学报（自然科学版），41（4）：178-189.

吴海荣，强胜，2009.外来杂草睫毛婆婆纳的化感作用［J］.江苏农业学报，25（1）：100-105.

吴海荣，强胜，段惠，等，2005.睫毛婆婆纳［J］.杂草科学，3：57-60.

郑朝宗，1993.婆婆纳属［M］// 郑朝宗.浙江植物志：第 6 卷.杭州：浙江科学技术出版社：14-18.

Harain G R, Lovell P H, 1980. Growth and reproductive strategy in *Veronica* spp[J]. Annual of Botany, 45(4): 447-458.

Lonchamp J P, Gora M, 1981. Evolution of the germination capacity of weed seeds during drystorage[J]. Weed abstrct, 30(3): 113.

Pulcher M, Hurle K, 1984. Weed flora and weed seed bank in wheat monoculture under different leavels of crop protection[J]. Weed abstract, 33(10): 341.

Roberts H A, Lockett P M, 1978. Seed dormancy and periodicity of seedling gemergence in *Veronica hederifolia* L. [J]. Weed research, 18(1): 41-48.

Zemanek J, Sterba R, 1977. Study of long term effects of repeated herbicide application sand different crop rotation systemson crop[J]. Weed abstract, 26(10): 311.

2. 野甘草属 *Scoparia* Linnaeus

　　一年生或多年生草本，稀为半灌木。茎直立，多分枝，具3～6棱。叶对生或轮生，叶片条形至倒卵形，全缘或有齿缺，具短柄。花黄色、白色或紫色，单生或成对生于叶腋内，花梗纤细；萼片4～5，覆瓦状排列；花冠辐状，花冠筒极短，远短于花冠裂片，喉部有长柔毛，裂片4，近相等，芽时覆瓦状排列；雄蕊4，生于花冠筒顶端，几等长，药室分离；子房球形，2室，中轴胎座，内含多数胚珠，花柱单一，柱头头状。蒴果球形或卵球形，室间开裂或连同室被开裂，果爿边缘内卷。种子小，有棱角，种皮有蜂窝状孔纹。

　　本属约20种，分布于热带美洲（Hong et al., 1998）；我国1种，为入侵植物。

　　在传统的分类系统中，野甘草属隶属玄参科，但根据分子系统学研究，该属应从玄参科中分出，归入车前科 Plantaginaceae（APG, 2016; Mabberley, 2017）。

参考文献

Hong D Y, Yang H B, Jin C L, et al., 1998. Scrophulariaceae[M]// Wu Z Y, Raven P H. Flora of China: vol 18. Beijing: Science Press: 22.

Mabberley D J, 2017. Mabberley's plant-book—a portable dictionary of plants, their classification and uses[M]. 4th ed. Cambridge: Cambridge University Press: 842.

The Angiosperm Phylogeny Group(APG), 2016. An update of the Angiosperm Phylogeny Group classification for the Ordors and families of flowering plants: APG IV[J]. Botanical Journal of the Linnaen Society, 181(1): 1–20.

野甘草 *Scoparia dulcis* Linnaeus, Sp. Pl. 1: 116. 1753.

【别名】 假甘草、冰糖草

【特征描述】 直立草本或半灌木。全体无毛。茎多分枝，有数条明显的纵棱，高20～80 cm。叶对生或轮生；叶片近于菱形，长1～3 cm，宽0.2～1.5 cm，基部渐狭成短柄，中部以下全缘，上部边缘具单或重锯齿，下面具腺点，侧脉每边 3～5 条。花单生或成对生于叶腋；花梗细，长 5～10 mm；萼片 4 枚；分生，卵状矩圆形，长约 2 mm，具睫毛；花冠白色或带紫色，辐状，直径约 4 mm，4 深裂，裂片近相等，矩圆形，内面近基部被长柔毛；雄蕊 4 枚，近等长，花药箭形；子房球形，无毛，花柱挺直，柱头截形或凹入。蒴果球形，直径约 3 mm，室间室背均开裂，中轴胎座宿存。种子多数，长约 0.3 mm，具网状突起。**物候期**：花期 5—7 月。

【**原产地及分布现状**】 原产于美洲热带，现广布于全球热带和亚热带地区（Hong et al., 1998）。**国内分布**：澳门、北京、福建、广东、广西、贵州、海南、江西、上海、台湾、香港、云南。

【**生境**】 生于荒地、路旁、偶见于山坡。

【**传入与扩散**】 **文献记载**：19 世纪在香港归化（Bentham, 1861; Dunn & Tutcher, 1912）；1956 年被《广州植物志》收载（侯宽昭，1956）；2002 作为入侵种被收录（李振宇和解焱，2002）。**标本信息**：后选模式（Lectotype），Herb. A. van Royen No. 921. 348-349，标本采自牙买加，存放于瑞典林奈学会标本馆（LINN）。中国最早的标本于 1908 年采自福建厦门（Anonymous 441, PE01456414）；较早的标本采集还有广东于 1917 年 3 月 20 日在广州采到标本（C. O. Levine 455, PE01456415、02045914、02145915）。**传入方式**：有意引入。**传播途径**：随人工引种混入种子自然扩散。**繁殖方式**：种子繁殖。**入侵特点**：① 繁殖性 种子繁殖。② 传播性 有一定的扩散能力。③ 适应性 喜生于湿润环境，为农田和草坪常见杂草。**可能扩散的区域**：该种可能在我国华南、华中、中南、西南地区扩散。

【**危害及防控**】 **危害**：农田和草坪杂草。**防控**：人工拔除或用 20% 草铵膦防治；加强引种管理，防止扩散；野甘草有抗氧化、抗菌、抗癌、抗 HIV、镇痛作用，民间用来治疗糖尿病、高血压、牙痛、胃病。因此防治需要与利用相结合，化危害为利用（万文婷等，2015）。

【凭证标本】 福建省漳州市东山县西埔镇，海拔 40 m，23.708 3°N，117.427 1°E，2016 年 3 月 25 日，严靖 RQHD03042（CSH）；广东省清远市英德市沙口镇新建村，海拔 106 m，23.348 2°N，113.594 6°E，2014 年 9 月 25 日，王瑞江 RQHN00455（CSH0124675）；广西南宁市江南区苏圩镇，海拔 139 m，22.557 3°N，108.097 2°E，2016 年 6 月 18 日，韦春强、李象钦 RQXN08308（IBK00398626）。

野甘草（*Scoparia dulcis* Linnaeus）

1. 群落和生境；2. 植株；3. 茎、叶；4. 花（侧面）；5. 果

参考文献

侯宽昭，1956. 广州植物志 [M]. 北京：科学出版社：590–591.

李振宇，解焱，2002. 中国外来入侵种 [M]. 北京：中国林业出版社：147.

万文婷，马运运，许利嘉，等，2015. 野甘草的现代研究概述和应用前景分析 [J]. 中草药，46（16）：2492–2498.

Bentham G, 1861. Flora Hongkongensis: a description of the flowering plants and ferns of the island of Hongkong. London: L Reeve: 252.

Dunn S T, Tutcher W T, 1912. Flora of Kwangtung and Hongkong (China)[J]. Bulletin of Miscellaneous Information, Additional Series, 10: 110.

Hong D Y, Yang H B, Jin C L, et al., 1998. Scrophulariaceae[M]// Wu Z Y, Raven P H. Flora of China: vol 18. Beijing: Science Press: 22.

3. 凯氏草属 *Kickxia* Dumort

一年生或多年生草本或矮灌木。通常具腺毛或棉毛。茎匍匐上升或以叶柄攀缘。单叶，通常互生，线状披针形至近圆形，全缘或叶中下部具锯齿，基部戟形或箭形；近无柄至有叶柄，叶柄偶尔缠绕。花单生叶腋，花左右对称，具花梗；花萼5深裂，裂片全缘，近等大，覆瓦状，通常短于花冠筒；花冠白色到黄色，筒近圆柱形或钟状，有圆柱状或圆锥形的距，檐部二唇形，裂片明显不等长或近等长，上唇2裂或微缺，短于下唇，直立至开展，下唇3浅裂，通常扩大而在花冠近基部封闭喉部；裂片内侧具短柔毛或绵毛；能育雄蕊4，二强，内藏，花药边缘联合成一个环形结构，具缘毛，退化雄蕊微小；子房卵圆形到近球形，花柱单一，直立，柱头头状，位于花药环的中心。蒴果卵球形至近球形。种子多数，开裂。种子两侧对称，肾形至椭圆形，种皮具蜂窝状网脉或具瘤，种脐居中。**染色体**：2*n*=18、36（Medhanie, 2000）。

本属有9种，主要分布在欧洲、北非和西亚。我国1种，为潜在外来入侵植物。

在传统的分类系统中，凯氏草属隶属玄参科，但根据分子系统学研究，该属应从玄参科中分出，归入车前科（Plantaginaceae）（APG, 2016; Ghebrehiwet, 2000; Mabberley, 2017）。

参考文献

Ghebrehiwet M, 2000. Taxonomy, phylogeny and biogeography of *Kichxia* and *Nanorrhinum* (Scrophulaceae)[J]. Nordic Journal of Botany, 20(6): 655–690.

Mabberley D J, 2017. Mabberley's plant-book—a portable dictionary of plants, their classification and uses[M]. 4th ed. Cambridge: Cambridge University Press: 489.

Medhanie G, 2000. Taxonomy, phylogeny and biogeography of *kickxia* and *Nanorrhinum* (Scrophulariaceae)[J]. Nordic Journal of Botany, 20(6): 655–690.

The Angiosperm Phylogeny Group(APG), 2016. An update of the Angiosperm Phylogeny Group classification for the Ordors and families of flowering plants: APG IV. Botanical Journal of the Linnaen Society, 181(1): 1–20.

戟叶凯氏草 *Kickxia elatine* (Linnaeus) Dumortier, Fl. Belg. 35. 1827.

【别名】 尖叶银鱼木

【特征描述】 一年或多年生草本。茎匍匐或斜上升,基部多分枝。全株被白色绵毛及腺毛。单叶,互生,叶片宽卵形至卵形,长 0.2～2 cm,宽 0.1～1.8 cm,基生叶或更大,向上渐小,先端急尖或钝,基部戟形,全缘或叶缘中下部具不规则锯齿;叶柄长 1～7 mm。花单生叶腋,花梗长 1～3 cm,纤细;花萼 5 裂,果期宿存,略增大,微呈二唇形,裂片披针形,渐尖,长约 4 mm,宽达 2 mm,萼管长达 1 mm,上唇 3 裂,下唇 2 裂。花冠假面形,外面淡紫色至近白色,上唇 2 裂片内侧深紫色,下唇 3 裂片黄色至淡黄色,有时近白色,两侧近基部常有稍淡的紫色斑块,向内呈囊状凸起;基部距漏斗状,弯曲,长 5～8 mm。雄蕊 4,二强,贴生于花冠管基部,内藏于上唇下面,顶端联合,花丝绿白色,长约 4 mm,被毛,花药紫色,边缘被毛,长约 1 mm;子房上位,球形,径约 1 mm,绿色,被毛,基部环绕绿色环状蜜槽;子房 2 室,中轴胎座,胚珠多数;花柱被毛,长约 2.1 mm,绿白色,柱头下面略膨胀。蒴果近球形,直径 3～4 mm,柱头宿存,种子多数。**物候期**:花期 5—10 月,果期 8—10 月。

【原产地及分布现状】 原产于非洲、欧洲及亚洲西南部（Husseini & Zareh, 1994; Medhanie, 2000），现已扩散至美洲、大洋洲局部地区。**国内分布**：江苏、上海、浙江。

【传入与扩散】 **文献记载**：我国最早于 2011 年在上海浦东国际机场附近发现（李宏庆等，2013）；2012 年在江苏南通拍摄到本种照片，2013 年 8 月采集到凭证标本（叶康等，2014）；2012 年 8 月于浙江野外采到标本（徐绍清 等，2015）。**标本信息**：模式标本（Type），S10–19473, Duffort 1903 年 9 月 10 日采自法国，标本现存于瑞典自然历史博物馆（Swedish Museum of Natural History）（S）。我国最早标本于 2010 年 10 月 6 日在上海浦东国际机场附近采到（李宏庆 SDP03343, HSNU）；浙江首次于 2012 年 8 月在慈溪采到标本（CX20120821017, ZJFC）；江苏最早于 2013 年采到标本（张治 NT–005, NAS）。**传入方式**：无意传入，已在上海、江苏、浙江归化。**传播途径**：随种子传播。**繁殖方式**：种子繁殖。**入侵特点**：① 繁殖性 种子繁殖。② 传播性 花期长、结籽多，易于传播（徐绍清 等，2015）。③ 适应性 在河流及溪边沙地、荒地，铁路边或草坪中易于生长。**可能扩散的区域**：该种可能在华东地区扩散。

【危害及防控】 **危害**：影响当地的生物多样性。**防控**：做好农作物和花卉种子管理，发现逸生在结实前人工清除。

【凭证标本】 浙江宁波慈溪跨海大桥桥脚东侧十一塘，海拔 5 m，30.360 6°N，121.176 2°E，2012 年 8 月 21 日，徐绍清等，CX20120821017（ZJFC）。

戟叶凯氏草 [*Kickxia elatine* (Linnaeus) Dumortier]

1. 生境；2. 部分植株；3. 茎和叶，示叶的上表面；
4. 茎和叶，示叶的背面；5. 花果枝；6. 花（侧面观）；
7. 花（正面观）；8. 果实

参考文献

李宏庆，熊申展，陈纪云，等，2013.上海植物区系新资料（VI）[J].华东师范大学学报（自然科学版），1：139-143.

徐绍清，徐永江，金水虎，等，2015.浙江省玄参科归化新记录——凯氏草属[J].防护林科技，136（1）：50-51.

叶康，奉树承，褚晓芳，2014.江苏归化植物新记录属——凯氏草属[J].种子，33（3）：59-60.

Husseini N E, Zareh M, 1994. Systematic studies of Scrophulariaceae in Egypt I. *Linaria* Mill., and *Kickxia* Dumort[J]. Feddes Repertorium, 105(5-6): 317-329.

Medhanie G, 2000. Taxonomy, phylogeny and biogeography of *Kickxia* and *Nanorrhinum* (Scrophulariaceae)[J]. Nordic Journal of Botany, 20(6): 655-690.

4. 假马齿苋属 *Bacopa* Aublet

一年生或多年生草本。茎直立或匍匐，多分枝，圆柱形或弱四棱形，无毛。叶对生，线状披针形、卵形到圆形，顶端渐尖到钝，全缘或具圆齿及锯齿，具基出脉或羽状脉，基部渐狭而无柄或近无柄。花单生于叶腋或在茎顶排成总状花序；无苞片，小苞片1～2或缺；花无柄到有花柄；花萼5裂几乎到基部，上裂片最大，卵球形，侧面的两裂片通常最小，线形到披针形；花冠白色或蓝紫色，管状或钟状，檐部明显或不明显二唇形，近等长的5浅裂。雄蕊4，二强或等长，花药椭圆形，药室2，平行，或基部叉开；子房椭圆形到球形，无毛，花柱丝状，柱头头状或2裂。蒴果为宿萼所包，卵球形或球形，成熟时开裂为2瓣或4瓣。种子多数，种皮粗网状，具纵向脊。**染色体**：$2n$=68、80。

本属约60种，分布于世界的热带和亚热带地区；我国2种，1种为外来入侵植物。

在传统的分类系统中，假马齿苋属隶属玄参科，但根据分子系统学研究，该属应从玄参科中分出，归入车前科 Plantaginaceae（APG, 2016; Mabberley, 2017）。

参考文献

Mabberley D J, 2017. Mabberley's plant-book—a portable dictionary of plants, their classification and uses[M]. 4th ed. Cambridge: Cambridge University Press: 93.

The Angiosperm Phylogeny Group(APG), 2016. An update of the Angiosperm Phylogeny Group classification for the Ordors and families of flowering plants: APG IV[J]. Botanical Journal of the Linnaen Society, 181(1): 1–20.

田玄参 *Bacopa repens* (Swartz) Wettstein in Engl. & Prantl, Nat. Pflanzenfam. 4 (3b): 76. 1891.

【别名】 匍匐假马齿苋、假西洋菜

【特征描述】 一年生草本。茎匍匐，节上生根并生出分枝，分枝长 12～20 cm，幼枝密被长柔毛，长枝渐变疏，肉质。叶无柄，叶片倒卵形或倒卵状长圆形，长 1～2 cm，宽 0.7～1.3 cm，侧枝上的叶片较少，上面近无毛，下面脉上及边缘疏被长柔毛，基部半抱茎，边缘全缘，先端圆，基出脉 9～10 条。花单生于叶腋，下垂，花梗长 1～2 cm；小苞片缺；萼片 5 枚，近完全分离，长 3～4 mm，下方 2 片及上方 1 片狭长圆形，具 5 条纵脉，先端钝，侧生 2 片条形具 1 中脉；花冠白色，长 4～5 mm，花冠筒下部筒状，直径约 1.3 mm，上部略扩大，至喉部直径约 2 mm，檐部二唇形；上唇直立，先端圆；下唇 3 裂，裂片近相等；雄蕊 4 枚，贴生于花冠管喉部，微伸出花冠筒之外，花丝与花药等长，花药呈箭头形；子房球形，无毛，花柱丝状，柱头 2 裂。蒴果球形，黄褐色，直径约 1.7 mm，无毛；种子圆柱状，长约 0.5 mm，表面具网纹突起。**物候期**：花期 8—9 月，果期 9—12 月。

【原产地及分布现状】 原产于北美洲及南美洲（Sosa et al., 2018）。**国内分布**：福建、广东、海南、香港（Hong et al., 1998）。

【生境】 常生于浅水、田边、水塘边，海拔 20～50 m。

【传入与扩散】 **文献记载**：本种最早在 1987 年被作为新种报道，并将其置于新属田玄

参属 *Sinobacopa* 中（洪德元，1987），后被证实为错误鉴定（陈恒彬和张永田，1991）；之后分别被 *Flora of China* 第 18 卷和《深圳植物志》第 3 卷收载（Hong et al., 1998；李振宇，2012）。**标本信息**：模式标本（Type），O. P. Swartz s. n.，1786 年 6 月采自牙买加（Jamaica）；后选模式（Lectotype），04-341，标本存于瑞典自然历史博物馆（S）；等后选模式（Isolectotype），000953377，标本存于英国自然历史博物馆（BM）；HS48-3，标本存于瑞典林奈学会标本馆（LINN）；1741638、S-R-2471、S-R-2470，标本存于瑞典隆德大学植物标本馆（LD）。我国最早的标本为 1968 年 9 月 19 日采自香港的标本（Shih Ying Hu 5647A, PE01474131）；较早采集的标本还有：1974 年 10 月在广东花县采到标本（何道泉 s. n., IBSC0575827）；福建最早于 1982 年在福州采到标本（陈占秦 486, PE01481380）；1983 年在海南陵水采到标本（刁俗 1715, PE01481381）。**传入方式**：无意引入。**传播途径**：可能随引种或混在粮食中夹带传播而来，主要在华南地区扩散蔓延。**繁殖方式**：营养繁殖及种子繁殖。**入侵特点**：① 繁殖性　种子繁殖，但缺乏种子生物学数据。② 传播性　传播能力较强，可能与能在水田中生长有一定关系。③ 适应性　本种喜生于水田或潮湿的肥沃土地或草地。**可能扩散的区域**：该种可能在华南地区不断扩散。

【**危害及防控**】　**危害**：如果蔓延会对水生生态环境有一定的影响，由此进一步影响生物多样性。**防控**：加强监控，防止进一步扩散。

【**凭证标本**】　广东省潮州市茶潮安高铁站，2014 年 7 月 14 日，曾宪锋 15249（CZH）；广东省深圳市洪湖公园，2007 年 8 月 2 日，李沛琼、王国栋 W070161（SZG）。

田玄参 [*Bacopa repens* (Swartz) Wettstein]
1. 群落和生境；2-3. 不同时期的植株；4. 花枝；5. 花

参考文献

陈恒彬，张永田，1991. 福建假马齿苋属的初步研究 [J]. 亚热带植物科学，20（2）：20-22.

洪德元，1987. 田玄参属 —— 玄参科一新属 [J]. 中国科学院大学学报，25（5）：393-395.

李振宇，2012. 假马齿属 [M] // 李沛琼. 深圳植物志：第3卷. 北京：中国林业出版社：365-366.

Hong D Y, Yang H B, Jin C L, et al., 1998. Scrophulariaceae[M]// Wu Z Y, Raven P H. Flora of China: vol 18. Beijing: Science Press: 23.

Sosa M D L M, Moroni P, O'Leary N, 2018. A taxonomic revision of the genus *Bacopa* (Gratioleae, Plantaginaceae) in Argentina[J]. Phytotaxa, 336(1): 1−27.

5. 伏胁花属 *Mecardonia* Ruiz & Pavón

直立或铺散多年生草本。多分枝，无毛。茎有棱。叶对生，倒卵球形，顶端钝到圆形，叶缘有锯齿，略反卷，具腺点，基部渐狭而无柄。花有明显花梗，腋生，苞片叶状；小苞片 2，位于纤细的花梗基部，远短于苞片；萼片 5，不等大，外轮 3 萼片远大于内轮 2 个；花冠白色或黄色，下部筒形，檐部 2 唇形，呈假面状，花冠裂片短于花冠管，近轴面多少联合，基部内面被毛；雄蕊 4，二强，着生于花冠筒基部上方，前方一对较长，花药有两个分开的囊。蒴果椭圆球形或卵球形，先端急尖，无毛，成熟时室间开裂成 2 片，果片仅在顶端微开裂。种子多数，椭球形，具网纹突起。**染色体**：2*n*=22，44。

本属约 10 种，分布于美洲温带和热带地区（Small, 1903; Mabberley, 2017）；我国 1 种，为外来入侵植物。

在传统的分类系统中，伏胁花隶属玄参科，但根据分子系统学研究，该属应从玄参科中分出，归入车前科 Plantaginaceae（APG, 2016; Mabberley, 2017）。

参考文献

Mabberley D J, 2017. Mabberley's plant-book—a portable dictionary of plants, their classification and uses[M]. 4th ed. Cambridge: Cambridge University Press: 571.

Small J K, 1903. Flora of the Southeastern United States[M]. New York: New ERA Printings: 1064–1065.

The Angiosperm Phylogeny Group(APG), 2016. An update of the Angiosperm Phylogeny Group classification for the Ordors and families of flowering plants: APG IV[J]. Botanical Journal of the Linnaen Society, 181(1): 1–20.

伏胁花 *Mecardonia procumbens* (Miller) Small, Fl. Southeastern U. S., 1065, 1903.

【别名】 黄花假马齿、黄花过长沙舅

【特征描述】 多年生草本。高 8～20 cm，基部多分枝，铺散或多少外倾，全体无毛。茎四棱形，纤细。叶对生，无柄或基部有带翅的柄，先端略尖；叶片椭圆形或卵形，长 1～2 cm，宽 0.6～1.3 cm，上面具腺点；边缘具锯齿。花单生于叶腋，花梗长 7～12 mm；苞片 2，在花梗的基部对生，披针形或狭倒披针形，长 4～7 mm，宽 1～2 mm，全缘或中部以上有不明显的锯齿；萼片 5 枚，完全分离，覆瓦状排列，外面的 3 枚呈宽卵形或宽的卵状椭圆形，最外面的 1 枚略大于其他 2 枚，全缘，内面的 2 枚萼片线状披针形；花冠筒状，黄色，略长于萼片，二唇形；上唇具缺刻或顶端 2 浅裂，具红褐色的脉 6 条，基部内面密被黄色柔毛；下唇 3 裂，裂片近相等，具 3 条不明显的脉；雄蕊 4 枚，贴生于冠管的近基部，全育，2 强，长雄蕊的花丝长约 2 mm，短雄蕊的花丝长约 1.5 mm，花药两两不靠合，2 裂；雌蕊长 3.5～4 mm，子房椭圆状，长 2～2.5 mm，宽 0.8～1 mm，花柱短，柱头扁唇形。蒴果椭圆状，黄褐色，长约 5 mm，宽约 2 mm，室间开裂。种子圆柱状，长约 0.5 mm，黑色，表面具网纹。**物候期**：花、果期 3—12 月。

【原产地及分布现状】 原产于热带美洲及美国的得克萨斯和佛罗里达南部（Mabberley，2017；Small，1903；Souza，1997），现于爪哇和我国台湾、广东、福建归化（Chen & Wu，2001；凡强 等，2007；徐奇，2015）。**国内分布**：广东、广西、福建、台湾。

【生境】 常生于水稻田边、菜地、池塘、沟渠边，喜阳光充足但较为潮湿之地。

【传入与扩散】 文献记载：2001 年报道了该种在台湾的分布（Chen & Wu, 2001）；2002 年在广州中山大学的草地上被采集，但未被鉴定，2007 年在广州岑村的苗圃荒地中及珠海唐家湾等地相继发现（凡强 等，2007）；2012 年记载了深圳的分布（李振宇，2012）；2015 年在福州发现（徐奇，2015）。标本信息：主模式（Holotype），Houstoun s. n.，采自墨西哥，标本现存于英国自然历史博物馆（BM）。我国大陆最早于 2002 年 5 月 16 日在广东广州中山大学草坪采到标本（凡强 02110, SYS）；福建最早于 2015 年在福州采到标本（徐奇 2015-11-01, FJFC）。传入方式：无意引入。传播途径：可能由花卉引种夹带而来。随花卉不断相互引种而扩散蔓延。繁殖方式：种子繁殖。入侵特点：① 繁殖性　种子繁殖，但缺乏种子生物学数据。② 传播性　传播能力一般，并不太强（凡强 等，2007）。③ 适应性　本种喜生于开阔、阳光充足但较为潮湿的肥沃砂土地或草地。可能扩散的区域：该种可能在华南地区扩散。

【危害及防控】 危害：该植物体型较小，危害性目前难以评估。但其生命力较强，生存空间有扩张趋势，可能影响入侵地草坪草的生长以及生物多样性。防控：加强管理、监控，防止进一步扩散；一旦发现在自然生境中逸生应及时在开花结果前清除。

【凭证标本】 澳门国际机场北安圆形地，海拔 32 m，20.646 6°N，113.572 6°E，2015 年 5 月 21 日，王发国 RQHN02769（CSH0127410）；广东省广州市中山大学草坪，海拔 20 m，2002 年 5 月 16 日，凡强 02110（SYS）；广东省广州市天河区岑村长虹苗圃基地，海拔 20 m，2005 年 6 月 20 日，凡强 05965（SYS）；广东省江门市蓬江区环市街道群星村群星公园，海拔 43 m，20.639 0°N，113.039 1°E，2015 年 4 月 15 日，王发国、李西贝阳 RQHN02657（CSH0127441）；福建省福州市福建农林大学中华名特优植物园，海拔 7 m，2015 年 11 月 1 日，徐奇 2015-11-01（FJFC）。

伏胁花 [*Mecardonia procumbens* (Miller) Small]
1. 群落和生境；2. 叶枝，示叶对生；3. 花枝；4. 花蕾枝；5. 花（正面观）；6. 花（侧面观）

参考文献

凡强，廖文波，施苏华，等，2007.华南玄参科两个新归化种及假马齿苋补注［J］.中山大学学报（自然科学版），46（6）：138-140.

李振宇，2012.黄花假马齿属［M］// 李沛琼.深圳植物志：第4卷.北京：中国林业出版社：366-367.

徐奇，2017.福建一新记录归化植物——伏胁花［J］.亚热带农业研究，13（1）：64-65.

Chen S H, Wu M J, 2001. Notes on two naturalizes plants in Taiwan[J]. Taiwania, 46(1): 85–92.

Mabberley D J, 2017. Mabberley's plant-book—a portable dictionary of plants, their classification and uses[M]. 4th ed. Cambridge: Cambridge University Press.

Small J K, 1903. Flora of the Southeastern United States[M]. New York: New ERA Printings: 1064–1065.

Souza V C, 1997. Studies on the delimitation of *Mecardonia procumbens* (Mill.) Small (Scrophulariaceae)[J]. Acta Botanica Brasilica, 11(2): 181–189.

6. 离药草属 *Stemodia* Linnaeus

一年生或多年生草本。无毛或具腺毛或密被长柔毛。茎匍匐、斜升或直立，茎圆柱形或四棱形。叶对生或轮生，叶片披针形、卵形或圆形，先端尖，表面具腺毛，叶缘有锯齿、齿或全缘，叶脉明显，无柄到近无柄或有叶柄，叶柄有毛或无毛。花有花梗，单生于叶腋，两性；花萼钟状，5深裂，外被绒毛，裂片线形至披针形，等长或近等长，花萼长于花冠；花冠白色到带蓝色或紫色，筒部圆柱形，檐部二唇形；雄蕊4，内藏，二强；子房椭圆形至球形。蒴果卵形或扁球形。种子多数，具纵向脊。**染色体**：$2n=22$，44，28（Sosa et al., 2011; Fischer, 2004）。

本属有56种，广泛分布于热带美洲、亚洲、非洲。我国1种，为入侵物种，分布于广东、海南、台湾。

离药草属在科的归属上还存在争议，在传统的分类系统中，离药草属被置于玄参科下，但最近很多学者根据分子系统学研究（Fischer, 2004; Oxelman et al., 2005; Tank et al., 2009; APG, 2016），将本属划归车前科（Plantaginaceae）。

参考文献

Fischer E, 2004. Scrophulariaceae[M]// Kadereit J W. The Family and Genera of Vascular Plants: vol 7. Berlin: Springer-Verlag: 333–432.

Oxelman B, Kornhall P, Olmstead R G, et al., 2005. Further disintegration of Scrophulariaceae[J]. Taxon, (54): 411–425.

Sosa M M, Panseri A F, Fernández A, 2011. Karyotype analysis of the southernmost South American species of *Stemodia* (Scrophulariaceae)[J]. Giornale Botanico Italiano, 145(2): 472–477.

Tank D C, Beardsley P M, Kelchner S A, et al., 2006. Review of the systematics of Scrophulariaceae s.l. and their current disposition[J]. Australian Systmatic Botany, 19: 289–307.

The Angiosperm Phylogeny Group(APG), 2016. An update of the Angiosperm Phylogeny Group classification for the Ordors and families of flowering plants: APG IV[J]. Botanical Journal of the Linnaen Society, 181(1): 1–20.

轮叶离药草 *Stemodia verticillata* (Miller) Hassler, Trab. Mus. Farmacol. 21: 110. 1909.

【别名】 轮叶孪生花

【特征描述】 多年生草本。茎外倾或匍匐，高 4.5～12 cm，密被绒毛及腺毛。叶对生或轮生，叶柄长 3～13 mm，具翅；叶片卵形至椭圆形，基部楔形，边缘具圆齿至双圆齿，稍反折，先端锐尖，两面具绒毛和腺毛，长 6～15 mm，宽 3～12 mm。花单生或2～3 朵生于叶腋，花梗长 1～2.5 mm；花萼 5 深裂，裂片线形至披针形，外被绒毛，先端锐尖，长 3～4.5 mm，宿存；花冠紫色至深紫色，长 5～7 mm，外面疏被绒毛；二唇形，上唇不明显 2 浅裂，裂片宽卵形，下唇 3 浅裂，裂片卵形至宽卵形，花冠筒的内下侧面具有短柔毛；雄蕊 4 枚，2 强，着生于花冠管的 2/3 深处，花药 2 囊，囊分离；能育雄蕊 2 枚，花丝长约 1.5 mm，花药长约 0.3 mm；退化雄蕊 2 枚，花丝长约 2 mm，化约长约 0.2 mm；子房椭圆形，稍压扁，长约 1.2 mm，无毛，柱头二唇形，宿存，无毛，长 1.5～2 mm。蒴果近球形至卵球形，稍压扁，成熟时褐色，直径约 2.5 mm，背室开裂。种子多数，椭圆形，灰褐色，先端圆形，具八棱。**物候期**：花期 8—9 月，果期 9—10 月。

【原产地及分布现状】 原产于墨西哥、南美和加勒比海地区，现于亚洲、非洲、美洲、澳大利亚的温带及热带地区广泛分布（Sosa et al., 2011; Sutton & Hampshire, 2001; Turner & Cowan, 1993）。**国内分布**：广东、广西、海南、台湾。

【生境】 分布于河岸、稻田、公园、草地、林下草地及公路边。

【传入与扩散】 **文献记载**：轮叶离药草在中国最早记载见于 2011 年在 *Tawainia* 发表的文章（Liang et al., 2011），文中记载在台湾台北市及新北市发现此种的分布。2014 年首次报道在大陆海南省发现玄参科新归化属——离药草属，同时报道了轮叶离药草在海南儋州市、五指山市、陵水县的分布（王建荣 等，2014）。2016 年报道了该种在广东省广州市发现逸生（王永淇 等，2016）。**标本信息**：模式标本（Type），2361, M. Sessé & J. M. Mociño 采自墨西哥，标本现存于美国费尔德自然历史博物馆（Field Museum, F）。中国最早标本于 2005 年 4 月 30 日采自深圳（SZG00046210）；2008 年在台湾新北三芝区（Y. C. Kao s. n., TNU），2009 年又在新北八里区（Y.-S. Liang s. n., TNU），2010 年在台北文山区（M. J. Jung 4889, TNU）采到标本；2009 年 6 月 13 日在广东省深圳市梧桐山采到标本（李振宇 11781，PE02054032）。**传入方式**：无意引入，可能是园林树种引种时夹带而来。**传播途径**：种子细小，推测随风或水传播。**繁殖方式**：种子繁殖。**入侵特点**：① 繁殖性 种子数量多而细小。② 传播性 容易随风或水流传播入侵新的地域。③ 适应性 本种为多年生草本，在台湾已形成稳定的居群，在海南、广东虽不常见，但都有成熟的种子，说明该种在我国台湾、海南、广东具有一定的适应性。**可能扩散区域**：该种可扩散到我国热带、亚热带部分地区，包括台湾、海南、广东、广西等省份（自治区）。

【危害及防控】 **危害**：尚未有危害的报道，但已经在华南各地广泛入侵。成为一种新的较常见的外来杂草，尤其是苗圃、花圃和果园，会影响当地生物多样性。若入侵稻田，随着居群扩大，会影响稻谷产量。**防控**：加强对入侵生境的监控，结合杂草清理，在果实成熟前将其铲除，以控制结实和种子的传播。

【**凭证标本**】 广东深圳仙湖科技楼，2005 年 4 月 30 日，张寿洲，012898（SZG）；台湾新北市三芝区，2008 年 6 月 6 日，Y. C. Kao s. n.（TAIF）；广东省广州市，海拔 20 m，23.183 6°N，113.347 8°E，2015 年 8 月 25 日，王永淇、李仕裕 03187（IBSC）；海南省儋州市，海拔 152 m，2010 年 7 月 4 日，王清隆、王建荣 071402（ATCH）；广西省崇左市龙山县上金乡荷村，海拔 122.2 m，2013 年 1 月 16 日，董青松、韦树根、闫志刚、柯若 451423130116005 LYLY（GXMG 0169815）。

轮叶离药草［*Stemodia verticillata* (Miller) Hassler］

1. 群落和生境；2. 植株；3. 花枝；4. 花（侧面观）；5. 花萼和果实

参考文献

王建荣, 王清隆, 王祝年, 等, 2014. 海南玄参科一新归化属——孪生花属 [J]. 热带作物学报, 35 (2): 253-255.

王永淇, 李仕裕, 张弯弯, 等, 2016. 广东省归化植物一新记录属——孪生花属 [J]. 福建林业科技, 4 (3): 165-166.

Liang Y S, Jung M J, Wu S C, et al., 2011. *Stemodia* L. (Scrophulariaceae), a newly naturalized genus in Taiwan[J]. Taiwania, 56(1): 62-65.

Sosa M M, Panseri A F, Fernández A, 2011. Karyotype analysis of the southernmost South American species of *Stemodia* (Scrophulariaceae)[J]. Giornale Botanico Italiano, 145(2): 472-477.

Sutton A D, Hampshire R J, 2001. Scrophulariaceae[M]. St Louis: Missouri Botanical Garden Press: 2354-2368.

Turner B L, Cowan C C, 1993. Taxonomic overview of *Stemodia* (Scrophulariaceae) for South America[J]. Phytologia, 74(2): 61-103.

7. 母草属 *Lindernia* Allioni

一年生或多年生草本。茎直立、倾卧或匍匐, 四棱形或圆柱形。单叶对生, 有柄或无, 形状多变, 叶缘常有齿, 稀全缘, 脉羽状或掌状。花常对生或稀单生, 生于叶腋或在茎枝之顶形成疏总状花序, 有时短缩而成假伞形花序, 偶有大型圆锥花序; 常具花梗, 无小苞片; 花萼无翅无棱, 具5裂片, 裂片相等或稍不等, 深裂、半裂, 长于花萼筒, 或一侧开裂, 在果期不靠合; 花冠紫色、蓝色或白色, 冠筒漏斗形, 檐部二唇形, 上唇直立, 微2裂, 下唇较大而伸展, 3裂; 雄蕊4枚, 二强, 或前方一对退化而无药, 花丝常有齿状、丝状或棍棒状附属物, 花药互相贴合或下方药室顶端有刺尖或距; 花柱顶端常膨大, 多为二片状。蒴果球形、矩圆形、椭圆形、卵圆形、圆柱形或条形。种子小, 多数, 具网状突起。

本属约有80种, 广泛分布于亚洲、欧洲、非洲、美洲的温暖地区。我国有30种, 1种为入侵物种, 分布于广东。

在传统的分类系统中, 母草属隶属玄参科, 但根据分子系统学研究, 微花草属和母草属等应从玄参科中分出, 成立母草科 (Linderniaceae) (APG, 2016; Mabberley, 2017),

并且还对母草属植物进行了重新界定（Fischer et al., 2013）。

参考文献

Fischer E, Bastian S, Kai M, 2013. The phylogeny of Linderniaceae—the new genus *Linderniella*, and new combinations within *Bonnaya*, *Craterostigma*, *Lindernia*, *Micranthemum*, *Torenia* and *Vandellia*[J]. Willdenowia, 43(2): 209–238.

Mabberley D J, 2017. Mabberley's plant-book—a portable dictionary of plants, their classification and uses[M]. 4th ed. Cambridge: Cambridge University Press: 530.

The Angiosperm Phylogeny Group(APG), 2016. An update of the Angiosperm Phylogeny Group classification for the Ordors and families of flowering plants: APG IV[J]. Botanical Journal of the Linnaen Society, 181(1): 1–20.

圆叶母草 *Lindernia rotundifolia* (Linnaeus) Alston in Trimen, Handb. Fl. Ceylon. 6: 214. 1931.

【特征描述】 一年生草本，多少肉质。茎多分枝，匍匐或斜生，匍匐茎节处生根，斜生茎高达 20 cm；茎圆柱形，几无毛，在一侧有浅凹槽。叶宽卵形或圆形，长 5～13 mm，宽 4～12 mm，基部截平，先端圆钝，全缘，具基出脉 4～5 条，上面无毛，密具小腺点，下面具疏柔毛。花单生于叶腋。花梗 5～15 mm，纤弱，无毛。花萼裂至基部，裂片多少等大，披针形，长 2.5～3 mm，宽约 1 mm，先端急尖，两面密具腺毛，腺毛干后易脱落。花冠长 10～15 mm，蕾时黄色，成熟时蓝白色，裂片上面及喉部内面具深蓝色斑块；冠管长 8～10 mm，两面无毛；上唇阔锥形，长约 5 mm，宽约 3 mm，顶端 2 浅裂；下唇 3 裂，裂片阔卵圆形或圆形，中裂片较侧裂片略大，长约 5 mm，宽约 4 mm。雄蕊 2，着生于冠管中部，花丝长约 1.5 mm，无毛。退化雄蕊 2，线形，长约 4 mm，顶端棒状，弯曲伸出冠管之外，深蓝色：基部具黄色粗腺点，在花冠管上下延呈脊状，长约 6 mm。花柱无毛，长约 5 mm，花后延长；柱头薄片状。蒴果卵球形，长 2.5～3.5 mm，稍短于萼片或与萼片等长，无毛；种子矩圆形，长约 0.5 mm，淡褐色。

物候期：花、果期为 3—8 月。

【原产地及分布现状】 原产于毛里求斯、马达加斯加、印度西部和南部、斯里兰卡
（Small, 1903；凡强 等, 2007）。国内分布：广东、浙江。

【生境】 分布于稻田、菜地、池塘边、沟渠旁、公园草地。

【传入与扩散】 文献记载：圆叶母草在中国最早记载见于凡强等 2007 年在《中山大学学
报》发表《华南玄参科两个新归化种及假马齿苋补注》一文，文中记载在广东省广州市
及深圳发现此种的分布；2015 年在浙江采到标本（刘西 等, 2017）。标本信息：主模式
（Holotype），K000028758, Ledermann 1908 年 12 月采自喀麦隆，标本现存于英国皇家植物
园标本馆（K）。最早的标本见于 2005 年 5 月采自广东深圳仙湖植物园（SZG00046263）
和深圳塘朗山（张寿州和李良千 等 0900，PE01908286、01908287），同年 6 月在广
东仁化县也采到标本（SYS00161597）；浙江最早标本于 2015 年采自泰顺（刘西 等
LXT20150901, ZJFC）（刘西 等, 2017）。传入方式：无意引入。传播途径：生于水边及
草地，成熟种子可能随水、风及草籽传播；根状茎节处生根，可扩大分布区域。繁殖方
式：营养繁殖和种子繁殖。入侵特点：① 繁殖性 花果期长，长势旺盛，种子产生量
大。② 传播性 种子容易随风或水流传播入侵新的地域；匍匐茎节处生不定根可进行营
养繁殖。③ 适应性 本种在广州市郊区及浙江泰顺县菜地及稻田边沟渠常见，形成了稳
定的居群，可进行种子繁殖和营养繁殖，具有一定的适应性。可能扩散区域：可能扩散
到我国华南地区。

【危害及防控】 危害：尚未有产生危害的报道，但该植物生长迅速，若与当地植物形成
竞争会影响当地生物多样性。该种在菜地和稻田常见，且不容易铲除，大量生长会影响
稻谷产量。防控：注意对该植物进行密切的野外观察，研究其生物学特性，若发现侵入
自然生态系统，应在果实成熟前清除，控制结实和种子的传播。

【凭证标本】 广东省广州岑村火炉山，2005 年 6 月 22 日，凡强 05990（SYS）；浙江省
泰顺县罗阳镇溪坪村，海拔 508 m，2015 年 9 月 14 日，刘西等 LXT20150901（ZJFC）。

圆叶母草 [*Lindernia rotundifolia* (Linnaeus) Alston]

1. 群落和生境；2. 苗期群落；3. 花期群落；4. 花枝；5. 花果枝

参考文献

凡强，廖文波，施苏华，等，2007. 华南玄参科两个新归化种及假马齿苋补注 [J]. 中山大学学报（自然科学版），46（6）：138-140.

刘西，郑方东，张芬耀，等，2017. 发现于泰顺的 5 种浙江新记录植物 [J]. 浙江大学学报（理学版），44（2）：198-200.

Small J K, 1903. Flora of the Southeastern United States[M]. New York: New ERA Printings: 1064-1065.

中文名索引

学名索引